AF360846

ENCYCLOPÉDIE AGRICOLE

Publiée sous la direction de G. WERY

Couronnée par l'Académie des Sciences morales et politiques
et par la Société nationale d'agriculture

CH. SELTENSPERGER

LECTURES AGRICOLES

Encyclopédie Agricole

60 volumes in-18 de chacun 400 à 500 pages, illustrés de nombreuses figures.
Chaque volume : broché, **5** fr. ; cartonné, **6** fr.

I. — SCIENCES APPLIQUÉES A L'AGRICULTURE.

II. — PRODUCTION ET CULTURE DES PLANTES.

III. — PRODUCTION ET ÉLEVAGE DES ANIMAUX.

IV. — GÉNIE RURAL.

V. — TECHNOLOGIE AGRICOLE.

VI. — ÉCONOMIE ET LÉGISLATION RURALES.

ENCYCLOPÉDIE AGRICOLE
Publiée par une réunion d'Ingénieurs agronomes
SOUS LA DIRECTION DE G. WERY

LECTURES AGRICOLES

PAR

Ch. SELTENSPERGER

INGÉNIEUR AGRONOME
PROFESSEUR SPÉCIAL D'AGRICULTURE

Introduction par le **Dr P. REGNARD**

DIRECTEUR DE L'INSTITUT NATIONAL AGRONOMIQUE

Avec figures intercalées dans le texte

PARIS

LIBRAIRIE J.-B. BAILLIÈRE ET FILS

19, rue Hautefeuille, près du Boulevard Saint-Germain

1911

L'Institut national agronomique.

AVANT-PROPOS

Je me souviens d'une phrase que répétait quelquefois mon maître Paul Bert et qui représentait bien la tournure finement sarcastique de son esprit.

« Il y a, disait-il, trois manières d'enseigner : on peut instruire en amusant, instruire en ennuyant et même ennuyer sans instruire. Ce procédé négatif, ajoutait-il, est trop fréquemment employé dans nos écoles. »

Je serais heureux si les lecteurs de notre *Encyclopédie* voulaient bien reconnaître que nous avons, jusqu'ici, évité avec succès l'emploi de la troisième méthode.

Dans le livre que nous offrons aujourd'hui au public, nous voudrions faire un pas de plus et montrer qu'il n'est pas impossible de présenter, avec un véritable charme littéraire, l'explication et le développement de découvertes et de méthodes purement scientifiques.

L'idée que nous y appliquons, nous nous hâtons de le reconnaître, ne nous appartient pas. Il y a plus de quarante ans que les historiens l'ont utilisée avec un grand succès et je me souviens encore, avec une sensation de véritable plaisir, d'avoir étudié dans les livres de Raffy, alors que je faisais mes premières études, les grands faits de l'histoire universelle.

La méthode est aussi simple qu'ingénieuse. Au lieu d'écrire un livre didactique, ayant des chapitres en suite ininterrompue, on en compose simplement la table des matières ; on crée ainsi de véritables casiers et, pour les remplir, on s'en va, armé de grands ciseaux, couper dans les meilleurs auteurs les fragments les mieux pensés et les mieux écrits sur chaque matière. Le livre est alors fait comme une sorte de tapisserie en étoffes riches et précieuses. L'auteur a dégagé une façon de mosaïque, de marqueterie qui, malgré ses légers interstices, forme un tout complet.

Voilà ce qu'a fait M. Seltensperger, dans le livre qu'il nous présente. Et ne croyez pas que ce soit besogne facile ; tout est dans l'art de choisir. Il n'y a pas ici une ligne de l'auteur, et pourtant son œuvre est considérable et lui appartient.

À quoi sont donc destinées ces *Lectures agricoles* ? À compléter nos volumes et à les relier pour ainsi dire ensemble. D'autant que le lecteur ne trouvera pas ici que des fragments de l'œuvre générale, mais bien des morceaux, souvent d'une saveur exquise, empruntés à tous nos grands écrivains agricoles, depuis Olivier de Serres jusqu'à Méline, en passant par Boussingault, Tisserand, Léonce de Lavergne et le comte de Gasparin.

C'est le soir, à la veillée, devant l'âtre, dans les longues soirées d'hiver, que le plus instruit de la famille pourrait

Cours de M. Regnard à l'Institut national agronomique.

lire à haute voix, à ceux qui l'écouteraient tout en travaillant, quelques passages consolants du *Retour à la
Terre*.

Mais c'est surtout dans nos écoles primaires, où l'agriculture est si délaissée, au profit de programmes si vite
oubliés après l'âge scolaire, que je voudrais voir se
répandre les *Lectures agricoles*. Ne croyez-vous pas
qu'un enfant de quatorze ans tirera plus de profit, pour
sa future vie au village, de la connaissance des grandes
idées culturales, plutôt que de l'éternel ratiocinement sur
la guerre de Cent ans, les massacres des Hussites et la
guerre des deux Roses?

C'est donc encore à nos Commissions scolaires et à nos
Délégations cantonales que je recommande l'ouvrage
d'aujourd'hui.

Il me semble que ce petit volume constituerait un excellent livre de Prix.

Et maintenant que j'ai dit tout le bien que je pensais de l'œuvre, on me permettra, je l'espère, de dire encore le bien que je pense de son auteur. Il s'est tiré tout à son éloge d'un travail difficile et assez ingrat et je suis persuadé que le succès viendra lui montrer combien son labeur est apprécié.

P. REGNARD.
Membre de la Société nationale
d'Agriculture de France.
Directeur de l'Institut national agronomique.

Travaux pratiques à l'École nationale d'agriculture de Grignon.

AVERTISSEMENT

Cet ouvrage est un recueil de pages choisies parmi les auteurs contemporains formant l'élite de la littérature agricole. Il suffit de citer des noms comme : L. Passy, Méline, Tisserand, Duclaux, Risler, Regnard, Viger, Ruau, Leroy-Beaulieu, Mabilleau, Müntz, Girard, Lindet, Bonnier, Schlœsing, Viala, Wery, etc., et ceux des collaborateurs de l'*Encyclopédie agricole*, qui a été couronnée par l'Académie des sciences morales et politiques, et dont l'éloge n'est plus à faire.

Dans un champ aussi vaste, où il y avait tant à cueillir, l'auteur a su judicieusement choisir, pour les grouper d'après un plan méthodique, une série de questions aussi variées qu'intéressantes, faisant de l'ouvrage une petite encyclopédie d'un caractère très original et bien spécial et qui sera feuilleté avec profit et intérêt par tous ceux qui, de près ou de loin, s'intéressent aux choses de l'agriculture : agriculture générale, découvertes et procédés les plus modernes, sylviculture et jardinage, bétail et basse-cour, microbes et hygiène en agriculture. Puis, des questions toutes brûlantes d'actualité, telles que coopération et mutualité, crise agricole et viticole, désertion des campagnes, traitées tour à tour, avec une rare compétence, par des spécialistes et des maîtres en la matière.

À l'utilité pratique de l'ouvrage se joignent l'agrément et le charme de la lecture auxquels s'ajoute, dans un cadre strictement agricole, la note pittoresque et littéraire, s'alliant de façon heureuse avec la note poétique, que l'auteur n'a pas oubliée.

De plus, l'ouvrage est illustré de nombreuses photogravures, qui le rendent aussi attrayant à feuilleter qu'intéressant à lire.

Disons enfin que ce livre, unique en son genre, s'adresse aux agriculteurs, comme à leurs enfants et comme aussi aux « amateurs » étrangers aux choses agricoles, qu'il saura leur faire aimer.

Le laboratoire de zootechnie et le jardin botanique de l'École de Grignon.

LECTURES AGRICOLES

I

SCIENCE ET AGRICULTURE

« La théorie et la pratique se rattachent
l'une à l'autre par des liens indissolubles »
M. Berthelot.

I

L'AGRICULTURE DEVANT LA SCIENCE

Par **L. PASSY**,

Membre de l'Institut.
Secrétaire perpétuel de la Société nationale d'agriculture de France.

Quelles sont les relations de l'agriculture avec la science, c'est-à-dire avec les sciences naturelles et les sciences politiques? Quel rôle l'agriculture joue-t-elle dans l'ordre de la nature et dans l'organisation des sociétés? Quels sont son origine, son caractère, son action?

Essayer de répondre à ces questions, c'est montrer que l'agriculture se rattache à toutes les sciences pour les dominer ou pour les servir, qu'elle est, par la terre ou par l'homme, en contact permanent avec la nature ou avec les sociétés humaines, c'est, en un mot, tracer la théorie scientifique de l'agriculture.

L'agriculture prend naissance dans l'association des forces de la nature et des forces de l'homme. C'est un fait, et un fait complexe. L'agriculture se compose de deux éléments, comme son nom l'indique : la terre et l'homme. C'est la terre qui est cultivée, c'est l'homme qui la cultive. L'agriculture, la culture de la terre, c'est l'effort de l'homme pour tirer du sol ou, pour mieux dire, de la nature, les éléments nécessaires à la vie des hommes. La terre est l'instrument et l'homme est la puissance. La terre, avec les services qu'elle rend, avec les produits qu'elle donne, devient par l'agriculture l'œuvre de l'homme; l'agriculture n'est qu'une série d'opérations par lesquelles l'intelligence de l'homme utilise la terre et refait la nature à son profit.

Cette action de l'homme sur la terre pour s'assurer régulièrement des subsistances, ce travail prévoyant nécessaire et continuel, cette série d'opérations qui, suivant le cours des saisons, unit, dans un même mouvement, l'intelligence de l'homme et les forces de la terre, est-ce un métier? est-ce un art? est-ce une science?

Dès les premiers jours, l'homme a été l'esclave de son estomac, et l'estomac est le maître du cerveau. Se nourrir a été sa première et suprême pensée. La chasse et la pêche ont accompagné la récolte des graines et des fruits, et le trait distinctif des civilisations primitives est dans l'asservissement des hommes aux ressources qu'ils trouvent dans la nature. Puis, l'homme s'est affranchi; l'homme s'est dégagé peu à peu de cette servitude, en domestiquant les animaux, et cette domination sur les animaux s'est accomplie au moment où l'homme prit possession de la terre. L'établissement de l'agriculture est le signal de l'établissement des familles dans un lieu fixe et choisi. C'est le commencement de la propriété; c'est la constitution de la religion et du droit.

A partir de ce moment, l'agriculture est la vie elle-même des peuples et profite de tous les progrès que l'homme réalise avec le temps. L'homme facilite et améliore son travail par les observations les plus sagaces, les plus justes et les plus heureuses; mais, malgré ces observations transmises de génération en génération, transformées parfois en articles de loi par les premiers législateurs, que fait l'homme en cultivant la terre? que fait-il, si ce n'est un métier? S'il renouvelle sans cesse la lutte qu'il livre à la nature, et finit par remporter avec elle la victoire de la vie, c'est qu'il remplit sa destinée, et il la remplit sans savoir comment il la remplit, et pourrait la mieux remplir. Que la terre soit cultivée par un esclave, un corvéable, un salarié, un exploitant ou un propriétaire, malgré les progrès de la civilisation, la chute des empires et le cours des siècles, l'homme laboure toujours, toujours, et toujours récolte. La terre bienfaisante produit, « *alma mater* », comme le soleil, « *sol redivivus* », éclaire et féconde le monde. L'agriculture n'a pas cessé d'être un moyen de vivre : « Tu mangeras ton pain à la sueur de ton front », a dit l'Écriture ; et l'agriculture a été un métier, le métier nécessaire par lequel les hommes se sont procuré des aliments et ont entretenu la vie dans l'espèce humaine.

Un jour cependant l'agriculture apparaît comme un art, et ce jour c'est hier. C'est hier, seulement hier, je parle de cent cinquante ans, vers le milieu du xviiiᵉ siècle, que l'agriculture est devenue un art. Autrefois, les observations des hommes étaient transmises de génération en génération par la mémoire, et constituaient, pour le métier d'agriculteur, des règles de pratique. Mais tout à coup les connaissances humaines, par le génie de quelques-uns, se sont élevées à une hauteur où elles ont pu se reconnaître, se distinguer, se classer, au point de devenir des sciences.

« Découvrir des vérités, a dit Hippolyte Passy, c'est faire de la science ; appliquer et réaliser ces découvertes, c'est faire de l'art. » Qui dit art, dit liberté de l'homme : liberté de modifier plus ou moins heureusement son effort sur la nature, liberté de réussir plus ou moins complètement, en alliant les traditions du passé, les conseils de la science et le génie particulier de l'homme. L'art n'a rien de fixe. Il laisse à l'imprévu la plus grande place, et à l'action personnelle le résultat final.

Tout porte à croire que l'agriculture ne sera jamais une science véritable. Comme la médecine qui traite le corps humain avec le secours de toutes les sciences naturelles, l'agriculture traite le corps de la nature avec le secours de toutes les sciences naturelles et sociales, et pourtant jamais le médecin et l'agriculteur ne sont assurés d'une solution parfaitement certaine. Des règles de conduite bien appliquées peuvent donner des solutions très probables ; mais ces solutions, qui dépendent du talent de l'homme et du hasard des circonstances, ne sont pas fixées d'avance avec une rigueur absolue, comme les solutions de l'arithmétique et de la physique.

Quand l'homme travaillait au hasard et machinalement, l'agriculture était un métier ; mais elle est devenue un art depuis que l'homme travaille avec réflexion, depuis qu'il sait tirer de la terre et de la nature les aliments qui lui sont nécessaires, par les meilleurs procédés et dans les meilleures conditions de profit.

La nature est un infatigable instrument de production qui travaille solitairement, suivant les lois mystérieuses de ses transformations, mais elle ne peut rien seule et par elle-même. Elle ne peut que s'offrir et se livrer généreusement à celui qui, par son intelligence, est le maître de tout.

L'homme est le maître de tout, mais lui aussi ne peut rien par lui seul et pour lui seul sans la nature.

L'homme est condamné, dans son propre intérêt, à travailler sur la matière pour les autres, et sa destinée, par un effort en apparence isolé, est de créer, entre la nature et les sociétés humaines, une association providentielle de services et de secours mutuels.

Il ne faut donc pas s'arrêter à la classification proposée par l'illustre fondateur de l'agriculture rationnelle, par Thaër, qui croyait que l'agriculture était pour le cultivateur un métier, pour l'agriculteur un art et pour l'agronome une science. Ces fines distinctions ne peuvent prévaloir contre le caractère essentiellement aléatoire, variable et, comme disait Montaigne, « ondoyant et divers » de cette association des forces de l'homme et de la nature qu'on appelle l'agriculture. L'agriculture peut être un métier, mais elle est toujours un art.

Quoi qu'on pense de ces observations, l'agriculture, comme tous les arts, a une théorie, et cette théorie comprend deux parties absolument distinctes, suivant qu'on regarde la terre ou l'homme.

La première est l'économie naturelle ; elle détermine le

rôle de la nature dans l'œuvre agricole et les relations de l'agriculture avec les sciences naturelles.

La seconde est l'économie sociale ; elle détermine le rôle de l'agriculture dans l'organisation des sociétés humaines et des rapports avec les sciences sociales.

C'est cette distinction fondamentale entre les deux parties de la théorie de l'agriculture qui nous permet de jeter quelque lumière dans l'obscurité d'un si vaste sujet, et de rechercher dans quelle mesure l'agriculture entre dans le mouvement et l'action de toutes les sciences naturelles et de toutes les sciences sociales, et quelle place elle se fait et quelle place elle tient dans l'organisme de la nature et dans l'organisation des sociétés humaines.

Extrait de *Mélanges scientifiques et littéraires*. (Guillaumin et Masson.)

Olivier de Serres,
Fondateur de l'agriculture scientifique en France.

D'après la médaille décernée à l'*Encyclopédie agricole* par la Société nationale d'agriculture.

II

LA TERRE VÉGÉTALE

Par **Th. SCHLŒSING**,
Membre de l'Institut,
Professeur à l'Institut national agronomique.

La terre végétale est la poussière du globe : on a voulu dire par là qu'elle est formée des débris des roches qui constituent l'écorce de notre planète. Il y a de ces débris tellement petits qu'un dé à coudre en contient des milliards. Des savants américains définissent une terre par le nombre de grains contenus dans 1 centimètre cube! Quand ils en trouvent 10 milliards, la terre est assez forte pour porter le blé; avec 5 milliards, elle est trop meuble pour cette plante. En France, nous mesurons la ténacité de nos terres par des centièmes d'argile. C'est moins grandiose, mais plus simple et aussi exact ; nous ferons bien de nous en tenir à cet usage (1).

Et comment cette fine poussière ne s'envole-t-elle pas au moindre souffle? C'est que tous ces grains sont soudés entre eux. Prenez du sable grossier, humectez-le avec de l'eau contenant un peu de gélatine et laissez sécher : votre sable ne fera qu'une seule masse. Nos pavés de grès ne sont pas autre chose, seulement la gélatine y est remplacée par un ciment siliceux ou calcaire. Dans nos terres, chaque débris ou grain est ainsi enveloppé d'une couche infiniment mince de ciment; il y existe même deux ciments : l'un est minéral, c'est un silicate d'alumine hydraté qui a la même composition et la même origine que l'argile; l'autre est organique et procède du terreau, autrement dit des matières végétales en cours de décomposition dans le sol.

(1) Voy. *Géologie agricole*, par Cobb (*Encyclopédie agricole*). — *Le sol et les labours*, par P. Diffloth (*Encyclopédie agricole*). — *Le sol en agriculture*, par Hall. (Paris, J.-B. Baillière et fils, 1906.)

Cet encollage des éléments minéraux de la terre ne sert pas seulement à leur donner la faculté de résister aux vents, c'est encore grâce à lui qu'une terre peut être ameublie et devenir capable de porter nos moissons. Considérez un champ

La terre arable et les assises du sous-sol.

tassé, durci par quelque énorme rouleau : tous les grains de la terre sont collés ensemble et forment un seul bloc ; la charrue passe ; c'est un coin qui soulève et brise le bloc en miettes, en particules de toutes dimensions, de toutes formes. Dans une de ces miettes, il y a des milliers de grains qui demeurent soudés ; mais, toutes appuyées les unes sur les autres, elles laissent entre elles des vides où l'air va circuler, où l'eau va s'emmagasiner, où les racines vont s'étendre. La

terre est ameublie ; sans les ciments, la charrue remuerait de
la poussière, elle ne servirait à rien.

Chose digne d'intérêt, les ciments humectés d'eau se
ramollissent, ils collent moins et permettent aux grains de
se déplacer les uns autour des autres, tout en restant unis ;
de là vient la plasticité de l'argile, de la terre végétale. Nous
l'avons tous mise à profit dans notre enfance, sans la connaître. Mais les ciments durcissent de nouveau, si l'eau est
supprimée par la dessiccation ; la terre reprend sa cohésion.
La plasticité donnée par l'eau favorise le développement des
racines ; les particules du sol peuvent se déformer pour les
laisser passer. Mais elle favorise moins le laboureur, parce
qu'elle l'empêche souvent de pénétrer dans ses champs et
qu'elle permet à la terre de s'affaisser sous son propre poids
et de revenir à ce bloc dont je parlais tout à l'heure. A cause
d'elle, le labourage est toujours à recommencer.

Je n'ai pas fini avec les propriétés de la matière organique.
C'est de la matière morte, en train de subir la loi commune
de tout être organisé qui a eu vie ; lentement elle se décom-
pose ; son carbone brûlé par l'oxygène de l'air forme de l'acide
carbonique ; son hydrogène forme de l'eau ; son azote sort de
combinaison à l'état d'ammoniaque, et, quelquefois libre, à
l'état gazeux ; les matières minérales retournent au sol. On
croyait, il n'y a pas trente ans, que ces phénomènes étaient
purement chimiques ; on sait présentement qu'ils sont d'ordre
biologique et corrélatifs de l'existence de microbes divers. La
terre fourmille de ces êtres ; la moindre parcelle en est pourvue.
Les uns transportent l'oxygène gazeux sur la matière organique et la brûlent ; mais ils n'oxydent pas l'azote ; celui-ci,
comme je viens de le dire, reste à l'état d'ammoniaque.
D'autres se chargent de transformer cette ammoniaque en
acide nitrique ; il en faut même de deux sortes pour en venir
là : le microbe nitreux oxyde l'ammoniaque au point d'en
faire de l'acide nitreux, ou plutôt des nitrites ; il ne peut pas
aller plus loin ; et le microbe nitrique achève l'ouvrage en
oxydant les nitrites fabriqués par son collègue et les amenant
à l'état de nitrates ; mais il ne sait rien faire de l'ammoniaque ;
à chacun sa besogne. D'autres microbes ont pour fonction de

se fixer sur les racines des plantes de la famille des légumineuses, et d'entrer là dans une collaboration bien extraordinaire.

Le microbe a besoin de matière organique pour se multiplier, la plante la lui fournit; mais elle a besoin à son tour de cette matière azotée, sans laquelle la végétation ne se peut accomplir; c'est le microbe qui la lui prépare en fixant l'azote gazeux de l'air sur la matière organique qui lui a été prêtée et qu'il n'a pas employée pour lui-même. Ainsi le microbe vit du travail de la plante; la plante vit du travail du microbe; la terre nous donne tous les exemples : elle nous montre ici les bienfaits de l'association.

C'est une chose surprenante que la longueur du jeûne que peuvent supporter les microbes! Voici ceux des légumineuses : ils restent des années sans aliment, sans travail, attendant le tour d'une légumineuse dans la rotation; puis, aussitôt que la légumineuse arrive, ils sortent de leur repos et se mettent à l'ouvrage.

Si petits que soient les microbes, il se trouve dans le sol des grains de terre de leur taille et moindres encore, et ceci peut nous expliquer le fait bien avéré que la nitrification est grandement entravée dans les terrains à éléments fins comme sont les terrains argileux, alors qu'elle développe toute son activité dans les terrains à éléments grossiers. Je vais tenter de vous en présenter une explication. Les effets produits par les microbes sont corrélatifs de leur multiplication; ainsi le moût ne fermente que si la levure végète, c'est-à-dire prolifère; de même la nitrification n'a lieu que sous la condition de la multiplication de ses agents, le microbe nitreux, le microbe nitrique. Cela étant, considérez un microbe nitreux qui a un millième de millimètre de diamètre : il se trouve enserré entre des grains de même taille et même moindres; les vides entre ces grains sont encore plus petits : c'est dans ces vides seuls, les plus voisins, que le microbe pourrait loger ses enfants. Comment ceux-ci pourraient-ils atteindre la taille de leur père? Cela est impossible; aussi le microbe s'abstient, plutôt que d'avoir une descendance dégénérée. Mais placez-le dans une terre à éléments grossiers; il trouve là des cavernes, des galeries où sa famille s'étendra à l'aise; il ne manquera pas d'en profiter.

Nous voyons quelles fonctions variées et importantes le terreau remplit dans le sol : il donne la cohésion et l'ameublissement ; il est la principale source des nitrates, aliment azoté des plantes; il nourrit ces microbes bienfaisants que nous venons de voir à l'œuvre : sans lui, la terre ne mérite plus le nom de terre végétale. Mais il s'use, comme toute chose : nous devons nous appliquer à le remplacer à mesure qu'il s'en va. Comment donc a-t-on pu déconseiller l'usage du fumier, sa source essentielle? Mais les cultivateurs ont fait la sourde oreille. De fait, s'ils écoutaient tout ce qu'on leur dit, nous subirions plus d'une famine; la routine a du bon.

L'agriculture est comme une boule énorme animée d'un mouvement presque insensible dont l'allure ne peut être modifiée par des efforts isolés. Mais quand, après bien des discussions, les savants ou d'autres ont fini par se mettre d'accord et ont formulé une vérité d'où découle un progrès réel, certain, alors lentement, les uns après les autres, tant de gens s'attellent à la boule qu'elle finit pourtant par accélérer son mouvement.

J'ai considéré jusqu'ici certaines propriétés de la terre ; permettez-moi de l'étudier encore quelques instants, au point de vue de sa fonction essentielle de nourrice des plantes. Elle n'est pas seule à la remplir : l'atmosphère a une très large part dans le développement de la vie végétale. Elle est le réservoir de l'acide carbonique, source du carbone, de la vapeur d'eau, source de l'hydrogène et de l'oxygène, de l'azote qui, directement ou après passage à l'état de nitrate, concourt à la formation des matières azotées. C'est donc l'air qui fournit et distribue partout, en raison de sa mobilité, les éléments des principes organiques fabriqués par les plantes; le sol donne les aliments dits minéraux, non moins indispensables que les aliments aériens, l'acide sulfurique, source de soufre, l'acide phosphorique, les alcalis, l'oxyde de fer, les combinaisons azotées, ammoniaque ou nitrates.

Ces aliments minéraux, sauf les combinaisons azotées, proviennent des mêmes roches dont les débris forment la terre. Les roches primitives contiennent du phosphate de chaux cristallisé ou apatite, de la potasse, de la silice; l'argile, qui est un amas de très petits débris provenant de la décomposition de ces roches, contient surtout de la potasse et de l'oxyde de fer; les roches calcaires, indépendamment du carbonate de chaux, possèdent du phosphate tribasique de chaux et plus ou moins de magnésie; le sable quartzeux est le plus pauvre

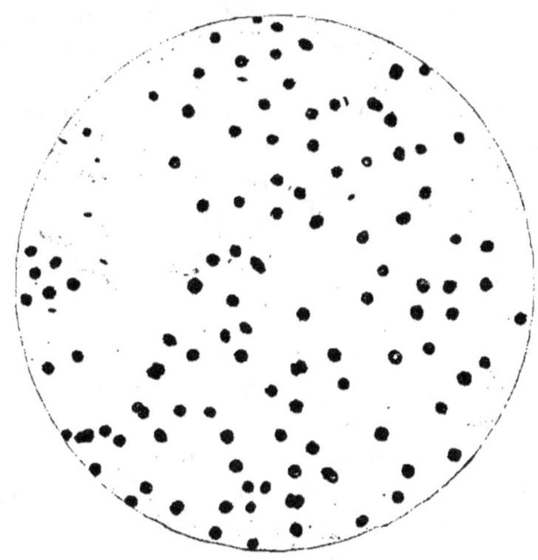

Les microbes du sol.
Fort grossissement.

des éléments du sol; autant dire qu'il n'apporte aucun principe alimentaire. Il ne suffit pas que les éléments minéraux soient présents dans un sol; il faut encore que les plantes puissent s'en saisir. Or les racines ne pénètrent pas dans l'intérieur des débris de roches, si petits qu'ils soient; elles entrent seulement en contact avec leurs surfaces, mais ne vont pas au delà. D'un autre côté, les principes alimentaires contenus dans les débris y sont absolument emprisonnés; toute circulation vers la surface leur est interdite. Donc, tout ce qui est occlus dans les débris est comme non existant pour la plante, au moins présentement. Réduisez en petits fragments des roches primitives et du calcaire, ajoutez au mélange de l'eau et un nitrate : ce sol artificiel restera stérile. Des principes minéraux alimentaires ne sont assimilables qu'à la condition de se trouver en dehors des éléments qui constituent le sol, qu'ils soient fixés sur leurs surfaces, ou isolés et libres comme un grain de phosphate de chaux des os ou des Ardennes.

Aussi, que les analystes me pardonnent ! Je ne puis m'empêcher de douter de leurs méthodes, quand ils attaquent un échantillon de terre avec les acides les plus énergiques, pour en extraire et doser la potasse et l'acide phosphorique.

Ils trouvent de la sorte deux, trois milliers de kilogrammes par hectare de ces substances. Avec cette dose, la terre ne donne pas encore une bonne récolte ; mais pour obtenir cette bonne récolte il suffit d'ajouter 50 kilogrammes de potasse ou d'acide phosphorique. N'est-il pas évident que la plus grande partie de l'alcali ou de l'acide qu'on a dosé n'était pas utilisable ?

Ils étaient occlus dans des éléments du sol que les acides ont détruits. Les plantes ne traitent pas la terre avec une pareille brutalité.

Mais si les principes alimentaires contenus dans les éléments du sol y demeurent inutiles, comment se fait-il que des amas de ces éléments soient devenus de riches terres végétales, bien que l'homme n'y ait jamais rien apporté ?

Vous connaissez sans doute la réponse à cette question. La décomposition naturelle qui a réduit les roches en débris s'est poursuivie et se poursuit encore dans ces débris mêmes.

Le fragment de calcaire, peu à peu dissous par l'eau et l'acide carbonique, laisse à nu et libres le phosphate, la magnésie qu'il contenait ; le fragment de roche primitive est attaqué par les agents de destruction, y compris les racines des plantes, et converti en argile, pendant que les principes alimentaires occlus sont progressivement dégagés. Nous comprenons dès lors que la végétation ait pu s'emparer de sols stériles dans le principe. Elle fut misérable d'abord ; mais, les actions naturelles accumulant les aliments minéraux, les générations successives de végétaux laissant dans le sol les cendres de leur décomposition, la terre végétale s'est faite de plus en plus fertile et s'est couverte d'une riche végétation. Quand le cultivateur s'empare de ces terres et les défriche, pendant des années il en tire des récoltes abondantes sans apport d'engrais, puis les produits du sol décroissent progressivement à mesure que les réserves s'épuisent, et le temps vient où les produits végétaux qu'il est possible d'exporter chaque année contiennent précisément, en moyenne, les quantités d'aliments minéraux rendus annuellement disponibles par la décomposition lente des éléments du sol, augmentés de ceux que fournit la prairie.

C'est l'histoire de la plupart de nos champs. Mais, Dieu merci, nous savons maintenant mesurer nos pertes, nous savons où trouver ce qu'il faut pour les réparer.

Dans les temps anciens, de grands peuples ont disparu après avoir épuisé la terre qui les nourrissait. Aujourd'hui, nous sommes certains de maintenir, d'augmenter lentement la fertilité de notre sol.

C'est la chimie qui nous a enseigné cela.

Extrait du Bulletin de la Soc. nat. d'agriculture.

Décomposition des roches sous l'influence des agents atmosphériques.

LES CHEMINS DE FER ET L'AGRICULTURE

Par **Ed. NIVOIT**,

Directeur de l'École nationale des mines.
Membre de la Société nationale d'agriculture de France.

L'année 1829 est une des grandes dates de l'humanité. C'est celle où la locomotive, imaginée une dizaine d'années auparavant par l'ingénieur anglais Stephenson, mais qui ne marchait qu'à une lente allure de quelques kilomètres à l'heure pour être bientôt à bout de souffle, fut pourvue de poumons puissants sous la forme du faisceau tubulaire dû au génie de notre compatriote Marc Seguin.

La voie ferrée, connue depuis longtemps et utilisée notamment dans les mines, devint dès lors cet instrument merveilleux qui allait renouveler la face du monde en amenant une de ces révolutions pacifiques dont il existe peu de précédents.

Et cependant, ce n'est pas du premier coup que s'imposa le nouveau procédé de transport. On a peine à croire aujourd'hui aux préventions, aux méfiances qu'il suscita, surtout chez les habitants des campagnes. N'accusait-on pas la fumée des locomotives de tarir le lait des vaches, de causer la maladie des pommes de terre? Ne prétendait-on pas que la construction ces chemins de fer, à cette époque où l'on ne pratiquait guère, il est vrai, que la culture extensive, enlevait à l'agriculture des espaces précieux?

Ces préjugés absurdes, il faut le dire, n'ont pas tardé à se dissiper, et bientôt personne n'osait plus contester que les chemins de fer ne fussent un des facteurs les plus puissants de la richesse publique. Aussi c'est à pas de géant qu'ils se sont développés, de telle sorte que le réseau mondial atteint actuellement environ 800 000 kilomètres, occupant une armée de plus de 3 millions d'hommes.

Que l'on se représente ce que causerait leur disparition subite ; ce serait une véritable catastrophe et la vie matérielle elle-même deviendrait impossible dans ses conditions actuelles. Un pays qui serait tout d'un coup privé de ce moyen de communication serait pour ainsi dire retranché du monde ; il serait voué à la ruine et à la dépopulation.

Entre tous les services que les chemins de fer ont rendus et qu'ils sont appelés à rendre, je ne veux parler ici que de ceux

Un train de primeurs.

Le wagon ouvert laisse voir son aménagement intérieur ainsi que la disposition des corbeilles à fruits sur les rayons.

qui touchent à l'agriculture. C'est à ce grand art qui, malgré l'émigration des campagnes vers les villes, occupe encore en France plus de la moitié de notre population, qu'ils sont peut-être le plus utiles, et on en voit tout de suite la raison.

L'agriculture partage en effet avec l'art des mines le privilège d'approvisionner de matières premières toutes les autres industries. Elle fournit en outre des substances alimentaires, végétales ou animales, qui sont pour le travailleur de chair et d'os ce que la houille, substance d'origine végétale, elle aussi, est pour les moteurs inanimés. Mais elle présente sur l'exploitation des mines cette supériorité qu'elle est douée de la puissance créatrice et qu'ainsi ses produits se renouvellent incessamment, tandis que ceux du sous-sol s'épuisent.

Notre pays, d'ailleurs, a un sous-sol d'une richesse médiocre, tant en combustibles minéraux qu'en métaux autres que le fer. Le sol français, au contraire, sans être d'une fertilité exceptionnelle, est dans son ensemble de bonne qualité. Nous possédons en outre une situation géographique incomparable, des conditions climatériques des plus propices, qui font que l'agriculture représente un des éléments les plus essentiels de notre activité sociale. C'est donc sur la mise en valeur rationnelle et de plus en plus perfectionnée de notre sol que nous devons surtout compter pour assurer notre avenir industriel et commercial, et pour cela les chemins de fer doivent nous être d'un puissant secours.

Nous sommes donc bien loin du règne de Louis-Philippe, au cours duquel les divers pays de France vivaient encore dans un tel isolement économique qu'entre deux départements le prix des céréales variait parfois du simple au double, et où il était tout à fait anormal de voir un sac de blé traverser de bout en bout le territoire du royaume.

Les frais du transport n'étant plus qu'une faible fraction de la valeur de la marchandise, on ne voit plus se produire, comme autrefois, ces oscillations capricieuses, ces fluctuations incohérentes, non seulement d'une année à l'autre, mais dans la même année, d'un marché à un marché voisin. Tandis que les prix tombaient à un niveau ruineux pour l'agriculteur là où il y avait abondance, et s'élevaient à des chiffres inabordables pour le consommateur là où il y avait déficit, ils tendent à s'égaliser, et nous sommes ainsi assurés contre le retour de ce terrible fléau des famines qui sévissait encore si violemment au xviii° siècle et même à des époques plus rapprochées de la nôtre.

Pour la vigne qui, à l'inverse des céréales, ne peut être cultivée partout, l'influence des frais de transport est peut-être encore plus considérable. Avant les chemins de fer, il n'était pas rare de voir des vignerons du midi de la France laisser périr sur pied une partie de la vendange quand elle dépassait de beaucoup les besoins de la consommation locale. En revanche, on ne connaissait guère le vin que de nom dans nos départements du Nord. Maintenant qu'il y a des tarifs spéciaux variant de 8 à 4 et même 3 centimes la tonne kilométrique, les vins du Midi peuvent se répandre dans toute la France. En 1904, le tonnage des expéditions de vins et autres boissons, le plus important après celui des céréales, a atteint 8 224 000 tonnes.

Pour les denrées périssables, comme les fruits, les légumes frais, les primeurs, les prix de transport n'ont qu'une importance secondaire. Ce qu'il faut rechercher, c'est l'accélération du transport combinée avec l'emploi de wagons frigorifiques ou de wagons dits « aérés ». Dans ces dernières années, les Compagnies françaises de chemins de fer ont réalisé de grands progrès, pour donner satisfaction aux intérêts agricoles, et de nouveaux débouchés se sont ouverts pour les produits français. Si nos prix de transport sont généralement supérieurs à ceux de nos concurrents étrangers, nous avons l'avantage d'une plus grande vitesse qui permet aux marchandises de valeur d'arriver en bon état sur les lieux de consommation.

De nombreux trains spéciaux mis en correspondance, chaque jour plus étroite, avec les trains des compagnies étrangères, sont affectés à ces denrées. C'est ainsi, par exemple, que la Compagnie Paris-Lyon-Méditerranée est parvenue à assurer couramment le transport des fruits d'Avignon en vingt-quatre heures sur Paris, quarante heures sur Londres, quatre-vingts heures sur Hambourg et Berlin. Il en résulte que, tandis que les fruits se vendaient autrefois à vil prix dans les régions où on les récoltait, ils y coûtent aujourd'hui quelquefois plus cher que sur certains marchés très éloignés.

La rapidité du transport a encore une importance capitale

pour les aliments d'origine animale qui doivent être consommés à bref délai, sous peine de corruption, comme le poisson, le lait, le beurre frais, la volaille, etc.

Avant les chemins de fer, les campagnes suburbaines pouvaient seules approvisionner les villes de ces produits ; c'est un privilège qu'elles ont perdu. Le commerce des viandes abattues, notamment, a été absolument créé par le chemin de fer, et l'usage des wagons frigorifiques le favorisera certainement.

Le transport des bestiaux vivants a pris également une extension que l'on ne prévoyait guère à l'origine. Les chemins de fer amènent sur les marchés des animaux qui peuvent être livrés immédiatement à la consommation et combattent par suite les effets du renchérissement ; de plus, ils mettent les propriétaires de bestiaux à même de conduire leurs animaux maigres dans des régions où l'engraissement peut s'obtenir à bon compte.

Les engrais et amendements ne pouvaient autrefois s'employer que sur place ou à de très faibles distances. Il en résultait que certaines régions à sol pauvre étaient inexorablement vouées à une stérilité à peu près complète.

Avec les chemins de fer, ces régions se transforment. C'est le marnage qui a contribué pour une forte part à améliorer la Sologne, dont les habitants ne vivaient que de sarrasin, de seigle et de laitage. C'est le chaulage qui a permis aux terrains schisteux du Forez de produire de belles récoltes. C'est le phosphate de chaux, le guano du Pérou, le nitrate du Chili qui facilitent aux terres anémiées par une production intensive la tâche fatigante qu'on leur demande.

Les facilités données à l'amélioration du sol n'ont pas peu contribué à accroître, dans des proportions considérables, la production agricole de la France et à modifier favorablement sur bien des points le mode d'exploitation du sol.

Le prix des substances alimentaires ne comportant plus que de légères oscillations, le profit annuel du cultivateur se mesure non plus à la cherté de ces substances, mais à la quantité produite. Et dès lors a disparu cette contradiction entre les intérêts de la culture et ceux de la consommation, qui existait dans les anciens temps, où il arrivait parfois que les années les plus stériles étaient les plus avantageuses pour le producteur.

L'action bienfaisante des chemins de fer serait encore plus efficace si l'on savait mieux s'en servir. L'éducation du cultivateur a déjà fait des progrès sous ce rapport, mais il lui en reste beaucoup à réaliser, et ici nous touchons du doigt le point faible de notre organisation agricole. Cette organisation comporte en effet un nombre excessif d'intermédiaires, qui bénéficient souvent de différences considérables perdues pour le producteur et le consommateur. Pourquoi, quand le bétail sur pied se vend mal, le prix de la viande ne baisse-t-il pas?

Le meilleur moyen d'améliorer cet état de choses, qui place l'agriculture dans une situation inférieure à celle de l'industrie, est dans l'application de plus en plus étendue de ce principe si fécond de l'association. Par le groupement des produits on simplifie les emballages, on économise les frais qui grèvent le transport des expéditions partielles, on profite des réductions, souvent considérables, accordées aux expéditions par wagons complets de grande capacité, ou mieux encore par trains complets. C'est là qu'est le vrai remède. Sans doute les tarifs ne sont pas intangibles et on peut compter que leurs prix s'abaisseront; mais ce serait une illusion de croire que, avec les charges croissantes imposées aux Compagnies, ils subiront de très fortes réductions pour les transports par petites quantités.

Les Compagnies, il faut le reconnaître, ne restent pas inactives; elles font de louables efforts pour venir en aide à la culture, et leur intérêt bien entendu les y conduit du reste. Mais là encore il faut que ces efforts soient secondés. Ce n'est pas tout de commander un grand nombre de wagons et d'accroître les installations des gares; il est nécessaire que le public, quand le chargement et le déchargement des marchandises lui incombent, fasse toute diligence pour pratiquer ces opérations, de manière à faire rentrer le matériel roulant le plus rapidement possible dans la circulation.

Est-ce à dire qu'il n'y ait rien à réclamer des Compagnies?

2.

Une telle affirmation est bien loin de ma pensée. Comme toutes les institutions humaines, les chemins de fer sont indéfiniment perfectibles. En dehors des améliorations techniques désirables, ce qu'il faut avant tout chercher à obtenir, c'est le remplacement de la tarification broussailleuse et compliquée qui régit actuellement le transport des produits agricoles par des tarifs simples, unifiés sur tout le réseau français.

Enfin, les chemins de fer ajouteront sans doute un service encore plus signalé à tous ceux dont nous leur sommes redevables. Ce puissant instrument d'union entre tous les peuples finira par enchevêtrer tellement leurs intérêts qu'il rendra les conflits armés de plus en plus rares. Si un jour — est-ce un vain espoir? — vient à sonner l'heure de la pacification universelle, c'est aux chemins de fer surtout que l'on devra cet inappréciable bienfait.

Extrait du *Bulletin de la Soc. nat. d'agriculture.*

Un train de foudres-cuves au moment des vendanges dans le Midi.

IV

L'ÉLECTRICITÉ AUX CHAMPS

Par **A. PETIT**,

Ingénieur agronome.

Qu'il s'agisse du propriétaire qui regagne, le samedi soir, la petite maison de campagne où sa famille profite largement du plein air et de la liberté, loin de la contrainte et des émanations des bourgs, ou du châtelain plus aisé dont les relations mondaines et les goûts luxueux rendent plus délicats les services du home ; qu'il s'agisse encore du cultivateur qui loge sous son toit sa famille, ses serviteurs et ses ouvriers ; pour tous se présente un jour, auréolé de sécurité, de facilités ou de luxe, le désir de « s'installer » à l'électricité. Tous sont d'accord pour reconnaître les multiples agréments de la fée nouvelle et pour tous se posent seulement deux terribles questions : Quel prix paierai-je ? Comment cela marchera-t-il ?

Il faudrait un volume (1) pour répondre avec toute la précision désirable à ces deux ultimatum. Il faudrait entraîner nos lecteurs dans des descriptions d'installations, dans l'aridité des chiffres de devis comparatifs, jouer à l'ingénieur comptable discutant au général alors que chacun ne s'intéresse qu'à son cas particulier. Ce ne serait plus une lecture, mais un travail, et beaucoup nous laisseraient en route.

Qu'on ne s'effraie donc pas : nous ne traçons que des conseils généraux.

En électricité, plus qu'en toute chose, le moins cher n'est pas toujours le meilleur marché ; plus qu'ailleurs, on en a toujours pour son argent. L'installation peut être toute petite avec huit ou dix lampes, elle peut être très importante. On peut toujours mesurer sa dépense à ses moyens, même s'ils sont

(1) Voy. *Électricité agricole*, par A. PETIT (*Encyclopédie agricole*).

très petits. Ce qu'il ne faut pas, c'est avec peu désirer beaucoup, sous peine de n'avoir rien de bon.

Il est nécessaire que, dans une installation électrique, *tout* soit en bon état. Il existe entre toutes les parties d'une installation des affinités profondes qui les rendent toutes solidaires; c'est un immense organisme qui vit d'une même vie et de très petites causes peuvent avoir de très grands effets; le mal d'une région est épidémique, il se propage très rapidement.

Il est donc nécessaire de recevoir son installation en bon état et de l'entretenir en bon état. Cet entretien n'est pas difficile, il n'est pas coûteux; quelques minutes d'attention chaque jour suffisent : les appareils du tableau signalent de suite les points malades. Ce coup d'œil est une habitude à prendre ; le conducteur est aussi vite dressé à accepter le bien que l'à peu près. On prodigue plusieurs heures par jour des soins à un cheval de 1 000 francs; pourquoi ne pas accorder quelques minutes à un ensemble électrique de plus de valeur, qui lui aussi est une source de satisfaction, de production et de bien-être?

Le bon fonctionnement d'une installation électrique dépend de la qualité des machines et marchandises employées, des soins et de l'art développés au montage. L'entretien est d'autant plus facile que le départ est bon. Toute économie sur les machines, les matériaux et la main-d'œuvre est absolument dérisoire. C'est un premier bénéfice nettement chiffré qui se traduit presque toujours par des pertes non chiffrables. Une variation de 10 p. 100 sur une installation de 20 000 francs, c'est 2 000 francs, soit 200 francs par an, d'amortissement supplémentaire. Un accident durant quatre jours coûtera le même prix.

L'électricien, comme le mécanicien, est cher. S'il n'est pas cher, il truque. Il truque sur ses matériaux en réduisant ses poids de cuivre, de caoutchouc, de toile, tous produits d'un prix élevé absolument nécessaires au montage. Il truque sur son montage en ne prenant pas toutes les précautions désirables et en employant des ouvriers non expérimentés, non spécialistes, qui valent deux fois moins cher. Il y a un sens de montage; le bon monteur électricien sent son installation;

Le labourage électrique.

il sait, en la faisant, où seront les points faibles, il les renforce
à souhait ; il connaît les règles des phénomènes qu'il manipule.
On est frappé même par l'esprit scientifique et raisonneur
de ces ouvriers d'élite, souvent sans grande instruction primitive, qui se tiennent au courant de toutes les nouvelles
théories et nouvelles machines, cherchent, discutent, n'acceptent pas l'à peu près et sont extrêmement documentés. Ils
aiment leur art et stupéfient par leurs connaissances. Ce sont
d'ailleurs les véritables maîtres sur leurs chantiers, loin du
contrôle de l'ingénieur qui a confiance en eux, n'inspecte
que l'ensemble avec ses appareils, et hors la surveillance du
client qui ne peut les suivre dans leur travail et souvent n'y
comprend rien.

L'électricité ne veut pas du médiocre en général, et l'électricité à la campagne veut en outre du solide et du simple.
Mais quelles sont les limites de cette simplicité et de cette
solidité ? Ces deux mots sont l'éternel mirage des constructeurs
vis-à-vis de la clientèle agricole. Sous prétexte de simplicité
et de solidité, par fausse harmonie avec la dure existence de
nos champs, ils ont inondé les marchés de types agricoles.
Pour ne pas effaroucher l'agriculteur, on lui sert une machine
laide, informe, mal finie, comme si l'agriculture n'avait pas
besoin d'une machine aussi belle que les autres industries
et n'était aussi capable de l'apprécier. Que d'agriculteurs,
fermiers ou châtelains aisés nous ont dit souvent : « C'est trop
beau pour nous ». L'élégance des lignes, le fini extérieur ne
sont pas plus chers que le massif et le rugueux. Le bruyant,
le sonore, le tapageur sont mauvais ; le silencieux et le bien
équilibré sont bons. La rusticité est souvent plus qu'apparente
et correspond presque toujours à une rusticité intérieure
beaucoup plus dangereuse.

Si la machine est de ligne forte et gracieuse, si elle est
propre, si elle marche sans bruit anormal, sans fatigue apparente, son conducteur l'aimera, il la trouvera belle, vivra sa
vie. Ce sera son enfant qu'il soignera avec goût, qu'il
suivra dans son rythme et dont il reconnaîtra immédiatement
un changement d'état.

C'est une erreur de croire que le conducteur agricole igno-

rant, inexpérimenté, au pantalon et aux sabots pleins de
terre, aux mains rudes, soit incapable de sentir sa machine et
de l'aimer. Le bien appelle le bien, est aimable pour tous.
Nous avons vu des hommes très rustres se dépenser en
entretiens ultra-soignés sur leur machine et faire de vertes
remontrances à l'installateur quand des paliers laissaient
couler de l'huile et salissaient les mécanismes et la salle. Que
ce soit par intérêt véritable approfondi ou extérieur, ou par
l'orgueil qu'ils ressentent du choix qui s'est porté sur eux,
de la confiance qu'on leur donne, de l'importance des services
qu'ils assurent, tous les conducteurs disponibles dans nos
fermes sont capables de soins.

Or, des soins, c'est tout ce que demande une installation
électrique et mécanique. On soigne une installation comme
un être vivant sans connaissances spéciales, sans médecin, sans vétérinaire ; on suit les phases et les troubles de son
existence.

La simplicité nécessaire à nos machines est une simplicité
de conduite et d'entretien ; elle diffère de la simplicité de
mécanisme, qui, sous prétexte de diminuer le nombre des
organes d'une machine ou d'appareils d'un tableau, rend la
surveillance plus difficile. Il ne faut d'ailleurs pas trop de
simplicité de conduite, car les appareils automatiques, compliqués, très ennuyeux quand ils ne fonctionnent pas, sont
en définitive souvent plus chers et moins sûrs que nos conducteurs agricoles.

Toutefois, sous prétexte de rendements élevés, il ne faut pas
accepter des complications de mécanismes, ou des machines
de dimensions réduites dans lesquelles chaque pièce supporte
des efforts maximum en travaillant autant que possible. Le
rendement élevé s'obtient par des réglages précis, des dispositions particulières, des dimensions réduites, des allures critiques dépassant souvent les allures normales de moindre
usure. Au risque de nous faire honnir par les théoriciens, nous
n'hésitons pas à déclarer que les rendements élevés n'intéressent pas l'agriculture qui a besoin uniquement d'un bon
rendement moyen obtenu par des moyens normaux, non
factices et correspondant à une machine solide largement

calculée. Toutes nos machines en culture travaillent d'une façon irrégulière dans des conditions de marche à vide, charges et surcharges tout à fait contraires à un rendement élevé ; les réglages de charbon, d'air, de vapeur d'eau, d'essence, les calages des balais sont loin d'être précis. Ce qui nous intéresse, c'est la souplesse, la facilité d'à-coups et de surcharges considérables, sans risques, et nous les payons sur la machine par 4 ou 5 p. 100 de rendement en moins.

L'électricité donne beaucoup : on ne peut lui demander tout ; il faut savoir apprécier ses services et la façon dont elle peut servir. Et maintenant se pose pour l'intéressé le grave problème de la décision. Parmi les hommes à la vigueur de l'âge qui possèdent les fortunes et dirigent les entreprises, combien se souviennent des théories faites au collège sur l'électricité, si vagues et si éloignées de la réalité ? La science électrique est neuve, elle est à peine assise ; les cadres d'électriciens, ingénieurs et ouvriers, sont formés de jeunes hommes. Il a été impossible à ceux qui sont entraînés par leurs affaires de se tenir au courant des principes et des progrès nouveaux. Comment discuter son projet en détail et en vérifier les données ? Presque tous ceux qui décident une installation électrique sont obligés de donner leur confiance à un installateur. Ils doivent réclamer des garanties de bon fonctionnement et de bon montage, et savoir ce que leur mise de fonds leur donnera d'avantages et de commodités. Les garanties techniques seront toujours suffisantes quand on exigera un montage et une fourniture conformes aux instructions générales publiées par le Syndicat professionnel des Industries électriques. Mais la responsabilité morale est plus grande en agriculture que dans l'industrie ordinaire. L'installateur doit guider les premiers pas ; il est le conseiller de toute heure, toujours prêt à se déplacer, à faire tous les sacrifices de temps et d'argent pour que « ça marche ». C'est même à la mise en route que son rôle commence vraiment et que l'installateur doit développer non seulement ses connaissances électriques, mais encore ses connaissances agricoles. Telle machine prévue pour 6 chevaux en prend 12, le moteur électrique chauffe et se porte mal. Ce n'est pas la faute de l'électricien qui a bien fourni un moteur de 6 chevaux conforme à ses devis et conforme aux conventions, mais c'est la faute de l'électricien agricole qui n'a pas su dire qu'un moteur de 6 chevaux était insuffisant et qui n'a pas harmonisé son moteur à l'outil.

Celui qui fait en agriculture des applications mécaniques et électriques doit connaître l'électricité et l'agriculture. Il y a autant d'installations électriques de modèles différents qu'il

Batteuse mobile commandée électriquement.

y a de fermes; l'installation suit la culture dont elle est la servante, elle s'adapte à elle et ce n'est pas l'inverse qui est possible.

C'est pourquoi de très bons électriciens, très forts en tramway, en métropolitain, en grands réseaux, ont fait des projets de fermes très beaux au point de vue calcul, mais véritables erreurs pour le but à atteindre.

Mais, pour établir un projet, il faut des connaissances électriques profondes; l'à peu près électrique donne des

Lectures agricoles.   3

résultats très mauvais ; il faut donc des ingénieurs électriciens spécialistes.

Et nous signalons ces points pour éviter de voir un jour l'électricité tomber dans le domaine de la machine agricole, avec certains constructeurs qui voudront faire de tout et vendront côte à côte des pompes à purin, des trieurs, des hache-paille, des moteurs et des installations électriques.

L'électricité n'est pas un article de bazar ; vendre une dynamo n'est pas difficile, mais la placer judicieusement, c'est une spécialité. A chacun son métier, pour le plus grand bien de tous.

L'électricité appliquée à l'agriculture est une spécialité qui réclame la fusion de l'électricien et de l'agronome. C'est un art récent : quelques maisons s'en occupent, les plus vieilles n'ont pas dix ans. L'Institut national agronomique, nos Écoles nationales d'agriculture sont les véritables pépinières qui produiront des ingénieurs documentés à fond sur les questions du sol, susceptibles, par des études complémentaires spéciales de mathématiques, de mécanique et d'électricité, de devenir les véritables conseillers et les véritables électriciens des exploitations agricoles. Quelques-uns à peine se sont hasardés dans cette voie, où ils ont d'ailleurs réussi ; il est à souhaiter que beaucoup se décident, car on a besoin d'eux.

Et nous souhaitons aussi qu'après cette longue dissertation notre lecteur ne retienne plus son désir d'utiliser les services de ce fluide mystérieux presque surnaturel que les Ampère, les Faraday, les Gramme ont si merveilleusement enfermé dans de vulgaires fils en cuivre.

Le ministère de l'Agriculture met à la disposition des agriculteurs les ingénieurs du *Service des Améliorations agricoles*, en vue des installations hydro-électriques. Tout intéressé, en faisant sur papier libre une demande au ministre par l'intermédiaire du préfet, peut obtenir le concours des Améliorations pour le conseiller, étudier le projet, le suivre dans son exécution et le vérifier à sa mise en route. Ce concours est gratuit.

V

LES DOCTRINES AGRICOLES DEPUIS LIEBIG

Par **G. ANDRÉ,**

Professeur à l'Institut national agronomique.

La théorie minérale de Liebig ne lui faisait admettre, comme substances indispensables, que celles qui font partie des *cendres* de la plante. L'importance de l'azote était d'ordre secondaire, car aux yeux de Liebig, comme il existait presque toujours un approvisionnement considérable de cet élément dans tous les sols, il n'y avait pas lieu de s'occuper de sa restitution. En supposant, en effet, une richesse moyenne de 1/1000, la surface de 1 hectare de terre sous une épaisseur de 40 centimètres, pesant par conséquent 4000 tonnes, contiendrait 4000 kilogrammes d'azote. L'apport d'azote par l'emploi des fumiers semble donc insignifiant, quand on compare le taux de cet apport à celui qui existe normalement dans le sol. Boussingault combattit aisément cette façon de voir en montrant la supériorité du rendement obtenu, pour une récolte donnée, par l'apport d'une certaine quantité de fumier comparé à l'apport des matières minérales seules (cendres) contenues dans la même masse de fumier.

On ne peut d'ailleurs pas conclure, le plus souvent, à l'inutilité de telle ou telle matière minérale d'après les chiffres bruts fournis par l'analyse du sol. En effet, si on généralisait le raisonnement précité relatif à l'azote, il faudrait raisonner de même vis-à-vis de toutes les matières minérales : les sols à 1/1000 d'acide phosphorique ne sont pas rares ; donc l'apport de cette substance est inutile ; les sols à 5/1000 de potasse se rencontrent assez communément ; donc l'addition de potasse est inutile. Et la théorie de la restitution serait, par cela même, fortement ébranlée, sinon anéantie.

Mais remarquons — et ce point est fondamental — que c'est

beaucoup moins la quantité que la *qualité* d'un élément minéral qu'il faut considérer en agriculture. De l'approvisionnement énorme d'azote ou d'acide phosphorique que renferme un sol, une fraction seulement, et parfois assez faible, est utilisable *actuellement* par tel végétal. Le reste, c'est-à-dire la majeure partie, ne devient assimilable qu'à la longue, soit par l'emploi de certains agents physiques (labours) facilitant le travail chimique de dissolution qu'exerce le gaz carbonique, soit par suite de la lenteur avec laquelle s'exercent les phénomènes microbiens : tel est le cas de la modification de la matière azotée.

Quoi qu'il en soit, la théorie minérale de Liebig a jeté les bases de la chimie agricole rationnelle et montré quels étaient les véritables aliments du végétal. Elle a reçu immédiatement la sanction d'expériences synthétiques nombreuses. Une graine peut se développer à l'état de végétal parfait si, plantée dans un milieu inerte solide, tel que la silice, ou simplement dans l'eau, elle reçoit les éléments indispensables à sa nutrition *sous forme exclusivement minérale*, de sels, par exemple. Il n'est pas besoin de lui offrir de matières carbonées ; le gaz carbonique de l'atmosphère lui suffit. Telle est la conclusion formelle des travaux de Liebig.

Il est, sans doute, possible de faire absorber à une plante supérieure des matières organiques ternaires et même quaternaires qui servent à l'édification de ses tissus et qui, par conséquent, concourent à l'augmentation du poids de sa matière sèche. Certains végétaux pourvus de chlorophylle, parasites ou symbiotes, peuvent vraisemblablement absorber l'humus, sinon tel quel, du moins dans quelques-uns de ses constituants. Mais ces faits d'un haut intérêt ne sauraient contredire la théorie minérale telle que l'a conçue Liebig, puisque, dans l'immense majorité des cas, la plante ne profite pas directement des matières organiques mises à sa portée et peut fleurir et fructifier lorsqu'on met ses racines au contact des cendres d'une plante similaire.

Ainsi, il apparait qu'un petit nombre seulement d'éléments minéraux sont indispensables à la nutrition de la plante.

Cependant, l'analyse chimique approfondie montre que,

parfois, les cendres de certains végétaux contiennent des corps tels que le rubidium, le cæsium, le manganèse, le zinc, le cuivre, le titane, l'iode, le bore, etc. Ces éléments, à l'état de traces, sont-ils fortuits ou bien jouent-ils un rôle dans l'économie de la plante ? Pour certains d'entre eux, cette der-

Culture du seigle en sol crayeux (Marne).

Amélioration du sol par les superphosphates et le chlorure de potassium.

nière conception n'est pas douteuse ; tel est le cas du manganèse. Des recherches ultérieures montreront ce qu'il faut penser de l'utilité des autres corps simples que nous avons cités.

La chimie agricole n'a cessé de faire d'immenses progrès depuis les travaux de Liebig. Mais il est un nom qu'il est indispensable d'associer à celui du savant allemand dans l'histoire du développement de cette science : c'est le nom de J.-B. Boussingault. Il suffit de rappeler ses magistrales études sur l'alimentation des animaux, sur les phénomènes chimiques de la végétation, sur la composition des sols, sur l'emploi des engrais.

Il serait injuste de ne pas citer également les noms des deux illustres agronomes anglais, Lawes et Gilbert, dont l'immense labeur, poursuivi pendant un demi-siècle, a doté la science des renseignements pratiques les plus précieux.

Une ère de découvertes nouvelles et d'un intérêt de premier ordre s'ouvre pour la chimie agricole à la suite des recherches de Pasteur. Beaucoup de phénomènes naturels ont reçu une explication définitive le jour où il a été démontré que ces phénomènes étaient sous la dépendance de la vie microbienne. Citons, parmi les faits les plus saillants : la découverte de l'agent vivant de la nitrification par Schloesing et Müntz 1878 , découverte complétée quelques années plus tard 1891 par les remarquables travaux de Winogradsky ; la découverte du phénomène inverse de dénitrification à laquelle participent sans aucun doute plusieurs espèces microbiennes ; cette étude, abordée par de nombreux physiologistes, est loin d'être achevée ; la découverte de la fixation microbienne de l'azote gazeux par le sol due à Berthelot 1885 ; celle de la fixation de l'azote gazeux par les légumineuses par Hellriegel et Wilfarth 1886 . Cette dernière a non seulement fourni l'explication cherchée depuis si longtemps de l'enrichissement spontané du sol en azote à la suite de la culture de certaines légumineuses, mais elle a fourni un exemple nouveau de ces curieux phénomènes de *symbiose*, c'est-à-dire de *vie commune*, dans lesquels on voit un champignon, vivant sur les racines de la plante hospitalière, apporter à celle-ci l'élément azoté pris d'abord à l'atmosphère sous forme gazeuse 1 .

Les recherches faites dans ces derniers temps sur l'asso-

(1) Voy. *Chimie agricole*, par G. ANDRÉ *(Encyclopédie agricole)*. — *Analyses agricoles*, par GUILLIN *(Encyclopédie agricole)*. — *Précis de chimie agricole*, par E. GAIN. — *Analyse et essai des matières agricoles*, par A. VIVIER. (Librairie J.-B. Baillière et fils.)

ciation symbiotique d'un grand nombre d'algues, habitant à
la surface de la terre arable, avec certaines bactéries du sol,
— association qui a pour conséquence la fixation de l'azote
gazeux sur la terre végétale, — ont complété d'une manière
fort heureuse les résultats de la découverte de Hellriegel :
Wilfarth.

Culture de l'avoine en terrain argilo-sablonneux (Normandie).
Amélioration du sol par les engrais potassiques.

Telles sont les principales conquêtes faites au cours de ces
trente dernières années dans le domaine de la science agricole. Mais son domaine est immense. Il est certains problèmes
sur lesquels nous ne possédons que des données fort incertaines, celui, par exemple, de l'assimilation chlorophyllienne,
phénomène capital dans l'étude du cycle de la vie à la
surface du globe. Nous sommes actuellement réduits à des

conjectures plus ou moins vagues lorsqu'il s'agit d'expliquer le mécanisme de l'influence lumineuse dans la décomposition du gaz carbonique.

En présence du développement si rapide de toutes les branches de la science auquel nous assistons, ce n'est pas trop des efforts combinés de toute une phalange de spécialistes, s'unissant dans une véritable *symbiose scientifique*, — physiologistes, chimistes, physiciens, botanistes, — lorsqu'il s'agit de pénétrer les secrets qui touchent à la nutrition et à l'organisation des êtres vivants.

Expériences sur cultures de légumineuses avec nitragine (Schribaux).

L'Agriculture moderne.
Médaille décernée à l'*Encyclopédie agricole* (Grand Prix Heuzé).

II

DIRECTION DE LA FERME

La comptabilité agricole.

La comptabilité agricole consiste à consigner par écrit tous les mouvements des valeurs se rapportant à une entreprise ou à une exploitation agricole.

Elle est imposée par la loi aux commerçants. Les agriculteurs n'y sont pas obligés, mais elle leur est indispensable, même dans la petite culture : bien comprise, elle rend, dans tous les cas, de réels services. Elle peut, en effet, suppléer à un défaut de mémoire, éviter les contestations, prévenir les gaspillages, les vols et les pertes de toutes sortes ; elle permet enfin au cultivateur de vérifier à tout moment la situation de ses affaires, de la comparer d'année en année, de se rendre compte de ce qui, dans son exploitation, est une cause de profit ou de perte. Ces dernières considérations font partie de ce qu'on appelle le *compte moral*, c'est-à-dire l'enseignement pratique et, en quelque sorte, la leçon qui se dégage, pour le cultivateur intelligent, de l'examen d'une comptabilité bien tenue.

Dans la petite et la moyenne culture, le chef d'exploitation, ordinairement ouvrier lui-même, souvent peu familiarisé avec les chiffres, ne peut pas s'astreindre à de longues écritures qui, d'ailleurs, ne sont pas nécessaires. L'essentiel est d'adopter un système très simple, demandant à peine quelques minutes par jour, et de tenir ses comptes d'une façon nette, régulière et consciencieuse.

3.

I

PHILOSOPHIE DE LA COMPTABILITÉ AGRICOLE

Par E. TISSERAND,
Directeur honoraire de l'Agriculture.

Si l'évaluation du produit brut est difficile à dégager des données multiples de la statistique générale, l'étude des frais de production et du prix de revient des denrées fournies par l'agriculture n'offre pas moins d'embarras.

Chacun compte à sa manière : aussi les prix de revient de chaque produit indiqués par les uns et les autres sont-ils très divers. Pour le froment, par exemple, on assigne comme prix de revient depuis 11 et 12 francs par hectolitre jusqu'à 18, 20 et même 25 francs. Il naît de là une regrettable confusion dans les comptes de culture et une grande obscurité sur les opérations agricoles, qui ne sont pas sans influence sur ceux qui cherchent dans l'exploitation d'un domaine rural une occupation à leur intelligence et un emploi à leurs capitaux. Cette incertitude fâcheuse, véritable épouvantail des débutants, subsistera tant qu'on n'écartera pas du problème tous les éléments indéterminés, tant que, voulant trouver le prix de revient absolu de chaque nature de produits, on fixera arbitrairement un prix à toute chose, tant qu'on confondra même des parties du capital engagé avec les frais annuels d'exploitation. On doit à la vérité de dire que les systèmes de comptabilité agricole mal interprétés n'ont pas peu contribué à propager les erreurs qui règnent à cet égard. Au lieu de s'en servir comme d'un moyen propre à éclairer la marche du cultivateur, on a voulu voir, dans les résultats de la comptabilité-matière, l'image de la vérité absolue; on a voulu leur donner une signification qu'ils ne pouvaient avoir.

Le but de l'exploitation raisonnée d'un domaine rural est, nous le répétons, d'en tirer constamment le revenu le plus élevé possible dans les conditions où il se trouve, tout en lui conservant sa fertilité, ou même en l'augmentant d'année en année. Si, pour obtenir ce résultat, il ne fallait qu'une seule culture, le compte du produit net et le prix de revient de la denrée récoltée seraient faciles à établir, puisqu'il suffirait, d'une part, pour avoir les frais de production, d'ajouter au loyer de la terre et des bâtiments, à l'intérêt du capital d'exploitation, les dépenses faites en salaires, les frais d'entretien des bâtiments, des animaux, du matériel, les assurances et les impôts, et, de l'autre, de faire le total des sommes encaissées par suite de la vente du produit unique de la récolte; mais ce cas est simple et se rencontre exceptionnellement.

On produit et l'on vend en général dans une ferme différentes natures de denrées; on y entretient des chevaux, des vaches, des moutons, des bœufs, des porcs, pour avoir, non seulement du travail ou du fumier, mais encore de la viande, du lait et de la laine; les céréales, les racines et les plantes industrielles fournissent des produits tout aussi variés. Quelle que soit cependant la multiplicité des denrées obtenues, toutes les spéculations n'en ont pas moins un lien entre elles : toutes les cultures concourent à servir l'intérêt de l'exploitant; toutes les opérations sont solidaires les unes des autres.

Telle plante, par exemple, doit venir forcément après l'application du fumier, telle autre doit suivre celle-ci; certaines opérations doivent être faites pour nettoyer, ameublir, fertiliser et approfondir la couche arable, et elles profiteront à la série des cultures à venir dans un ordre déterminé. Or, dans ces conditions, ce n'est pas tant le prix de revient de chaque produit isolément qu'il importe de connaître, c'est avant tout le résultat final de toutes les opérations, de l'ensemble des cultures et des spéculations animales qui s'y rattachent. Ramenée à ces termes, la recherche du profit ou de la perte de l'exploitation n'est pas plus difficile que dans le premier cas. Tout se réduit à savoir ce qu'on a encaissé par la vente des produits d'un côté, et d'autre part ce qu'on a dépensé dans le cours de l'année en salaires, entretien des bâtiments, du matériel et des animaux, en assurances, en impôts, en renouvellement des semences, du matériel et des animaux, en engrais commerciaux, et ce qu'on a engagé de capital dans l'achat de la propriété, en améliorations foncières et en achat du cheptel, du matériel, des semences, engrais et denrées de consommation, toutes valeurs exactement connues.

Le rôle de la comptabilité, de ses comptes multiples, est alors d'expliquer, de justifier le résultat de l'exploitation constaté par le compte de caisse. Elle doit indiquer, par l'analyse minutieuse de tous les faits, si l'ensemble des opérations de la ferme, si la succession de ses cultures, si les spéculations animales sont bonnes, si tout est bien combiné pour donner le revenu le plus élevé. Elle doit montrer si cette association de travaux et de cultures qu'on a adoptée permet de tirer le meilleur parti possible du sol, du climat, des forces disponibles, des ressources naturelles, des débouchés et du capital d'exploitation. Elle doit signaler les modifications à introduire dans l'organisation du travail, comme dans le choix des végétaux à cultiver et des animaux à entretenir pour obtenir les plus grands avantages; mais elle ne doit nullement, par des évaluations arbitraires dont on peut, suivant sa fantaisie ou le besoin de sa cause, modifier les résultats de mille façons, servir à fausser les faits et à faire luire un bénéfice là où il y a en réalité une perte. Le service qu'elle doit rendre est de faire connaître le mérite relatif des diverses spéculations d'une même ferme, et, pour cela, il suffit de donner un prix de convention aux denrées dont la valeur est indéterminée ; car alors on est à même de juger quelle est la culture qui, pour le même nombre d'heures de travail et pour les mêmes frais de main-d'œuvre, pour le même capital engagé, est relativement la plus profitable; quel est le genre de bétail qui, pour la même quantité de foin, de paille et de racines, donne le plus de produits ; on verra s'il faut préférer, dans un sol donné, le froment au seigle, l'orge à l'avoine, le colza à une partie de blé, ou encore le mouton à la vache laitière, le bœuf au cheval, et *vice versa*.

Extrait de l'*Économie rurale de l'Alsace*. (Berger-Levrault.)

II

COMPTABILITÉ ET AGRICULTURE

Par **F. CONVERT**,
Professeur à l'Institut national agronomique.

La comptabilité est l'enregistrement méthodique des mouvements des valeurs qui intéressent une entreprise quelconque, ou encore une série d'entreprises réunies sous une même direction.

Les opérations sur lesquelles elle repose ne sont pas directement productives. Ce n'est pas parce qu'on tient des écritures en règle que la production augmente ou qu'elle devient plus économique. Mais, si l'inscription des dépenses et des recettes, des obligations actives et passives d'un négociant, d'un industriel, d'un cultivateur, n'est pas, en elle-même, une source de profits, elle fournit de précieuses indications qui aident singulièremen à la bonne gestion des affaires. Le passé est fécond en indications pour l'avenir; ses enseignements préviennent de fausses méthodes, ils permettent de dresser des états de prévision sur des bases solides, de savoir où l'on va; ils évitent des études souvent longues et incertaines. La comptabilité explique une situation et l'établit avec documents à l'appui; elle montre à celui qui la tient sa position véritable en lui rappelant ce qu'il a engagé dans ses affaires, ce qu'il possède, ce qu'il doit et ce qui lui est dû, ainsi que les circonstances qui ont créé sa situation.

La comptabilité est donc un instrument d'analyse; elle ne procure pas seulement à celui qui s'en occupe des satisfactions morales; elle conserve à sa portée des données d'une grande valeur pratique. Sa tenue rend dans tous les cas des services incontestables. Mais si partout elle est utile, elle est souvent indispensable.

Le petit entrepreneur, celui qui ne fait d'achats et de ventes
qu'au comptant, peut sans doute se borner à quelques écritures sommaires; il peut même s'en passer à la rigueur. Beaucoup n'en tiennent aucune, sans que cependant leurs affaires
souffrent de leur absence. La mémoire supplée, pour eux, aux
inscriptions des registres; il leur est facile de se rendre compte
à chaque instant de ce qu'ils possèdent, tant en marchandises
qu'en espèces.

Mais, pour peu que les affaires se compliquent, qu'aux
transactions au comptant se joignent des transactions à
terme, que le nombre des correspondants avec lesquels on est
en relation d'échanges s'élève, même dans une faible proportion, que les effets de commerce interviennent dans les règlements, il n'est plus possible de se fier à ses souvenirs; l'enregistrement des faits s'impose, on ne peut plus se passer matériellement de comptabilité; son organisation est aussi essentielle que celle de la main-d'œuvre.

La comptabilité est la sauvegarde des commerçants; elle a
des avantages analogues pour les cultivateurs. Le législateur
cependant n'a pas cru devoir l'imposer à ces derniers. Beaucoup, autrefois surtout, auraient été absolument incapables
de la tenir, faute d'instruction suffisante. Jusqu'à ces derniers
temps, leurs affaires avec des tiers ont été pour la plupart
très restreintes et suivies de règlements immédiats. On pouvait les encourager à tenir des livres; il n'était guère possible
de leur en faire une obligation. Mais s'ils n'avaient pas et s'ils
n'ont pas encore les charges d'écritures, ils n'avaient pas non
plus et ils n'ont pas encore les bénéfices correspondants. La
faveur apparente dont ils jouissent n'a d'autre effet que de
les mettre dans un état d'infériorité vis-à-vis des commerçants. Le mal n'est pas grand pour le petit propriétaire ou le
petit fermier dont les opérations ne sont jamais bien étendues;
il devient, d'année en année, plus sérieux pour le grand agriculteur dont les affaires se rapprochent de celles des commerçants et des industriels. Il n'y a plus d'exploitation un peu
importante qui puisse se passer d'écritures régulières. La
comptabilité devient de plus en plus nécessaire; par son
adoption, les agriculteurs obtiendront un traitement aussi

favorable du législateur que les commerçants; il n'y a plus à reculer devant sa généralisation.

Déjà, du reste, en organisant le crédit agricole mutuel, la loi du 5 novembre 1894 décide que les sociétés créées sous son autorité sont des sociétés commerciales « dont les livres doivent être tenus conformément aux prescriptions du Code de commerce ». Les organisateurs de ces associations, qui sont généralement des représentants autorisés de l'agriculture, ne peuvent donc plus légalement rester ignorants des méthodes de la comptabilité commerciale ; les simples cultivateurs qui usent du crédit mis à leur disposition ne peuvent, de leur côté, y demeurer étrangers. C'est la force des choses qui, à défaut de considération d'autre ordre, décidera d'une réforme trop longtemps attendue dans nos campagnes ; il faut s'y décider (1).

Sans méconnaître l'utilité d'écritures bien tenues en agriculture, on s'y est dérobé surtout en prétextant leurs complications et leurs difficultés, en invoquant les pertes de temps et les frais qu'elles entraînent. Ces critiques ont été si souvent répétées qu'on a fini par y croire, et qu'il faut quelque effort d'intelligence pour remonter le cours des doctrines dominantes. Sans doute, la comptabilité agricole demande quelque peine. On n'a rien pour rien. Ses charges, cependant, sont beaucoup moins lourdes qu'on ne le croit. Il y a, en comptabilité, toutes sortes de degrés, des formes simples et d'autres compliquées. Suivant les indications qu'on demande à ses livres, on se crée plus ou moins de travail. Mais, à s'en tenir aux prescriptions du Code de commerce, à ces prescriptions essentielles dont l'application a des résultats si heureux, on peut se borner à une besogne d'une extrème simplicité, moins absorbante même que celle qu'exige le commerce le plus modeste, et non moins profitable. C'est, pour les situations qui nécessitent quelques notes, une simplification qu'une bonne comptabilité, et il n'y en a plus guère dans lesquelles on puisse s'en passer.

(1) Voy. *Comptabilité agricole*, par F. CONVERT (*Encyclopédie agricole*. — *Registre de comptabilité agricole*, par E. JOUZIER (Paris, J.-B. Baillière et fils, 1910).

On peut donc, en comptabilité, débuter par des écritures d'une extrême brièveté, tout en étant complet. Quand, plus tard, on veut avoir plus de détails, il n'y a qu'à développer le plan primitivement adopté. C'est toujours chose facile, et d'une facilité qui paraît de plus en plus manifeste. L'essentiel est de commencer. La comptabilité agricole, comme la comptabilité commerciale, a cet avantage, c'est que ceux qui l'ont adoptée sont toujours disposés à y apporter des compléments. Plus on voit, plus on veut voir ; il n'y a pas de personne qui, après avoir fait de la comptabilité sérieuse, si élémentaire qu'elle soit, ne devienne un des partisans convaincus de la méthode.

C'est persuadé de cette vérité que nous nous sommes proposé, dans notre *Comptabilité agricole*, de montrer comment on peut ouvrir une comptabilité très sommaire, d'une régularité parfaite, à la portée de tous, et y apporter graduellement des développements complémentaires.

La ferme de l'Institut national agronomique à Noisy-le-Roi
(Seine-et-Oise).

III

LES BATIMENTS AGRICOLES ET LEUR INSTALLATION

Par **J. DANGUY**,

Maître de conférences à l'École nationale d'agriculture de Grignon.

Les constructions rurales et les constructions urbaines doivent être installées d'après des principes absolument différents ; tandis que ces dernières, en raison du prix très élevé du sol, présentent de nombreux étages et sont en matériaux de premier choix, afin de pouvoir réduire au minimum l'épaisseur des murs et des planchers et donner aux pièces, pour un même emplacement, les dimensions les plus grandes possibles en largeur comme en hauteur, les premières au contraire s'étendent en surface, ce qui rend les services plus faciles et permet d'utiliser les matériaux trouvés sur place ; par suite, le prix de revient des bâtiments agricoles et, partant, celui de leur entretien sont moins élevés. Si les matériaux extraits sur place ne présentent pas la même résistance que ceux employés dans les constructions des villes, qu'on fait venir de loin à grands frais, il suffit d'augmenter l'épaisseur des murs pour leur donner une solidité suffisante.

En général, dans une même ville, la hauteur des maisons, tout au moins pour celles de rapport, est fonction du prix du terrain sur lequel elles sont bâties et, pour des villes différentes, on peut dire que le prix relatif du sol est en rapport avec le nombre d'étages des constructions. Dans les constructions rurales, seule l'habitation du fermier et du propriétaire peut faire exception à ces principes, le propriétaire devant chercher à avoir une habitation présentant toutes les commodités et le confort qu'on rencontre dans la plupart des constructions nouvelles, et le fermier ne refusant jamais de payer un supplément de fermage pour disposer d'une installation commode et agréable pour les siens et pour lui ; d'une manière générale, ce confortable doit être fonction de l'importance du domaine, c'est-à-dire des exigences de la vie de celui qui est chargé de le faire valoir (1).

Les logements destinés aux animaux, aux produits, aux récoltes et au matériel doivent être construits comme les locaux industriels, c'est-à-dire répondre parfaitement au but pour lequel ils sont établis, mais avec le minimum de dépense, en supprimant tout ce qui n'est pas utile et en choisissant comme matériaux ceux qui sont les moins coûteux, mais qui, cependant, sont les mieux appropriés aux usages qu'on en attend. Toute disposition inutile, tout luxe, entraine non seulement un supplément de fermage, mais aussi et surtout un supplément d'entretien ; d'autre part, une économie mal comprise, dans la disposition des locaux comme dans l'emploi des matériaux, peut rendre les services mal commodes et provoquer ainsi une augmentation de dépenses journalières, quelquefois même des accidents. Il faut donc, d'une part, éviter toutes les dispositions inutiles et, d'autre part, choisir parmi les matériaux à employer les moins coûteux de ceux pouvant être utilisés. Pour les animaux, les locaux doivent en outre être sains, d'un nettoyage facile, aérés sans être froids ; les services se font alors plus facilement, plus rapidement, et les maladies sont moins à redouter. Pour les produits, il faut des locaux secs, à l'abri des rongeurs et des insectes, clairs et d'un accès pratique afin de rendre la surveillance commode et par suite les pertes moindres.

Le choix des matériaux de construction est facile : il suffit d'étudier tous ceux qui remplissent le but proposé et de prendre parmi ces derniers les matériaux dont le prix est le moins élevé ; ainsi, par exemple, pour couvrir un bâtiment, nous pouvons employer différentes espèces de tuiles, des ardoises, du zinc ; nous éliminerons ceux de ces matériaux qui rempliraient mal le but à atteindre, et, s'ils peuvent tous être employés indifféremment, nous choisirons les moins coûteux.

(1) Voy. *Constructions rurales*, par J. DANGUY (*Encyclopédie agricole*).

Une question très importante dans les constructions rurales est celle du choix de l'emplacement des bâtiments. Au point de vue théorique, ils doivent être au *centre de gravité des cultures*, de manière à réduire au minimum les distances parcourues chaque jour par les attelages pour se rendre au

Une installation modèle de vacherie pour grande exploitation.

travail dans les différentes pièces, et pour réduire au minimum également les transports des fumiers, des engrais et des récoltes ; la surveillance est en outre beaucoup plus facile à exercer. Ce centre est fort difficile à déterminer d'une manière absolue, par suite des différents genres de cultures faites sur un même domaine (prairies, céréales, racines, etc.), de leurs changements annuels, et aussi du morcellement de la propriété. De plus, on est presque toujours obligé de faire intervenir d'autres considérations, dont la plus importante est celle de l'eau : les bâtiments doivent toujours être, en effet, à proximité d'un endroit où l'eau est abondante et saine (ruisseaux, rivières, sources, étangs, puits ou mares). Donc, si d'une part il faut chercher à se rapprocher du centre de gravité des cultures, de l'autre il ne faut pas oublier que les bâtiments doivent être à proximité d'une source abondante d'eau potable.

On doit aussi tenir compte de la facilité de réception et d'expédition des produits et des récoltes; toutes choses égales d'ailleurs, il faut placer les bâtiments à proximité d'un chemin, d'un canal, d'une voie de grande communication ou mieux d'un chemin de fer, mais on *doit bien se garder de les en installer trop près*: la ferme doit être à quelques centaines de mètres au moins de ces débouchés et y être reliée par une route particulière. Nous insistons sur ce dernier point parce qu'ainsi l'exploitant est maître chez lui; il peut agrandir ses bâtiments, en ajouter de nouveaux, faire de nouvelles cours, sans être soumis aux servitudes d'alignement et autres; enfin, les risques d'incendie sont moindres et leurs conséquences moins graves.

Une installation modèle de haras, à Chamant (Oise).

IV

LE BORNAGE DES PROPRIÉTÉS RURALES

Par **Ch. MURET**,

Professeur à l'Institut national agronomique.

La moitié, environ, des propriétés en France est encore dépourvue de tout bornage. C'est là une source de contestations qui « avive les haines et qui sème le trouble et la division dans les campagnes ».

Si l'on consulte les statistiques, on trouve, de département à département, des différences assez sensibles qui ne proviennent pas seulement de l'inégalité du nombre des propriétés et des contenances territoriales. A surface égale, le nombre des procès augmente avec le degré de morcellement du sol et avec les lacunes et l'irrégularité du bornage. D'autre part, les chiffres des statistiques ne comprennent que les contestations engagées devant les juges de paix, qui ne sont, de l'avis de ces magistrats, que le tiers, le quart, le cinquième, ou même moins, du nombre total des litiges, résolus le plus souvent à l'amiable, par l'intermédiaire des experts ou des géomètres.

Les frais d'un bornage judiciaire sont rarement inférieurs à 15 francs et atteignent parfois, ou dépassent même, 4 000 francs, alors que la valeur contestée ne représente souvent que quelques francs. Les frais des bornages judiciaires s'élèvent annuellement à environ 425 000 francs, soit, en moyenne, 75 francs par procès ; si l'on ajoute tous ceux qui résultent des contestations résolues ailleurs, on arrive à un chiffre annuel de un million et demi de francs.

De l'avis presque unanime des juges de paix, « les géomètres locaux, par leur intervention amiable, rendent de grands services à la propriété ». Par contre, « l'intervention des agents d'affaires, assez fréquente aux environs des villes et heureusement ignorée dans les cantons ruraux, a presque toujours pour résultat de compliquer les questions et de susciter de nouvelles difficultés ». Laissons donc l'agent d'affaires à ses combinaisons et voyons comment nous allons fixer les limites des trente millions de propriétés non bornées. Il est vrai qu'en supprimant cette cause de contestations les géomètres détruisent leur poule aux œufs d'or, mais les économies que les propriétaires, bien limités désormais, réaliseront sur les procès, se reporteront sur l'amélioration de leurs terres et les géomètres trouveront là une nouvelle occasion de déployer leur activité par des tracés de chemins, de drainage, d'irrigation, par des échanges, etc., ce qui sera profit pour tous.

Deux moyens sont ordinairement employés pour déterminer la position des bornes entre deux propriétés de limite indécise. Ou bien on bornera *selon la jouissance*, si elle laisse une ligne apparente et si les propriétaires y consentent ; ou bien on étudiera la limite d'après les contenances des deux propriétés contiguës.

On sait que la *limite de la jouissance* est la ligne déterminée par la culture des deux terrains, ligne ordinairement apparente, mais généralement flottante, chacun cherchant, à chaque labour, à mordre sur son voisin. Néanmoins si, à un moment donné, les deux riverains acceptent cette limite et en demandent la consécration au géomètre, celui-ci fera disposer des bornes, comme il est d'usage.

Mais si les propriétaires ne sont pas d'accord sur cette limite ou si aucune limite n'est apparente, comme dans le cas de pâturages communs, par exemple, il faut alors, avant la pose des bornes, procéder à la *délimitation*.

A cet effet, le géomètre ira chercher, de part et d'autre, les limites *bornées* les plus proches, qui pourront se trouver au delà des deux riverains intéressés, et il essaiera, même avant tout mesurage, de faire prendre aux propriétaires compris entre ces limites l'engagement d'accepter le bornage qui va résulter de l'opération technique, le plus ou moins de surface qui sera constaté étant réparti proportionnellement à la contenance de chaque propriété. Il ne manquera pas, en cas de refus de certains propriétaires, de faire observer que ce qui est demandé amiablement peut être exigé légalement, ce qui augmenterait bien inutilement les frais et les délais ; puis, après acceptation, généralement consentie, il procédera au mesurage de la contenance totale du polygone déterminé par les bornes. Pendant ce temps, les intéressés réuniront leurs divers titres de propriété, que le géomètre compulsera pour en extraire tous les renseignements relatifs aux contenances. Faisant alors la comparaison entre le total de ces dernières et la surface réelle, il n'aura plus qu'à répartir la différence, s'il en existe, conformément à la convention préalablement rédigée, et en tenant compte, pour la direction des limites à établir, des circonstances locales qui pourront se présenter. Ainsi, par exemple, il cherchera à obtenir le parallélisme entre les divisions, mais alors, s'il n'existe pas entre les limites extrêmes, il se trouvera toujours une parcelle avec *une pointe*, comme disent les laboureurs, et il la laissera où elle se trouvait avant le mesurage. Mais chaque parcelle avait peut-être la sienne ; dans ce cas, le géomètre examinera s'il y a intérêt général à n'en laisser qu'une et il essaiera de la faire accepter par l'intéressé au moyen d'une petite compensation de surface consentie par les autres propriétaires.

Après l'accord des propriétaires, le géomètre délimit la limite par des piquets provisoires, puis par des bornes dont la nature varie avec la production minéralogique de la région. Ainsi, elles seront en calcaire aux environs de Paris, en grès à Fontainebleau ou dans les Vosges, en granit sur le Plateau central ou en Bretagne, etc. Dans les terrains tourbeux ou marécageux, la pierre est remplacée par un fort piquet en chêne, de 1 mètre environ de longueur sur 0^m,10 d'équarrissage et dont la pointe est flambée. Dans certains départements, comme le Gers, on plantera, à l'intersection de diverses limites, un pied de cognassier ou d'aubépine. Enfin, les hauts pâturages ne seront souvent délimités que par des amas de pierres, des crêtes, des croix sur les rochers.

Souvent on enfouit, sous la borne ou latéralement, des matériaux divers tels qu'une tuile ou une brique cassées, du charbon, du sable, etc., qui servent de *témoins* ou *garants*, en cas de disparition de la borne. Sans négliger cet usage, il est bon de le compléter par des renseignements numériques, appelés *rattachements*, que le géomètre mentionne dans son procès-verbal (1).

L'immuabilité de la position des bornes est généralement respectée. On sait que les anciens la mettaient sous la protection d'un dieu spécial, le dieu *Terme*, et les paysans ont gardé quelque reste de ce culte antique. Aujourd'hui, d'ailleurs, la protection dure toujours ; le nom du protecteur, seul, a changé : il s'appelle la Loi, et les juges de paix, chargés de l'appliquer, sont ordinairement sévères, à juste titre, pour ses rares détracteurs.

Mais si les déplacements frauduleux sont rares, les accidents, dans les terres cultivées, le sont moins : aussi, pour les éviter, place-t-on quelquefois les bornes à une assez grande profondeur, mais alors elles ne rempliront qu'imparfaitement leur but, car le cultivateur, pour se diriger, négligera souvent de les mettre momentanément à jour. En tout cas, si l'on préfère les laisser émerger au-dessus du sol, il faudra les placer sur les points les moins dangereux, en les éloignant suffisamment, par exemple, du bord des fossés ou en les plaçant au delà des *tournières* ou *fournières*, qui, selon l'usage, se prolongent souvent sur le voisin, au moment du labour.

Jusqu'à présent, nous avons supposé que la borne détermine la position d'une seule ligne droite sur laquelle il est loisible de se mouvoir pour trouver la meilleure position de cette borne ; mais, lorsque deux ou plusieurs droites aboutissent à un même point, on conçoit que la borne devra être placée à ce point de concours : aussi, dans ce cas, la plantation devra présenter une solidité exceptionnelle, les rattachements seront vérifiés et surabondants, si c'est possible ; enfin la tête de la borne sera équarrie et, si sa surface horizontale le permet, on gravera le point précis d'intersection. C'est dans ce cas surtout que les précautions mentionnées pour la plantation de la borne seront mises en pratique.

(1) Voy. *Arpentage et nivellement*, par Ch. MURET (*Encyclopédie agricole*).

V

LES CLÔTURES

Par **E. JOUZIER**,

Professeur à l'École nationale d'agriculture de Rennes.

« Le droit de clore et de déclore ses héritages résulte essentiellement de celui de propriété, et ne peut être contesté à aucun propriétaire. » L. 28 sept.-6 oct. 1791, art. 4. Ce langage de l'Assemblée nationale peut nous paraître superflu, tellement le droit de clore ses propriétés semble naturel. Mais, à l'époque où il était tenu, son utilité était d'autant moins contestable que la disposition qu'il consacre avait semblé insuffisamment énergique et avait été complétée par celle-ci : « L'Assemblée nationale abroge toutes les lois et coutumes qui peuvent contrarier ce droit. » Il y avait, en effet, de nombreuses restrictions à l'exercice de ce droit avant la Révolution, restrictions dont le but était, soit la protection du droit de chasse au profit du seigneur féodal, soit l'exercice de la vaine pâture. La clôture était généralement permise dans les villages et hameaux pour les terres voisines de l'habitation, tandis qu'elle ne l'était pas en plein champ; et d'ailleurs elle n'enlevait point au seigneur le droit de pénétrer sur la terre pour y chasser : elle était surtout tolérée. Parfois, elle était obligatoire et le cultivateur était tenu d'entretenir un parc d'où le gibier ne pût pas s'échapper. Ces dispositions ont vécu, et les restrictions apportées actuellement au droit de clôture ont d'autres fondements [1].

Le droit commun est régi par la disposition suivante : « Tout propriétaire peut clore son héritage, sauf l'exception portée en l'article 682. » (C. civ., 647.) Cette exception se réfère à la propriété enclavée. La propriété qui entoure l'en-

---

(1) Voy. *Législation rurale*, par E. JOUZIER (*Encyclopédie agricole*).

Lectures agricoles.   4

clave peut être close, mais sous la réserve qu'il sera ménagé un passage suffisant pour le service de l'enclave.

La clôture peut être quelconque : haie sèche ou haie vive, fossé, mur, etc., mais dans tous les cas elle doit avoir son point d'appui et se projeter entièrement sur la propriété qu'elle défend. La clôture ne doit pas avoir pour effet d'enlever au propriétaire voisin une partie des avantages qu'il tire de son fonds et, si c'est nécessaire, dans ce but, on devra ménager une certaine distance entre la clôture et la propriété voisine : tel sera le cas pour un fossé susceptible d'entraîner des éboulements, un mur susceptible, en gênant pour le passage de la charrue, d'empêcher le voisin de labourer jusqu'à la limite de son terrain. La distance à ménager était autrefois fixée par les usages, mais les règles ainsi établies n'ont pas été conservées, la loi n'ayant pas consacré ces usages. Il faut donc, pour arrêter cette distance, partir d'une autre base : d'abord considérer les faits, c'est-à-dire la gène réelle que la clôture peut causer au voisin, d'autre part satisfaire à cette règle générale du droit, à savoir que *les droits d'un propriétaire s'arrêtent dès qu'ils peuvent atteindre ceux de son voisin.*

Il est fait exception à cette règle générale si la clôture est une haie vive. Dans ce cas, la haie est assimilée aux plantations en général et ne peut être placée qu'à la distance prescrite pour celles-ci.

Dans les villes et faubourgs, la clôture cesse d'être facultative (C. civ., 663). Chacun des deux propriétaires voisins doit contribuer à sa construction, sauf le cas où l'un des deux aurait déjà clos à ses frais, auquel cas il n'aurait pas le droit de répétition contre l'autre. La clôture obligatoire consiste dans un mur dont la hauteur doit être de 3^m,20 au moins, chaperon compris, pour les villes de plus de 50000 habitants, et 2^m,20 dans les autres.

Les clôtures protègent la propriété par la résistance matérielle qu'elles opposent à l'entrée de l'homme ou des animaux, mais elles produisent aussi des effets de droit variables suivant les cas : 1° les délits sont réprimés avec plus de sévérité quand ils sont commis sur des propriétés closes; 2° Il peut être chassé en tout temps et sans permis de chasse

sur les terrains clos et attenant à une maison d'habitation ;
3° les terres closes sont affranchies de la vaine pâture, du ban
de vendange, etc. En général, les *clôtures réelles* sont les seules
à produire des effets de droit. En matière de vaine pâture
seulement, on admet aussi les *clôtures symboliques* lorsque

Les clôtures de la ferme.
A gauche, une haie. A droite, un mur bas en pierre. Au milieu, une
clôture en bois.

leurs effets sont consacrés par les usages. Ces clôtures consistent en de simples signes disposés dans les champs qu'ils
doivent défendre. Ces signes sont d'ailleurs variés suivant les
régions : tantôt c'est une simple raie de labour ouverte au
milieu du champ, tantôt une petite butte de terre élevée à
chacun des coins, ou même de simples brandons ou des bot-
telettes de foin pendues au bout d'une perche.

VI

LES ASSURANCES CONTRE LES ACCIDENTS DU TRAVAIL

Par **E. JOUZIER**,

Professeur à l'École nationale d'agriculture de Rennes.

Les assurances contre les accidents du travail présentent, au point de vue agricole, une utilité très grande. Le cultivateur y trouve des avantages en s'assurant lui-même contre les accidents qui peuvent l'atteindre, puis en assurant les ouvriers qu'il emploie.

On sait combien sont nombreuses les *causes d'accidents* pour les ouvriers de la culture. L'engrangement ou la coupe des récoltes, la conduite des animaux, attelés ou non, leur dressage, le maniement des machines, offrent de nombreuses occasions de se blesser.

Les risques courus dépendent, dans une très large mesure, de la nature même du travail exécuté ; ils sont *professionnels*, mais ils peuvent aussi, dans certains cas, tenir à ce qu'une faute a été commise par l'ouvrier ou celui qui l'emploie. Dans tous les cas, les conséquences ne peuvent manquer d'en être fâcheuses pour les deux parties.

S'agit-il de dresser un jeune cheval au travail. Il faudra vaincre une résistance plus ou moins violente, dans laquelle notre animal se défendra par tous les moyens. Sans doute, avec de la prudence, de l'habileté, on pourra éviter ses coups, le maintenir jusqu'à ce qu'il ait compris le service qu'on lui demande et se soit résigné à le fournir ; on ne saurait se flatter, cependant, de pouvoir sortir toujours indemne de la lutte.

Le serviteur atteint ne peut supporter seul les conséquences de l'accident, s'il a fait tout ce qui dépendait de lui pour l'éviter. De son côté, le patron qui a pris lui-même, dans ce but, toutes les précautions possibles, ne saurait en être déclaré responsable entièrement : *le risque professionnel fait partie des frais de production* et doit être supporté en commun par les deux parties. En fait, l'ouvrier ne peut, le plus souvent, en supporter sa part, si l'accident est grave, sans tomber dans la misère ; aussi arrivera-t-il fréquemment que le patron, même s'il n'est pas exposé à se voir déclarer responsable par les tribunaux, en prenne la charge et assure l'existence de la victime. Il ne manquerait jamais de le faire s'il était assez prévoyant pour parer à toute éventualité fâcheuse au moyen de l'assurance. Car dans ce cas, au lieu d'avoir à payer en une seule fois une lourde indemnité, il lui suffirait de débourser des primes annuelles très faibles, et le sacrifice lui paraîtrait moins lourd.

Même si l'accident est dû à une faute de l'ouvrier, les conséquences en peuvent parfois être mises, logiquement, pour une part, à la charge du patron. Ce sera le cas si la faute consiste en une simplification de la manœuvre, recherchée, réalisée, pour permettre de gagner du temps, de rendre plus de travail pour le profit commun des deux parties et avec leur consentement tacite. N'arrive-t-il pas, en effet, que le patron assiste sans mot dire à des manœuvres semblables !

Enfin, l'accident peut avoir pour cause l'imprudence du patron, et, dans ce cas, non seulement il y aura pour lui une responsabilité morale, mais encore responsabilité civile : la loi interviendra pour l'obliger à réparer dans la mesure du possible le préjudice causé à l'ouvrier et le condamnera à payer à celui-ci une indemnité (Code civil, art. 1382 et suivants). La responsabilité civile du patron sera même engagée en principe, sans qu'il y ait faute de sa part, dans le cas d'un accident du travail dont serait victime l'ouvrier attaché au service d'un moteur inanimé (lois du 9 avril 1898 et du 30 juin 1899).

Il est de la prudence la plus élémentaire de se prémunir contre de telles éventualités au moyen d'assurances contre les accidents (1).

La responsabilité du chef d'exploitation peut encore se

(1) Voy. *Économie rurale*, par E. JOUZIER (*Encyclopédie agricole*).

trouver engagée du fait des dommages qui seraient causés à des tiers par ses domestiques et préposés dans les fonctions auxquelles il les emploie (art. 1384 du Code civil) et par ses animaux (art. 1385) attelés ou non, par ses chiens atteints de rage, etc. Il peut encore de ce fait être condamné à payer aux victimes des sommes très élevées. Sous ce rapport encore, il peut trouver dans l'assurance une grande sécurité.

Rien ne s'oppose à ce que ces assurances soient réalisées par voie de mutualité. Toutefois, il existe des compagnies commerciales qui peuvent donner satisfaction et auxquelles le plus souvent il sera plus facile de recourir. « La caisse nationale d'assurances en cas d'accidents », instituée sous la garantie de l'État, procure une très grande sécurité, mais elle ne s'applique qu'aux accidents du travail, et en outre ses tarifs sont élevés.

Les contrats proposés par les compagnies sont de forme assez variable. Tantôt l'assurance est *individuelle*, s'appliquant à chacun des ouvriers en particulier, tantôt elle est *collective* et s'applique à l'ensemble. Elle peut comprendre *toute la responsabilité civile* encourue par le chef d'exploitation ou être limitée seulement à *une partie de cette responsabilité*; elle peut s'étendre à *tous les cas d'accidents*, ou bien n'admettre que *ceux qui entraînent une responsabilité civile*. La *prime à payer* peut être *calculée sur l'importance des salaires* payés aux ouvriers, ou *fixée en raison de la surface en exploitation*. Enfin, l'assurance peut aussi être *étendue au chef d'exploitation en même temps qu'à ses ouvriers*; elle peut s'appliquer aux *accidents qui surviennent sur le domaine exclusivement*, ou bien *également à ceux qui se produisent sur les routes, les foires*, etc., être *limitée à ceux qui atteignent le personnel de l'exploitation* ou *étendue à ceux qui causent du dommage aux tiers ou à leurs biens*; elle peut aussi assurer une indemnité à l'exploitant en raison des dommages qui seraient causés à ses chevaux et voitures par des tiers (*tierce assurance*), etc.

On comprend que la prime à payer soit fort différente suivant les cas, et nous ne saurions, sans donner à cette lecture de trop grands développements, procéder à ce point de vue à un examen des types susceptibles de se présenter. Disons seulement qu'il appartient au cultivateur qui désire s'assurer de provoquer des propositions de plusieurs compagnies sous des formes diverses et de ne se décider qu'après avoir pris en sérieuse considération les *tarifs* et les *avantages spéciaux* que peuvent présenter les combinaisons

Le développement des machines agricoles a considérablement augmenté le nombre des accidents du travail à la ferme.

qui lui sont soumises, *de même que la solvabilité et la moralité de la compagnie.*

Certaines compagnies recherchent, pour la conclusion des contrats, l'appui des syndicats professionnels. Elles trouvent chez l'assuré une garantie de moralité du fait même de son admission dans un syndicat et consentent, en faveur des syndiqués, des avantages spéciaux. Il y a là une raison de plus, pour le cultivateur, de faire partie d'un syndicat agricole.

VII

LES SECRETS DU BON CULTIVATEUR

Par **H. SAGNIER**,

Membre de la Société nationale d'agriculture de France.

Quelles sont les méthodes à suivre pour augmenter, économiquement, les produits des récoltes (1) ?

C'est à l'un des plus illustres agriculteurs du commencement du siècle, Mathieu de Dombasle, que nous empruntons la plus grande partie de notre réponse. Fondateur en France de l'enseignement agricole, inventeur des premières machines agricoles perfectionnées qui aient été répandues dans le pays, Dombasle a laissé un nom respecté par tous les agriculteurs. On le considère à juste titre comme le promoteur du progrès agricole au xixe siècle. Par ses exemples, par ses élèves, par ses écrits, son influence s'est propagée partout. Peu d'hommes ont réuni à un si haut degré les qualités du savant cherchant le progrès à celles du praticien habile, sachant profiter de toutes les ressources que la tradition met aux mains de ceux qui savent en profiter.

Son *Calendrier du bon cultivateur* est consulté avec le plus grand fruit, cinquante années après qu'il a été écrit. Peu de livres ont cette bonne fortune, en dehors de ceux qui sont marqués au coin du génie poétique ou littéraire. A la suite de ce calendrier, et pour en donner, en quelque sorte, une réalisation idéale, Mathieu de Dombasle a raconté avec simplicité, mais avec le plus grand charme, l'histoire d'un agriculteur qui en avait appliqué les principes. Cette histoire a pour but de raconter les secrets de Jean-Nicolas Benoît.

Le premier de ces secrets, c'est qu'il ne faut pas cultiver une plus grande étendue de terre que celle qui est propor-

(1) Voy. *Aide-mémoire de l'agriculteur*, par R. BRUNET. — *Les secrets de l'économie domestique*, par A. HÉRAUD. (Librairie J.-B. Baillière et fils.)

tionnelle aux ressources dont on dispose. C'est, en effet, une propension assez générale, surtout chez les petits cultivateurs, que celle d'acheter toujours de la terre, aussitôt qu'ils ont quelques profits ou quelques économies. Quand un journalier veut, par ce moyen, transformer sa situation de salarié en celle de petit propriétaire, il n'y a rien à dire, on ne peut

Le premier secret du bon cultivateur.
Il faut savoir vendre un pré pour acheter des vaches.

que le féliciter. Mais le cultivateur qui consacre toute son épargne, ainsi que cela arrive souvent, à l'achat de nouveaux champs, a bientôt dépassé la mesure. Il ne peut donner à une étendue plus considérable les mêmes soins de culture, les mêmes fumures : sa situation devient moins bonne. Tout le monde est d'accord qu'un hectare bien fumé en vaut deux, mais combien peu nombreux sont ceux qui savent mettre ce principe en pratique ! Et ce n'est pas parce qu'il rapporte autant que deux qu'un hectare bien cultivé, bien fumé, en vaut deux ; c'est parce qu'il donne un intérêt bien plus élevé de l'argent consacré à son acquisition et à sa mise en culture.

Aussi, que fit le Benoît de Mathieu de Dombasle, lorsqu'il se trouva, avec sa femme, à la tête d'un héritage qu'il s'agissait de faire valoir ? Il commença par en vendre une partie, afin de se constituer le capital nécessaire pour bien cultiver le reste. « Dieu sait, dit Mathieu de Dombasle, si tout le monde riait de cet arrangement : vendre des prés pour acheter des vaches ! Mais Benoît savait bien comment on nourrit des vaches sans prés, et il était bien sûr que les siennes ne mourraient pas de faim. »

Le deuxième secret de Benoît fut de bien labourer. Trop souvent les cultivateurs ne se rendent pas suffisamment compte de l'importance des labours. Le meilleur travail est, à leurs yeux, celui dans lequel les raies sont bien alignées, la terre suffisamment retournée, et ils s'inquiètent peu de la profondeur ou plutôt ils déclarent que les labours profonds sont à peu près impraticables. La vérité est que, avec la plupart des vieilles charrues, qu'on appelle partout charrues de pays, les labours profonds sont, en effet, très difficiles à exécuter. Les bonnes charrues ne coûtent pas plus cher, mais elles font un travail bien supérieur, elles fatiguent moins l'attelage et permettent de marcher beaucoup plus rapidement. Le labour bien pratiqué, suivi d'un hersage qui achève l'ameublissement du sol, est la première condition d'une bonne récolte. Comment en serait-il autrement ? La terre labourée est, pour la semence, un véritable lit dans lequel celle-ci se développe d'autant mieux que les racines, d'une part, la jeune tige, de l'autre, peuvent plus facilement s'étendre. La couche du sol utile est limitée, sauf de rares exceptions, à celle qui a été atteinte par le soc de la charrue ; plus elle est profonde, et plus les racines deviennent fortes et, par suite, plus toute la plante acquiert de vigueur. Les bons labours dépendent d'ailleurs de la première condition qui a été indiquée ; le cultivateur qui a une trop grande surface à labourer ne peut lui donner les soins nécessaires pour que le travail soit exécuté d'une manière parfaite.

Le troisième secret de Jean-Nicolas Benoît découle encore
du premier. C'est d'avoir le plus de bétail qu'il est possible
et de le bien nourrir. Cela est encore impossible lorsqu'on a
une trop grande étendue de terres pour ses ressources. Mais
le bétail est, de toutes les denrées agricoles, celle qui donne
les plus hauts profits, et, par-dessus, il donne gratuitement

Le deuxième secret du bon cultivateur.
Il faut savoir bien labourer.

son fumier qui sert à entretenir et à améliorer la qualité des
terres. Quant à la manière dont il faut tirer parti du bétail,
elle dépend des circonstances spéciales dans lesquelles chaque
cultivateur se trouve placé. Ici, il y aura plus d'avantage à
élever de jeunes animaux ; là, il lui sera plus profitable
de garder des bêtes qu'il engraissera pour la boucherie;
ailleurs, il devra entretenir des vaches à lait; ailleurs encore,
des porcs ou des moutons. Tout cela dépend des circonstances

locales, qu'il faut savoir étudier : en règle générale, on doit
s'adonner au produit dont la vente est la plus certaine et la
plus lucrative. « Dans toute culture bien entendue, dit Mathieu
de Dombasle, on doit avoir pour principe de faire consommer
par des animaux, dans la ferme, la plus grande partie qu'on
peut du produit des terres ; car cette partie produit de deux
manières, c'est-à-dire en argent et en fumier : tandis que les

Le troisième secret du bon cultivateur.
Il faut avoir beaucoup de bétail et le bien nourrir.

récoltes qu'on porte directement au marché rapportent bien de
l'argent, mais sont perdues pour l'amendement des terres. Il
n'y a pas de bonne culture là où on ne fait pas de grands
profits sur les bestiaux. Ces conseils paraissent écrits d'hier,
tant ils sont empreints d'esprit pratique. Pour les mettre à
exécution, il faut consacrer une grande surface aux plantes
alimentaires pour le bétail. Dans les terres légères, les pommes
de terre donnent d'abondants produits ; dans les terres argileuses, on peut les remplacer par les betteraves, les choux,
les féveroles, etc. D'un autre côté, le sainfoin, la lupuline,
les vesces, le maïs, le ray-grass et plusieurs autres plantes

fourragères peuvent remplacer le trèfle là où il ne vient pas
bien. Le bétail bien nourri, conservé à l'étable une grande
partie de l'année, donne un fumier abondant, de bonne
qualité, auquel quelques soins permettent de conserver toute
sa qualité jusqu'au jour où il est répandu sur les champs.

Le quatrième secret du bon cultivateur.
Il faut supprimer la jachère.

Nous arrivons ainsi au quatrième secret de Benoît : la
suppression de la jachère. Pourquoi, en effet, la jachère
couvre-t-elle chaque année de si grandes étendues de pays ?
C'est que le cultivateur n'est pas assez riche pour faire
autrement, ou plutôt qu'il ne sait pas assez bien employer sa
fortune ou son petit capital. Citons encore Mathieu de Dombasle : « Le mal, dit-il, est que vous avez trop de terres, et que
vous ne conservez pas assez d'argent pour les bien cultiver.
Dans ce pays-ci, je remarque que, lorsqu'un homme serait

en état de bien cultiver trois cents arpents, il prend une
ferme de mille arpents : vous dites alors qu'il n'est pas assez
riche pour cultiver sa terre sans jachères ; moi, je dis que ce
n'est pas lui qui est trop petit, mais sa ferme qui est trop
grande. On ne paraît pas savoir qu'il faut toujours qu'un
fermier soit plus fort que sa ferme. Il en est de même de
ceux qui cultivent leur propre bien ; ils mettent tout leur
avoir à acheter des terres, ils ne songent pas à conserver
l'argent qui leur serait nécessaire pour en tirer le meilleur
parti. On reste pauvre et, par conséquent, les terres sont
mal cultivées. La pauvreté de l'agriculteur n'est que relative ;
il ne doit jamais dire qu'il n'est pas assez riche pour cultiver
ses terres ; il n'est question, pour établir l'équilibre, que de
proportionner à ses moyens pécuniaires la quantité de terres
qu'il cultive. » Le remède est donc à côté du mal.

Extrait de Dans les champs. (G. Masson.)

Le repas de midi aux champs.

VIII

LA FERME A MIDI

Par Charles REYNAUD.

Il est midi : la ferme a l'air d'être endormie.
Le hangar aux bouviers prête son ombre amie ;
Là, profitant de l'heure accordée au repos,
Bergers et laboureurs sont couchés sur le dos,
Et, près de retourner à leurs rudes ouvrages,
Dans un calme sommeil réparent leurs courages.
Auprès d'eux sont épars les fourches, les râteaux,
La charrette allongée et les lourds tombereaux.
Par une porte ouverte on voit l'étable pleine
Des bœufs et des chevaux revenus de la plaine.
Ils prennent leur repas : on les entend de loin
Tirer du râtelier la luzerne et le foin ;
Leur queue aux crins flottants sur leurs flancs qu'ils caressent,
Fouette à coups redoublés les mouches qui les blessent.
A quelques pas plus loin, un poulain familier
Frotte son poil bourru le long d'un vieux pailler,
Et des chèvres, debout contre une claire-voie,
Montrent leurs fronts cornus et leurs barbes de soie.
Les poules, hérissant leur dos bariolé,
Grattent le sol, cherchant quelques graines de blé.
Tout est en paix ; le chien même dort sous un arbre,
Sur la terre, allongé comme un griffon de marbre.
Au seuil de la maison, assise sur un banc,
Entre ses doigts légers tournant son fuseau blanc,
Le pied sur l'escabeau, la ménagère file,
Surveillant du regard cette scène tranquille.
Seul, perché sur un toit, un poulet étourdi
Croit encore au matin, et chante en plein midi.

Extrait de Épitres, Contes et Pastorales. (Lévy.)

III

L'ARBRE ET LA FORÊT

« Les forêts précèdent les peuples, les déserts les suivent. »
CHATEAUBRIAND.

I

UTILITÉ DES FORÊTS

Par **A. FRON**,

Inspecteur des eaux et forêts.

L'existence de forêts bien réparties sur le territoire d'un pays est un élément de prospérité et de progrès, non pas seulement parce que les peuples jouissent des bénéfices matériels que procurent les forêts, mais encore parce que la destruction exagérée des massifs boisés rompt l'harmonie de la création et fait place aux régions inhospitalières à l'homme.

La forêt est un des dons les plus précieux de la nature, et son maintien en proportion suffisante dans une contrée est, spécialement en montagne, une condition indispensable au bien-être général; elle nous donne les produits matériels nécessaires à la satisfaction d'une infinité de besoins; elle assure le salaire journalier au grand nombre d'ouvriers qu'exigent le travail en forêt et le transport des bois ainsi que le fonctionnement des diverses industries qui utilisent le bois comme matière première; elle nous protège contre les intempéries des saisons, contre les ruines causées par les torrents et les inondations et contribue partout, mais surtout en montagne, à accroître l'habitabilité et la fertilité du pays; elle est dans bien des régions le charme du paysage qui attire le touriste et aussi la grande régulatrice des sources et des cours d'eau

Forêt de Blois. Fabrication du merrain de chêne.

auxquels l'homme demande presque gratuitement la force nécessaire pour alimenter un grand nombre d'industries locales.

La culture forestière s'applique à transformer, par l'intermédiaire de la plante, les matières fertilisantes du sol et de l'atmosphère en produits échangeables de plus haute valeur : mais, à l'inverse de ce qui se passe en agriculture, il n'est généralement pas admis qu'on donne au sol forestier des façons culturales et qu'on lui apporte des restitutions sous forme de fumure et d'engrais. Malgré cela, la forêt est considérée à juste titre comme susceptible de maintenir les terres à bois dans des conditions physiques et chimiques favorables à leur fertilité et même comme capable d'améliorer dans une certaine mesure les conditions de fertilité d'un terrain boisé. L'instrument dont elle se sert est la *couverture du sol*, et cette couverture dépend de l'état du massif (1).

Les forêts constituées de peuplements en bon état de massif, c'est-à-dire sans clairières, ni vides ou vacants, exercent sur les sols une action essentiellement améliorante. Le boisement en essences rustiques, notamment en résineux, des sols trop pauvres pour être utilisables par la culture agricole, des friches, des terres incultes, en un mot des terrains ruinés de toute nature, est le seul moyen de reconstituer peu à peu une couche de terre végétale suffisante pour les rendre productifs ; *la forêt est toujours capable, une fois qu'elle est installée, d'augmenter sensiblement la couche active du sol et d'accroître dans ce sol l'épaisseur de la terre végétale, à la condition qu'on lui permette de former sur le sol un couvert complet et continu.* Les propriétaires forestiers ne devraient pas oublier cette condition essentielle, alors qu'ils pourraient facilement, dans leurs forêts clairiérées et mal venantes, rétablir en peu de temps un bon état de massif à l'aide de quelques plantations dans les vides ; après avoir procédé à un semis ou à une plantation en terrain nu, ils ne devraient pas négliger, comme cela arrive trop souvent, de venir compléter en temps utile le boisement à l'aide de plantations.

(1) Voy. *Sylviculture*, par A. Fron (*Encyclopédie agricole*). — *Flore forestière*, par Mathieu et Fliche, 1897. (J.-B. Baillière et fils.)

La forêt produit lentement un matériel ligneux qu'on réalise au moment de l'exploitation, et la récolte des produits tend à appauvrir le sol forestier. Cette action appauvrissante devient très marquée, souvent même prépondérante, si à la récolte des produits ligneux proprement dits (bois de chauffage, bois d'œuvre, etc.) se joignent des enlèvements continus et abondants de feuilles vertes, de rameaux ou de brindilles pour le bétail, de feuilles mortes, d'humus ou de terreau forestier comme litière ou comme fumure pour les champs, de glands, de faines, etc., ainsi que des extractions abondantes et périodiques des produits accessoires du sol forestier. Considérée à ce point de vue, la culture forestière ne présente plus rien qui la distingue des autres cultures agricoles ; effectuée sans restitution d'aucune sorte, elle devient essentiellement épuisante pour le sol dont la fertilité décroît alors d'une façon plus ou moins lente, mais continue et très progressive.

Les massifs boisés ont une action incontestable sur le climat local des points où ils croissent et sur le climat général des régions où ils sont importants. La forêt régularise la température, adoucissant les températures extrêmes, diminuant les écarts qui existent entre les saisons ; elle facilite la condensation de la vapeur d'eau et la production des pluies qu'elle tend, surtout en montagne, à rendre plus fréquentes, moins abondantes et plus régulières. La forêt exerce d'autre part une influence bienfaisante sur les régions qui l'avoisinent en modérant l'action des vents violents, ainsi que celle des vents persistants, secs ou fortement desséchants ; elle paraît susceptible de modifier, surtout en montagne, le climat local.

En montagne, et plus généralement sur les terrains en pente, l'existence des massifs boisés joue un rôle prépondérant pour régulariser l'écoulement des eaux de pluie et des eaux de fonte des neiges ; l'état boisé supprime le ruissellement superficiel et permet aux eaux de s'enfoncer dans le sol ; il favorise l'existence des sources auxquelles il tend à assurer un débit régulier et constant ; il s'oppose au ravinement du sol et donne aux cours d'eau qui descendent de la montagne des allures moins torrentielles ; il tend à atténuer jusque dans la plaine la soudaineté et la violence des inondations.

En plaine, l'action des forêts sur le régime des eaux est beaucoup moins prépondérante et moins facile à déterminer.

En haute montagne, indépendamment des considérations précédentes, la forêt empêche la formation et le départ des avalanches; elle met obstacle au détachement et à la chute des pierres roulantes; elle réduit, dans une certaine mesure, les causes de glissement et d'éboulement des terrains. L'influence du boisement des bassins supérieurs de nos grands cours d'eau et de leurs affluents sur la régularité du débit et sur les conditions de navigabilité n'est plus discutée aujourd'hui, et, à un point de vue très voisin, l'essor de notre industrie hydro-électrique dépend de l'existence, de la protection et de la reconstitution des forêts de montagne.

La disparition progressive des forêts de montagne apparaît, en France, comme une cause puissante de dépopulation, de misère et de ruine, alors qu'au contraire la création ou la reconstitution des forêts dans les régions inhospitalières à l'homme devient rapidement une cause puissante de salubrité, de bien-être et de repopulation.

Fabrication du charbon de bois en forêt.

II

L'ARBRE DANS LA CAMPAGNE

Par **E. CARDOT**,

Inspecteur des eaux et forêts.

Comme elles seraient tristes, monotones, nos grandes plaines de culture et nos grandes vallées, s'il n'y avait le long des ruisseaux, des rivières ou canaux, le long des routes et chemins, et parfois à l'entour des champs, ces rangées d'arbres ou d'arbrisseaux qui de près égaient la vue par leurs feuillages variés et jusqu'à l'horizon le plus lointain se profilent dans le ciel avec de si douces teintes. En dehors de l'agrément et de la diversité qu'ils donnent aux paysages des pays plats, ces arbres remplissent des fonctions multiples :

Tandis que les saules au feuillage argenté s'inclinant sous la brise suivent les méandres capricieux du moindre ruisseau, que les aulnes à la verdure luisante se pressent au bord des rivières, les hauts peupliers dressent le long des grands fleuves leurs avenues imposantes. Tous fixent, consolident avec leurs racines les berges de terre meuble ou de sable que le courant des eaux tend à ronger et à détruire. Tous ombragent les masses liquides, modèrent les vents qui les agitent et, par cette double action, diminuent l'évaporation qui se produit à leur surface. Ainsi ils contribuent, dans la saison sèche, à maintenir dans les ruisseaux et rivières le flot bienfaisant qui doit alimenter les villes, irriguer les prairies, les cultures, faire marcher les usines ou porter les bateaux.

Les poissons eux-mêmes tirent profit de ces bordures végétales installées sur les frontières de leur domaine liquide : les eaux, maintenues plus fraîches, plus claires, plus abondantes, sont moins sujettes aux contaminations produites par les chaleurs caniculaires. Elles sont aussi plus riches en aliments et chaque branche qui s'incline à leur surface leur apporte son tribut

5.

d'insectes, d'animalcules ou de graines végétales pouvant servir à la nourriture de l'agent aquatique. Et puis, qu'elles sont belles, douces au regard, agréables à suivre pour le promeneur, pour la barque de plaisance ou pour le baigneur, ces rivières ombragées où viennent se fondre en un délicieux mirage la verdure des arbres et l'azur du ciel !

Les bordures d'arbres sont bienfaisantes aussi à la terre riveraine : par le drainage naturel que forme dans le sol le réseau de leurs racines, par l'aspiration régulière de leur feuillage, elles font disparaître l'excès d'humidité qui rend marécageuses et infertiles, dans un rayon souvent assez étendu, les rives des cours d'eau. Aussi n'est-il pas rare de voir dans les plaines humides ces bordures s'élargir ou se compléter par d'autres alignements ou par de petits massifs destinés à assurer mieux encore cette fonction d'assainissement.

Le peuplier, le tremble, l'aulne, le frêne, le saule, sont dans nos climats les essences préférées pour cette utilisation. Elles aiment l'eau et, grâce à leur croissance rapide, en absorbent de grandes quantités pour véhiculer les matières assimilables nécessaires à l'accroissement de leurs tissus.

La place qu'elles occupent sur le sol n'est pas perdue d'ailleurs, et le produit ligneux qu'elles donnent dépasse souvent en valeur celui des herbages ou des cultures.

Rien n'est beau comme un village à demi caché sous le feuillage des arbres ainsi qu'un nid d'oiseau. Les maisons apparaissent plus blanches, plus avenantes au milieu de cette verdure ombreuse qui leur donne la fraîcheur et l'abri.

Il faut donc respecter et conserver pieusement les vieux arbres qui ornent les avenues et parfois la place du village, entourent son église, son cimetière. Ils donnent au village sa physionomie particulière, le font reconnaître de loin, le fixent dans les souvenirs de ceux qui l'ont quitté et, dans l'exil lointain, vivent du pays absent.

Il faut les respecter, car ils sont comme les gardiens du foyer commun dont ils connaissent tous les secrets, ayant vu passer dix générations sous leur ombre, ayant vu leurs fêtes joyeuses et leurs convois funèbres, — ayant vu des familles s'élever par une longue suite d'efforts jusqu'à la richesse, et d'autres s'incliner peu à peu vers la misère. — Enfin, ils rappellent parfois les grands souvenirs de notre histoire. Ici, c'est un arbre sous lequel — au temps de saint Louis — on rendait la justice. Là, c'est un contemporain du grand Sully planté pour obéir à ses sages prescriptions. Celui-ci rappelle la naissance du roi de Rome. Celui-là est un arbre de la

L'arbre dans la campagne.

Liberté élevé sur la place publique pour commémorer les anniversaires républicains.

Il faut soigner aussi les arbres de l'enclos familial; ils assainissent l'air à l'entour de l'habitation; ils l'égayent du chant des oiseaux et l'emplissent du parfum de leurs fleurs.

Les arbres fruitiers du jardin et du verger méritent surtout des soins attentifs; s'ils sont bien greffés, taillés, entretenus par des engrais, si l'on prend soin d'assurer l'équilibre de leurs formes et de les défendre contre les insectes ou les pa-

rasites végétaux, ils sont l'ornement et la principale richesse
de l'enclos. Ils contribuent aussi à la parure du village; rien
ne laisse au voyageur une impression plus agréable d'aisance,
de bien-être, que la vue de jardins, de vergers bien ordonnés
et tout remplis de fruits, de légumes et de fleurs.

Les arbres de l'enclos familial ont aussi leur histoire et

Un champ bordé d'arbres.

leurs souvenirs. Tel d'entre eux a été planté à la naissance
d'un enfant, et il en porte le nom; tel autre rappelle un accident ou un événement douloureux. Ces arbres sont comme
des amis fidèles, depuis longtemps associés à de tristes ou
joyeux souvenirs. Tous cependant ne méritent pas ce respect
sentimental qui les protège contre la hache. Plus d'un ne
remplit plus la fonction pour laquelle il a été planté. Celui-ci,
vieilli, déformé par les accidents ou les mutilations, dévoré

chaque été par les insectes ou les champignons, n'est plus qu'une ruine végétale sans feuillage et sans beauté : loin de concourir à orner l'habitation, il la dépare par son aspect misérable. Celui-là étend depuis trop longtemps ses longs rameaux sans fruits par-dessus les herbages ou les cultures du potager. Ces arbres doivent être sacrifiés et remplacés.

Une ferme du Jura entourée d'arbres.

Enfin, cet enclos familial avec ses arbres, ses fruits, ses fleurs, ses oiseaux, ses insectes, est pour l'enfant une merveilleuse école. Il n'a qu'à regarder tout autour de lui pour y surprendre quelques-uns des secrets de la nature.

Extrait du *Manuel de l'arbre*, publié par le Touring-Club de France.

LE PATURAGE DES FORÉTS

DÉGATS CAUSÉS PAR LE BÉTAIL

Par **L. BOPPE**
Directeur de l'École des eaux et forêts de Nancy,

et **A. JOLYET**,
Professeur à l'École des eaux et forêts de Nancy.

Le pâturage, même modéré, appauvrit la forêt ; l'abus est sa ruine.

On désigne sous le nom général de *parcours* le fait d'introduire des animaux domestiques en forêt pour les y faire pâturer; le plus souvent, on distingue le *pâturage*, qui s'applique aux bêtes aumailles, — du *pacage*, qui se rapporte particulièrement au menu bétail : chèvres et moutons, — et du *panage*, qui ne concerne que les porcs.

Mettre une forêt *en défends*, c'est en interdire l'entrée aux bestiaux, parce que les jeunes bois n'y sont pas assez élevés pour échapper à l'*abroutissement*. On appelle *forêt défensable* celle qu'on peut ouvrir au parcours parce qu'elle n'a plus rien à craindre de la dent du bétail.

Tout propriétaire, en vertu de son droit d'user de la chose qui lui appartient, peut exercer le parcours dans ses forêts; à lui d'apprécier le dommage qu'il en subira. Depuis les premiers temps du moyen âge, des droits de cette nature ont été aussi concédés, sous forme de servitude d'usage, aux populations riveraines, par les seigneurs propriétaires; on a tout bénéfice à s'affranchir de ces lourdes charges par le rachat à prix d'argent, dans les conditions prévues par la loi. Le parcours peut enfin être exercé en délit, sans le consentement du propriétaire; il constitue alors un fait punissable. C'est affaire de surveillance.

Actuellement, dans les pays de coteaux et de basses montagnes des *zones parisienne et girondine*, où le climat est assez humide et la terre assez fertile pour permettre la culture et le fauchage des prairies naturelles et artificielles, le parcours n'a plus sa raison d'être. A vrai dire, la forêt ne porte d'herbes nutritives que dans les très jeunes bois et dans les vides;

Vaches au pâturage sous bois.

on tourne, dès lors, dans un cercle vicieux ; car, si la forêt produit d'autant plus d'herbes qu'elle est en situation plus précaire, c'est alors qu'elle a le plus besoin de repos et qu'il faut en éloigner le bétail ; aussi, les cultivateurs avisés se rendent-ils parfaitement compte du bénéfice illusoire qu'on tire de cette pratique lorsque, comme de raison, elle est limitée aux seuls cantons défensables; ils savent que, dans toute forêt en état moyen de production ligneuse, l'étendue de ceux-ci va du tiers à la moitié de la surface totale et qu'on n'y rencontre pas plus d'un dixième de vides.

Dans ces conditions, on a calculé que le bénéfice annuel oscille entre 0 fr. 60 et 1 fr. 50 par hectare pour l'ensemble de la forêt et que le nombre des bêtes à admettre ne doit pas être supérieur à une tête par 2 à 4 hectares de cantons défensables ; entre ces limites, les chiffres varient avec la nature du sol, avec la fertilité du climat, avec la composition des peuplements et leur traitement, suivant enfin les ressources qu'ils présentent en herbe ; dès qu'elles sont dépassées, on peut être assuré que le bétail, faute d'herbe, attaquera le bois ; un si mince profit est loin de compenser la perte totale des engrais et le dommage éventuel causé aux arbres. Il faut des années exceptionnellement sèches, comme l'été de 1893, pour que, dans ces régions, on ait intérêt à lâcher le bétail dans les bois ; ceux-ci rendent alors un service signalé à l'agriculture, en lui permettant, non pas de tirer une rente du bétail admis au parcours, mais simplement de le *maintenir vivant* jusqu'à la prochaine récolte. Et à quel prix ! La crise passée, la forêt cache ses blessures sans les guérir, et ce n'est que plus tard, alors que viendront en tour d'exploitation les peuplements pâturés à l'état de jeune bois, qu'on pourra évaluer l'énormité du dommage ; nos enfants paieront nos méfaits.

Il n'en est pas de même dans les hautes montagnes, et dans les régions provençales où, en été, toute trace de verdure ayant disparu en sol découvert, on ne rencontre plus de rares brins d'herbe que sous l'abri des buissons et des arbres. Dans l'un et l'autre cas, pâturage et parcage deviennent une nécessité, et il faut s'incliner devant la formule du *primo vivendi*. Toutefois, si l'on va au fond des choses, on constate que, souvent, ces besoins sont plus artificiels que réels. Dans la *haute montagne*, la question du pâturage en forêt est entièrement liée à celle du pâturage en général, question vitale et pleine d'actualité.

La *chèvre* est celui des animaux domestiques qui cause le plus de mal à la forêt. On la laisse divaguer en toute saison : ce qui fait qu'elle se nourrit presque exclusivement des jeunes

plantes ligneuses qu'elle peut atteindre jusqu'à une assez
grande hauteur en se dressant sur les pattes de derrière. Pour
la chèvre, il n'y a pas de cantons défensables ; de plus, elle
s'aventure, par instinct, dans les endroits les moins accessibles, où la végétation forestière ne s'installe que sous l'influence d'un repos absolu.

Bien qu'à nombre égal ils soient moins nuisibles que les

Moutons pâturant en forêt.
D'après le tableau de M. Clair.

chèvres, les *moutons* sont aussi des hôtes très dangereux,
surtout si on les laisse cheminer à leur gré, ou séjourner
longtemps sur le même point ; car, alors, ceux qui marchent
en tête du troupeau n'avancent qu'après avoir brouté le
meilleur de l'herbe, ceux qui suivent tondent les touffes de
plus près et il ne reste aux derniers que les racines, si bien
que, à défaut de celles-ci, ils doivent attaquer le bois pour
ne pas mourir de faim. Quand, par force majeure, la forêt
doit leur être ouverte, on peut user des précautions sui-

vantes pour atténuer le dommage et retarder la ruine : donner la préférence aux petites races, — composer le troupeau en brebis plutôt qu'en moutons. Dans ce cas, le berger qui les dirige devient un véritable administrateur : il doit être intelligent, vigilant et habile à donner tous ses soins à l'élevage ; il offre donc, à tous égards, beaucoup plus de garantie que le chemineau quelconque à qui l'on confie les troupeaux nomades.

Les *bêtes à cornes* pâturent les jeunes plants forestiers en même temps que les herbes ; elles en arrachent un grand nombre, surtout par les temps pluvieux. Les *chevaux* et les *ânes* feraient moins de mal, s'ils se contentaient des jeunes pousses que leurs dents coupent net sans les arracher ; mais, trop souvent, en rongeant les écorces, ils font de graves blessures dans la partie du tronc qui a le plus de valeur. Toutes ces bêtes aumailles tassent le sol et arrêtent le fonctionnement des réactions qui entretiennent sa fertilité.

De tous les animaux domestiques, les *porcs* sont certainement les moins nuisibles à la forêt. Mais il ne faudrait pas abuser de leur séjour permanent dans des espaces restreints. Témoin, tous ces cantons qui nous sont parvenus sous le nom de *claires-chènes* et qui, tant qu'ils ont été fréquentés par les hardes, n'étaient peuplés que de vieux « glandiers » disposés à la façon d'une *Normandie*, où les chènes, comme des pommiers, laissent tomber leurs branches jusqu'à terre, sur un sol nu, sans cesse tourmenté par les souilles, où nulle végétation n'avait le temps de s'installer ; le repos en a fait d'excellents massifs, où le chène abonde.

Quoi qu'il en soit, nous concluons qu'au lieu de mener le bétail pâturer en forêt, ce qui entraîne le gaspillage, le tassement du sol, la perte des engrais, le mieux serait, au point de vue agricole, comme au point de vue forestier, de récolter les feuilles vertes, en cas de pénurie de fourrage, ou de couper au sécateur les jeunes ramilles feuillues, de préférence en juin, juillet et août, dans les coupes destinées à être exploitées l'hiver suivant.

A ces dégradations, il faut encore ajouter celles qui sont le fait des pâtres, souvent des enfants, dont les

Départ des troupeaux pour la montagne.

jeux, taxés d'innocents, se traduisent par de véritables actes
de destruction : l'un étêtera un jeune brin d'avenir ; un autre
détachera un lambeau d'écorce sur le cerisier, le bouleau ou
le sapin le plus lisse de la forêt, ou gravera son nom sur le
fût d'un hêtre ; un troisième allumera du feu dans un
vieux tronc, y laissera couver un tison d'où naîtra l'incendie ;
tous s'amuseront à faire rouler sur les pentes des pierres qui,
en rebondissant, iront frapper les arbres et leur ouvrir de
larges plaies. Ces petits méfaits, que le jeune âge excuse,
finissent, lorsqu'ils sont répétés tous les jours, par coûter
forêt plus cher que le salaire d'un pâtre sérieux et intelligent.

Extrait de Les Forêts, traité pratique de sylviculture.
(J.-B. Baillière et fils.)

Coqs et poules sous bois.
D'après le tableau de M. Colin.

IV

LES INCENDIES EN FORÊT

Par **L. BOPPE** et **A. JOLYET**.

Les incendies dans les forêts sont occasionnés, le plus souvent, par des imprudences ou par la malveillance ; ils proviennent très rarement des effets de la foudre. Presque toujours, le feu, allumé sur le sol, est alimenté par des matériaux inflammables qui s'y accumulent pendant la sécheresse ; il se propage parfois sur de très grandes surfaces.

Du niveau du sol, il peut s'élever jusqu'au sommet des arbres résineux, dont les aiguilles gorgées de résine sont inflammables à l'état vert, et alors, de proche en proche, des massifs considérables peuvent être entièrement dévastés. Rarement il gagne la cime des arbres feuillus.

Par un temps sec, si la saison est favorable, il suffit d'un fragment d'allumette ou d'amadou encore en combustion, d'une étincelle échappée du fourneau d'une pipe ou d'un cigare, d'une bourre enflammée par la décharge d'un fusil, d'un charbon tombé du cendrier d'une locomotive pour déterminer l'embrasement presque subit d'un espace trop étendu pour qu'un homme seul puisse l'éteindre.

D'ailleurs, le nombre des incendies et la gravité de leurs conséquences varient suivant les régions que l'on considère.

Sous le climat humide de la haute montagne, la couverture morte est toujours mouillée et le feu ne s'y propage pas facilement ; aussi, malgré la constitution des forêts en massifs résineux, les incendies sont-ils peu à craindre. Toutefois, il ne faut pas abuser de cette apparente sécurité pour commettre des imprudences : les feux qu'on allume volontairement en forêt doivent être surveillés, en montagne comme partout ailleurs : il faut éviter de les placer sous le feuillage des arbres résineux, dont les branches trop basses pourraient être atteintes par la flamme, et on ne doit jamais abandonner un brasier sans l'avoir éteint complètement.

En plaine, dans la zone parisienne, où les forêts sont en majeure partie peuplées d'espèces feuillues, l'incendie ne quitte guère le sol. C'est au printemps, quand les feuilles mortes sont desséchées par le vent du nord-est (vulgairement appelé le *hâle de mars*), que le feu prend; le danger existe pendant quelques semaines au plus, car il suffit que les herbes entrent en végétation pour l'écarter.

L'incendie se propage en détruisant la couverture; il endommage les parties inférieures des tiges et les portions de racines qui sont à découvert. Poussé par le vent, il marche dans la même direction que lui, et s'avance tant qu'il trouve des aliments et aussi loin que le massif se prolonge, à moins qu'une pluie abondante ou les secours l'arrêtent.

Les gros arbres en souffrent généralement peu ; par contre, les jeunes tiges sont presque toujours mortellement atteintes; il est d'ailleurs facile de se rendre compte de la situation en examinant les couches cambiales mises à nu par de légères incisions pratiquées au couteau sur quelques tiges de moyenne grosseur, choisies dans les cépées de toutes les essences. Dès que cette couche apparaît teintée en noir, même légèrement, il faut prescrire le recépage immédiat; sinon, la pousse encore possible des feuilles masque la situation : il arrive que les bourgeons, grâce à l'eau qui monte dans les tissus ligneux, parviennent encore à s'ouvrir: mais la sève élaborée ne pouvant plus descendre et se diffuser par la couche cambiale nécrosée, les racines insuffisamment nourries, si elles ne sont pas complètement mortes, au printemps suivant, ne donneront plus, du moins, que des rejets chétifs et sans avenir. Dans le doute, le mieux est encore de se résoudre au sacrifice immédiat ; car, si un grand nombre de tiges partiellement atteintes continuent encore à vivre tant bien que mal, on voit apparaître à leur pied, sur les zones brûlées, des plaies chancreuses qui ralentissent leur croissance et déprécient la marchandise.

L'incendie de la forêt.

Il faut veiller avec soin à la préservation des bois résineux d'origine artificielle, pour lesquels le danger est permanent surtout pendant les années sèches. Aussi, dès qu'une de ces forêts est plus particulièrement exposée par la proximité d'habitations ou d'une ligne de chemin de fer, y a-t-il lieu de procéder au nettoiement du sol et, dès l'état de gaulis, d'élaguer les branches basses jusqu'à 50 ou 60 centimètres au-dessus de terre, mais sous cette réserve expresse que les brindilles provenant de ce travail, au lieu d'être abandonnées sur le sol, comme cela se fait trop souvent, seront emportées au loin, hors des enceintes parcourues ; autrement, c'est enfermer le loup dans la bergerie. En semblable situation, il sera prudent, de la part des compagnies de chemin de fer, dont la responsabilité est si sérieusement engagée, de s'entendre avec les propriétaires riverains de la voie et de leur fournir les subventions nécessaires pour procéder à ces travaux de préservation, en tenant la main à leur exécution. La division des surfaces par de larges tranchées *garde-feu*, comme nous recommandons plus loin de le faire, serait encore d'un grand secours.

En général, le feu n'est pas allumé par la malveillance, personne, dans cette région, n'ayant intérêt à détruire l'état boisé.

Dès qu'un incendie est signalé, les populations riveraines doivent, au besoin, êtres mises en demeure d'accourir pour l'éteindre ; il faut reconnaître que leur bonne volonté ne fait jamais défaut, et que, le plus souvent, leur concours est spontané. Les hommes arrivent munis de pelles, de pioches et de râteaux ; si l'incendie ne présente qu'un foyer peu actif et peu étendu, on éteint le feu en le piétinant, en le couvrant de jets de terre, ou en le frappant avec des branchages ; toutefois, ce dernier moyen n'est pas trop à recommander, car, en lançant des flammèches dans toutes les directions, on peut allumer de nouveaux foyers en arrière des travailleurs. On attaque le feu de préférence par ses flancs et dans le sens de sa marche, en cherchant à rétrécir de plus en plus la largeur du front, jusqu'à fermeture complète.

Quand le foyer est trop ardent pour qu'on puisse l'approcher et pour ne pas exposer ses hommes à des accidents, le chef des travaux se transporte avec une bonne équipe en avant du feu et dans sa direction : là, les travailleurs, avec des râteaux, débarrassent une bande de terrain de tous les

Les forêts de pins des Landes sont particulièrement exposées aux incendies.

matériaux combustibles ; cette bande est tracée perpendiculairement à la direction du feu et à une distance suffisante pour qu'on ait le temps d'achever le travail avant son arrivée ;

Lectures agricoles.

6

il s'éteint, alors, faute d'aliments. Si, néanmoins, la flamme franchit cet obstacle, elle a, du moins, perdu sa violence, et on l'étouffe. Ordinairement, il suffit de donner à la tranchée une largeur de 2 à 3 mètres.

L'incendie réprimé, on doit veiller sur le théâtre du feu jusqu'au moment où il n'y a plus à craindre de le voir se ranimer. Il faut remarquer qu'un tison peut couver long-temps encore dans les arbres creux, dans les troncs pourris, dans les racines, et qu'il faut l'éteindre parfois, soit en l'inondant, soit en l'étouffant sous des jets de terre.

Extrait de *Les Forêts*, traité pratique de sylviculture. (J.-B. Baillière et fils.)

Les forêts de la Corse sont fréquemment incendiées par les pâtres, pour procurer des pâturages à leurs troupeaux.

V

LES FEUILLES D'ARBRES
DANS L'ALIMENTATION DU BÉTAIL

Par **A.-Ch. GIRARD**,

Professeur à l'Institut national agronomique.

Jusqu'ici, on avait présenté l'emploi du feuillage des arbres dans l'alimentation du bétail comme une faible ressource pour les régions pauvres ou comme un pis-aller pour les années de disette, les contrées où cet usage se perpétue comme des contrées misérables et presque déshéritées, les animaux réduits à consommer ce fourrage, comme de pauvres victimes. — Ce sont peut-être ces idées préconçues qui avaient détourné les expérimentateurs de l'étude approfondie de ce sujet.

Des considérations d'ordre théorique le rendent particulièrement intéressant. On peut dire en effet, d'une façon non pas absolue mais générale, que l'arbre est de tous les végétaux cultivés celui qui sait le mieux, par sa structure, exploiter le sol et l'atmosphère.

Il plonge ses racines à une très grande profondeur et le chevelu qui s'y développe présente une surface considérable; aussi réussit-il à prospérer dans des sols où les cultures les moins exigeantes se refusent à venir, là où la pioche ne rencontre que le roc, où le chimiste ne trouve que des traces de principes fertilisants. La plupart des arbres ont la faculté d'exploiter les ressources alimentaires du sol et surtout du sous-sol dans des proportions autrement importantes que les végétaux que nous avons l'habitude de cultiver.

Si nous envisageons la partie aérienne, nous sommes également frappés de l'épanouissement dans l'atmosphère de la surface feuillue ; or, ces feuilles empruntent aux éléments de l'air de quoi fabriquer les principes hydrocarbonés qui jouent un rôle important dans l'alimentation de l'animal;

il est aussi permis de croire que l'arbre emprunte aussi à l'air une grande partie de sa nourriture azotée, soit directement sous forme d'ammoniaque, par les feuilles, soit même, pour certaines essences, par absorption de l'azote élémentaire.

L'arbre, par son développement souterrain et aérien, est, parmi les végétaux, celui qui peut retirer du sol et de l'atmosphère la plus forte proportion d'éléments utiles.

La question de l'utilisation des arbres comme plantes fourragères prend ainsi plus d'ampleur. L'emploi des feuilles a pour double résultat de faire entrer dans les rations des principes azotés et hydrocarbonés dont la production n'a rien coûté à l'agriculteur et d'introduire dans le fumier des principes minéraux qui, puisés dans les entrailles de la terre, seront remis en circulation au profit de nos récoltes...

Or, les feuilles d'arbres se sont révélées à l'analyse et à l'expérimentation comme un aliment de premier ordre ; aussi voudrions-nous que les agriculteurs, convaincus de ce fait, songeassent à tirer parti d'une ressource fourragère dont bien peu de contrées sont totalement dépourvues et qui se trouve dans d'autres avec une véritable profusion.

On peut utiliser les terres ingrates ou les terrains perdus à la culture fourragère en se servant comme plante fourragère de l'arbre qui saura trouver des moyens d'existence là où aucun autre végétal ne pourrait le faire.

Il y a dans tous les étages géologiques, particulièrement dans les étages primitifs et crétacés, de vastes étendues de terres trop pauvres pour qu'on puisse y établir une culture rémunératrice ; des terres où l'analyse chimique découvre une pénurie d'éléments fertilisants, telle que ce serait folie de vouloir, à coups d'engrais et de capitaux, y établir une production agricole capable de compenser les sacrifices qu'on pourrait faire. Partout où ces terres se rencontrent, M. Risler se plaît à conseiller la culture forestière : « En se servant, dit-il, des feuilles mortes comme litière, on augmente le dosage en azote et en acide phosphorique des terres en culture et on y concentre les principes minéraux que les arbres ont puisés dans les profondeurs du sol ; les forêts servent indirectement à enrichir les terres de culture ».

On peut, à cette pratique si judicieuse, apporter un progrès très réel. En utilisant les feuilles après leur mort, on n'en retire qu'un service, celui qui réside dans l'apport de matières fertilisantes au sol; en les utilisant à l'alimentation quelque temps avant leur chute, on en retire deux services : l'apport d'engrais n'est pas amoindri, bien au contraire; car nous savons qu'au moment de leur chute les feuilles ont vidé leur réserve de matière azotée; donc l'utilisation de la feuille vivante apporte beaucoup plus d'azote à la ferme. Quant aux matières minérales, elles reviennent, dans un cas ou dans l'autre, presque intégralement au fumier, mais avec cette différence que, après le passage à travers le tube digestif, tous les principes fertilisants ont perdu le degré d'agrégation qu'ils affectent à un si haut degré dans la feuille morte et sont ainsi infiniment plus aptes à être absorbés par les plantes. — A ce service s'ajoute celui qui réside dans l'apport de matières alimentaires et dont l'importance n'échappera à personne. Un supplément de fourrage permet d'entretenir un bétail plus nombreux, de fabriquer par conséquent une plus grande quantité de viande, de laine ou de lait, d'augmenter, en un mot, le revenu de l'exploitation.

Si on procède sagement, nous prétendons que les services ainsi rendus par la feuille compenseront largement le léger préjudice qu'on pourra porter à la production du bois.

Faut-il aller plus loin? Est-il possible, dans quelques cas, de considérer l'arbre ou l'arbuste comme un producteur de fourrage digne d'entrer dans nos cultures au même titre que les autres plantes fourragères? On pourrait être séduit par l'exemple des mûriers qui, cultivés à 7 mètres de distance, peuvent fournir en moyenne 20 000 kilogrammes de feuilles exceptionnellement riches en principes nutritifs. Il y a même une culture de mûriers qui rappelle absolument la culture fourragère; elle consiste à faire des semis épais que l'on ne repique pas et qui poussent dru; c'est une véritable prairie de mûriers dont la durée totale de production est de cinq années, avec un rendement de 24 000 kilogrammes de feuilles par hectare.

6.

Nous n'avons pas la pensée de conseiller la substitution des arbres aux prairies, non plus que le dépouillement des forêts. Nous avons voulu seulement montrer tout le parti qu'on pouvait tirer des arbres envisagés comme fournisseurs de fourrage à bon marché, comme de véritables *prairies en l'air*.

Extrait des Annales agronomiques.

En Algérie, où les fourrages sont rares, les indigènes emploient les ramilles de frêne pour servir à l'alimentation du bétail.

IMPORTANCE INDUSTRIELLE DES BOIS

Par **DAUBRÉE**,

Directeur des eaux et forêts.

En dépit de ce que pensent les esprits superficiels, le bois
continue à remplir un rôle de première importance dans la
vie de l'humanité. Sans doute, certains de ces emplois sont
irrémédiablement abolis. Les arcs en bois d'if qui arrêtèrent
la fougue de la chevalerie féodale à Crécy et à Poitiers sont

Exploitation d'une forêt pour le bois de chauffage.

depuis longtemps déposés dans les musées ; les belles escadres
de bois qui, pendant plus de deux mille ans, de Salamine à
Sébastopol, virent s'accomplir tant d'actes d'héroïsme, ne sont
déjà plus qu'un souvenir historique ; le fer et l'acier se dressent

en charpentes qui se profilent sur le ciel comme de légères dentelles.

Mais la seule fabrication des crosses de fusil des immenses armées modernes absorbe beaucoup plus de bois que n'en exigeait celle des armes d'autrefois. Si nous descendons dans

Récolte de la résine dans les forêts de pins.

les houillères de l'Ancien et du Nouveau Monde, d'où le travail d'un million de mineurs fait sortir chaque année 800 millions de tonnes de charbon, nous voyons s'allonger à toutes les profondeurs d'interminables galeries soutenues par des étais en bois. Songeons que les chemins de fer, actuellement en exploitation sur le globe, ont en service un milliard de traverses en bois, dont la durée moyenne ne dépasse pas dix ou quinze ans. Dans notre fierté de pouvoir transporter au loin notre pensée et notre parole par le télégraphe ou le téléphone, n'oublions pas que les fils sont supportés par des poteaux en bois. Nos grandes villes substituent de plus en plus le pavage en bois au macadam, aux blocs de grès ou à l'asphalte. Enfin, pour nous borner à quelques exemples, le prodigieux développement de la presse à bon marché n'est devenu possible que grâce à la fabrication du papier de bois.

Extrait de *Le Bois*, (Gauthier-Villars.)

Emploi du bois pour le pavage des grandes villes.

Le bois a disparu de certaines branches de l'industrie, mais des découvertes nouvelles lui ont trouvé de nouveaux emplois.

C'est ainsi qu'il paraît vouloir concurrencer le ver à soie pour la fabrication d'une soie, inférieure sans doute, mais qui trouve son utilisation.

D'autre part, un grand nombre d'industries d'origine très ancienne, qui utilisent le bois, sont encore d'actualité. Il faut citer : la carrosserie, la tonnellerie, la menuiserie, l'ébénisterie, la lutherie,... sans compter la distillation du bois qui produit l'alcool méthylique, le goudron, l'acide pyroligneux, etc. Ajoutons encore la récolte de la résine dans les Landes et du liège en Algérie.

Enfin, il faut rappeler que l'antique mode de chauffage au bois est encore le plus agréable et le plus hygiénique, quoique le plus cher, à cause de la disparition régulière et continue des forêts.

VII

EFFETS DÉSASTREUX DU DÉBOISEMENT

Par **E. RISLER**,

Ancien directeur de l'Institut national agronomique.

De tout temps, les hommes ont travaillé à la suppression des forêts, dont la trop grande étendue s'opposait à la circulation, rendait les communications presque impossibles d'une ville à l'autre, et, de plus, servaient d'asile aux bêtes féroces qui ravageaient les troupeaux et menaçaient même les vies humaines.

Toute culture était impossible dans ces contrées entièrement occupées par la forêt. Les premiers agriculteurs furent d'autant plus portés au défrichement qu'ils trouvaient dans ces terrains neufs une fertilité remarquable, due à la décomposition des matières organiques accumulées.

Le déboisement était également de toute nécessité, le bois étant seul employé pour la construction et le chauffage. Cet état de choses a maintenant cessé, et les forêts détruites manquent de plus en plus. On comprend, à l'heure actuelle, que le déboisement inconsidéré constitue un véritable danger.

Le *Dévoluy* forme, à l'ouest du département des Hautes-Alpes, une vallée allongée, divisée en deux parties par un petit col, et circonscrite par des chaînes élevées.

On y pénètre par cinq passages, dont les uns sont des gorges de torrent et les autres des cols que les tourmentes rendent impraticables pendant une partie de l'hiver. Les montagnes sont chauves, dévorées par les ravins, les troupeaux et le soleil : nulle ombre, nulle verdure.

Les fonds, presque déserts, sont ruinés par les déjections des torrents. L'aspect de ce misérable pays serre l'âme : on le dirait frappé de mort. La couleur pâle et uniforme du sol, le silence qui pèse sur ces campagnes, le spectacle hideux de ces montagnes écorchées par les eaux et tombant en décomposition, tout annonce une terre d'où la vie se retire, et qui ne semble même plus lutter contre sa destruction. L'immobile sérénité du ciel, qui serait partout ailleurs un trait de beauté, ajoute encore ici à la tristesse morne du pays.

Quelles sont les fautes qui l'ont amené à cet état?

D'abord, tout atteste que ce pays était entièrement boisé. On déterre, dans ses tourbières, des troncs ensevelis, monuments de l'ancienne végétation. Dans les charpentes des vieilles habitations, on découvre des pièces de bois énormes que l'on ne trouverait plus dans la contrée. Plusieurs quartiers complètement nus portent encore aujourd'hui le nom de bois. Un de ces vallons, celui d'Agnères, est appelé *Combat-Nigra* dans les anciens titres, à cause de ses épaisses forêts.

Là, comme dans toutes les Hautes-Alpes, les déboisements ont commencé sur les flancs des montagnes et, de là, ont remonté peu à peu jusqu'aux cimes les plus accessibles.

Là aussi, après les déboisements, sont venus les défrichements et les dépaissances. On défrichait les terrains les plus voisins des habitations, on lâchait les troupeaux partout où il était incommode ou impossible de transporter les araires. Cette marche, commencée depuis bien des siècles, accélérée par les désordres de la Révolution, a produit ses inévitables fruits, et les habitants portent aujourd'hui durement la peine de l'imprévoyance de leurs pères.

Leur première misère est dans l'extrême rareté du bois.

Les communes se grèvent en achetant à grands frais la jouissance de forêts lointaines.

D'autres communes ont conservé des bois qui, à la rigueur, suffiraient à leurs besoins, mais elles ne sont pas plus heureuses, et ce fait démontre bien que les forêts ont ici une tout autre destination que celle de satisfaire aux besoins quotidiens des habitants. En effet, les déboisements, puis la charrue et les troupeaux, ont tellement usé le sol végétal, qu'il n'en reste plus qu'une mince couche formée par la décomposition du roc tendre qui est au-dessous, et qui perce de tous côtés. Telle est la mobilité de ce terrain qu'il coule aux moindres pluies, et laisse un fond aride à la place des champs cultivés. Chaque orage fait surgir un torrent nouveau. On en montre qui ne comptent pas encore trois années d'existence, et qui ont détruit les plus belles parties des

vallées. Des villages entiers ont failli être emportés par
les ravins formés en quelques heures. Souvent les eaux

Ravages causés par une avalanche.

sauvages, ruisselant en nappes libres sur la superficie du
terrain sans lit, sans ravin, sans torrent, ont suffi pour ruiner
des quartiers entiers, qui ont été abandonnés à jamais.

On peut voir ainsi, dispersées çà et là sur les flancs des montagnes, les traces d'anciennes cultures, dont les limites

Reboisement par plantations en cordons horizontaux.

sont encore dessinées par des murs grossiers en pierres sèches, mais que l'homme a dû abandonner depuis longtemps. On imaginerait difficilement quelque chose de plus affligeant

Lectures agricoles.   7

et de plus significatif que ces murs, délimitant des héritages qui n'existent plus : ils écrivent sur les revers du Dévoluy la future destinée de toutes les Alpes françaises.

Ici reparaissent encore ces fortes preuves qui ne laissent aucun doute sur l'influence destructive des troupeaux. Les communes, épouvantées de l'avenir, ont mis quelques quartiers à la réserve : aussitôt, la végétation a repris possession du sol. L'herbe, les broussailles, les arbustes fourrés ont reparu avec une merveilleuse célérité, et formé ce qu'on appelle des *bluches* dans le pays. Des forêts entières se sont relevées sur le sol des forêts détruites pendant la Révolution, mais que les habitants, mieux inspirés cette fois, avaient soumises de suite au régime forestier.

Enfin, sur le même revers, les quartiers mis en réserve se distinguent au bout de deux ans de ceux abandonnés aux troupeaux. Les derniers sont nus et ravinés. Les premiers sont couverts de végétation ; le sol s'est raffermi, et les ravins, tapissés de plantes touffues, semblent cicatrisés comme des plaies sous l'influence d'un topique bienfaisant. Dans les deux quartiers, l'exposition, les pentes, le sol sont les mêmes ; la mise en réserve seule a tranché la différence. Que peut-on objecter à de pareils faits ? Ne donnent-ils pas la clef du système à suivre pour arrêter et guérir le mal ?

Le pays se dépeuple chaque jour. On voit de toutes parts des cabanes désertes ou en ruines, et déjà, dans certaines localités, il y a plus de champs que de bois.

L'état précaire de ces champs décourage la population : elle abandonne la charrue et fonde toutes ses ressources dans les troupeaux. Mais les troupeaux hâtent la ruine du pays, qui périra par cette ressource même. Chaque année, leur nombre diminue, faute de pacages. Le chiffre des bêtes à laine, qui était de 53 000 il y a vingt ans, n'est plus que de 36 000. Une commune qui en nourrissait 25 000 il y a quinze ans, n'en nourrit plus que 11 000. Ainsi, les habitants, qui sacrifient tout leur sol aux troupeaux, ne laisseront pas même ce dernier héritage à leurs descendants.

Extrait de Géologie agricole (Berger-Levrault.)

LES LANDES DE GASCOGNE

Par **E. CARDOT**,

Inspecteur des eaux et forêts.

De la pointe de Grave à la Bidassoa, l'Océan projette constamment sur la rive des flots de sable qui, collines mouvantes poussées par

Fixation des dunes de Gascogne.

le vent de l'ouest, envahissaient progressivement le territoire, rendant toute culture, toute vie impossible.

Vers la fin du xviii⁰ siècle, un bienfaiteur de l'humanité, le célèbre Brémontier, sut opposer le génie et la persévérance de l'homme aux forces brutales de la nature. D'ingénieuses palissades abritèrent des plantations d'ajoncs, de genêts, qui à leur tour devaient protéger des pineraies naissantes. Celles-ci ont enfin grandi, et maintenant d'immenses forêts protègent le sol contre l'éternel ennemi.

Au désert sablonneux et aride du littoral succédait le steppe humide et malsain, presque désert aussi ; rien de plus triste que l'aspect de cette vaste plaine inculte, en hiver à demi envahie par les eaux, en été couverte d'ajoncs, de bruyères et de grandes herbes desséchées par le soleil. On l'a représentée souvent avec ses larges et mélancoliques horizons, ses troupeaux de moutons étiolés que des bergers perchés sur de hautes échasses, le teint hâlé, la face amaigrie, promenaient à travers la lande, et çà et là, sur de petites éminences, à l'abri d'un bouquet de pins (pignada), une misérable chaumière ou un pauvre village dont les habitants luttent péniblement contre la misère et la fièvre. Ici encore, l'homme a triomphé de la nature : après avoir vaincu le désert, il a vaincu le marais (1).

Un homme, dont le nom vient à côté de celui de Brémontier, l'ingénieur Chambrelent, entreprit de remettre en valeur ces landes stériles. C'est l'arbre forestier, le pin maritime surtout, qui fut encore l'instrument de génération.

Mais, pour qu'il pût réussir sur ce sol inondé une grande partie de l'année, il fallait tout d'abord, par un vaste réseau de canaux d'assainissement, assurer le libre écoulement des eaux stagnantes. Et pour qu'il pût donner lieu plus tard à des exploitations fructueuses, il fallait des routes de pénétration, des chemins de fer.

En une quinzaine d'années, ce magnifique programme de restauration, qui s'étendait à plus de 600 000 hectares, fut presque complètement réalisé, et à la forêt bienfaisante des dunes s'ajoute l'immense forêt landaise, plus bienfaisante encore : car si l'invasion des sables faisait reculer l'homme, le

____

(1) Voy. *Au pays landais, exploitation des forêts résineuses*, par Ricard. Paris, J.-B. Baillière et fils. 1910.

chassait de son pays, de son habitation, le marais faisait pis :
il le tuait, lui infusait le lent poison de la fièvre.

Or la forêt, complétant les résultats des canaux d'écoulement et d'évacuation des eaux, fit bientôt de cette région
l'une des plus saines du globe. Là où un médecin employait
autrefois pour soigner sa clientèle un kilogramme de sulfate

Forêt de pins des Landes.

de quinine, 100 grammes lui suffisent aujourd'hui. Là où la
vie moyenne de 1853 à 1859 était de trente-quatre ans neuf
mois, elle est maintenant de trente-huit ans onze mois. Plus
de quatre ans d'existence gagnés par chaque citoyen de la
patrie landaise! Et quelle transformation plus merveilleuse
encore dans son existence elle-même! Quel prodigieux accroissement d'aisance, de bien-être, de prospérité! La cahute sor-
dide en bois ou en chaume, où pendant l'hiver l'habitant sans
feu grelotte du froid, de la fièvre et parfois de la faim, où toute

la famille, dévorée par la scrofule, la pellagre, s'entasse dans une promiscuité misérable, est remplacée par des maisons en pierres, propres, saines, confortables, où, pendant les froides journées, flambe constamment la flamme pétillante du bois résineux. C'est qu'il vient de l'argent, maintenant, dans ce pauvre pays. L'argent semble sortir de terre, et il en sort bien, en effet. Ce sont ces bois de pins qui le produisent, qui le font jaillir du sol et le répandent sur toute la contrée, comme ils répandent leur graine et leur parfum de résine.

Ces bois, toute la population est employée à les exploiter, à les façonner, à les transporter sur les routes qui partout sillonnent le pays. On en extrait la résine comme pour les bois des dunes. On les débite en étais de mines, en traverses de chemins de fer ; on en fait des poteaux télégraphiques, des pavés de bois, de la pâte à papier. Des chemins de fer les conduisent jusqu'à Bordeaux, et de là ils se répandent dans toute la France, et à Paris principalement, où ils sont utilisés pour le chauffage des fours des boulangers et pour les pavages en bois ; en Angleterre, où ils font concurrence aux bois de Suède et de Norvège; en Espagne ; sur les côtes de la Méditerranée et jusque dans les deux Amériques. Autrefois, cette immense surface de 800 000 hectares, comprenant les dunes et les landes de Gascogne, était presque sans valeur. Autrefois, les landes les plus rapprochées des villages ne trouvaient pas acheteur à 50 ou 60 francs l'hectare. On raconte même que, dans les régions les plus désertes, quand on voulait vendre une terre, on conduisait l'acheteur sur une éminence et on lui cédait pour quelques francs toute l'étendue où il pouvait faire entendre sa voix.

Aujourd'hui cette immense surface, plantée presque partout de pins maritimes, exporte ses produits aux quatre coins du monde. Elle aura bientôt une valeur de plus de 1 000 francs l'hectare, soit, au total, de près d'un milliard de francs. Elle paye aux habitants, sous forme de rentes, de salaires, de produits industriels et commerciaux, un tribut annuel de plus de cinquante millions de francs !

Et tout cela, c'est à l'arbre, c'est à la forêt qu'elle le doit !

Extrait du Manuel de l'arbre (Touring-Club.)

IV

LES PLANTES

___

I

LA GERMINATION

INFLUENCE DES AGENTS PHYSIQUES

Par **G. ANDRÉ**,

Professeur à l'Institut national agronomique.

Trois conditions sont indispensables pour qu'il y ait germination : la présence d'une certaine dose d'*eau* ; la présence dans l'atmosphère où se trouve la graine d'une certaine quantité d'*oxygène* ; enfin, il existe une *température* minima au-dessous de laquelle la graine ne germe pas, une température maxima au-dessus de laquelle elle ne germe pas davantage : la température joue donc un rôle important dans la germination.

La façon dont se comporte la graine vis-à-vis de l'eau est particulièrement intéressante à étudier.

Abandonnée à elle-même, la graine qui s'est détachée du fruit mûr se dessèche peu à peu. Finalement, elle renferme encore une petite quantité d'eau, variable suivant les graines, variable également avec l'état hygrométrique de l'air ambiant. Dans une atmosphère humide, la graine absorbe de l'eau, qu'elle restitue peu à peu au milieu extérieur lorsque l'atmosphère se dessèche ; les graines sont donc *hygroscopiques*.

La teneur en eau des graines à l'*état de repos* varie entre 5 et 15 p. 100 de leur poids. Il est indispensable que les graines soient placées dans un lieu sec pour qu'elles ne pourrissent pas sous l'influence simultanée de l'humidité et de certaines végétations cryptogamiques répandues à leur surface.

Une graine ne germe jamais spontanément : sa teneur en eau est beaucoup trop faible normalement.

Il est très important de se faire une idée exacte de la *nature de cette eau normale* et du rôle qu'elle joue vis-à-vis de la conservation des propriétés germinatives des graines.

Beaucoup de graines peuvent germer sans avoir atteint leur volume définitif. D'après Mazé, si on prélève dans leur gousse ou sur leur épi des graines encore laiteuses de pois et de maïs et qu'on les introduise aseptiquement dans des tubes à essai munis de deux tampons de coton, l'un humecté servant de support à la graine, l'autre destiné à intercepter l'accès des germes de l'air, on remarque que le maïs fournit, à la température de 30°, une plantule normale au bout d'un temps plus ou moins long. Le pois ne donne naissance qu'à des plantules chétives: souvent même il n'y a pas de germination. Si, au lieu de faire germer immédiatement les graines, on les dessèche au contact de l'air pendant un ou deux jours à 30° sur de l'acide sulfurique concentré, le maïs et le pois se développent normalement dans les conditions précitées. Certaines graines qui germent très mal au moment même de leur récolte peuvent germer rapidement si on les dessèche.

Il est probable que les graines mûres, qui ne peuvent germer immédiatement après leur récolte et doivent demeurer au repos pendant un certain temps pour acquérir la propriété de germer, n'éprouvent ce retard que par suite d'une insuffisance des enzymes, qui jouent un si grand rôle dans la digestion des réserves, ainsi que nous le verrons plus loin.

Cette présence de l'eau *normale* dans une graine est probablement la cause de l'affaiblissement bien connu de ses propriétés germinatives avec le temps. En effet, l'eau étant nécessaire dans une forte proportion au fonctionnement de l'organisme végétal, on conçoit que les caractères extérieurs de la vie s'effacent chez la graine qui ne renferme, à l'état de repos, qu'une quantité d'eau toujours faible. Maquenne a beaucoup insisté sur ce point. c'est que malgré leur faible teneur en eau, les graines, dont les fonctions vitales ne sont pas suspendues, mais seulement *atténuées*, continuent à dépenser lentement l'énergie qu'elles tiennent en réserve pour subvenir au travail de leur évolution ultérieure. Or, cette perte d'énergie est due à une respiration lente provoquée par la présence de l'oxygène de l'air et par celle de l'eau d'interposition. Cette combustion, si faible soit-elle, est la cause certaine de l'abolition du pouvoir germinatif.

Il est donc probable que les graines conserveraient plus longtemps, sinon indéfiniment, leur faculté de germer, si, par l'action d'un vide aussi parfait que possible, elles étaient desséchées et soustraites à l'action de l'oxygène. Dans le vide, la respiration intracellulaire s'arrête, comme la respiration normale, ainsi que l'a montré Maquenne : la graine passe de l'état de *vie ralentie* à l'état de *vie suspendue*. Ainsi, après deux ans et demi dans le vide absolu, des graines de panais mises dans des conditions favorables ont pu germer dans la proportion de 50 p. 100, alors que des graines semblables restées dans un flacon n'ont pas fourni une seule germination au bout du même temps.

Mayer a pu maintenir pendant onze ans des graines de luzerne sur de la chaux vive, puis sur de l'acide sulfurique : au bout de ce temps, ces graines avaient gardé leur pouvoir germinatif. La sécheresse de l'atmosphère semble donc être une condition capitale du maintien des propriétés vitales de la graine.

Lorsqu'elle est ainsi privée d'eau, la graine est en état de *vie suspendue* ; elle ne respire plus, c'est-à-dire ne dégage plus de gaz carbonique. Dans ces conditions, elle résiste à l'action de certaines influences extérieures qui, chez l'individu normal, anéantiraient totalement ses propriétés germinatives : elle peut subir l'action de températures très basses (air liquide) ou relativement élevées (eau bouillante pendant quelques minutes), sans perdre ses facultés germinatives, pourvu que ses téguments restent imperméables. On peut, de même, la tremper impunément dans certains liquides, tels que l'alcool absolu, l'éther, le chloroforme.

Cette dessiccation préalable de la graine, qui ne l'empêche pas de conserver intactes ses propriétés d'organe vivant, est comparable avec ce qui se passe chez certaines substances dérivées de l'organisme. Ainsi l'albumine du blanc d'œuf se coagule à 75° et, sous cet état, ne peut plus se redissoudre dans l'eau. Si on la dessèche à basse température ou dans le vide, elle conserve la propriété de se dissoudre dans l'eau, même lorsqu'elle a été portée à 100°. La plupart des diastases sont tuées par une température de 70° à 80°, lorsqu'elles sont humides. Mais, si on les dessèche à basse température dans le vide, elles peuvent supporter l'effet de ces mêmes températures de 70° à 80°, sans perdre pour cela leurs propriétés actives.

Lorsque des graines sèches sont maintenues, même pendant un temps assez long, dans des vases de verre clos contenant soit de l'air, soit des gaz impropres à la vie (azote, oxyde de carbone, gaz carbonique), elles ne modifient pas l'atmosphère qui les entoure. On a pensé que ces graines ne respiraient plus; cependant, elles peuvent conserver leurs propriétés germinatives.

Cette absence d'échanges gazeux est due, d'après P. Becquerel, à ce que le tégument desséché de beaucoup de graines est une barrière infranchissable aux gaz *secs* ; il est donc naturel d'admettre que l'atmosphère extérieure n'a plus aucun contact avec cette partie de la graine que protège ainsi le tégument. Mais l'embryon peut néanmoins respirer de façon imperceptible aux dépens de l'oxygène inclus dans les tissus de la graine. Lorsque la provision de ce dernier gaz est épuisée, la graine peut mourir, soit d'inanition, soit d'asphyxie, et l'on conçoit, conformément d'ailleurs à l'observation, que son pouvoir germinatif décline peu à peu jusqu'à l'abolition totale.

En fait, le tégument desséché des graines n'est pas imperméable aux gaz humides ; de plus, ce même tégument, imperméable aux gaz secs à la température ordinaire, devient perméable à 50°.

Donc, et ceci est très important pour élucider la question de leur longévité, si les graines, à un moment donné, se trouvent dans une atmosphère humide, leurs téguments deviennent perméables : l'oxygène de l'air pénètre peu à peu, et une véritable respiration s'établit qui est capable, dans un espace de temps plus ou moins long, d'abolir la faculté germinative (1).

La *longévité* des graines est un phénomène qui a attiré bien souvent l'attention, non seulement des praticiens, mais aussi des physiologistes. Les opinions les plus contradictoires ont eu cours à ce sujet, et l'on a même prétendu, à la suite d'observations incomplètes, que certaines graines conservaient presque indéfiniment leur pouvoir germinatif.

Il semble n'en être rien et nous pouvons prévoir que, dans les conditions habituelles où on les conserve, les graines ne gardent intactes leurs propriétés germinatives que pendant un temps relativement court.

Les facteurs principaux qui interviennent pour hâter la destruction d'une graine sont multiples : température, humidité extérieure, perméabilité des téguments, nature des réserves de la graine.

De Candolle (1846), ayant conservé, pendant quatorze ans, 368 espèces de graines à l'abri de la lumière et de l'humidité, constata que 17 seulement avaient été capables de germer au bout de ce temps.

P. Becquerel (1906), a fait porter ses investigations sur 550 espèces venant du Muséum et dont l'âge était parfaitement connu. Ces graines comprenaient trente familles ; leur âge variait de vingt-cinq à cent trente-cinq ans. Lavées à l'eau stérilisée et en partie décortiquées lorsque le tégument paraissait trop épais, elles furent placées sur du coton hydrophile humecté et exposées à une température de 28°.

Dix-huit espèces de Légumineuses sur 90 germèrent (les plus âgées de ces graines avaient soixante et onze, quatre-vingt-quatre et quatre-vingt-sept ans) ; 3 espèces de *Nelumbo* (quarante-huit et cinquante-six ans) ; une seule Malvacée sur 15 (soixante-quatre ans) ; une seule Labiée (soixante-dix-sept ans). Aucune graine des familles suivantes ne germa : Graminées, Joncées, Liliacées, Urticacées, Polygonées, Crucifères.

On a prétendu que certaines graines pouvaient demeurer

(1) Voy. *Chimie agricole*, par G. ANDRÉ (*Encyclopédie agricole*) et *Botanique agricole*, par SCHRIBAUX et NANOT (*Encyclopédie agricole*). *Traité de botanique agricole et industrielle*, par J. VESQUE.

plusieurs années dans le sol sans germer et qu'à la suite du desséchement d'un étang, par exemple, ou, réciproquement, de la mise en eau d'un ancien étang desséché, des plantes, dont la présence n'avait pas été signalée depuis très longtemps, pouvaient subitement faire leur apparition.

P. Becquerel fait remarquer que l'apport des graines peut avoir lieu par le vent, les oiseaux, les eaux elles-mêmes et en ce qui concerne la longévité de certaines espèces, celles-là seules qui sont protégées par un tégument épais et possèdent des réserves peu oxydables peuvent conserver leurs facultés, germinatives pendant plus de quatre-vingts ans.

La prétendue germination de graines ayant séjourné plus de quatre mille ans dans les tombeaux égyptiens est donc une légende dénuée de fondement.

L'abolition du pouvoir germinatif des graines ayant quelques années d'existence est due également, en grande partie du moins, à l'*acidification* qu'ont subie les substances grasses qu'elles contiennent, sous l'influence de l'oxygène de l'air.

En résumé, la perte de la puissance germinative est un *phénomène d'oxydation*.

Germination de graines de luzerne, vue au microscope.

LA DISSÉMINATION DES SEMENCES

Par **E. SCHRIBAUX**,

Professeur à l'Institut national agronomique.

Beaucoup de fruits charnus tombent sur le sol à l'époque de la maturité, tels que les pommes, les pêches, etc. ; dans

Le déchaumage arrête la dissémination des mauvaises graines.

d'autres, le péricarpe (1) s'altère avant de se détacher de la plante ; tel est le cas des cerises, des groseilles.

(1) Voy. *Botanique agricole*, par Schribaux et Nanot.

Les animaux sont les principaux agents de dissémination des fruits charnus, dont ils consomment le péricarpe. Les graines, protégées le plus souvent par une enveloppe qui résiste à l'action des sucs digestifs, sont rejetées intactes et germent ensuite avec autant de facilité que si elles avaient conservé leur péricarpe. Les oiseaux disséminent un très grand nombre de graines, en particulier celles du gui. La substance visqueuse des fruits les attache à leur bec et ils s'en débarrassent sur les arbres voisins. Ainsi, le gui s'étend de proche en proche.

Les fruits secs consommés par les animaux se comportent quelquefois comme les graines des fruits charnus pendant le phénomène de la digestion ; les déjections des vieux chevaux nourris à l'avoine renferment presque toujours des graines susceptibles de germer. Il faut la concasser pour remédier à une mastication insuffisante. Les aigrettes servent surtout, par un mécanisme des plus curieux, à détacher les graines du réceptacle ; les poils humides réunis au sommet de chaque graine en un faisceau unique se dessèchent à la maturité et s'étalent progressivement pour former une espèce de parasol renversé. En s'ouvrant, les parasols se pressent de plus en plus les uns contre les autres, ils ébranlent les fruits et finissent par les renverser et les isoler du réceptacle. Les fruits hérissés de pointes de la bardane, du gratteron, de la caucalide fausse carotte et de la luzerne, etc., s'attachent aux poils des animaux et aux vêtements des hommes. Ce sont des graines de cette nature, attachées aux toisons, qui déprécient les laines d'Australie. Aux environs de Montpellier, il existe un lavoir de laines, appelé le Port Juvénal. La flore des environs s'est enrichie de plusieurs espèces d'origine étrangère.

Les capsules du pavot, des linaires, et en général toutes celles qui renferment un très grand nombre de petites graines, peuvent être comparées à des sabliers qui n'abandonnent leur contenu que peu à peu, même sous l'action des efforts les plus violents. Au lieu de tomber en totalité au pied de la plante mère, les graines se trouvent ainsi dispersées dans toutes les directions. Dans quelques fruits, le péricarpe s'ouvre brusquement et les valves se replient avec une force capable de projeter les graines à plusieurs mètres. C'est ce qui arrive dans le lupin et dans la balsamine des jardins.

La capsule d'une plante d'Amérique (sablier élastique) s'ouvre avec bruit et projette ses graines dans toutes les directions. Quand on veut, dans nos collections, conserver ces dernières, il faut absolument serrer la capsule avec une ficelle, afin de prévenir la déhiscence violente et subite.

L'homme contribue pour une grande part à la dissémination des végétaux ; il s'efforce de réunir tous ceux qui peuvent lui être utiles ou agréables : la pomme de terre nous vient du Chili ; le maïs, appelé improprement blé de Turquie, est une plante d'Amérique ; à son insu, il propage aussi des espèces nuisibles : les coquelicots et les bleuets qui infestent nos moissons sont originaires du Levant. En Amérique, aux environs de Montevideo, le chardon Marie et notre cardon se sont tellement multipliés qu'ils ont étouffé presque toutes les autres espèces qui formaient les pâturages de cette contrée.

Nous concluons que, pour maintenir des terres propres, il ne faut pas seulement faire la guerre aux mauvaises herbes qui s'y développent : il faut encore se défendre contre l'introduction des germes qui peuvent être apportés du dehors.

On doit apporter une grande attention à la pureté des semences et détruire les plantes nuisibles avant la floraison pour s'opposer à la dissémination de leurs graines.

En grande culture, un moyen puissant d'arrêter l'envahissement des terrains par les plantes adventices consiste à pratiquer un labour dit de déchaumage, après la récolte des céréales. Les mauvaises graines germent bientôt et, avant qu'elles aient fructifié, un nouveau labour les enterre et les détruit.

Les mauvaises graines qui sont le plus à redouter dans les cultures et les prairies sont : la nielle, la moutarde, la ravenelle, le mélampyre, le rhinante, la renoncule, le chardon, la cuscute, le brome stérile, l'ivraie, le liseron, la renouée.

III

LA MORT DES PLANTES

Par **G. DELACROIX**.

Maître de conférences à l'Institut national agronomique

Asphyxie des racines et des semences.

La racine, comme tous les organes de la plante, absorbe de l'oxygène par toute sa surface et dégage de l'acide carbonique, du fait de la respiration. Cet acte physiologique est nécessaire à la vie de la racine et, par suite, à celle de la plante tout entière. Si la plante plonge sa racine dans un gaz impropre à la respiration, azote, hydrogène, acide carbonique, par exemple, quand bien même la tige et la feuille s'épanouiraient dans l'air, la mort survient fatalement au bout de quelques jours, par suite du phénomène d'asphyxie (de Saussure, etc.. Si la racine asphyxiée renferme du glucose, ce qui est un cas fréquent, on y constate la formation d'alcool éthylique, auquel il est logique d'attribuer la mort de la plante (Van Tieghem). Cette production d'alcool éthylique est un fait bien connu depuis les travaux de Lechartier et Bellamy sur la fermentation alcoolique sans intervention de levure de bière, et aussi ceux d'A. Müntz sur le même sujet. Les recherches de ces auteurs ont prouvé que lorsqu'on soustrait l'oxygène à une cellule végétale, quelle qu'elle soit, et que cette cellule renferme du glucose, celle-ci, par le fait de l'asphyxie, détruit ce sucre en formant de l'alcool éthylique, de l'acide carbonique, et aussi quelques autres produits accessoires. Ces données trouvent leur application en pathologie végétale (1).

Van Tieghem a décrit une maladie des pommiers déter-

(1) Voy. *Maladies des plantes cultivées*, par G. DELACROIX (*Encyclopédie agricole*).

Vieille futaie de chêne en voie de dépérissement.

minée par la fermentation alcoolique de leurs racines. Les racines malades exhalent une forte odeur d'alcool, la fermentation alcoolique y est évidente. Par places, le bois de la racine est coloré en noir brunâtre ou bleuâtre, souvent sur de grandes étendues, et aussi bien au centre qu'à la périphérie. Les fibres ni les vaisseaux ne sont pas altérés ; la lésion siège exclusivement dans les éléments des rayons médullaires et du parenchyme ligneux. La membrane reste hyaline, mais tout le contenu ordinaire de la cellule est remplacé par un gros globule assez foncé, d'apparence cireuse. Quelquefois la cellule en renferme plusieurs, plus petits. Il faut voir là vraisemblablement des substances tanniques oxydées, et les éléments altérés du bois sont précisément les seuls qui normalement renferment du sucre et de l'amidon. Il faut ajouter enfin que les tissus des arbres altérés ne renferment pas de levures, ni d'organismes analogues capables de produire une fermentation alcoolique, et il est de toute évidence que celle qui prend naissance dans les racines, dans le cas qui vient d'être cité, ne peut être provoquée que par le manque ou la simple insuffisance d'oxygène dans le sol, par l'asphyxie des racines.

La nature du sol qui s'égoutte mal, et celle du sous-sol qui retient l'eau et maintient l'humidité stagnante au contact des racines, sont des conditions qui facilitent puissamment la production de ces accidents.

Aussi est-ce dans les sols argileux, imperméables, et pendant les années pluvieuses que ces cas d'asphyxie des racines sont fréquents.

Le seul traitement à conseiller est l'aération du sol où plongent les racines, en employant le drainage ou en creusant de place en place des tranchées.

La maladie des pommiers dans la Sarthe, décrite sous le nom de « gommose bacillaire » par Cassarini et Guffroy, ne me paraît autre que l'affection qui vient d'être décrite.

Les auteurs avouent l'odeur des racines qui « sentaient le marc fermenté » ; la maladie, de plus, est apparue dans une période très humide en 1896-1897, et elle débutait *toujours* par les racines.

J. Brehm à Vienne et L. Mangin à Paris ont étudié la cause de la mort des arbres des plantations et promenades dans les grandes villes.

De son étude, J. Brehm conclut que les ailantes, qu'il a eu surtout en vue, périssent à Vienne par suite du manque d'oxygène dans le sol et de la surabondance d'eau stagnante. Les racines seules sont atteintes et sont entièrement mortes et pourries.

Les études de L. Mangin, beaucoup plus complètes, ont été faites à la suite de nombreux prélèvements de gaz du sol effectués dans le voisinage immédiat des racines.

Les observations de l'auteur montrent que, dans le sol des boulevards et avenues de Paris, la perméabilité du terrain est souvent très insuffisante ; l'air, qui y circule très lentement, se charge nécessairement d'acide carbonique et s'appauvrit en oxygène.

Dès lors, les racines sont atteintes d'une asphyxie lente, qui les expose à toutes sortes de saprophytes, par suite de l'état misérable de leur végétation. Dans nombre de circonstances, j'ajouterai que les fuites de gaz d'éclairage, l'influence d'une couche tout à fait imperméable d'asphalte ou de bitume, viennent aggraver la situation. L. Mangin a fait voir que la quantité d'acide carbonique peut atteindre 4, 10, 16 et même 24 p. 100, et celle de l'oxygène s'abaisser à 6 et 3 p. 100, ou même manquer complètement. Ces modifications ont été observées aux points où la végétation des arbres est languissante.

Le dépérissement s'aggrave bientôt, les feuilles tombent prématurément, surtout sur les rameaux supérieurs, où elles cessent bientôt de se montrer au printemps.

Progressivement les branches se dénudent, et à un moment donné elles se dessèchent et les feuilles n'apparaissent pas au printemps : l'arbre est mort.

LE BLÉ

LES SEMAILLES

Par E. RISLER,
Ancien directeur de l'Institut national agronomique

Il faut toujours se rappeler ces vieux proverbes :

Semez clair, vous récolterez épais.
Qui sème dru récoltera menu.
Beau gazon, mauvais blé.

Si l'on sème trop épais, les plantes, serrées les unes contre les autres et ainsi privées d'une quantité d'air et de lumière suffisante, s'étiolent, et leurs tiges délicates se brisent facilement quand il tombe des pluies abondantes ou que le vent souffle avec violence.

Pour les variétés de froment qui tallent beaucoup, dans les terres très riches, et sous un climat très propice ou avec des procédés de semailles spéciaux, dont nous parlerons tout à l'heure, on peut réduire les quantités de semence à 100 litres par hectare ou même moins encore (1).

Mais si les semailles trop épaisses doivent être évitées, il ne faut pas non plus tomber dans l'extrême opposé. C'est un mauvais calcul d'économiser sur la semence 50 litres, si la récolte est diminuée par ce fait de 100 ou 200 litres et de paille correspondante. En résumé, admettons 200 litres comme moyenne de la quantité de blé à semer par hectare.

On pourra la diminuer en raison des circonstances suivantes : variété à petits grains, germant bien et tallant beaucoup, terres fertiles et propres, semis en lignes faits en temps propice. Si toutes ces conditions se trouvent réunies, on pourra réduire la semature à 100 litres par hectare.

Au contraire, si la variété de froment a de gros grains, si ces

(1) Voy. *Céréales*, par GAROLA (*Encyclopédie agricole*).

grains germent mal et tallent peu, si la terre est peu riche
et mal préparée aux semailles, si les semailles sont faites à la
volée, trop tard pour le blé d'automne ou trop tôt pour le
blé de printemps, si, de plus, le climat de la localité est sujet
aux extrêmes de température, de sécheresse ou d'humidité, il
faudra augmenter la s"e"mature, et on devra la porter jusqu'à

Les semailles du blé.

300 litres par hectare lorsque tous ces facteurs se réunissent
pour compromettre le succès.

Pour que la graine puisse germer, il faut que trois conditions
principales soient remplies; il faut : de l'humidité, un certain
degré de chaleur et de l'air.

1° *Eau*. — Un grain de blé plongé dans l'eau ou mis dans
une flanelle mouillée absorbe, en vingt-quatre ou quarante-
huit heures, assez d'eau pour pouvoir germer.

Dans la terre, il faut plus de temps au grain de blé pour

absorber la quantité d'eau nécessaire à sa germination, plus ou moins suivant que cette terre est plus ou moins humide.

Il ne peut pas s'emparer de cette eau quand elle est à l'état de vapeur. Mais dès que cette vapeur se condense par suite d'un abaissement de température dans le sol, la semence peut en profiter. Il m'est arrivé plusieurs fois de semer du blé dans des terres très sèches en apparence, et cependant il a levé sans qu'il soit tombé une goutte de pluie. Pendant le jour, la couche supérieure du sol se réchauffait et ses interstices se remplissaient de vapeur d'eau qui provenait du sous-sol encore humide; puis, le soir, la surface du champ se refroidissait et, non seulement il s'y déposait des rosées abondantes provenant de l'humidité de l'atmosphère, mais il se formait dans les interstices de la couche arable une *rosée intérieure* par suite de la condensation de la vapeur d'eau qui y était montée. Ces doubles rosées absorbées par la terre fine ou déposées sur les grains eux-mêmes finissaient par suffire pour les faire germer.

Par suite de cette absorption d'eau, la graine se gonfle, son volume augmente dans une proportion plus forte que son poids. Les cellules s'allongent ; leur contenu se dilate et se prépare à subir les transformations que l'oxygène de l'air et la chaleur vont y amener. En même temps, le grain perd, par suite d'une sorte d'exosmose, une certaine quantité de matières organiques et minérales. Haberlandt a trouvé que cette perte s'élevait en vingt-quatre heures pour le blé à 1,14 p. 100 de son poids de matières sèches. Cette exosmose devient visible à l'œil si l'on fait germer des grains dans du sable blanc humide; on ne tarde pas à voir autour de chacune d'elles une petite zone de sable colorée en brun par les substances qui en sont sorties. L'excès d'eau stagnante nuit à la germination plus que l'excès de sécheresse. La graine se gonfle, il est vrai; mais l'eau où elle est noyée ne se renouvelle et ne s'aère pas, la germination ne peut pas se faire et la graine pourrit. La sécheresse se borne à la retarder; mais elle se produit dès que des pluies douces et successives viennent lui donner le mélange d'eau et d'air qui lui est favorable.

2° *Air*. — La plupart des graines contiennent, principale-

ment dans les vides qui entourent le germe, une certaine
quantité d'air. D'après M. Nowacki, le blé en contient de
8 à 9 p. 100 de son volume et quelquefois beaucoup plus. Les
grains de blé tendre en renferment plus que ceux de blé dur.
Grâce à cette petite provision d'air, la germination peut
commencer à se mettre en train ; mais, pour qu'elle continue et

Un champ de blé à maturité.

s'achève, il faut que la graine en absorbe beaucoup plus. Sous
son influence, il se forme de la *diastase*, et ce ferment azoté a
la propriété de convertir l'amidon en dextrine, puis en glucose,
qui sont solubles dans l'eau et qui, ainsi mobilisés, deviennent
aptes à être transportés dans les organes de la plante naissante
et à servir à son accroissement. Ces transformations sont
accompagnées d'un dégagement d'acide carbonique et d'oxyde

de carbone ; c'est une véritable combustion qui dégage de la chaleur, chaleur qui ne peut être constatée dans quelques graines isolées, mais qui devient très sensible lorsqu'elles sont entassées en quantités considérables.

3° *Chaleur.* — D'après Haberlandt, le blé ne germe pas à une température de moins de 3° à 4°, ni à une température de plus de 32°. Nous pouvons donc considérer + 6°, même pour certaines variétés + 7°, comme la température nécessaire à la levée du blé, et nous guider, d'après cela, pour déterminer l'*époque des semailles*. Nous n'avons qu'à consulter, dans la région où nous pratiquons l'agriculture, les températures moyennes de l'air pendant les derniers mois de l'année, et nous pouvons être certain que, dans celui où la température moyenne est au-dessous de + 6°, et même, pour certaines variétés, dans celui où cette température a déjà baissé à + 6°, ou + 6°,5, il est trop tard pour semer le blé...

De là le proverbe : « Quand réussit la semaille de la Toussaint, le père ne doit pas le dire à son fils »...

Les semailles faites pendant la première quinzaine d'octobre ont donc toutes chances de succès.

Mais déjà celles de la deuxième quinzaine peuvent être compromises si un excès de sécheresse retarde la germination et si la température baisse beaucoup dès le commencement de novembre. Il est vrai qu'en automne la température moyenne du sol s'abaisse moins rapidement que celle de l'air et que, si les parties extérieures de la jeune plante ne reçoivent plus assez de chaleur pour se développer avec vigueur, les racines peuvent en trouver encore assez autour d'elles pour grandir et absorber des aliments qui font grossir les bourgeons cachés sous l'aisselle des feuilles et produisent ainsi du tallage. Il est vrai que parfois il y survient, après quelques semaines froides, un retour de température plus douce, un été de la Saint-Martin qui réveille pendant quelque temps la végétation engourdie. Il est vrai aussi que, si l'hiver couvre les champs d'un épais manteau de neige, la terre conserve encore plus longtemps sa chaleur sous cet abri et, quand cette neige disparaît, on trouve que le froment a grandi et pris quelques feuilles de plus. Mais, dans les envi-

La moisson du blé.

rons de Paris et dans tout l'ouest de la France, il est rare que la couverture de neige dure assez longtemps pour exercer cette action bienfaisante. Il ne faut donc pas compter sur elle et se rappeler le vieux dicton :

> Si tu veux bien moissonner,
> Ne crains pas de trop tôt semer.

Semer trop tôt est d'ailleurs ordinairement impossible. Il faut attendre que les champs soient débarrassés de leur récolte précédente et que les attelages soient disponibles. Avant de songer au froment, il faut s'occuper du colza, du seigle, des fèves, etc. Souvent, dans les terres fortes, la sécheresse empêche de labourer.

Quelquefois, cependant, les limaces grises font beaucoup de mal aux semis précoces. Il est difficile de les détruire, parce qu'elles se cachent pendant le jour sous les mottes de terre, sous les pierres ou dans l'herbe des prés voisins, et, dès que le soleil est tombé, elles reviennent en masse sur le jeune blé. On cherche à diminuer leurs ravages en semant, pendant la nuit, de la chaux vive sur le bord des pièces de froment, mais c'est peu efficace. Les premières gelées peuvent seules faire façon de ces bêtes voraces.

Mathieu de Dombasle n'avait pas beaucoup de confiance dans les semis en lignes. « La semaille des céréales en lignes, dit-il dans son *Calendrier du bon cultivateur*, loin de s'être étendue dans l'empire britannique, seul pays où elle ait pris quelque extension, semble au contraire avoir perdu des partisans et le plus grand nombre des praticiens lui préfère la semaille à la volée. Il est certain, du moins, que la semaille des céréales en lignes à l'aide du semoir deviendra bien difficilement une pratique générale de l'agriculture, principalement parce qu'elle exige une préparation tellement parfaite du sol, qu'on ne peut espérer de l'obtenir que dans certains terrains d'une nature particulière et dans les circonstances atmosphériques les plus favorables. »

Le pessimisme de notre célèbre agronome au sujet des semoirs en lignes provient de ce qu'il écrivait à une époque où le drainage n'était pas inventé et où il fallait encore cul-

tiver en billons plus ou moins bombés toutes les terres à
sous-sol imperméable. Or, dans beaucoup de pays, et particulièrement en Lorraine, les terres fortes font les meilleures
terres à blé, lorsqu'elles sont assainies. Aujourd'hui, ces terres
peuvent être labourées à plat, et, par suite, l'emploi des
machines de toutes sortes, machines à semer, machines à
moissonner, qui économisent la graine ou la main-d'œuvre,
y devient possible. C'est même là une des principales raisons
qui généralisent ou du moins qui devraient généraliser le
drainage dans tous les sols humides. De plus, les procédés
de préparation du sol par les charrues tourne-oreilles, comme
le brabant double, par les rouleaux Croskill, les scarificateurs
et les herses articulées, ont fait des progrès que Dombasle ne
prévoyait pas. Les semoirs eux-mêmes valent mieux que ceux
qui existaient de son temps. Mais ce qui reste vrai dans les
objections qu'il a formulées contre eux, c'est que tout cet
ensemble d'améliorations qui se complètent les unes par les
autres n'est pas toujours assez bien compris parce que les
cultivateurs ne sont pas assez instruits, ni assez bien appliqués, parce qu'ils manquent du capital nécessaire pour les
exécuter ou que les clauses de leur bail ne leur offrent pas
assez de sécurité pour employer ce capital en drainages,
achat de machines, etc.

On peut dire aussi que, par un temps bien calme, un semeur
habile réussit à répandre le grain avec autant de régularité
qu'une machine. Mais, aujourd'hui, les semeurs habiles
deviennent de plus en plus rares, et en grande culture il est
prudent de s'arranger de manière à pouvoir, lorsqu'ils font
défaut, les remplacer par des ouvriers moins experts, mais
suffisamment attentifs pour bien régler et bien conduire un
semoir. C'est là le premier avantage des machines : elles
donnent au fermier plus de sécurité et plus de certitude d'avoir
au moment voulu, sous la main, les moyens d'exécuter ses
semailles convenablement.

Ce mérite, les machines qui sèment à la volée le partagent
avec celles qui sèment en lignes. Elles permettent aussi de
répandre le grain avec régularité, malgré le vent qui souffle
et qui entraverait le travail d'un semeur. Mais à quoi bon

répandre la semence avec régularité, si cette semence est irrégulièrement enterrée et si, par suite, elle lève irrégulièrement? Or, lorsqu'on couvre à la herse un semis fait à la volée sur labour cru, on peut être certain d'avance qu'un quart ou un tiers des graines se trouveront ou trop hautes ou trop basses pour pouvoir germer et se développer convenablement. Il en est de même lorsqu'on enterre au scarificateur les graines semées à la volée sur un labour suivi de hersage, et encore plus lorsqu'on couvre les graines, à la charrue, comme c'est l'usage dans certains pays. Avec ces procédés imparfaits de couvraison, on est toujours obligé de passer par profits et pertes une partie du grain semé.

Le double mérite du semoir en lignes, c'est précisément de mettre à la fois la régularité dans le sens vertical comme dans le sens horizontal, c'est-à-dire dans la profondeur à laquelle il enterre chaque graine, comme dans la surface qu'il donne à chaque plante pour se nourrir et s'épanouir au soleil.

Extrait de La culture du blé (Hachette.)

La glaneuse.
D'après le tableau de J. Breton.

V

LA POMME DE TERRE

ORIGINE ET PROPAGATION
L'ŒUVRE DE PARMENTIER

Par P. DEHÉRAIN,

Membre de l'Institut.

Le nombre des espèces végétales qui se prêtent à la grande culture est restreint : presque toutes celles qui couvrent nos champs sont utilisées depuis des époques tellement reculées qu'on n'en retrouve plus les formes primitives; il est très rare qu'une plante nouvelle s'introduise dans les cultures; et on peut répéter avec A. de Humboldt que, depuis les temps historiques, aucune acquisition n'est comparable à celle de la pomme de terre, de cette plante rustique, cultivée aujourd'hui dans le monde entier et qui, sur une surface donnée, fournit plus de matière nutritive qu'aucune des autres plantes agricoles.

Son extension est récente. Lorsque, à la fin du siècle dernier, A. Young parcourt notre pays, il mentionne à peine la pomme de terre contre laquelle régnait alors un préjugé tellement vivace que le voyageur ajoute : « Les 99 centièmes de l'espèce humaine n'y voudraient pas toucher ».

Ce préjugé a disparu si complètement qu'on estime aujourd'hui à 3 142 millions de francs la valeur des pommes de terre produites annuellement dans le monde ; sur cette somme formidable, la part de la France est de 6 à 700 millions...

Quand les hardis navigateurs espagnols franchirent l'isthme qui sépare les deux Amériques et descendirent le long de la côte du Pacifique, au Pérou, puis au Chili, ils trouvèrent la pomme de terre cultivée partout où le climat est tempéré, et il résulte d'une discussion minutieuse à laquelle s'est livré

8.

M. de Candolle que le *Solanum tuberosum* est spontané dans les Andes du Chili; c'est de là qu'il est venu en Espagne, au commencement du xvie siècle. La pomme de terre a probablement été introduite au Mexique par les Espagnols, car elle y était inconnue au moment de la conquête; elle paraît avoir été apportée également par les Européens dans la partie des États-Unis appelée aujourd'hui Virginie et Caroline du Nord, pendant la seconde moitié du xvie siècle, et c'est de là que Rabigh l'introduisit de nouveau en Europe.

Sa culture ne fit d'abord que peu de progrès ; nous la trouvons répandue au xviie siècle dans l'est de la France, là où le blé ne donnait que de maigres produits. La pomme de terre est considérée, à cette époque, comme un aliment grossier ; l'article que la *Grande Encyclopédie* lui consacre en 1765 indique que cette plante est cultivée en Alsace, dans le Lyonnais, le Vivarais, le Dauphiné, mais qu'elle ne peut convenir qu'aux estomacs robustes des paysans.

Les nations, comme les hommes, ne s'instruisent qu'aux rudes leçons de l'adversité ; en France, de mauvaises récoltes de blé se succédèrent en 1767, 1768 et 1769, et, comme le pain était alors la nourriture exclusive des pauvres gens, la détresse fut extrême ; la population errait sur les routes, demandant à la charité une subsistance que la terre ne pouvait lui fournir.

L'insuffisance des voies de communication, les entraves administratives empêchant la circulation des grains, l'énormité des impôts pesant sur les cultivateurs et décourageant les efforts les plus opiniâtres contribuaient sans doute à engendrer ces misères ; elles paraissent cependant dues à des causes plus profondes. On commençait à douter que le blé fût à lui seul capable de subvenir aux besoins du pays, et, sous l'empire de ces préoccupations générales, l'Académie de Besançon mit au concours, en 1771, la question suivante : « Quelles plantes, en France, peuvent, en temps de disette, suppléer aux autres nourritures de l'homme, et quelle est la nature de l'aliment qu'on peut tirer de ces végétaux ? »

Plus qu'aucun autre, un pharmacien des armées, Parmentier, s'émut des souffrances de la population ; mais sa pitié ne

La plantation des pommes de terre.

s'exhala pas en vaines lamentations ; elle lui dicta la virile résolution de chercher la cause du mal pour le combattre et le vaincre.

Parmentier eut tout d'abord la vue nette et précise que l'alimentation publique n'est assurée que si elle repose sur la culture de plusieurs végétaux différents, car il est rare que les conditions atmosphériques soient défavorables à toutes les récoltes et d'ordinaire l'abondance de l'une compense le déficit des autres.

En 1772, il envoie à l'Académie de Besançon le mémoire dans lequel il préconise la culture de la pomme de terre et commence sa longue lutte : sans faiblir, il répondra à toutes les objections, triomphera de toutes les résistances.

Il montre, par l'analyse, que la pomme de terre ne renferme aucun principe nuisible, puis revient à ses cultures ; chaque année il les répète, et ne distribue que parcimonieusement les tubercules pour donner le désir d'acquérir une plante qui paraîtra d'autant plus précieuse qu'elle est plus rare.

En 1781, il réimprime son mémoire qu'il intitule : *Recherches sur les végétaux qui, dans les temps de disette, peuvent remplacer les aliments ordinaires.* Lentement l'opinion s'émeut. Les railleurs, toujours ennemis des nouveautés, commencent à désarmer ; la culture de la pomme de terre est encouragée ; Louis XVI se pare de ses fleurs ; enfin, en 1785 est exécutée la célèbre expérience de la plaine des Sablons : à juste titre, le souvenir s'en est conservé. Dans un terrain bien en vue, Parmentier fait cultiver la pomme de terre ; on multiplie les façons pour attirer l'attention ; quand les tubercules commencent à mûrir, il fait garder le champ par les soldats pour repousser les pillards : la plante est décidément de haute valeur, puisqu'on prend tant de peine pour la conserver ; la nuit, cependant, la surveillance se relâche : quelques hardis maraudeurs dérobent les tubercules, les goûtent, les trouvent excellents ; les larcins se multiplent ; toute la récolte y passe. Aussitôt que, grâce au stratagème de Parmentier, on s'est décidé à manger des pommes de terre, leurs qualités apparaissent, et on recherche un aliment qu'on repoussait naguère. Sa culture, dès ce moment, se répandit rapidement, et, au

La récolte des pommes de terre, dans le domaine de M. T. Collot, à Maizières (Haute-Marne).

dire des contemporains, à deux ou trois reprises elle préserva la France des horreurs de la famine. A la fin de sa vie, Parmentier put écrire : « La pomme de terre n'a plus que des amis, même dans les contrées où l'esprit de système et de contradiction voulait la bannir à jamais. »

C'est en 1819, six ans après la mort de Parmentier, qu'un des plus illustres secrétaires de l'Académie des sciences, le grand Cuvier, prononça son éloge ; il s'y trouve un portrait que l'on aime à relire :

« Cette longue et continuelle habitude de s'occuper du bien des hommes avait fini par s'empreindre jusque dans son air extérieur ; on aurait cru voir en lui la bienfaisance personnifiée. Une taille élevée et restée droite jusque dans ses derniers jours, une figure pleine d'aménité, un regard à la fois noble et doux, de beaux cheveux blancs comme la neige, semblaient faire de ce respectable vieillard l'image de la bonté et de la vertu. Sa physionomie plaisait surtout par ce sentiment de bonheur, né du bien qu'il avait fait. Et qui, en effet, aurait mieux mérité d'être heureux, que l'homme qui, sans naissance, sans fortune, sans de grandes places, sans même une éminence de génie, mais par la seule persévérance de l'amour du bien, a peut-être autant contribué au bien-être de ses semblables qu'aucun de ceux sur lesquels la nature et le hasard accumulent tous les moyens de les servir? »

Et plus loin, résumant en quelques traits le caractère de Parmentier, Cuvier ajoute :

« En un mot, partout où l'on pouvait travailler beaucoup, rendre de grands services et ne rien recevoir ; partout où l'on se réunissait pour faire du bien, il accourait le premier, et l'on pouvait être sûr de disposer de son temps, de sa plume et, au besoin, de sa fortune. »

Depuis le commencement du siècle, la culture de la pomme de terre, si justement préconisée par le bon Parmentier (1), n'a cessé de s'étendre. Il devait en être ainsi : la plante est robuste, s'accommode des climats les plus différents et se prête

(1) Voy. *La chimie alimentaire dans l'œuvre de Parmentier*, par BALLAND.

à des emplois variés. Moins chargés de matières azotées, d'albuminoïdes, que les grains des céréales, les tubercules de pomme de terre sont très riches en fécule, identique, sauf la grosseur des grains, à l'amidon du blé. Agréable au goût, la pomme de terre entre avec grand avantage dans l'alimentation de l'homme et des animaux ; elle constitue en outre la matière première de deux industries importantes : la féculerie, la fabrication de l'alcool.

Extrait de *Les plantes de grandes cultures*. (Naud.)

Parmentier.

La France est actuellement le pays du monde, après l'Allemagne, qui produit le plus de pommes de terre. Elle en exporte à l'étranger pour plus de 16 millions par an.

On en connaît actuellement près de 3000 variétés, et chaque année on en obtient un grand nombre de nouvelles, par la fécondation artificielle ou pollinisation.

VI

LA BETTERAVE INDUSTRIELLE

IMPORTANCE AGRICOLE ET ÉCONOMIQUE DE LA BETTERAVE A SUCRE

Par **H. HITIER**,

Maître de conférences à l'Institut national agronomique.

La production totale du sucre de betterave s'élevait à 202 000 tonnes seulement en 1852 ; elle a dépassé 6 millions de tonnes en 1901, en augmentation, sur l'année 1852, de 2 885 p. 100 (près de 3 000 p. 100).

Quelles sont les raisons de ce colossal développement pris par la production du sucre de betterave dans le monde depuis cinquante ans, développement qui n'était pas suivi d'un accroissement correspondant de la consommation du sucre ?

Il faut les chercher dans les multiples avantages que présente la culture de la betterave, soit que l'on considère l'intérêt particulier de l'agriculteur qui fait de la betterave la plante tête de ses assolements, soit que l'on considère l'intérêt général d'un pays où culture de betterave et fabrique de sucre se sont répandues (1).

Dans les fermes à betteraves où feuilles et collets sont soit renfouis directement dans le sol, soit consommés par les animaux, dans les fermes à betteraves qui ramènent de la fabrique les pulpes pour l'alimentation du bétail, les écumes de défécation pour l'amendement des terres, quelle matière, en définitive, exporte du domaine la culture de la betterave à sucre ?

Du sucre, — c'est-à-dire les éléments de l'eau (hydrogène et oxygène) associés à du carbone que la matière verte des feuilles, la chlorophylle, a su tirer des quantités infiniment faibles d'acide carbonique contenues dans l'air. En définitive,

(1) Voy. *Plantes industrielles*, par HITIER (*Encyclopédie agricole*).

Les semailles de la betterave.

c'est au soleil que la betterave a emprunté l'énergie nécessaire pour opérer cette synthèse du carbone et les éléments de l'eau, d'où résulte le sucre.

La culture de la betterave à sucre, dans ces conditions, loin donc d'appauvrir le sol, l'enrichit au contraire, ne cesse d'en accroître la fertilité ; conséquence forcée des labours profonds, des fumures et des engrais abondants, des binages et des sarclages répétés qu'exige la betterave à sucre pour développer d'une façon complète ses différents organes : racine souterraine, tiges et feuilles.

C'est un fait d'expériences et d'observations constantes, du reste, que les régions en France, en Allemagne, en Belgique, en Autriche, en Russie, etc., où l'on obtient les plus hauts rendements en céréales et en fourrages, où l'on entretient proportionnellement les plus gros poids vifs, par hectare, des animaux de ferme, ce sont les régions à culture de betterave industrielle (1).

Un des meilleurs agriculteurs de la Brie me disait il y a quelques années : « Aussi longtemps que la culture de la betterave ne me coûtera pas, dût-elle ne me rien rapporter, je continuerai à la faire, tant sont grands les avantages de cette culture pour les récoltes de céréales et fourrages qui lui succèdent dans l'assolement ».

Dans tous les pays, les agriculteurs apprécient de même la betterave. En Allemagne, le Dr Muller s'exprime ainsi : « La culture intensive de la betterave a donné naissance à des pratiques nouvelles ou meilleures; l'approfondissement du sol s'est généralisé, on a apporté plus de soin aux travaux d'ameublissement ; on a pratiqué le semis en lignes et des binages répétés; on a employé de plus en plus et de toutes façons les engrais chimiques ; la culture betteravière a permis de développer l'engraissement du bétail, et, par suite, elle a amené la sélection de races plus précoces et plus faciles

(1) En France, alors que la production moyenne du froment est de 16hl,4 par hectare (statistique de 1892), elle oscille entre 20 et 26 hectolitres dans les départements du Nord, où la culture de la betterave à sucre est particulièrement développée. On a fait les mêmes observations pour ce qui concerne l'Allemagne et la Belgique.

à engraisser, en même temps qu'elle obligeait à employer des animaux de trait plus lourds et plus forts. L'agriculture y a trouvé, en tout cas, une source persistante d'impulsions, d'observations nouvelles et de perfectionnements ».

Un auteur belge écrit, lui aussi :

« L'introduction de la betterave sucrière a exercé sur le progrès agricole l'influence la plus considérable.

« Elle a permis d'utiliser d'une façon plus convenable les terres cultivées. Par les soins qu'elle exige, elle a fait l'éducation professionnelle des cultivateurs et les a lancés dans la voie de la culture intensive. Grâce à elle, le rendement des autres plantes a notablement augmenté. On peut évaluer à près d'un tiers le surcroît de production qui a suivi l'introduction de la betterave dans les assolements. Cette plante, en effet, comparativement à beaucoup d'autres récoltes, telles qu'on les produisait anciennement surtout, demande un sol plus abondamment pourvu d'engrais, profondément labouré, ameubli, et complètement débarrassé des mauvaises herbes. En cherchant à satisfaire ces exigences, on a favorisé en même temps la production des autres plantes venant en succession. »

Devant de tels avantages résultant de la culture de la betterave, il n'est donc pas étonnant que l'agriculteur, partout où les conditions naturelles de sol et de climat, ainsi que les conditions économiques, lui permettaient cette culture, se soit efforcé de l'entreprendre, et de l'étendre le plus possible.

Souvent, du reste, il y a été poussé, d'autre part, par les dispositions législatives qui pendant longtemps en France, en Allemagne, en Autriche, en Belgique, favorisèrent d'une façon notable la culture de la betterave à sucre et l'industrie sucrière, comme encore actuellement c'est le cas aux États-Unis, en Russie, en Italie, etc.

Pourquoi l'État est-il ainsi intervenu pour favoriser une culture et une industrie qui, au premier abord, semblent d'une importance très secondaire cependant ? En Allemagne, en effet, la betterave à sucre n'occupe que 1,5 p. 100 de l'étendue des terres cultivées, en Belgique 2,82 p. 100, en France 0,51 p. 100 seulement du territoire total.

Il est bien évident que, dans la question des sucres, en France par exemple, si les intérêts en cause se réduisaient à ceux de 339 fabriques travaillant la betterave, fabriques alimentées par la culture de 260 000 hectares seulement, on ne comprendrait pas l'émotion soulevée ces dernières années dans le monde agricole et industriel par suite de la convocation de la conférence de Bruxelles; on ne comprendrait pas non plus pourquoi, de tout temps, les gouvernements se sont préoccupés d'une façon particulière de l'industrie sucrière.

Il n'est pas inutile, croyons-nous, d'insister sur l'importance économique de la culture de la betterave, et, pour ce faire, prenons l'exemple même de la France :

Il y a, en dehors de la région sucrière proprement dite, de gros intérêts liés à la prospérité de l'industrie du sucre. Il est faux que la question des sucres laisse indifférent tout département qui ne produit pas la betterave, ce qui reviendrait à présenter comme indifférents à la question l'immense majorité des départements français.

A l'intérieur même de la région sucrière, la question des sucres ne touche pas seulement les fabricants de 339 usines et les cultivateurs de 260 000 hectares; bien d'autres sont intéressés à la question.

Il faut aux fermes à betteraves un gros effectif d'animaux de travail pour exécuter les façons aratoires multiples qu'exige la culture de la betterave, pour l'arrachage et le transport de cette récolte à une époque coïncidant avec celle de la semaille des blés d'hiver. Il faut à ces mêmes fermes un grand nombre d'animaux de rente pour consommer les pulpes revenant de l'usine à la ferme.

Or, ce qui caractérise d'une façon très nette ces exploitations, à condition, bien entendu, d'envisager l'ensemble et en négligeant les exceptions particulières, c'est le fait qu'elles ne se livrent pas aux opérations d'élevage. Les fermes à betteraves demandent les animaux dont elles ont besoin aux régions d'élevage proprement dites et les leur demandent tout formés, à l'âge où l'animal donne son maximum de rendement soit comme moteur, soit comme agent de transformation des matières végétales à convertir en viande.

D'une enquête faite en 1902 auprès des fabricants de sucre, il résulterait que, pour les bovidés seuls, c'est environ 200 000 bœufs qui, chaque année, sont achetés par les fermes à betteraves, dans les régions du Centre et de l'Ouest.

Ces exportations signalées pour les bovidés se reproduisent pour les chevaux et les moutons, augmentant considérablement le chiffre des transactions opérées entre les pays d'élevage et les pays à betteraves. La solidarité d'intérêts qui unit l'une à l'autre les deux régions se manifeste partout en ce qui concerne le bétail.

Il y a ici tout d'abord les intérêts solidaires de la ferme, c'est-à-dire ceux qui sont liés à la culture même de la betterave. Dans cet ordre d'idées on rencontre comme principaux intéressés, à côté et dans le voisinage immédiat des cultivateurs qui font la betterave, les *ouvriers agricoles*, auxquels cette plante fournit du travail une partie de l'année. En estimant en moyenne à 50 francs le prix pour les façons, binages et démariage de la betterave à sucre, et à 50 francs le prix pour l'arrachage par hectare, c'est, de ce chef, un salaire de 100 francs par hectare, soit, pour 260 000 hectares : une somme de 26 millions de francs au total, payée, par la ferme, aux tâcherons de la betterave. Mais ces 100 francs par hectare, que la betterave paie aux tâcherons, sont loin de représenter la totalité des salaires qu'elle procure au personnel de la ferme. Car une ferme à betteraves a nécessairement pour sa culture un personnel de charretiers et de bouviers plus nombreux que celui qu'elle aurait si elle ne se livrait pas à cette culture. Avec la betterave, les salaires ont plus que doublé dans beaucoup de fermes.

Le *commerce des engrais* est intéressé au premier chef, lui aussi, à la prospérité de la culture de la betterave, car les fermes à betteraves ont fait et font encore pour leur propre usage une consommation énorme de matières fertilisantes et engrais du commerce, et, de plus, elles ont été les initiatrices des exploitations voisines; elles ont, par la force de l'exemple, vulgarisé l'emploi des engrais commerciaux, et elles restent toujours à la tête du mouvement. La betterave, plante à gros produit brut, supporte en effet des dépenses qui écraseraient d'autres cultures.

Quel débouché encore que les fermes à betteraves pour les *instruments agricoles*! Les constructeurs livrent les puissantes charrues qui servent au défoncement, les bineuses, les arracheuses, etc. Il n'est pas jusqu'aux forgerons de villages auxquels l'usure rapide du matériel n'assure du travail et de hauts salaires.

On estime à 17 millions de francs les salaires payés par les sucreries françaises (pendant la campagne 1899-1900) aux ouvriers de leurs usines, et ce qu'il est utile d'observer c'est que ces salaires sont gagnés à une période de l'année où, avec l'approche de l'hiver, se ralentit l'activité des travaux purement agricoles.

L'industrie sucrière est certainement une de nos industries dont les progrès techniques ont été des plus considérables dans les vingt dernières années; de là, l'importance des débouchés que cette industrie fournit à la *métallurgie*. D'après M. Hélot, la sucrerie apporterait chaque année 20 millions de francs de travaux à nos ateliers de construction.

L'*industrie des produits chimiques*, qui fournit les produits nécessaires au traitement des jus, et aussi l'*industrie minière*, à laquelle les fabricants de sucre demandent un million de tonnes de charbon chaque année, se réclament d'une solidarité d'intérêts avec les sucreries.

La culture de la betterave et l'industrie sucrière enfin procurent un très important tonnage au *trafic des voies ferrées* : transport des betteraves, des pulpes, des sucres, des charbons, des engrais, du bétail, etc.

En résumé : dans la question de la culture de la betterave à sucre, comme le rappelait fort bien M. Ribot, il y a quelques années, devant le Parlement : « ce qui est en cause, c'est un grand intérêt économique qui n'est pas restreint à quelques départements, mais qui est un intérêt français par l'étendue même des intérêts qu'il convie ».

Binage de la betterave.

LES PLANTES DES PRAIRIES ARTIFICIELLES

TRÈFLE, LUZERNE, SAINFOIN

Par **C.-V. GAROLA**,

Professeur départemental d'agriculture.

Sous la dénomination générale de *prairies artificielles*, on a l'habitude de grouper les cultures fourragères de plantes vivaces de la famille des légumineuses. Les principales de ces plantes sont la luzerne, les trèfles et le sainfoin.

Leur introduction et leur généralisation dans la culture de nos fermes, qui sont relativement récentes, ont eu pour résultats de sérieux avantages. D'abord elles ont accru dans une très large proportion l'importance des ressources alimentaires disponibles pour le bétail. On n'avait autrefois, pour nourrir celui-ci, que les produits des prairies naturelles et des pâtures sèches. Grâce aux prairies artificielles, les animaux sont assurés, pendant la bonne saison, d'une riche et abondante nourriture et, pendant l'hiver, de foins substantiels.

Trèfle violet.

La variété que leur culture a introduite dans la production fourragère a eu pour effet de diminuer les risques courus par suite des variations des saisons. Leurs racines profondes leur permettent de mieux résister à la sécheresse que ne le peuvent les graminées. Leur aptitude à donner plusieurs coupes concourt aussi à assurer leur rendement régulier, car, si la première coupe est influencée défavorablement par la saison, les suivantes peuvent réparer le mal et *vice versa*. Enfin, elles poussent de très bonne heure au printemps et apportent au moment opportun d'excellents fourrages verts aux animaux, alors que les réserves sont près d'être épuisées. D'un autre côté, la diversité de leurs aptitudes permet de toujours pouvoir cultiver une ou plusieurs de ces plantes dans les conditions les plus diverses de sol et de climat, de sorte que, dans leur ensemble, on y a recours partout.

Tandis que les céréales et les graminées fourragères ont des racines fasciculées qui s'étendent superficiellement dans le sol sans jamais péné-

Luzerne.

trer dans les couches profondes, les légumineuses qui nous occupent ont des racines pivotantes qui s'enfoncent très profondément dans le terrain. C'est ainsi que la luzerne fait pénétrer en terre un pivot d'une très grande longueur, presque complètement dépourvu de radicelles latérales. C'est vers son extrémité seulement que s'épanouissent les radicelles à l'aide desquelles la plante soutire les sucs nourriciers. Cette racine pivotante s'enfonce toujours pendant tout le cours de la végétation de la plante, pour aller chercher de nouveaux éléments de nutrition à des profondeurs sans cesse plus grandes. Il n'est pas douteux que la plante de Médie ne puise sa nourriture à un niveau bien inférieur à la couche du terrain où vivent les racines de nos principales graminées (1).

Les racines de sainfoin, sans pénétrer aussi profondément que celles de la luzerne, ne laissent pas que d'atteindre un niveau très bas et inférieur d'au moins 1 mètre à celui du sol, quand la nature du terrain le permet. Elles dépassent quelquefois 2 mètres. De même, le trèfle violet envoie facilement son pivot à plus de 60 centimètres de profondeur.

Sainfoin.

Il résulte de là que les principales prairies artificielles sont caractérisées par cette particularité qu'elles puisent principalement leur nourriture au-dessous de 50 centimètres de profondeur et qu'elles peuvent, suivant l'espèce considérée, la nature du terrain et la durée de leur vie, faire concourir à la production fourragère des couches du terrain qui seraient absolument inutilisables par les autres plantes.

(1) Voy. *Prairies et plantes fourragères*, par C.-V. GAROLA (*Encyclopédie agricole*).

VIII

L'AJONC

Par **A.-Ch. GIRARD,**
Professeur à l'Institut national agronomique.

L'ajonc, dont les variétés principales sont l'ajonc d'Europe et l'ajonc nain, est désigné sous des noms très divers, jonc marin, landier, janie, jaunet, genêt épineux, etc. Cette plante est trop connue pour que nous nous attardions à en faire la description; très rustique, vivace, elle prospère surtout dans les climats humides et dans les terrains d'origine primitive; elle redoute les sols compacts et imperméables et se refuse à pousser dans les terrains calcaires.

L'ajonc croît spontanément dans les forêts, plus ou moins mélangé avec les fougères, les genêts ou les bruyères; ou bien il couvre à lui seul de vastes étendues désignées sous le nom de landes. Il occupe en Bretagne, en Normandie, en Vendée, en Sologne, en Touraine, en Berry, en Poitou, en Limousin, en Périgord, dans les Landes, etc., de très grandes surfaces de territoire qu'on est habitué à considérer comme des régions déshéritées. C'est précisément vers ces régions déshéritées qu'il est bon d'appeler l'attention des agronomes; leurs efforts ont plutôt tendance à se concentrer vers les pays à culture intensive et semblent trop se détourner des contrées pauvres qui, pourtant, plus que les autres, ont besoin du concours de la science.

Nos recherches ont montré que l'ajonc est une plante admirablement organisée pour exploiter à la fois le sol et l'atmosphère. Les racines peuvent soutirer d'un milieu, dont la richesse est bien au-dessous de 1 p. 1000, ce que les racines de nos autres récoltes ne sauraient y trouver. La plante semble du reste avoir besoin de peu d'éléments minéraux pour organiser et développer ses organes; seul l'azote y est très abondant ; or, cet azote est emprunté à l'air par l'intermédiaire des bactéries qui vivent sur les nodosités de cette légumineuse ; il est même permis de penser que ces bactéries ont, vis-à-vis de l'azote, une faculté d'absorption très développée.

En admettant un rendement moyen annuel de 20 000 kilogrammes par hectare, qui est au-dessous de la vérité, et en appliquant les données numériques fournies par nos expériences, on voit que cette récolte correspond à 8 000 kilogrammes de foin de prairie, c'est-à-dire que la production d'une ajonière vaut, surface pour surface, la production fourragère de nos terres les plus fertiles.

Quels efforts, quelles dépenses ne faudrait-il pas faire pour arriver à obtenir de ces terres de landes, où rien ne pousse, des prairies naturelles ou artificielles à si hauts rendements !

Il est probable, en outre, que cette plante, déjà si remarquable, n'est pas inaccessible aux améliorations, ni insensible aux soins culturaux, tels que semis en lignes, binages, sarclages, apport d'engrais minéraux, etc.

Nous ne craignons pas de dire, d'après les résultats de nos travaux, que l'ajonc est une des plantes agricoles les plus surprenantes que l'agronome puisse étudier. Connaissant les multiples services qu'on peut en tirer, comme fumure minérale après sa combustion, comme engrais vert, comme litière, enfin et surtout comme fourrage, nous nous refusons à considérer comme aussi déshérités qu'on le pense les pays de landes. Après avoir complété nos études de laboratoire par une sérieuse étude sur place de la Bretagne, pays classique de l'ajonc, nous n'hésitons pas à affirmer qu'il y a là un champ admirable ouvert à l'activité des jeunes agriculteurs, à leur initiative et à leurs capitaux.

A ceux qui veulent exporter de l'argent pour la conquête agricole des régions lointaines, il est bon de faire savoir que nous avons encore en France, dans un admirable pays, de vastes étendues incultes de terres saines et profondes qui pourraient, au prix de légers sacrifices, être mises en état de prospérité. Dans ces entreprises, l'ajonc devra jouer un rôle do-

Les landes bretonnes seraient avantageusement plantées d'ajones.

minant; il devra être, à notre avis, la clef de voûte de toutes les améliorations. Il fournira en effet, immédiatement et presque gratuitement, la litière et la nourriture du bétail; grâce à cette ressource naturelle, on pourra franchir sans difficultés cette période si ingrate qu'on doit traverser, dans les régions jurassiques et calcaires par exemple, pour amener la terre à produire des cultures fourragères. Toute entreprise d'amélioration des pays de landes qui débuterait par le défrichement général serait d'avance vouée à la stérilité. Au lieu de détruire cette richesse naturelle, il faut s'imprégner au contraire de cette idée que c'est dans la production de l'ajonc, ou plutôt dans la régularisation de sa production, que la ferme doit trouver les premiers éléments de richesse et le point de départ de toutes les améliorations successives.

Nous serions heureux si nos études conduisaient les agriculteurs des régions où l'ajonc pousse spontanément à apprécier à leur juste valeur les nombreux services que peut leur rendre cette plante précieuse, et si elles encourageaient les expérimentateurs à entreprendre des recherches complémentaires sur les points que nous avons signalés; aucune plante n'est plus digne de retenir l'attention des uns et des autres.

Si les agronomes allemands ont donné au lupin le nom de plante d'or des terrains sableux, nous pouvons sans exagération attribuer à l'ajonc celui de *plante d'or des terrains primitifs.*

Extrait des Annales agronomiques.

La culture de l'ajonc est des plus simple. On sème au printemps, de préférence dans une céréale, puis on herse. On peut couper dès la deuxième année, tous les ans ou tous les deux ans, suivant la qualité du terrain. Une plantation peut durer longtemps.

L'ajonc doit être broyé avant d'être donné au bétail, mais au fur et à mesure des besoins. Fané et noirci, les animaux le refusent. Dans ce but, on se sert d'instruments spéciaux appelés *broyeurs d'ajoncs,* dont il existe divers modèles.

Des agronomes ont cherché à obtenir, par sélection, des ajoncs non épineux: les essais n'ont pas réussi jusqu'à ce jour, mais, quand on sait ce que peuvent obtenir les patientes et sagaces recherches des savants et des expérimentateurs, il est permis d'espérer la solution de ce problème qui supprimerait le seul inconvénient de la « plante d'or ».

V

LA VIGNE ET LE VIN

« Si vous me demandez mon avis sur le meilleur
bien de la campagne, voici ce que je pense : La
vigne qui est bonne est le premier des biens ruraux. »
CATON.

« La vigne est susceptible, sans doute, de recevoir la greffe, mais
les opérations de ce procédé sont tellement minutieuses et leur
succès est si incertain, que ce serait vouloir faire le sacrifice de
beaucoup de temps, que de la pratiquer en grand. »

Telle était l'opinion du monde viticole au commencement du
XIXᵉ siècle. Elle explique le désarroi causé par la terrible invasion
phylloxérique, où l'on se demandait si c'en était fait à tout jamais
de notre plus belle culture nationale, et si la vigne, en mourant,
n'allait pas emporter, avec la prospérité de tant de provinces, quelque chose de la vigueur et de la grâce de notre génie français !

Le greffage a sauvé notre vignoble, et le maintient. La science
viticole, dans son ingratitude, — ou plutôt dans son désir du mieux,
— cherche le « producteur direct » hybride idéal qui supprimerait
le greffage... et en même temps la variété des cépages, qui fait
celle des crus. Cet hybride, elle ne l'a pas trouvé : le marché est
malgré cela inondé de vins médiocres, fruits de cépages prolifiques
mais vulgaires. Souhaitons que la viticulture produise moins pour
produire meilleur et que la science viticole, si méritante et si bien
représentée, renonçant à poursuivre l'oiseau bleu, s'attache à nous
mieux armer contre toutes les maladies qui menacent notre vigne
greffée, héritière légitime du vieux vignoble français (S.).

I

LA VITICULTURE FRANÇAISE

Par **P. VIALA**,

Professeur à l'Institut national agronomique.

Une concurrence considérable surgit sans doute devant nous,
mais il reste un avantage, qui rendra toujours en France le

vin supérieur à toutes les boissons sucrées : c'est notre essence même de Français. Je n'ai pas besoin de donner ici de statistiques pour prouver que lorsqu'un Français peut au même prix consommer du vin ou une boisson sucrée, il va toujours au vin. Mais il faut, évidemment, lui donner un produit tel qu'il ne puisse pas établir de comparaison entre le vin, bien français, et une boisson sucrée, qui peut naître en tous pays. Ce tempérament de race qui pousse le Français à boire du vin est inné chez lui. Heureusement, car, si l'on peut produire du bon vin, surtout en France, on peut, par contre, fabriquer des boissons sucrées partout : le sucre est aussi national à Berlin, qu'à Londres, le vin ne l'est qu'en France.

C'est donc par l'amélioration de nos produits que nous arriverons à soutenir la concurrence et à conserver à la France cette culture nationale qu'est la vigne (1).

Les viticulteurs étrangers se sont toujours préoccupés de savoir s'ils ne pourraient pas arriver à produire, dans leurs pays, des vins identiques à nos grands vins français ou à nos grands ordinaires. Des tentatives très nombreuses ont été faites, — je vous en donnerai tout à l'heure quelques exemples, — et la conclusion, heureuse pour nous, est que nulle part on n'a pu réussir, non seulement à égaler, mais même à imiter nos grands vins ; parce que nulle part les conditions qui sont nécessaires à la production des différents grands vins français ne se sont toutes trouvées réunies.

Sans doute, au point de vue commercial, l'imitation des vins n'est défendue à personne, quand elle est faite honnêtement ; sans doute chacun a le droit, et même le devoir, de tendre à améliorer sa production, et de produire des vins aussi parfaits que ceux qu'on obtient ailleurs. Mais, quand cet objectif se traduit par la contrefaçon de marques ou d'étiquettes, c'est une malhonnêteté commerciale que tous les producteurs et consommateurs doivent réprouver et enrayer. Notre intérêt de viticulteurs français n'est pas plus en jeu dans cette lutte que celui des viticulteurs portugais pour leur Porto.

(1) Voy. *Viticulture*, par Pacottet (*Encyclopédie Agricole*). — *Manuel de viticulture pratique*, par E. Durand. — *La pratique de la viticulture*, par la duchesse de Fitz-James.

Vignobles de Champagne.

des viticulteurs espagnols pour leur Xérès, des viticulteurs allemands pour leur Johannisberg... Tous les viticulteurs du monde devraient s'unir pour rendre efficace partout la convention de Madrid, et nous aimons à espérer qu'un jour leur union dans ce but sera générale et définitive. Mais peut-on imiter, par la culture, dans les autres vignobles du monde, je ne dis pas des vins comme les grands vins qui sont l'apanage exclusif de la France, mais nos autres vins de qualité? Non, et nous pouvons, soit en France, soit dans nos colonies, sinon égaler, du moins imiter la plupart des grands vins étrangers.

Les éléments essentiels pour la production du vin sont : le climat, le cépage et le terrain. Ces éléments dominent toute la production des vins de qualité, que ne font que compléter, par action secondaire, les méthodes de culture.

Il ne suffit pas, en effet, pour faire, par exemple, un vin de Beaujolais, de prendre du fin Gamay sélectionné et de le transporter dans un vignoble quelconque; il ne suffit pas d'avoir encore vos terrains spéciaux, granitiques et siliceux, pour produire un vin de première qualité. Ce que je dis pour le Beaujolais — je n'ai choisi cet exemple que parce que je suis à Lyon — peut s'appliquer à tous les autres grands vins. Il faut, avec ces deux facteurs, cépage et terrain, avoir le climat; et ce troisième élément ne peut être mobilisé. Sans doute, quand on aura le cépage et e terrain de vos côtes du Beaujolais, on arrivera à produire — parfois, mais pas toujours — des vins supérieurs à l'ensemble des vins qu'on pourrait produire dans un même pays; mais, comme le climat du Beaujolais n'existe nulle part dans les vignobles du monde entier, on ne produira jamais des vins supérieurs du Beaujolais ailleurs que dans le Beaujolais; on n'arrivera jamais à obtenir des vins supérieurs de Bourgogne autre part que sur la Côte d'Or, et des vins supérieurs du Médoc ailleurs que sur les croupes de la Gironde, quoiqu'on puisse avoir les terrains graveleux du Médoc ou les calcaires bourguignons, car les conditions climatériques si spéciales à ces régions ne se trouvent jamais associées, à la fois, au cépage et au terrain.

Toute la région des grands vins français a, en effet, une climatologie particulière, caractérisée par des chaleurs et un état

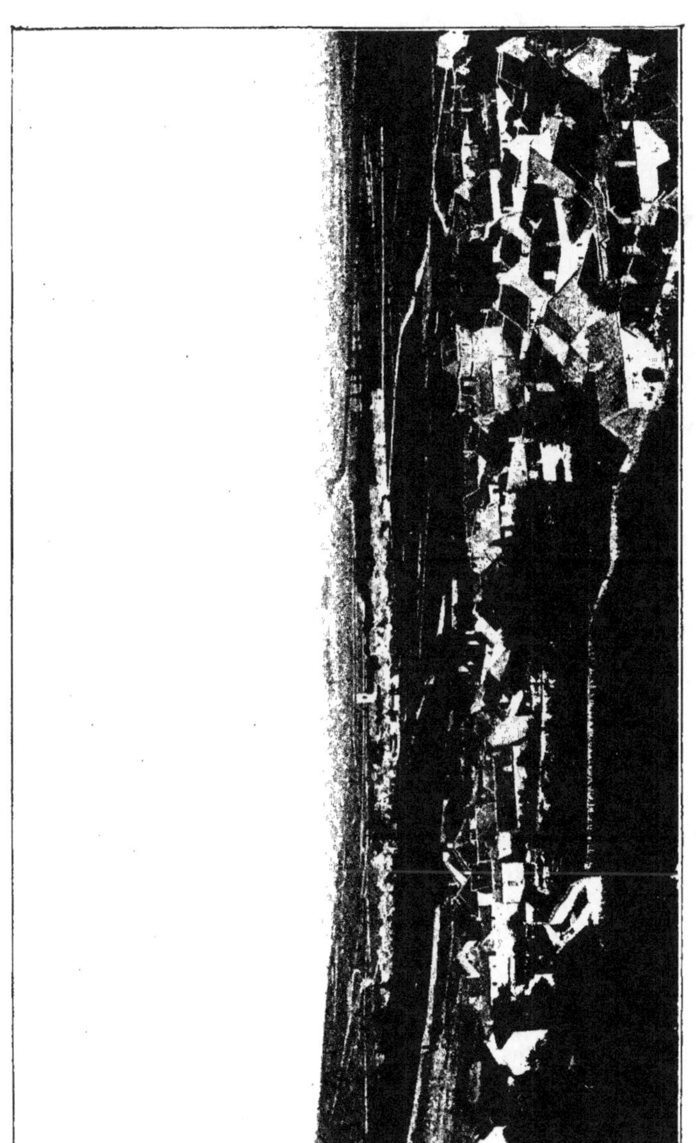

Vignobles de la Côte-d'Or : Volnay et Pommard.

hygrométrique tempérés, sans extrèmes trop accusés de température, qui font que les éléments organoleptiques du raisin se forment normalement pour le bouquet et les qualités ultérieures du vin. Cette élaboration des principes du fruit et leur transformation dans le vin ne sont obtenues que grâce au climat spécial de nos régions à grands vins.

Si le commerce accomplit son devoir, et si nous lui livrons des vins parfaits, aucune concurrence ne sera jamais à redouter. De concurrence, nous n'en avons aucune à craindre en effet pour les grands vins rouges ; rien d'analogue, rien d'approché même n'existe à l'étranger et n'existera jamais, rien comme nos grands Beaujolais, nos Bordeaux, nos Bourgognes, nos Côtes-Rôties, nos Ermitages. Du côté des grands vins blancs de table, nos grands crus sont aussi les plus beaux fleurons de la couronne viticole du monde ; les Champagnes, les Sauternes, les Montrachets et les Chablis brillent au premier rang. Mais, pour les autres grands vins blancs, nous avons, il faut le reconnaître, des concurrents sérieux.

Étoiles de deuxième grandeur peut-être que les vins du Rhin et ceux de la Moselle, mais dont les Allemands, par leur habileté et leur opiniâtreté commerciale, ont su étendre et disséminer les rayons au point d'en faire aujourd'hui les grands vins de la mode et du snobisme, et de supplanter presque, parfois, nos grands Sauternes et nos grands Montrachets. Il est nécessaire de reconnaître ce que le commerce allemand a su faire en Angleterre, aidé sans doute par les circonstances, des vins de la Moselle, et de constater l'essor prodigieux qu'a pris dans ces dernières années le vin, un grand vin incontestablement, du Bernkasteller Doctor, vignoble qui est cependant de moins d'un hectare et fournit, toujours à de très hauts prix, à l'alimentation de très nombreux clients, chaque année plus nombreux. Comment, avec des produits supérieurs, notre commerce des grands vins de table n'a-t-il pas su, en Angleterre et en Belgique surtout, lutter avec plus de succès ? Nous espérons que son activité patriotique saura lui faire reprendre bientôt la première place dans cette voie qu'il a trop laissé envahir par les vins du Rhin et de la Moselle.

Ces vins du Rhin et de la Moselle sont les seuls à craindre pour notre production vinicole nationale des vins blancs. Aucun produit étranger ne peut soutenir la moindre comparaison avec nos vins rouges, nos grands Champagnes et nos grandes eaux-de-vie charentaises.

Les grands vins de table resteront toujours pour la France un apanage exclusif, le plus beau patrimoine de sa richesse agricole. Ne le ternissons jamais, car ce serait amoindrir ce qui nous fait nous-mêmes. Que tous nos efforts tendent à maintenir bien pure cette suprématie que nulle autre nation ne peut nous contester ; ce culte doit rester inné en nous comme celui du pays.

Extrait d'un discours fait à la *Société de viticulture de Lyon*.

Vignobles de l'Yonne : Chablis.

RÔLE ALIMENTAIRE DU VIN

Par **VIGER**,

Ancien ministre de l'Agriculture.

Les hygiénistes ont eu, pendant longtemps, des idées plus ou moins exactes sur le rôle des aliments, et jusqu'au milieu du siècle dernier les observations empiriques ont seules servi de guide dans l'établissement des rations alimentaires de l'homme et des animaux domestiques.

La science pouvait seule résoudre le problème en y appliquant les règles de la méthode expérimentale.

Un éminent professeur de Munich, Rubner, a établi, par des recherches devenues classiques, que l'origine de la chaleur animale, si longtemps considérée comme une propriété vitale, résulte exclusivement de la combustion des principes constitutifs des aliments. Il a déduit des expériences dont il s'agit des chiffres qui démontrent que le lait maternel, les substances grasses et les matières féculentes, comme la pomme de terre, ont un coefficient nutritif supérieur à la viande dont on a exagéré de tout temps le pouvoir énergétique dans la ration alimentaire.

D'autres expérimentateurs, tels que Chauveau et Grandeau, ont également dégagé l'importance que doit prendre le sucre dans l'alimentation.

Enfin, deux savants américains, Attwater et Benedict, ont également déterminé l'action physiologique de l'alcool dans ses rapports avec la production de l'énergie animale.

Toutes ces expériences nous permettent, en écartant certaines exagérations et en retenant simplement les faits dont la démonstration est à l'abri de toute critique, de nous faire une idée précise de ce que doit être la ration alimentaire mixte pour avoir un caractère parfaitement rationnel.

Il en résulte notamment que si l'abus de l'alcool doit être
frappé de réprobation, surtout s'il est additionné de certaines

Un grand chai dans le Médoc.

essences dont la nocivité est incontestable, il n'en est pas de
même du vin pur, c'est-à-dire produit avec le seul jus du raisin.
Celui-ci, au contraire, ne doit pas être proscrit de la consommation humaine, et son usage, loin de présenter des inconvé-

nients que certains médecins veulent y voir, ne peut avoir que des avantages.

Le vin, suivant Duclaux, ne vaut pas seulement par son alcool dont il contient de 3 à 10 p. 100 en volume. Il renferme d'autres éléments utiles : la glycérine (3 à 4 grammes par litre), qui sert également à l'entretien de l'énergie; l'acide tartrique, aliment très utile et assez rare, qui existe dans le vin à l'état de crème de tartre; d'autres acides fixes et volatils en faible quantité; un peu de matière extractive mal connue. Tel qu'il est composé, le vin est un aliment non seulement utile, mais précieux quand il n'est ni falsifié, ni surtout suralcoolisé.

L'action antiseptique du vin, dont les médecins ont su pendant des siècles tirer empiriquement profit, a été scientifiquement démontrée par les expériences des hygiénistes.

On a observé que le vin pur tue intégralement les vibrions cholériques en cinq minutes et qu'une eau chargée desdits vibrions peut être bue impunément si elle est restée cinq minutes mêlée d'un tiers de vin.

A l'égard du bacille typhique, l'action microbicide du vin n'est pas moins évidente. Il faut généralement quinze minutes à un vin pour tuer le microbe typhique.

Le vin pur est non seulement un aliment, mais encore un agent prophylactique, car ces observations nous montrent qu'en temps d'épidémie cholérique ou typhique le vin pur est encore le meilleur des préservatifs.

Un éminent praticien de Bordeaux a d'ailleurs parfaitement mis en lumière tous les services que peut rendre le vin dans l'hygiène comme dans le traitement des maladies. Il résumait ainsi son opinion : « De même qu'il existe une hydrothérapie ou traitement des maladies par l'eau, il doit y avoir une vinothérapie ou traitement des maladies par le vin ».

Le vin est donc un liquide très utile à l'alimentation et bienfaisant pour la santé. Dans la petite ville que j'habite sur les bords de la Loire, où j'exerçai la médecine durant une vingtaine d'années, j'ai pu faire personnellement des observations qui justifient cette opinion. La grande majorité de la population y est composée de petits propriétaires viticulteurs. Or, nos vignerons sont des hommes laborieux, économes et sobres;

mais si leur nourriture est peu recherchée, ils boivent tous du
vin qu'ils se feraient scrupule de mélanger d'eau. Notre vin,
qui provient d'une espèce de pinot désigné sous le nom de gris
meunier, est d'un titre alcoolique peu élevé et d'un bouquet
agréable. Son usage m'a toujours paru être compatible avec la
force et la santé. Les maladies de ces travailleurs du sol proviennent presque toutes des causes atmosphériques : elles y

Caves dans la craie à Reims.

sont en général sans gravité. Les cas de longévité y sont très
fréquents et leur vigueur se conserve dans l'âge le plus avancé ;
il est vrai que l'abus des alcools aromatisés sous forme d'apé-
ritifs y est à peu près inconnu.

Telles sont les raisons pour lesquelles j'estime que l'usage
du vin naturel est un bienfait pour la santé et que les buveurs
d'eau se privent sans raison d'un des meilleurs adjuvants d'une
alimentation rationnelle.

Extrait du Bulletin de la Société d'agriculture d'Orléans.

Lectures agricoles.   10

III

LEVURE ET FERMENTATION

Par **P. PACOTTET**,

Maître de conférences à l'Institut national agronomique.

C'est en 1859 que Pasteur réduisit à néant la théorie triomphante jusqu'alors et montra, non sans lutte, que la fermentation alcoolique était un acte vital résultant de l'organisation et de la multiplication de la levure. Il ajouta, à une dissolution de sucre pur, des sels minéraux, ammoniaque, phosphate et des cendres de levure comme éléments nutritifs et sema, dans ce milieu, une quantité impondérable de cellules de levure fraîche. Le sucre disparut par fermentation, sans apport d'aucune matière organique, comme le voulait la théorie de Liebig, et Pasteur constata que non seulement la levure ne s'était pas décomposée, mais que les cellules se multiplièrent et acquirent à la fin de l'expérience un poids notable. L'étude des autres fermentations montra que les fermentations étaient toutes des actes vitaux dus à des ferments différents, et Pasteur, étudiant les vins, approfondit l'action des levures et reconnut qu'il en existait plusieurs races que l'on pouvait isoler et purifier (1).

Pendant des siècles, même de nos jours, on ne s'est pas préoccupé d'ensemencer la vendange pour y produire la fermentation alcoolique. Une fois le raisin foulé, si la masse est à une température suffisante, la fermentation part d'elle-même au bout de quelques heures, si rapide quelquefois que, dans les pays chauds, trois ou quatre jours suffisent à transformer le moût en vin.

En brasserie, pour produire cette fermentation, on recourt

(1 Voy. *Vinification*, par P. Pacottet (*Encyclopédie agricole*). — *Le vin et l'art de la vinification*, par V. Cambon. — *La vigne et le vin dans le midi de la France*, par A. de Saporta. — *La chimie des vins*, par A. de Saporta.

à un levain provenant des opérations précédentes. L'inutilité
de ce levain, en vinification, laissait supposer que l'air ou le
raisin apportent à la cuve les ferments propres à la transformation de ce dernier. Pasteur montra, en 1875, que l'air
est pour très peu de chose dans ce phénomène et que la levure,
qui fait fermenter le raisin dans une cuve de vendange, provient du raisin lui-même.

Ces germes ne sont pas contenus à l'intérieur du grain,
mais déposés à la surface de la peau ; la pruine aide à les
retenir. En outre, les germes de levures alcooliques sont inégalement répartis sur les diverses parties du cep et n'y apparaissent qu'au moment de la maturation. Pasteur vérifia qu'il
suffisait de recouvrir des souches de vigne d'un abri vitré
pour empêcher l'arrivée des levures sur le raisin.

Quoique les levures supportent bien les froids de l'hiver,
elles semblent disparaître sur la vigne avec les derniers raisins. Que deviennent-elles? Des savants ont montré que les
levures pouvaient passer l'hiver dans le sol, dans l'intestin des
animaux hibernants. On sait, en effet, que la levure ingérée
par l'homme avec les raisins n'est pas détruite dans nos intestins. Elle ne l'est pas davantage dans l'intestin du lérot, le
petit loir qui détruit beaucoup de raisins.

Les cellules hibernent chez ce petit animal pendant toute la
saison froide et son contenu intestinal fournit au printemps,
comme on l'a signalé en Champagne, des levures analogues
à celle des cuvées champenoises et possédant un pouvoir
ferment exalté. Il en est de même pour les guêpes, pour les
abeilles dont les ruches sont des séjours d'hiver suffisamment chauds et humides pour permettre à la levure d'attendre
le printemps. Les abeilles, lors de leurs premières sorties,
emportent les levures sur les fleurs auxquelles les glandes
nectarifères offrent un milieu sucré favorable à leur proli-
fération. De là, elles passent facilement sur les fruits à mesure
que ceux-ci mûrissent et sont promenées constamment par les
vents, les insectes, les animaux.

« Après l'invasion générale d'automne, dit M. Duclaux, lorsque ces levures répandues partout ont présidé à la destruction
de tout le sucre formé par une génération de végétaux sucrés,

elles meurent en grande partie ; une autre portion se cultive dans le sol pendant l'hiver ; une autre peut être emportée par des insectes hibernants dans leurs retraites d'hiver et il y a, au printemps suivant, des germes tout prêts qui n'attendent qu'une culture dans les fleurs à nectares ou dans les premiers fruits mûrs, pour pouvoir envahir de nouveau l'ensemble du monde organique.

La levure est très répandue dans les pays viticoles où chaque cellier est un foyer de multiplication. L'hiver, elle séjourne dans les fûts. A chaque soutirage nous en retirons un grand nombre qui, mêlées aux lies, sont jetées dans les ruisseaux ou sur les fumiers. Dans les fumiers elle se conserve parfaitement. De même dans les mars non distillés. Les levures sont, avec ces matières, ramenées au vignoble jusqu'au jour où les agents extérieurs les déposeront sur le fruit mûr.

A la maturation du fruit seulement, les levures sont abondantes. Cela s'explique par l'apport plus considérable de levures dues aux animaux et insectes attirés par le grain mûr et au développement abondant de la levure dans le moût qui s'écoule des lésions du grain.

Les levures, par leur passage et leur développement sur les fruits qu'elles feront fermenter ultérieurement, semblent acquérir des qualités spéciales. Les levures récoltées sur la banane donnent, en se développant dans de l'eau sucrée, des odeurs de banane ; il en est de même pour les levures récoltées sur les pommes, les fraises, ou tirées de la bière, du vin. Aussi, a-t-on conseillé de pulvériser abondamment sur les grappes, quelques jours avant la récolte, des levures qui devraient prendre au contact du grain ces précieuses qualités et arriver avec le fruit à la cuve.

Dans les pays très viticoles, à celliers nombreux, les levures, multipliées à l'infini à chaque vendange, sont nombreuses. Les levures qui recouvrent les grappes sont très probablement les filles de celles qui ont fait fermenter la vendange dernière. Il en résulte, à la longue, une adaption de la levure au climat et aux vendanges de ces vignobles. Il n'en est pas de même dans les vignobles isolés, voisins de bois, de cultures fruitières. Les grappes sont chargées de levures très variables et peu constantes, susceptibles, par suite de leur passage sur d'autres fruits de mal fermenter et de communiquer au vin des odeurs étranges. De plus, les vignobles nouveaux sont dépourvus de levures adaptées et les levures sauvages seules interviennent dans la fermentation qui est souvent difficultueuse.

En Champagne, où le vin fermente constamment, l'abondance des levures dans le vignoble est considérable.

Le dégorgeage des bouteilles, lorsque le tirage est récent, met chaque jour en liberté des masses de levures qui pullulent partout et dont les filles interviennent dans les mises en fermentation successives. Il en est résulté qu'avec le temps les levures appelées à travailler les mêmes vins, très voisins comme composition et dans des conditions identiques, se sont sélectionnées elles-mêmes, et on peut admettre qu'en Champagne il existe des races de levures dominant dans toutes les cuvées et dont les qualités, les aptitudes se fixent tous les jours davantage. Pour les mêmes raisons, dans les pays vignobles où des apports de vendange et de vins étrangers au pays sont fréquents, il serait illusoire de rechercher des races de levures bien constantes dans leurs quantités.

Réfrigération des moûts.

Les températures élevées nuisent à la régularité de la fermentation et à la qualité du vin obtenu. La réfrigération des moûts s'est généralisée notamment dans les vignobles algériens.

10.

LES PARASITES ANIMAUX DE LA VIGNE

Par **P. PACOTTET**.

L'étude biologique des insectes est du ressort de l'entomologie. Mais leurs dégâts et leur destruction par des traitements appropriés font malheureusement partie intégrante de la culture de la vigne (1).

Les uns sont des parasites accidentels de la vigne, les autres sont des parasites dont la vie tout entière peut se passer sur la vigne et dans le vignoble.

Les parasites accidentels peuvent être des insectes qui vivaient sur le sol avant sa plantation en vigne. D'autres sont apportés par accident, par le vent, par les fumures, etc., ou se jettent sur la vigne lorsque la destruction des plantes dont ils vivent ou la disette les obligent, malgré leur répugnance, à se nourrir des plantes voisines et de la vigne en particulier. Ainsi, dans les luzernières qui ont succédé en Côte-d'Or aux vignes détruites par le Phylloxéra, les Otiorhynques coupe-bourgeons se sont énormément multipliés. Lorsque ces luzernières ont été transformées en vignobles, les racines des jeunes souches ont été détruites par les larves et les insectes adultes ont détruit les jeunes pousses. Puis on a vu ces insectes émigrer et gagner les cultures arbustives qu'ils n'ont plus quittées. Dans les pays où les vignes alternent avec les pépinières d'arbres, habitat favori des Otiorhynques, chaque fois qu'une pépinière est épuisée d'arbres et mise en céréales, par exemple, les vignes voisines subissent pendant un an des dégâts considérables.

Les Criquets appartiennent aux insectes accidentels apportés

(1) Voy. *Viticulture*, par P. Pacottet (*Encyclopédie agricole*). — *Entomologie agricole*, par G. Guénaux (*Encyclopédie agricole*). — *Les insectes nuisibles*, par Montillot. — *Les ennemis de la vigne*, par Dessec. — *Les maladies de la vigne*, par J. Bel.

par le vent. Les Cétoines et tout le groupe des Hannetons pondent, de préférence, dans les fumiers faits et les composts, et leurs larves sont dispersées dans le vignoble avec ces matières.

En Algérie, aux environs de Médéah, les vignobles ont eu à subir, vers la fin mai, une invasion de chenilles d'un sphinx qui ne vivent d'habitude que sur des plantes de la famille des Chénopodiacées croissant sur les hauts plateaux. Les papillons, amenés un mois auparavant par le siroco, avaient

Traitement des parasites de la vigne, dans les vignobles de la
maison Pommery.

pondu dans les vignes, et les chenilles avaient mangé les plantes sur lesquelles elles étaient nées accidentellement. Il est bien certain que les papillons nés de ces chenilles iront à la recherche de leurs plantes préférées plutôt que de repondre dans des vignes. Heureusement pour les viticulteurs, l'acclimatement d'un nouveau parasite sur la vigne est chose rare.

Il n'en est pas de même lorsqu'il s'agit d'un parasite habituel de la vigne, transporté dans un vignoble où il n'existe pas. La Cochylis, la Pyrale semblent étendre leurs aires géographiques comme l'a fait le Phylloxéra, et chaque région viticole a à redouter les parasites qui sont importés ou se multiplient dans un vignoble voisin. Il en découle que les provinces non envahies doivent aider matériellement à lutter celles qui ne le sont pas encore. Il est à souhaiter que, cette théorie s'étendant aux États, des dispositions internationales assurent aux viticulteurs, également menacés, des moyens de lutte efficaces parce que généralisés.

Les parasites insectes ont, comme les parasites cryptogames, des lieux de prédilection; ils ne cherchent à en sortir que lorsque leur trop grand nombre leur en fait une loi. Prenons le Gribouri en Bourgogne. Cet insecte, qui a détruit autrefois tout le vignoble, vit de préférence dans les terres de plaines fraîches et argileuses, parce que sa larve y trouve des conditions favorables à sa conservation. C'est de ces cantons à Gribouris que partent ceux que l'on retrouve disséminés dans le vignoble. Il en découle que le premier soin des viticulteurs est d'observer et de délimiter ces zones et de concentrer tous leurs efforts pour le détruire là où il se multiplie avec rapidité.

Ces considérations sont générales pour tous les insectes et doivent guider pour tous les traitements.

Le viticulteur dispose de nombreux moyens de lutte contre les insectes, mais ces moyens ont rarement une efficacité absolue et les insectes se multiplient avec une telle rapidité que la destruction d'un très grand nombre d'entre eux, de 90 p. 100 même, n'arrête pas l'invasion. C'est tout au début de leur apparition qu'il faut agir, alors que la destruction d'un seul insecte équivaut à la destruction de millions quelques mois ou quelques années plus tard. Cela explique que les traitements préventifs sont en général les seuls actifs. On sera obligé d'avoir dans les vignobles, si l'on veut arriver à quelques résultats contre les Pyrales, Cochylis, etc., des agents entomologiques analogues aux agents antiphylloxériques, chargés de surveiller les invasions et munis de pouvoirs étendus pour leur permettre la destruction des insectes contre la volonté même des viticulteurs récalcitrants. Ces agents pourraient être des professeurs spéciaux.

La lutte contre les insectes exige une connaissance approfondie de leur biologie. On a vu les déceptions qu'a entraînés une connaissance incomplète de la vie du Phylloxéra, lorsque Balbiani a pensé arrêter la multiplication de cet insecte en se contentant de détruire l'œuf d'hiver. Pour connaître leur vie, il faut élever ces insectes comme on élève les parasites végétaux, en espace clos, dans des serres de vigne démontables où il est possible de les exposer aux conditions extérieures ou à des conditions défavorables, aux agents toxiques, etc. On saura si, un vignoble étant envahi par un insecte, on a à redouter, d'après la marche de la température, une invasion de cet insecte. Les connaissances indiquées plus haut n'auraient-elles pour effet que d'éviter des traitements onéreux que ce serait déjà un grand résultat. La Grise, par exemple, n'est pas à redouter en année froide et humide. La Cochylis, en 1904, a eu sa première génération presque détruite par un hiver se prolongeant trop et la seconde génération n'a pas réussi par excès de sécheresse et de chaleur. La destruction de la première génération était intéressante à vérifier et à signaler aux viticulteurs.

L'insecte, dans son instinct, cherche à se protéger des grands froids, des pluies, des excès de chaleur que redoute surtout sa larve. Il y arrive en se cachant dans le sol ou sous les écorces, mais, si nous le ramenons par les labours à la surface du sol, si nous le découvrons l'hiver par le décorticage nous détruisons la protection qu'il s'est créée, et il succombe.

Les insectes ont, comme les animaux supérieurs, leurs maladies, leurs ennemis dont le développement enraie les invasions souvent pendant plusieurs années ; ces parasites et maladies disparaissent faute d'insectes ; ceux de ces derniers ayant échappé au massacre par leur dissémination et leur rareté reforment en paix des colonies nouvelles.

Les invasions les plus redoutables sont ainsi enrayées, puis réapparaissent après une série d'années d'incubation pendant lesquelles les traitements seraient absolument efficaces. Mais tant que les dégâts ne sont pas très apparents. le vigneron méprise le danger, qu'il n'a plus le droit de méconnaître à l'heure actuelle. Ces ennemis des insectes sont des infiniment petits et d'autres insectes. Jusqu'à présent, ces deux auxiliaires n'ont pu être disciplinés et nous servir utilement.

On a bien isolé sur les cadavres de plusieurs insectes des moisissures que l'on s'est empressé de déclarer parasites des insectes. Mais, le fussent-elles, ces moisissures, projetées par pulvérisations sous forme de spores dans les lieux habités par les insectes, perdent bientôt de leur action. En outre, les insectes, s'ils ne sont pas déprimés par des conditions de vie défavorables, résistent à l'infection. Si la culture des moisissures parasites est facile, il n'en est pas de même de celle des parasites animaux ; il faudrait trouver pour cela un milieu nutritif autre que le corps des insectes qu'ils sont chargés de détruire.

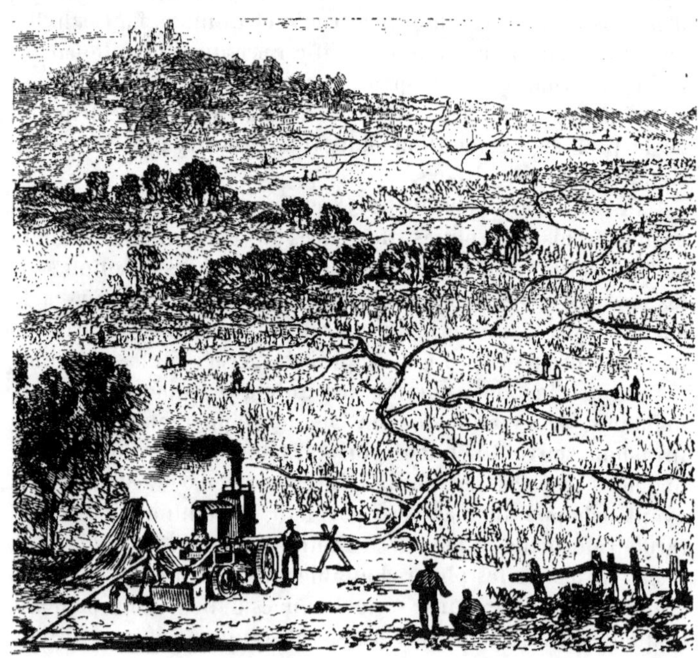

Traitement du phylloxéra par la submersion.

V

LES CELLIERS

Par **P. FERROUILLAT**,

Directeur de l'École nationale d'agriculture de Montpellier,

et **CHARVET**

Professeur à l'École nationale d'agriculture de Grignon.

L'installation des bâtiments vinaires exerce une grande influence sur la qualité, la valeur et l'avenir d'un vin, car elle agit directement sur les trois principaux facteurs de la vini-

Les collections ampélographiques de l'École d'agriculture de Montpellier.

fication : la température, l'aération et la propreté. Elle doit avoir également pour objectif de produire le vin et de le conserver jusqu'à la vente le plus économiquement possible, et cette considération a une importance d'autant plus grande que la valeur du produit est moindre et la marge du bénéfice évidemment plus faible. Le luxe doit être absolument proscrit de ces constructions. Autant il est recommandable de ne reculer devant aucun sacrifice d'argent, s'il doit avoir pour conséquence une meilleure vinification, une plus grande commodité ou une réduction des frais d'exploitation, s'il doit, en un mot, procurer un avantage économique, autant il est déraisonnable d'accroître les dépenses sans autre motif que le désir de faire *beau* et *grand*.

L'influence de la température est prépondérante sur la marche de la fermentation alcoolique, sur la composition, les mérites et la conservation du produit obtenu.

Il faut donc se prémunir, dans les celliers ou cuveries, contre l'élévation exagérée de la température des vases vinaires en fermentation. Cette nécessité est d'autant plus impérieuse que la température extérieure est plus élevée, par suite le raisin encuvé plus chaud. Ces conditions défavorables sont fréquentes en Algérie en Tunisie. Quoique plus rares dans le midi de la France, elles existent pourtant dans les années de vendange hâtive et de grande chaleur, et c'est pour avoir négligé d'en tenir compte que les viticulteurs ont eu parfois le désagrément de constater la mauvaise tenue et le rapide dépérissement de leurs vins.

Il est évident, en outre, que ce n'est pas par le refroidissement de l'air ambiant que l'on peut espérer obtenir pratiquement l'abaissement de température du milieu fermentescible : la conductibilité des parois des foudres ou des cuves est beaucoup trop faible et l'étendue de leur surface tout à fait insuffisante par rapport au volume de la masse en fermentation. La solution du problème est dans le refroidissement direct de la vendange d'abord et du moût ensuite.

L'influence de l'air sur le travail de la fermentation alcoolique est loin d'égaler celle de la température. En effet, l'air n'est pas indispensable au développement des ferments et si, dans certaines régions, la Bourgogne par exemple, on favorise l'aération des cuvées par l'emploi de récipients découverts, malgré leurs inconvénients et les dangers d'acétification du chapeau, ailleurs, dans le Bordelais notamment, le cuvage des vins fins a lieu complètement à l'abri de l'air ; non seulement les cuves sont foncées et munies d'une bonde hydraulique pour le dégagement de l'acide carbonique, mais encore la fonçure est plâtrée, en vue d'obtenir une fermeture hermétique. Cependant, l'action de l'air ne peut être mise en doute après les expériences classiques de Pasteur. Il joue un double rôle pendant la durée du cuvage : il agit par son oxygène sur le développement des levures en stimulant leur activité et il hâte le dépouillement et la clarification du vin, en insolubilisant et en précipitant certains éléments du raisin.

Exécution d'un sulfatage à l'École d'agriculture de Montpellier.

On peut donc recommander l'aération : d'une part, pour forcer le départ de la fermentation dans les années de vendange tardive, notamment dans les pays froids, ou bien pour ranimer les fermentations paresseuses des moûts trop sucrés ou à température élevée des pays chauds ; d'autre part, pour amener la prompte défécation des vins produits par les vendanges très riches en matières azotées ou altérées par les maladies cryptogamiques.

Lectures agricoles.   11

Assez souvent, l'aération est produite mécaniquement par insufflation d'air à travers la masse en fermentation, ou par remontage au sommet des cuves du moût tiré au robinet de la partie inférieure. Elle a pour conséquence, dans les deux cas, un brassage de liquide qui, en mélangeant les diverses couches de la vendange, uniformise la température et abaisse celle du chapeau toujours supérieure de plusieurs degrés à la température du fond, au début du cuvage. C'est là une action qui est fréquemment utilisée dans les pays chauds comme unique moyen de modérer l'élévation de la température des cuvées.

Mais l'aération n'est pas limitée, dans les cuveries, aux récipients vinaires. Elle doit être pratiquée largement dans le bâtiment lui-même, car elle constitue un adjuvant utile aux procédés mis en œuvre pour refroidir les moûts en fermentation. En effet, la température de l'air de la cuverie est toujours, sauf de rares exceptions, inférieure à celle des cuves elles-mêmes, de telle sorte qu'un certain nombre de calories produites par la fermentation disparaît par la conductibilité des parois. Bien que cette déperdition de chaleur soit faible et insuffisante par elle-même, elle n'est pourtant pas négligeable et elle peut être augmentée par un renouvellement plus actif de l'air ambiant. Ce renouvellement favorise, en outre, l'évaporation et concours ainsi, par deux effets différents, au même résultat. Enfin, l'aération assainit la cuverie, entraînant au dehors l'acide carbonique dégagé par la fermentation.

En résumé, dans les cuveries, la température de l'air du bâtiment est pratiquement impuissante à modifier celle des vaisseaux vinaires, parce que la production de chaleur dans les récipients est de beaucoup supérieure au refroidissement qui peut être obtenu par les échanges avec l'air ambiant. Il n'y a donc pas lieu de chercher à abaisser la température de l'air, soit en isolant le bâtiment des influences extérieures, soit en opérant mécaniquement sa réfrigération. D'autre part, l'aération apparaît comme un élément important d'une bonne vinification. On doit donc construire des cuveries spacieuses, à grand cube d'air et largement ouvertes, en vue d'assurer au renouvellement de l'air une activité suffisante. Il est indispensable pourtant de pouvoir régler à volonté l'énergie de la ventilation, suivant la température extérieure, la vitesse, la direction du vent régnant, etc.

La propreté de la cuverie exerce également sur la qualité et la tenue des vins une influence décisive. Il est de toute nécessité d'éloigner des cuves, des foudres et du matériel de vinification, les germes d'altération et de maladies. C'est par le bon entretien du bâtiment et du mobilier vinaire, par le

Le cellier de l'École d'agriculture de Montpellier.

nettoyage et le lavage des locaux, des récipients et des ustensiles que l'on y parvient en général. Les dispositions des celliers doivent faciliter ces diverses opérations, l'accès de l'eau doit être facile, le débit suffisant, l'évacuation des eaux sales assurée. En outre, toutes les parties doivent être accessibles et faciles à visiter dans leurs moindres détails.

Les vins faits ne sont pas moins sensibles à l'influence de la température que les moûts en fermentation. La température de l'air des chais ou des caves a une action marquée sur la conservation des vins et sur les phénomènes d'oxydation qui produisent leur vieillissement. Si la température est trop basse, inférieure par exemple à 10°, les vins vieillissent très lentement, mais acquièrent un parfum délicat. La température est-elle, au contraire, supérieure à 16°, le vieillissement est rapide, mais le vin perd de sa finesse. Une température élevée favorise, en outre, le développement des germes de maladies et expose les vins à des altérations. La température la plus favorable semble donc comprise entre 10° et 15°. Il n'en est pas moins essentiel que la température soit aussi constante que possible entre ces limites.

Il est cependant avantageux de ne pas soumettre immédiatement après le décuvage les vins à cette température relativement basse, car ils conservent en général une certaine proportion de sucre non transformé dont il faut faciliter la réduction. Cette fermentation lente dans les tonneaux, qui succède à la fermentation tumultueuse des cuves, exige que le vin reste un certain temps exposé à des températures de 18° à 20°. Ce n'est que plus tard que l'on pourra abaisser la température de 10° ou 12°. En règle générale, on doit placer les vins dans un local d'autant plus frais qu'ils sont plus vieux.

Dans l'installation des bâtiments réservés aux vins faits, on peut agir directement sur la température de l'air qui enveloppe les récipients vinaires, pour maintenir ceux-ci à la température convenable, car les transformations lentes que subit désormais le vin n'interviennent plus pour modifier en quoi que ce soit la température du milieu ambiant. A l'inverse de ce qui se passe dans les cuveries, c'est la température de l'air qui, dans les chais et les caves, fixe directement celle du vin contenu dans les tonneaux. Cette différence est capitale, car elle établit nettement les conditions d'installation d'un bâtiment de fermentation de la vendange et d'un bâtiment de conservation du vin. Il est indispensable d'adopter des dispositions spéciales pour qu'un bâtiment unique, le cellier, puisse, dans le midi de la France et en Algérie, servir à la fois de cuverie au moment de la vendange et de chai le reste de l'année.

Extrait de Les Celliers. (Coulet à Montpellier.)

Les vendanges aux environs de Reims.

VI

LES VENDANGES

Par **André THEURIET**,
de l'Académie française.

En deux ou trois jours les vignes qui tapissent la base des montagnes du lac d'Annecy ont été dépouillées de leurs raisins, et cela sans tapage, presque sans chansons. Ayant encore le souvenir très vif des rustiques bacchanales qui accompagnaient autrefois les vendanges dans mon pays de Lorraine, j'ai été étonné de la taciturnité et du peu d'entrain des vignerons savoyards. On me dit que cela tient à la médiocrité de la récolte depuis plusieurs années. Le mildew et le phylloxéra ont épuisé les ceps; on remplit moitié moins de cuves qu'au temps passé et on a la perspective d'en remplir moins encore l'an prochain, car la maladie s'étend comme une tache d'huile sur le vignoble. Tout cela jette un froid et arrête les chansons dans les gosiers des vendangeurs.

Du moins, le vin sera bon. On vendange tard, ici, et les raisins clairsemés ont eu le temps de mûrir pendant les premières semaines d'un octobre très clément. Dans ce coin de terre exposé au midi et protégé des vents du nord par le Roc de Chère, un bon soleil clair chauffe les vignes plantées comme en espalier le long des pentes abruptes et pierreuses.

Pastière portant les vendanges au pressoir.

Pourtant, l'autre vendredi, il y a eu une alerte; la neige, qui jusqu'alors s'était bornée à blanchir les hautes cimes, est brusquement descendue sur le vignoble. Par violentes et épaisses giboulées, elle tourbillonnait sur le village et voilait de son pâle floconnement toute l'étendue du lac; elle se tassait par plaques sur les feuilles rougies des ceps, et donnait au paysage une physionomie absolument hivernale. Par moments, la bourrasque s'apaisait, un coin de bleu se montrait par une déchirure et tout à coup une blonde *soleillée* enveloppait un coin de la rive dans une transparente auréole

fumeuse. Peu à peu, tout le ciel s'est éclairci, la nuit est sur-
venue, froide et semée d'étoiles, et le lendemain on a pu constater les ravages causés par cette soudaine et brève apparition
de l'hiver dans ce pays quasi méridional : tous les pampres roussis et recroquevillés, les dahlias du jardin flétris et
noircis par la gelée, et, au pied des noyers dégarnis, une large
jonchée de feuilles mortes.

Aujourd'hui tout s'est rasséréné. Le ciel est bleu, le lac a

Transport des vendanges dans les vignobles des salins du Midi.

retrouvé son azur lustré ; un chaud soleil inonde de lumière
les montagnes entièrement blanches, sauf aux endroits où la
neige est déjà fondue et où les bois étalent leurs vives teintes
d'automne. Le contraste de ces couleurs violentes à côté de
cette blancheur virginale n'est pas une des moins charmantes
surprises du paysage montagnard. Le rouge sanglant des
cerisiers, des trembles et des érables, le brun carminé des
poiriers sauvages, le roux violacé des hêtres, le noir des sapins,
éclatent en notes tapageuses sur l'arrière-plan neigeux. Le

relief des hautes cimes s'accuse davantage, en même temps que les contours paraissent plus veloutés. Sur les pentes des pâturages élevés où la neige reste immaculée, les sapins épars prennent des attitudes fantastiques ; on croit à chaque instant les voir remuer, comme s'ils montaient à l'assaut des crêtes les plus aériennes.

Tout en bas, les hameaux sont en rumeur. Dans chaque vigne, les femmes en chapeaux de paille à fond plat, les hommes en gilet de laine, se hâtent de cueillir le raisin. Le lac est sillonné de barques qui filent mollement sur l'eau scintillante ; ce sont les gens de la montagne d'Entrevernes qui possèdent des vignes sur la rive opposée, et qui partent en vendange. A mesure que la journée s'avance, on voit glisser sur l'eau calme de grands bachots pleins de raisins qu'on emmène au pressoir. Quand les grappes cueillies ont rempli une corbeille, les vendangeuses les vident dans la *bennette* ou *bonnette*, sorte de hotte à longs manches que les hommes portent sur leurs épaules, après avoir coiffé au préalable une sorte de capuchon ou *chaperon* en toile matelassée qui garantit la tête et le cou contre les froissements de la charge. Ces allées et venues de vignerons encapuchonnés de gris, et le dos chargé de la bennette noire de raisin, est une des notes les plus caractéristiques de la vendange savoyarde.

On verse le contenu de la hotte dans un cuvier qu'on nomme la *gerle* et qui est fixé sur les ridelles d'un char traîné par des bœufs.

C'est dans cet équipage qu'on amène la vendange au cellier où les hommes l'entassent dans la cuve, tandis que, dans une demi-obscurité, on entend gémir la vis du pressoir tout ruisselant du marc des premières foulées.

Ce matin, tout est terminé. Les vignes, veuves de raisins, balancent leurs pampres flétris au tiède soleil d'octobre. Les vendangeurs sont partis ; seuls, les grappilleurs de l'arrière-saison, les rouges-gorges, parcourent le vignoble en quête de quelques grains oubliés. Tout à l'heure, j'en ai aperçu un à quelques pas. Il ne semblait nullement farouche et ne s'est point envolé à mon approche. Perché sur un échalas, gonflant son poitrail roux et dodelinant de la tête, il me regardait avec son œil noir et avait l'air de dire : « Dépêchons-nous, picorons la dernière grappe, et buvons le dernier coup de soleil : l'hiver va venir ; en cette saison, chaque journée ensoleillée est un jour de grâce. Jouissons-en vite et pleinement ! ».

J'ai suivi son conseil et je m'en suis allé cueillir les dernières gentianes violettes, là-haut où le soleil rit sur la neige.

Extrait de Œuvres choisies. (Fasquelle.)

Presse continue à vendanges.

Les raisins, placés dans une fosse, sont pris par une noria qui alimente la presse.

11.

VII

LA VIGNE ARRACHÉE

Par **René BAZIN**,

de l'Académie française.

L'hiver était pluvieux, mais il gelait toutes les nuits. On voyait, au matin, les fils d'araignées, tendus d'une motte à l'autre et couverts de brume glacée, remuer au vent comme des ailes blanches. La glèbe fumait au soleil tardif, et les ailes blanches devenaient grises. Les plus gros travaux de la campagne étaient suspendus. Les hommes des terres hautes abattaient quelques souches ou remplaçaient des barrières. Ceux du marais ne faisaient plus rien. Pour eux, les vacances étaient venues, les fossés et les étiers débordaient. La plupart des fermes, enveloppées par les eaux et comme flottantes au-dessus d'elles, n'avaient de communication avec les bourgs ou entre elles qu'au moyen des yoles remises à neuf qui couraient en tous sens sur les prés inondés.

C'était le temps joyeux des veillées et des chasses.

Le sol n'était cependant pas si dur qu'on ne pût le défoncer, et Toussaint Lumineau avait résolu, selon le conseil donné par Mathurin, d'arracher la vigne qui dépendait de la Fromentière et que le phylloxéra avait détruite.

Le métayer et André montèrent donc jusqu'au petit champ bien exposé au midi, sur la hauteur dénudée, que coupe la route de Chalans à la Fromentière. Ils avaient devant eux et ne voyaient pas autre chose : sept planches de vieille vigne entre quatre haies d'ajoncs, un sol caillouteux, et les ailes de deux moulins qui tournaient. — Attaque une des planches, dit le métayer ; moi, j'attaquerai celle d'à côté.

Et enlevant leur veste, malgré le froid, car le travail allait être rude, ils se mirent à arracher la vigne.

L'un et l'autre, ils avaient causé d'assez belle humeur en

faisant la route. Mais, dès qu'ils eurent commencé à bêcher, il devinrent tristes, et ils se turent pour ne pas se communiquer les idées que leur inspiraient leur œuvre de mort et cette fin de la vigne. Lorsqu'une racine résistait par trop, le père essaya deux ou trois fois de plaisanter et de dire : « Elle se trouvait bien là, vois-tu ; elle a du mal à s'en aller » ou quelque chose d'approchant. Il y renonça bientôt. Il ne réussissait point à écarter de lui-même, ni de l'enfant qui travaillait près de lui, la pensée pénible du temps où la vigne donnait abondamment un vin blanc, aigrelet et mousseux, qu'on buvait dans la joie les jours de fête passés.

Silencieux, ils levaient donc et ils abattaient sur le sol leur pioche d'ancien modèle, forgée pour des géants. La terre volait en éclats ; la souche frémissait ; quelques feuilles recroquevillées, restées sur les sarments, tombaient et fuyaient au vent, avec des craquements de verre brisé ; le pied de l'arbuste apparaissait tout entier, vigoureux et difforme, vêtu en haut de la mousse verte où l'eau des rosées et des pluies s'était conservée pendant des étés lointains. tordu en bas et mince comme une vrille. Les cicatrices des branches coupées par les vignerons ne se comptaient plus. Cette vigne avait un âge dont nul ne se souvenait. Chaque année, depuis qu'il avait conscience des choses, Driot avait taillé la vigne, biné la vigne, cueilli le raisin de la vigne, bu le vin de la vigne. Et elle mourait. Chaque fois que, sur le pivot d'une racine, il donnait le coup de grâce qui tranchait la vie définitivement, il éprouvait une peine ; chaque fois que, par la chevelure depuis deux ans inculte, il empoignait ce bois inutile et le jetait sur le tas que formaient les autres souches arrachées, il haussait les épaules, de dépit et de rage. Mortes les veines cachées par où montait pour tous la joie du vin nouveau ! Mortes les branches mères que le poids des grappes inclinait, dont le pampre ruisselait à terre, et traînait comme une robe d'or ! Jamais plus la fleur de la vigne, avec ses étoiles pâles et ses gouttes de miel, n'attirerait les moucherons d'été et ne répandrait dans la campagne et jusqu'à la Fromentière son parfum de réséda ! Jamais les enfants de la métairie, ceux qui viendraient, ne

passeraient la main par les trous de la haie pour saisir les
grappes du bord ! Jamais plus les femmes n'emporteraient
les hottées de vendange! Le vin, d'ici longtemps, serait plus
rare à la ferme, et ne serait plus « de chez nous ». Quelque
chose de familial, une richesse héréditaire et sacrée périssait
avec la vigne, servante ancienne et fidèle des Lumineau. Ils
avaient, l'un et l'autre, le sentiment si profond de cette perte
que le père ne put s'empêcher de dire à la nuit tombante, en
relevant une dernière fois sa pioche pour la mettre sur son
épaule : — Vilain métier, Driot, que nous avons fait aujourd'hui.

Cependant, il y avait une grande différence entre la tristesse
du père et celle de l'enfant. Toussaint Lumineau, en arrachant
la vigne, pensait déjà au jour où il la replanterait ; il avait
vu, dans sa muette et lente méditation, son successeur à
la Fromentière cueillant aussi la vendange et buvant le
muscadet de son clos renouvelé. Il possédait cet amour fort
et éprouvé qui renaît en espoirs à chaque coup du malheur !

Extrait de *La terre qui meurt*. (C. Lévy.)

Soins d'entretien de la vigne.

VIII
LES VINS DE LA CÔTE

Par Lucien PATÉ.

Oh ! qui dira la Côte et les grands crus sacrés
Dont la Grèce aurait bu, mais qu'elle eût adorés !
Chambertin, Richebourg, ces têtes de cuvées ;
Les combes, du soleil incessamment couvées ;
Orveaux qui se soulève et s'accoude aux rochers,
Et Chambolle, en avril, tout rose de pêchers ;
Corton qui tend sa coupe irisée où sommeille
La puissance du feu dans la liqueur vermeille ;
Volnay riche en parfums ; Pommard, comme un beau soir,
Empourprant les sentiers de la vigne au pressoir ;
Montrachet dont la grappe a la couleur de l'ambre
Et luit comme un flambeau sur le flanc de septembre !
Mais celui qu'entre tous elle eût nommé divin,
C'est toi, vieux Clos-Vougeot, orgueil du sol, ô vin !
Elle t'eût consacré des autels dans ses combes ;
Elle les eût rougis du sang des hécatombes ;
Et la petite source, humble comme un lavoir,
Qui te donne son nom et te sert de miroir,
La nymphe au front chargé de raisins noirs, la Vouge,
Dont le flot sort si clair de ta colline rouge,
Au plein soleil, sans lit de mousse ou de roseaux,
Eût été la première entre ses sœurs des eaux !

Extrait de Poésies. (Lemerre.)

Raisins de serre.

VI

SOINS A LA TERRE

I

LA PLANTE ET LES ENGRAIS

Par **A. MUNTZ**,
Membre de l'Institut,

et A.-Ch. GIRARD,
Professeur à l'Institut national agronomique.

Le rôle des engrais consiste à fournir aux plantes les éléments dont elles ont besoin pour leur développement et que la nature ne met pas en quantité suffisante à leur disposition. En abordant l'étude des engrais, nous devons donc savoir de quels éléments la plante est composée, quelle est la source de ces éléments et leur distribution, envisagée au point de vue de la production végétale ; quelles sont les conditions dans lesquelles ils peuvent être assimilés et le rôle de chacun d'eux. Ces considérations nous conduisent à étudier le végétal et les milieux où il vit : le sol, les eaux, l'atmosphère.

Cherchons d'abord les matériaux constitutifs de la végétation. En chauffant une plante quelconque dans un vase clos, nous obtiendrons du charbon, de l'eau et de l'ammoniaque qui comprennent quatre éléments, le carbone, l'hydrogène, l'oxygène et l'azote, que tout organe végétal nous donnera. Si, d'un autre côté, nous brûlons cette plante à l'air, jusqu'à ce que toute combustion soit terminée, il nous reste un résidu fixe, les cendres.

L'analyse nous montre dans celles-ci un certain nombre de principes minéraux, toujours présents et toujours les mêmes, l'acide phosphorique, la potasse, la chaux, la magnésie, etc.

Ces corps forment une partie indispensable de la plante, et il est démontré que la végétation est impossible là où l'un d'eux fait entièrement défaut.

Pour produire la plante, il faut lui fournir ces éléments dans la proportion nécessaire à ses besoins, lorsque la nature ne se charge pas elle-même de les mettre à sa disposition. La connaissance de la composition des végétaux est donc la base sur laquelle repose l'emploi des engrais.

La plante a la faculté d'assimiler les matériaux de sa nutrition, lorsque ceux-ci se présentent sous une forme très simple, la forme minérale, et de les amener à l'état de composés organiques complexes qui forment la matière vivante aux dépens de la matière inerte.

Ce n'est qu'après avoir été assimilés par les plantes que les éléments constitutifs de tout être vivant peuvent être utilisés par les animaux. Ceux-ci, ne tirant les matériaux de leur propre substance que des végétaux, ne sauraient avoir une composition chimique différente. Aussi y trouvons-nous les mêmes éléments : carbone, hydrogène, oxygène, azote, acide phosphorique, chaux, etc., quoique répartis dans d'autres proportions.

Les animaux dépendent donc absolument des végétaux ; ils en sont les tributaires dans l'acception la plus étroite du mot et ils n'ont pu se développer à la surface de la terre qu'à la suite de la végétation ; si celle-ci disparaissait tout à coup, les animaux disparaîtraient aussitôt ; car les plantes sont l'intermédiaire indispensable entre le monde minéral et le monde animal.

Où la plante prend-elle les matériaux nécessaires à la production de ses tissus ? Nous la voyons en rapport, d'un côté avec le sol par ses racines, de l'autre avec l'atmosphère par ses organes aériens. Dans le sol, la plante puisera les substances minérales que nous retrouverons dans les cendres ; elle y trouvera également, sous des formes variées, un des principes essentiels de la végétation : l'azote. Quelques-uns de ces principes sont abondamment fournis par la nature et la plante en trouve toujours assez pour ses besoins ; d'autres, au contraire, existent en quantité limitée, et leur rareté peut être un empêchement au développement végétal.

L'atmosphère fournit le carbone et l'oxygène ainsi que l'hydrogène qui s'y trouve à l'état d'eau.

Nous voyons ces formes très simples de la matière s'organiser en végétal sous l'influence des forces vives de la nature et entrer dans le cycle de la vie.

Les éléments ainsi conquis au monde organique sont utilisés par les animaux pour la formation et l'entretien de leurs tissus, ainsi que pour leurs fonctions vitales ; mais ces éléments ne restent pas accumulés dans les organes des animaux. Ceux-ci ont besoin de les renouveler et les rendent sous forme de déjections à mesure qu'ils ont terminé leur rôle comme soutien de la vie.

Les animaux eux-mêmes restituent à leur mort ce qui était accumulé dans leurs tissus.

Que devient cette matière qui constitue le résidu de la vie animale ? Nous la voyons, sous des influences chimiques, et plus encore sous l'influence d'êtres microscopiques, retourner à l'état minéral. A ce moment la plante peut de nouveau s'en emparer et recommencer indéfiniment le cycle de ses transformations.

Certains éléments de nutrition existent en abondance ou se renouvellent sans cesse. C'est le cas de ceux que nous trouvons dans l'atmosphère. Il n'en est pas ainsi des matériaux contenus dans le sol : leur stock est toujours limité et toute production organique, végétale ou animale, enlève à la terre une certaine quantité de principes fertilisants et produit par suite un appauvrissement.

Si, après leur mort, les végétaux ou les animaux restaient sur le sol auquel ils ont soustrait les éléments de leur existence, la matière enlevée retournerait à la terre qui conserverait indéfiniment sa richesse primitive. Mais si, comme cela a lieu généralement, l'agriculture exporte les produits du sol, celui-ci subit un appauvrissement graduel et il peut arriver un moment où certaines substances indispensables se trouvent en trop petite quantité pour subvenir aux

besoins de la végétation. Afin d'entretenir la fertilité du sol,
il faut donc lui rendre les matériaux que lui avaient enlevés
les récoltes. C'est la loi de la restitution, sur laquelle repose
l'emploi des engrais : cette loi, qui sert de base à l'agriculture
moderne, n'a été formulée d'une façon précise que vers le
milieu de ce siècle.

Partout où la restitution des principes fertilisants exportés

Engrais verts.

Les légumineuses sont cultivées en Champagne pour être enfouies
comme fumure verte. L'emploi des engrais verts est recommandable dans les sols pauvres en humus.

ne peut pas s'opérer intégralement, dans toutes les circonstances où, pour des raisons quelconques, on néglige d'apporter
aux terres les matières utiles qui manquent totalement ou
qui n'existent pas en quantité suffisante, nous voyons la
culture extensive s'établir. Cette culture à grandes surfaces
et à petits rendements était représentée autrefois, et l'est
encore aujourd'hui, dans les vastes régions, par le système
semi-forestier, par le système semi-pastoral, systèmes où
l'on fait intervenir, pour l'enrichissement des sols en culture,

de longues périodes de temps et de grands espaces de terrain, où l'on épuise une partie des terres pour donner de la fertilité à une autre, où on a recours à la jachère et à l'écobuage, mais où forcément les produits du sol sont très limités.

Si nous suivons la marche de l'agriculture à travers les siècles, nous voyons les procédés culturaux et les pratiques agricoles se perfectionner peu à peu ; des plantes nouvelles s'introduire ; un outillage plus approprié s'établir dans les fermes, mais sans que la connaissance des lois fondamentales de l'agriculture ait fait un pas ; aussi, ces perfectionnements ne portaient-ils que sur des détails et ne pouvaient-ils faire entrer l'agriculture dans une nouvelle phase. Notamment, la connaissance des matières fertilisantes et de leur emploi restait stationnaire. De même que Caton recommandait « d'accorder tous ses soins à grossir le tas de fumier », de même Olivier de Serres répétait sous une autre forme et dans un langage imagé : « Le fumier réjouit, réchauffe, et rend aisées les terres... » Et si nous consultons les ouvrages des agronomes qui, au commencement du siècle, ont jeté un si vif éclat et rendu de si grands services à l'agriculture, nous constatons que leurs écrits ne nous apprennent rien de nouveau sur les faits essentiels de la nutrition végétale, et nous les trouvons presque aussi ignorants que les anciens des lois de la fertilité du sol et de la restitution. Toute la fumure, d'après eux, consiste dans la matière organique. Quels que soient le sol et le climat, toujours du fumier, et on arrive à cette conclusion : le bétail, mal nécessaire. Ce n'est qu'à la suite des recherches successives de Lavoisier, de Saussure, de Liebig, de M. Boussingault qu'on a pu établir les règles qui ont été résumées plus haut.

Aujourd'hui ces théories, après avoir subi l'épreuve de l'expérience dans le laboratoire d'abord, et en plein champ ensuite, sont devenues des axiomes fondamentaux qui ont amené une véritable révolution agricole.

L'agriculture n'est plus tributaire comme jadis de la jachère et de la règle inflexible des assolements ; elle n'est plus condamnée à ces rendements dérisoires de 8 à 10 hectolitres de blé à l'hectare.

Autrefois, elle n'était intensive que dans les endroits privilégiés situés près des centres populeux, où une intelligence particulière des habitants avait conduit à utiliser les matières des vidanges et divers détritus accumulés dans les villes ; tel était le cas de la culture si réputée des Flandres.

Chaulage.

La chaux fournit un élément de fertilisation indispensable à la nutrition des plantes : elle favorise la décomposition des matières organiques et la nitrification : enfin, elle agit comme agent fixateur des substances fertilisantes.

Maintenant, grâce à l'engrais, on porte la richesse là où régnait la misère ; avec l'acide phosphorique, nous voyons la Bretagne, la Sologne, la Vendée, etc., transformées d'une façon magique ; avec la potasse et l'azote nous voyons verdir certaines parties de la Champagne pouilleuse.

On s'inquiète vivement aujourd'hui des causes de déperdition et d'épuisement ; parmi elles, il faut citer les villes qui tirent leur subsistance des campagnes. Les agriculteurs fabriquent de la viande, du pain, du lait : ils envoient, sous cette forme, dans les centres populeux, l'azote, l'acide phosphorique, la potasse ; ils en perdent beaucoup en route, comme nous le verrons ; mais cela serait peu inquiétant, si les villes restituaient aux campagnes ; malheureusement, il n'en est rien : l'atmosphère et les fleuves emportent à tout jamais, pour ainsi dire, ces éléments de fécondité. C'est pour compenser ces exportations incessantes que l'ancien continent expédie ses bateaux sur les nouveaux continents, pour chercher la fertilité sous forme de nitrates, sous forme de guanos, etc. ; on fouille la terre, la mer elle-même pour en extraire l'acide phosphorique, la potasse, la chaux ; on a même songé à prendre l'azote à l'atmosphère.

On comprend, aujourd'hui mieux que jamais, que l'ignorance des principes scientifiques conduit à de fâcheux résultats, et que toute agriculture qui reste réfractaire aux idées nouvelles est destinée à péricliter, tandis que de meilleurs jours sont réservés à ceux qui n'hésitent pas à entrer dans la voie du progrès, en adoptant les règles culturales qu'enseignent la science et la pratique éclairée.

Mais, pour appliquer ces nouvelles conquêtes de l'esprit humain, il faut se pénétrer des conditions multiples qui influent sur la production végétale. Il est donc indispensable à ceux qui veulent modifier la pratique séculaire de leur exploitation, d'acquérir certaines connaissances fondamentales. Faute de comprendre les phénomènes de l'utilisation des matières fertilisantes, le cultivateur s'expose à des mécomptes qui auraient des conséquences d'autant plus graves qu'ils le rendraient défiant à l'endroit des perfectionnements dont le judicieux emploi peut conduire au relèvement et à la prospérité de l'agriculture.

Extrait de Les engrais. (Firmin-Didot.)

LE FUMIER DE FERME

Par **C.-V. GAROLA**,
Professeur départemental d'agriculture.

Le plus ancien et le plus important de tous les engrais utilisés par l'agriculture est le *fumier de ferme* (1). Il est aussi le plus généralement employé et presque toujours le plus

Plate-forme à fumier de la ferme de Trappes (Seine-et-Oise).

économique. Constitué par le mélange des excréments solides et liquides des animaux domestiques, avec les litières qui leur servent de couchage, il n'est plus aujourd'hui le but principal

(1) Voy. *Engrais*, par C.-V. GAROLA, 1908 (*Encyclopédie agricole*). — *Les engrais et la fertilisation du sol*, par A. LARBALÉTRIER, 1891. (Librairie J.-B. Baillière et fils.)

de l'entretien du bétail dans l'exploitation. Dans les conditions économiques actuelles, qui sont devenues beaucoup meilleures pour la vente de la viande, principalement, et des moteurs animés, comme aussi des produits de la laiterie, le fumier, de produit principal, est devenu un véritable résidu d'industrie. C'est un résidu de grande importance agricole, il est vrai, mais ses frais de production se trouvent ainsi bien

Épandage du fumier dans la vallée du Cher.
D'après le tableau de M. Choquet.

diminués et l'ancien axiome : « Le bétail est un mal nécessaire » a cessé d'être admissible ; car, au contraire, l'élevage et l'exploitation des animaux sont devenus, pour le cultivateur diligent, une des sources les plus sûres du bénéfice. Loin donc que la production du fumier ait perdu de son importance avec les progrès réalisés dans l'exploitation rurale dans la seconde moitié du XIX° siècle, il en a plutôt gagné : on en produit davantage, et on le produit meilleur parce qu'on a

développé les spéculations sur le bétail, et qu'on apporte plus
de soin à le recueillir et à le fabriquer.

Le fumier de ferme n'est pas un engrais de composition
fixe. Les causes qui en font varier la valeur fertilisante et la
quantité produite sont nombreuses. Les facteurs principaux
de ces variations sont, d'une part, la nature, la composition
et les proportions des excréments mixtes qui contribuent à

Établissement d'un compost.

On fabrique un compost avec les débris organiques de la ferme
(déchets de ménage, mauvaises herbes, débris de paille, etc.), de
la chaux et de la terre. On active la décomposition avec des arrosages d'eau ou, mieux, de purin. Cet engrais produit d'excellents
effets sur les prairies naturelles.

sa formation et qui sont sous la dépendance du genre des
animaux entretenus, de leur âge et de la nourriture qu'ils
reçoivent, la nature et la proportion des litières qui servent
d'excipient aux déjections; d'autre part, le mode de traitement appliqué à sa fabrication et à sa conservation.

FUMIER ET ENGRAIS CHIMIQUES

Par C.-V. GAROLA.

Le fumier de ferme qui a été bien soigné est à la fois l'engrais le plus favorable pour toutes les cultures, et celui qui

Les engrais chimiques. Mine de phosphate de Tunisie.

convient le mieux dans la généralité des sols. Mais il serait dangereux de se laisser aller à cette croyance qu'il est possible d'accroître facilement et en peu de temps la fertilité du sol par l'emploi exclusif du fumier, surtout si l'on exploite un terrain qui manque de l'un des principes alimentaires fondamentaux, ou qui n'en est que faiblement pourvu.

Le fumier de ferme, en effet, n'est que le résidu de la
consommation des plantes fourragères, des pailles et des
grains produits dans l'exploitation, par les animaux que nous
entretenons. Il ne représente qu'une fraction des matières
alimentaires qui ont été enlevées au sol par les récoltes,
d'abord parce qu'une partie importante de celles-ci est vendue
directement, ensuite parce que la totalité de l'azote, des phos-

Les engrais chimiques. Gisements de nitrate de soude au Chili.

phates et de la potasse des aliments consommés par le bétail
ne se retrouve pas dans leurs excréments : il y en a une portion plus ou moins considérable qui s'est transformée en
chair, os, laine, poils, corne, etc. Il est, par suite, impossible
de restituer à un sol, par l'emploi exclusif du fumier, tout ce
que les récoltes lui ont enlevé.

En outre, comme le fumier de ferme a pour origine le sol,
il ne peut renfermer rien que ne contienne préalablement

Lectures agricoles. 12

celui-ci. Si la terre est pauvre en phosphate, le fumier, lui aussi, sera pauvre en cet aliment de première nécessité. *Dans un sol incomplet, le fumier de ferme ne peut donc jamais être un engrais complet.* Et si l'on veut arriver à fournir aux plantes une alimentation suffisante et conforme aux besoins de chacune d'elles, il est nécessaire de rechercher quelles sont les substances qui font défaut au sol, pour les lui donner, en dehors du fumier, sous une forme qui réponde aux exigences spéciales des végétaux que l'on cultive.

Même dans les terres parfaites au point de vue de la composition minérale et de l'assimilabilité des matières alimentaires qu'elles contiennent, si l'on peut dire que le fumier est un engrais complet, il faut cependant considérer que cela n'est vrai qu'au point de vue de la qualité des aliments qu'il fournit, et non au point de vue de leur quantité. Car ces proportions relatives des substances alimentaires diverses que les plantes exigent sont variables avec chacune de ces dernières, tandis que la composition du fumier ne varie nullement dans le sens que nécessite une alimentation sagement économique. D'où la conclusion que, même dans les sols pourvus qualitativement de tous les principes alimentaires reconnus indispensables, *le fumier peut devenir insuffisant, et a besoin d'être complété pour certaines cultures.*

Aussi, pour maintenir l'équilibre de fertilité des bonnes terres, et pour accroître la fécondité et la richesse de la culture d'une manière générale, il est dans tous les cas nécessaire de compléter les fumures de fumier de ferme avec des matières fertilisantes tirées du dehors; et cette nécessité est d'autant plus inéluctable que le sol est plus appauvri en une ou plusieurs substances alimentaires.

Cela est vrai dans les conditions les meilleures et, avec plus forte raison, dans l'immense majorité des cas. C'est en effet l'évidence même que la quantité de fumier produite par une exploitation qui n'importe rien du dehors est tout à fait insuffisante pour fumer convenablement les récoltes et en obtenir des rendements hautement rémunérateurs. Malgré tous les efforts qu'il puisse faire pour ne rien laisser perdre des substances de toute sorte qui peuvent augmenter son tas de fumier, malgré les soins judicieux dont il l'entoure, le cultivateur intelligent a bien vite reconnu que la ferme ne peut se suffire à elle-même, aussitôt que l'on veut obtenir du sol une production un peu considérable.

Il suit de là que ni par sa qualité, ni par sa quantité, le fumier de ferme ne saurait suffire dans tous les cas. Mais c'est lui qui doit former la base essentielle des fumures et du maintien de la fertilité du sol. Il y a à cela deux raisons de la plus haute importance. La première est de l'ordre économique, la seconde de l'ordre physiologique.

Il est d'abord incontestable que le fumier de ferme est le plus économique de tous les engrais. Le prix de revient de l'azote, de l'acide phosphorique et de la potasse fournis par le fumier est inférieur à celui des mêmes principes fertilisants puisés dans le commerce.

Mais ce n'est pas tout, car si, d'une part, le fumier de ferme agit par les matières assimilables qu'il peut fournir aux plantes, il agit aussi, d'autre part, et d'une manière très énergique, sur les matières minérales alimentaires contenues dans le sol, en les préparant à l'assimilation. Le fumier de ferme joue un rôle très important dans la *cuisine des plantes*. C'est par le terreau qu'il forme en se décomposant qu'il remplit cette dernière fonction, terreau ou humus qui se combine aux matières minérales alimentaires et insolubles du sol, et les amène ainsi à un état parfait pour être absorbées par les racines. L'humus qui provient de la décomposition du fumier dans le sol n'est pas, en réalité, absorbé par les racines; sauf quelques exceptions probables, il ne sert que de véhicule aux matières minérales, aux phosphates surtout, pour les mettre à la disposition des racines et les conserver, afin de ne les livrer à celles-ci que suivant leurs besoins. Ce rôle, pour secondaire qu'il soit, n'en a pas moins, au point de vue de la fertilité des terres, une importance capitale : la fécondité des terres résulte, pour une partie importante, de la richesse du sol en humus combiné à l'acide phosphorique, à la potasse, à la magnésie, au fer, etc., qui sont les principes essentiels de toute végétation. Le fumier de ferme ne fournit donc pas seulement aux plantes ce qu'il contient lui-même, mais encore il favorise l'assimilation des minéraux insolubles du sol; c'est un engrais-amendement.

C'est là ce qui fait la nécessité de son emploi; et toute tentative qui serait faite pour cultiver le sol en le laissant complètement de côté serait couronnée par un insuccès fatal.

Le fumier est la base incontestable de la fertilité; c'est l'agent indispensable pour préparer à l'assimilation les aliments minéraux insolubles du sol; c'est l'engrais de première nécessité, parce que seul il permet de tirer le meilleur parti des forces productives de l'air et de la terre à la fois, et cela au meilleur marché.

Mais, malgré son excellence, le fumier ne répond pas à tous les besoins des sols et des plantes. Il est nécessaire, dans certains cas, de le compléter, pour pouvoir tirer de la terre et des végétaux tout ce qu'ils sont susceptibles de donner.

Les engrais chimiques.
La fabrication de la cyanamide à Briançon (Savoie).

La cyanamide ou chaux-azote est un nouvel engrais qui provient de la fixation de l'azote de l'air sur le carbure de calcium sous l'influence de l'électricité et de la chaleur.

IV

LES IRRIGATIONS

Par

E. RISLER,   et   **G. WÉRY,**

Ancien directeur
de l'Institut national agronomique.

Sous-directeur de l'Institut
national agronomique.

L'énergie solaire élève les eaux des mers jusqu'aux sommets des montagnes, où elles s'emmagasinent sous la forme de glaciers et de neiges. Au printemps, les rayons du soleil viennent rendre à la circulation ces masses d'eau solidifiées. Elles descendent de la montagne vers la plaine; elles mettent tout à la fois à la disposition des hommes leur force vive et leurs qualités comme agent de fertilisation. La philosophie naturelle des choses indique donc qu'il convient de les utiliser dans l'une et l'autre direction, au fur et à mesure qu'elles descendent. Et les pays de montagne nous apparaissent comme l'aire géographique naturelle des usines hydrauliques, productrices de force, et des prairies irriguées, productrices de fourrage et, par conséquent, de bétail et de lait.

La plupart du temps, les pluies n'apportent aux plantes qu'une partie de l'eau qui est nécessaire à leur végétation. L'irrigation intervient pour fournir le reste. Quel que soit le moyen employé pour se procurer de l'eau d'arrosage, quelle que soit l'origine de cette eau : sources, puits, rivières ou canaux, elle provient toujours de terrains situés à un niveau supérieur à celui du sol irrigué. *En définitive, l'irrigation réunit, sur une surface déterminée, aux eaux tombées sur cette surface, celles qui sont tombées en amont sur une surface plus étendue.*

Irriguer un terrain, dans la généralité des cas, c'est l'arroser avec une quantité d'eau limitée, de manière que cette eau icrcule à sa surface d'une façon uniforme sans s'arrêter nulle part. En humectant le sol et en mettant à la disposition

12.

des plantes les éléments nutritifs qu'il renferme, l'irrigation imite l'action de la pluie. Elle remédie à son irrégularité grâce aux cours d'eaux ou aux réserves constituées pendant la saison humide, qu'elle déverse sur les terres au moment des sécheresses. Mais, en outre, elle peut apporter au sol des substances fertilisantes, et elle exerce sur lui un ensemble d'actions bienfaisantes, parmi lesquelles l'aération joue l'un des premiers rôles.

On rattache à l'irrigation les procédés d'arrosage qui consistent à couvrir le sol d'une masse d'eau plus ou moins considérable et à l'y laisser séjourner plus ou moins longtemps. Mais qu'il s'agisse d'arrosage à l'eau vive ou à l'eau dormante, toute irrigation doit être suivie d'un asséchement du terrain. *Pas d'irrigation profitable sans un assainissement complet consécutif* (1 .

Les *rigoles d'irrigation* amènent et distribuent l'eau à la surface du sol ; les *rigoles de colature* la recueillent pour en débarrasser le terrain après l'arrosage.

Lorsque le terrain est suffisamment perméable et qu'il offre une pente convenable, il est inutile d'établir des rigoles de colature. Une fois vides, les rigoles d'irrigation font office de colateurs.

L'arrosage à la main est l'irrigation primitive. C'est la plus coûteuse. Elle est impraticable sur des surfaces de quelque étendue. Grâce à un système approprié de rigoles qui s'alimentent à la réserve au moyen d'une *prise d'eau*, on économise presque toute la main-d'œuvre. On utilise les pentes naturelles du sol, ou l'on en crée d'artificielles, de manière que l'eau descende par son propre poids jusqu'au terrain à arroser et qu'elle s'y répartisse uniformément.

(1) Voy. *Irrigations et drainage*, par RISLER et WÉRY (*Encyclopédie agricole*). — *Hydrologie agricole*, par DIÉNERT (*Encyclopédie agricole*).

Irrigation des prairies.

L'eau arrive sur la crête de la planche et se déverse en nappe jusqu'au fossé d'égout.

V

ENTRETIEN DES PRAIRIES IRRIGUÉES

Par E. RISLER et G. WÉRY.

Les prairies irriguées demandent beaucoup de soins. Si on les néglige, non seulement le capital qui a été engagé dans leur établissement est perdu, mais encore elles peuvent valoir moins qu'avant. Il est absolument nécessaire de s'en occuper. C'est une obligation qu'il faut sérieusement envisager avant de créer des prés irrigués. L'irrigation paie d'ailleurs très largement de retour. On doit donc veiller à ce que les canaux et les fossés soient en bon état de propreté, de manière que l'eau puisse y circuler librement : sinon, des inondations partielles se produisent ; l'eau est gâchée, et la terre submergée, transformée en marécage, se couvre de plantes aquatiques. On vérifiera l'état des écluses et des vannes, des ponceaux et autres petits ouvrages. On y exécutera toutes les réparations nécessaires. Il faudra extirper les mauvaises herbes, détruire, le cas échéant, les animaux nuisibles, disperser les taupinières. Au moment des arrosages, le préposé aux irrigations devra parcourir sans cesse la prairie. Il veillera à ce que l'eau s'écoule régulièrement, à ce que toutes les parties du pré soient également arrosées. Il devra sans cesse se transporter d'un endroit à un autre, ouvrir ou fermer les vannes, disposer dans les fossés les petits barrages constitués d'une plaque de tôle ou d'une motte de gazon. Dès que commence la bonne saison, la pratique des arrosages suffit à absorber toute l'attention d'un homme actif et instruit, lorsque la surface des prés irrigués atteint une certaine importance.

On estime qu'un bon agent peut entretenir et surveiller l'arrosage d'une vingtaine d'hectares. Il doit connaître et aimer son art ; « un bon irrigateur est celui qui s'intéresse à sa prairie comme un bon berger à ses brebis » (1).

L'entretien des prairies comporte des soins multiples qui varient avec les saisons. Les plus importants consistent dans la direction même des arrosages, dans la conduite de l'eau.

Le curage des fossés et des canaux s'impose rigoureusement et doit s'effectuer en automne, fin septembre à com-

Entretien des prairies irriguées. Exécution des rigoles d'arrosage.

mencement d'octobre, après l'enlèvement du regain, et au printemps. Il prépare ainsi successivement la bonne exécution des arrosages d'automne, qui sont les plus importants, au moins dans les régions septentrionales, et ceux du printemps.

Les fossés et les canaux se salissent rapidement pendant le fonctionnement de l'irrigation. L'eau y apporte de la terre, les racines des plantes s'y développent, des semences y tombent et germent. Les plantes y poussent d'autant plus vite que l'eau est meilleure et la prairie plus fertile. Des feuilles

(1) Voy. *Prairies et plantes fourragères*, par GAROLA (*Encyclopédie agricole*), 1908. — *Culture fourragère*, par DENAIFFE, 1896 (Librairie J.-B. Baillière et fils.)

mortes s'y réunissent, les obstruent parfois. Puis le passage des voitures et des instruments, le pas des hommes et des animaux éboulent les bords des canaux et des rigoles. Aussi leur profil se modifie-t-il rapidement. L'écoulement de l'eau en est profondément troublé et l'arrosage compromis.

Il est donc indispensable de refaire les bords des rigoles. On y arrive facilement en délimitant le travail à l'aide d'un cordeau, et en se servant, pour attaquer le sol, de la bêche ou de la hache de prairie. La terre que l'on extrait du sol en exécutant ce travail n'est pas perdue. Placée d'abord en petits tas à côté des rigoles, elle sert ensuite à surélever les parties du pré qui se sont abaissées. Si on n'en trouve pas l'emploi pour égaliser la surface, on l'épand régulièrement sur le pré, en fragments aussi fins que possible. Cette terre est particulièrement utile pour confectionner les ados naturels.

En même temps qu'on nettoie les fossés, on doit aussi débarrasser la surface de la prairie des feuilles mortes qui la recouvrent en plus ou moins grande quantité. Le râteau à cheval est tout indiqué pour effectuer ce travail.

Dès que le printemps est suffisamment avancé, les herbes poussent assez haut dans le voisinage des rigoles pour cacher celles-ci à la vue. Il est alors bon de faucher l'herbe sur la largeur d'un andain étroit, le long des rigoles les plus importantes, afin de pouvoir surveiller l'arrosage.

Il est recommandable de reconstruire chaque année les rigoles d'arrosage. Les ouvriers occupés à ce travail doivent commencer par tendre un cordeau à 0^m,50 ou 1 mètre de l'ancienne rigole en forme de V. Deux hommes coupent le gazon à la pioche, en sens inverse. Le troisième rebouche l'ancienne raie à l'aide d'une fourche, avec le prisme de gazon découpé. Ces trois ouvriers peuvent faire 500 à 600 mètres de rigoles par jour. Le mètre courant ne revient pas ainsi à plus de 1 centime. On peut les refaire chaque année en les déplaçant chaque fois de 1 mètre. De cette façon, toutes les parties du pré profitent successivement de la première eau, du *gras de l'eau*.

Les taupes rendent des services en chassant les courtilières et les insectes qui s'attaquent directement aux plantes. Mais elles nuisent à l'irrigation. Leurs longues galeries sou-

terraines constituent un sérieux obstacle à la répartition uniforme de l'eau ; puis elles bouleversent les travaux et obligent
souvent à les recommencer. Enfin les *taupinières* s'opposent
à la circulation de l'eau. Au printemps, avant la pousse de
l'herbe, on doit donc les disperser en répandant à la surface
de la prairie la terre fine qui les constitue.

Cette opération s'exécute aisément à la pelle, à la houe ou

Le sol des prairies irriguées restant souvent mouillé, on mettra
le fourrage à l'abri de la terre mouillée au moyen de cavaliers ou
perroquets.

à la herse. Mais le *rabot des prés* permet d'aller plus vite. C'est
un instrument très simple qu'un forgeron de village peut
facilement construire. Il se compose essentiellement d'un
châssis rectangulaire, dont les deux grands côtés, garnis de
semelles de fer, forment patins et glissent sur le sol. Ce châssis
porte trois traverses de bois. Les deux traverses postérieures,
inclinées sur leur face d'avant, sont armées de deux planches.
Les bords inférieurs de celle-ci arasent le niveau des patins,
par conséquent le sol. Deux lames de fer feuillard, solidement
fixées par des boulons sur ces planches, constituent la partie

active de l'appareil. Lorsque le rabot est mis en mouvement, les taupinières et les monticules qui se trouvent sur son chemin sont d'abord attaqués par la traverse d'avant. Leur destruction est achevée par des lames de fer; la terre se dépose peu à peu dans les creux du gazon.

Beaucoup de plantes nuisibles qui infestent les prairies cèdent à l'irrigation, à un bon entretien et à l'apport des engrais qui conviennent au sol. Ainsi le chaulage détruit la petite oseille. Les bruyères, les fougères, les genêts caractérisent les sols arides qui manquent d'acide phosphorique. L'application des phosphates les fait donc disparaître. Mal conduite, l'irrigation amène une humidité excessive du sol qui provoque l'apparition des chardons, des joncs, des carex.

Les plantes annuelles, telles que le rhinanthe crête de coq, sont assez faciles à détruire. Il suffit de les faucher avant la floraison. On arrête ainsi leur reproduction. Il est moins aisé de se débarrasser des plantes vivaces. Elles ne cèdent qu'à l'arrachage direct et à l'amélioration du sol. Parmi ces dernières, la plus dangereuse est le colchique d'automne. C'est une plante vénéneuse, surtout à l'état vert. Facilement reconnaissable à sa fleur lilas, qu'elle montre en automne, elle doit s'extirper au printemps. Les renoncules sont moins toxiques; mais on doit aussi les détruire avec soin. On arrache aussi au printemps la grande patience et la grande berce qui envahit rapidement les terres fraîches et fertiles. On ne doit pas négliger les mousses. Elles cèdent généralement à quelques hersages pratiqués à l'aide des herses à mailles ou à chaînons. On peut aussi employer le sulfate de fer à la dose de 100 à 300 kilogrammes par hectare.

On débarrasse les prés des arbres de peu de valeur; leurs racines épuisent le sol et leur ombrage nuit à l'herbe. Enfin, il convient de débarrasser la surface des prairies des feuilles mortes, des menues branches et des petites pierres qui peuvent l'encombrer. Pour de grandes surfaces, ou réunit avantageusement feuilles et branchages à l'aide du râteau à cheval.

UTILITÉ DES MACHINES AGRICOLES

Par **G. COUPAN,**

Chef de laboratoire à l'Institut national agronomique.

Suivant une opinion encore très courante, l'introduction des machines aurait eu pour résultat, aussi bien dans l'agri-

Le semoir mécanique.

culture que dans l'industrie, de rendre inutiles la plupart des ouvriers jusqu'alors indispensables ; on croit volontiers que, plus les machines se multiplient, plus le nombre des ouvriers réduits au chômage devient considérable, de sorte que, selon l'expression populaire, *la machine casse les bras des ouvriers.* Rien n'est cependant plus inexact, et, si l'on examine avec un peu de soin les circonstances qui ont le plus influé sur le développement du machinisme, on est forcé de reconnaître que, loin d'être la cause de l'élimination des ouvriers, l'expansion des machines a été surtout déterminée par la raréfaction de la main-d'œuvre.

On peut citer, à l'appui de cette assertion, et simplement en ce qui concerne les machines agricoles, des exemples typiques. Ainsi, en Angleterre, on avait proposé, au cours du xviii° siècle, des machines capables d'effectuer la moisson ; elles étaient presque entièrement construites en bois et revenaient à un prix très élevé, tout en ne pouvant rendre que des services assez faibles. Les ouvriers agricoles, presque tous irlandais, étaient nombreux et se contentaient d'un minime salaire; les moissonneuses mécaniques ne présentaient donc aucun intérêt, et leurs inventeurs, pour les faire connaître du public, furent obligés de les exhiber sur les scènes des théâtres, pendant les entr'actes. Survient la maladie de la pomme de terre : les Irlandais meurent de faim, ou émigrent par milliers; la main-d'œuvre devient rare et chère. Aussitôt, on demande des machines à moissonner, et les clubs organisent des concours avec récompenses. Aux États-Unis, la vente des moissonneuses fut à peu près nulle jusqu'à la guerre de Sécession ; l'abolition de l'esclavage ayant eu pour conséquence la disparition d'une main-d'œuvre économique et abondante, les usines regorgèrent de commandes.

En France, la population de certaines communes est insuffisante pour assurer le travail du sol.

Le travail produit par une machine est incontestablement inférieur, comme qualité, au travail exécuté directement par l'homme. Ainsi, le labour à la charrue ne vaut pas le labour à bras, avec la bêche ou la houe. Mais il a l'énorme avantage de coûter moins cher. Le revenu ayant baissé considérablement pendant que les salaires augmentaient, il a fallu recourir à des moteurs moins onéreux que l'homme, ce dernier n'ayant plus, pour ainsi dire, qu'à diriger les machines. C'est par ce seul moyen que les agriculteurs ont pu lutter contre l'augmentation du prix de la main-d'œuvre rurale. D'ailleurs, à mesure que les machines se perfectionnent, le travail qu'elles effectuent diffère de moins en moins de celui de l'homme ;

Les semailles.

L'écroûteuse-émotteuse passant avant le semoir, les semailles sont plus régulières.

leur rendement augmente graduellement, et leur prix d'achat baisse progressivement, sous l'effet de la concurrence (1).

On a avantage à diminuer, toutes les fois que cela est possible, le travail de l'homme et à augmenter le travail des animaux et des moteurs. Les Américains du Nord ont reconnu de plus que, même en employant des machines, il y avait intérêt à réduire au minimum la fatigue qu'éprouvent les

Les moissonneuses-lieuses.

ouvriers. C'est pour cela qu'ils munissent leurs charrues, et beaucoup d'autres instruments agricoles, de sièges sur lesquels les laboureurs prennent place, au lieu de marcher à pied derrière la machine, comme en Europe.

(1) Voy. *Machines de culture*, par G. Coupan. — *Machines de récolte*, par G. Coupan, 1910. — *Matériel viticole*, par A. Brunet (*Encyclopédie agricole*). — *Le matériel agricole*, par G. Buchard, 1891. (Librairie J.-B. Baillière et fils.)

Il existe entre les machines industrielles et les machines agricoles des différences profondes, qui sont justifiées par des raisons d'ordre économique. Dans l'industrie, les machines fonctionnent dix ou douze heures par jour et troiscent soixante jours par an ; certaines même sont en marche jour et nuit, et l'arrêt d'une seule machine peut suspendre le travail dans toute l'usine. Aussi, l'industriel ne néglige-t-il rien pour que,

La machine à battre.

dans ses machines, se trouvent réunies toutes les conditions possibles de bon fonctionnement : se répartissant sur un très grand nombre d'heures de travail, le capital machines peut être très élevé.

On pourrait presque dire, au contraire, que les machines agricoles ne fonctionnent qu'exceptionnellement ; beaucoup ne servent que huit ou dix jours par an, certaines même que quelques heures par hectare et par an. Les ouvriers agricoles, quelles que soient leurs aptitudes, ne peuvent évidemment pas acquérir, dans de pareilles conditions, une habileté professionnelle comparable à celle des ouvriers industriels, lesquels finissent, suivant une formule vulgaire mais expressive, par faire corps avec leurs machines. Aussi la machine agricole doit-elle être, avant tout, simple, rustique et peu coûteuse ; elle aura à fonctionner dans des conditions généralement peu favorables, quelquefois même très mauvaises, que l'on ne rencontre jamais dans l'industrie.

Le tarare.

VII

LA CULTURE MÉCANIQUE

Par **Max RINGELMANN**,

Professeur à l'Institut national agronomique.

Dans nos exploitations agricoles, les divers travaux nécessités
par la culture sont effectués à l'aide de machines tirées par
des attelages auxquels on restitue, sous forme de matières
alimentaires, l'énergie mécanique qu'ils dépensent.

On a proposé à maintes reprises, depuis plus de cinquante ans,
de substituer la machine à vapeur aux attelages de nos exploitations ; plus récemment, on a remplacé le moteur à vapeur
par une réceptrice utilisant l'énergie électrique produite à
une certaine distance de son lieu d'utilisation, puis par le
moteur à explosions employant les combustibles liquides
(essence minérale, pétrole, alcool, etc.). D'une façon générale,
si l'on peut dire que l'adaptation des moteurs inanimés
quelconques aux divers travaux de culture est un problème
déjà résolu, au point de vue des mécanismes, son application
est liée à une question de prix de revient, en dehors des autres
avantages que les divers systèmes peuvent présenter, et
notamment celui d'une exécution plus rapide des travaux
avec un personnel moins nombreux.

Il est impossible de donner sous forme de moyenne générale la quantité d'énergie mécanique nécessaire pour cultiver
une certaine étendue, les variations étant d'un ordre trop
élevé, suivant la nature des travaux à effectuer et des terres
auxquels ils s'appliquent.

Pour une exploitation des environs de Paris, dont la terre
est en très bon état de culture (limon des plateaux reposant
sur l'argile tertiaire), il fallait dépenser 7 millions de kilogrammètres, afin de préparer un hectare de terre pour un blé
d'hiver après une récolte de betteraves, alors qu'il fallait près

de 55 millions de kilogrammètres pour préparer, après une céréale, un hectare de la même terre devant recevoir des betteraves à sucre. Et encore, ces chiffres, qui seraient plus élevés pour des terres très fortes, sont limités aux seuls travaux de préparation du sol (labours, hersages, roulages) en laissant de côté les dépenses d'énergie nécessitées par les travaux de récolte, les transports de fumier, d'engrais chimiques et de récolte.

Les indications précédentes, relatives à la même exploitation, montrent aussi que, suivant la période de l'assolement, les travaux de culture d'un hectare de terre nécessitent une quantité d'énergie qui peut varier dans le rapport de 1 à 8, passant de 7 millions à 55 millions de kilogrammètres, que les attelages de la ferme sont tenus de fournir dans un temps toujours limité ; aussi trouve-t-on un grand nombre d'animaux moteurs dans les exploitations à culture intensive.

Dans les conditions économiques actuelles, notre agriculture ne peut se maintenir que par la diminution du prix de revient des travaux, poursuivie en même temps que l'augmentation des rendements. Il est donc à prévoir que le travail mécanique du sol à l'aide de machines actionnées par les moteurs inanimés ne peut que s'imposer dans l'avenir pour les domaines ayant une certaine étendue, qu'ils appartiennent à un même exploitant, ou qu'ils résultent de l'association de plusieurs fermes voisines, la culture à bras ou au moyen d'attelages paraissant être réservée aux petites exploitations.

Au point de vue social, la culture mécanique du sol peut permettre pour l'homme une meilleure utilisation des produits de la ferme. Au lieu de transformer en travail mécanique une certaine quantité d'aliments, le bétail peut le transformer en viande, ou en lait, et souvent les kilogrammètres fournis par le cheval ou par le bœuf peuvent être économiquement remplacés, par une certaine quantité d'un combustible quelconque, s'il s'agit d'un moteur thermique, ou par un volume d'eau tombant d'une certaine hauteur, s'il s'agit d'un moteur hydraulique.

Au début, il ne s'agissait que de *labourage à vapeur*, dont on ne considérait souvent qu'un des côtés de la question. En

effet, beaucoup de passionnés se sont félicités par avance
que la culture à vapeur pouvait permettre la suppression de
tout le bétail de la ferme, oubliant que la viande joue le
même rôle que le pain dans l'alimentation des peuples
civilisés! On conçoit que le labourage à vapeur présenté de
cette façon a pu être combattu avec beaucoup de chances de
succès par les zootechniciens.

Les systèmes qui sont le plus répandus en Angleterre, en
Allemagne et en Autriche, sont ceux qui comportent deux
fortes locomotives-treuils dont le prix d'achat est très
élevé.

Les appareils de culture à vapeur qui utilisent la locomobile de la ferme ont joui chez nous d'une certaine considération momentanée par suite des avantages apparents
qu'ils présentent : le moteur préexistait dans l'exploitation et
le matériel supplémentaire à acheter n'occasionnerait pas
une très forte dépense. La pratique a abandonné ces appareils
pour les travaux de la culture courante, ne les réservant
qu'aux travaux d'améliorations foncières (défrichements et
défoncements) : la locomobile, trop faible, laissait disponible
à la charrue une trop faible puissance pour exécuter rapidement l'ouvrage ; puis le temps employé aux manœuvres
nécessaires augmentait le prix du travail et ne permettait
pas de réaliser une économie sur la culture effectuée à l'aide
des attelages (1).

Le prix plus élevé du labourage à vapeur en France, comparativement avec les mêmes machines employées en Angleterre ou en Allemagne, tient surtout à la dépense de combustible. Au prix d'achat du charbon à la mine (20 à 23 francs la
tonne) il faut ajouter les frais de transport par chemins de fer
ou par canaux, les manutentions à la gare, puis à la ferme, les
transports relativement coûteux de la gare à la ferme et de
la ferme dans les champs ; enfin, il convient surtout de tenir
compte des inévitables déchets en cours de route, de sorte
que le combustible revient souvent, rendu à pied d'œuvre

---

(1) Voy. *Le sol et les labours*, par P. Diffloth. — *Les semailles
et les récoltes*, par P. Diffloth. — *Électricité agricole*, par A. Petit,
1909. — *Moteurs agricoles*, par G. Coupan (*Encyclopédie agricole*).

dans le champ, à 35 ou à 40 francs la tonne. De plus, des attelages sont indispensables pour transporter, dans les terres, l'énergie sous forme de charbon et pour amener l'eau aux machines ; on voit que la première économie à réaliser consisterait à supprimer ces derniers transports, à employer un moteur fixe envoyant sa puissance dans les champs sous forme d'*énergie électrique* ; mais alors on peut employer un moteur à vapeur surchauffée, et depuis quelques années un moteur à gaz pauvre ; inutile de dire que le moteur hydraulique, lorsque son établissement est possible, est tout indiqué pour de semblables installations.

L'usine centrale d'énergie dont nous venons de parler peut être la propriété d'un grand domaine, d'une société industrielle, ou, dans l'avenir, d'une association d'agriculteurs au même titre que certaines sucreries et distilleries. Enfin, les diverses fabriques et usines comme les sucreries, les distilleries, les minoteries, les filatures, les manufactures diverses, etc., pourraient, dans beaucoup de circonstances, utiliser une partie de leur force motrice pour fournir à bas prix l'énergie électrique aux exploitations agricoles environnantes.

Les perfectionnements apportés aux moteurs des automobiles, moteurs qui sont légers par suite de leur grande vitesse angulaire, ne cessent d'appeler l'attention des ingénieurs que la culture mécanique du sol intéresse. Non seulement le matériel peut être léger et peu encombrant, mais l'alimentation du moteur ne nécessite que de faibles transports de combustible dans les champs, et une petite quantité d'eau pour remplacer celle du refroidisseur.

Des treuils mus par des moteurs à essence, on est passé aux appareils automobiles, comme les deux faucheuses qui figuraient à l'Exposition universelle de 1900.

De nombreuses tentatives ont été faites depuis une soixantaines d'années en vue de modifier la forme et le mouvement des pièces destinées à travailler le sol, à la place des versoirs ordinaires de nos charrues ; citons, dans cet ordre d'idées et parmi les réalisations pratiques, les charrues à disques et la laboureuse automobile de Boghos Pacha Nubar.

Depuis longtemps, les tracteurs pouvant remplacer les attelages sont réclamés par nos agriculteurs et nos viticulteurs ; l'avenir est assuré à ces machines.

Au point de vue mathématique, la *culture mécanique du sol*, quel que soit le système employé, conduit à une dépense supplémentaire d'énergie. Il faut toujours se rappeler qu'un ensemble de mécanismes, transformant ou transmettant de l'énergie, commence par se payer lui-même, pour ainsi dire, en absorbant une certaine quantité d'énergie pour son propre fonctionnement, et il ne rend qu'une partie de ce qu'on lui a donné.

Admettons seulement, pour fixer les idées, qu'un attelage tirant directement une charrue doit fournir un travail mécanique de 100 kilogrammètres pour effectuer un certain ouvrage. Lorsque, pour obtenir le même ouvrage, nous remplaçons l'attelage par un moteur inanimé avec plusieurs organes intermédiaires, transmissions, treuil, câble, poulies, roues, etc., il faudra peut-être 200 kilogrammètres. Toute la question est de savoir si les 200 kilogrammètres précités seront fournis par le moteur inanimé à un plus bas prix que les 100 kilogrammètres demandés à l'attelage.

Nous avons eu l'occasion de montrer la grande variation des prix de revient de l'énergie livrée, dans les exploitations agricoles, par les divers moteurs actuellement utilisables ; sans donner des chiffres absolus, nous pouvons dire que les 100 000 kilogrammètres peuvent coûter près de 2 francs quand ils sont fournis par un homme, 0 fr. 40 avec un attelage de chevaux — y compris le conducteur, — 0 fr. 25 avec un attelage de bœufs, 0 fr. 20 avec un moteur à pétrole lampant, 0 fr. 10 avec un moteur hydraulique ; d'ailleurs, nous avons indiqué les bases de nos calculs, afin que chacun puisse y apporter les modifications nécessaires suivant les prix élémentaires relatifs à son exploitation.

Les systèmes de culture mécanique du sol trouvent un emploi manifestement économique pour l'exécution des travaux d'amélioration foncière, tels que les défrichements, les fouillages et les défoncements ; ces travaux ne s'effectuent sur le même champ qu'à de longs intervalles et, pour eux, on n'est généralement pas tenu de les exécuter dans un temps limité, comme pour ceux de la culture courante.

Il y a lieu d'observer que la culture mécanique ne pourra jamais s'appliquer à toutes les exploitations, comme à toute l'étendue d'une exploitation déterminée. De même que dans un domaine il y a place pour la bicyclette, le cheval et l'automobile, qui répondent économiquement à des besoins différents, il y a toujours place pour divers moteurs : homme, animal, moteur inanimé, lesquels, chacun, fonctionnent économiquement pour certains ouvrages.

Pour une foule de travaux, il faudra toujours entretenir à la ferme un certain nombre d'attelages de chevaux ou de bœufs ; entre temps, ces attelages peuvent cultiver économiquement une certaine surface ; c'est donc seulement au delà de ce minimum qu'on peut appliquer avantageusement la culture mécanique, à la condition que cette dernière opère sur une étendue suffisante pour abaisser les frais généraux par unité de surface.

La culture mécanique doit donc être considérée comme pouvant permettre de réduire le nombre des animaux-moteurs d'une exploitation, mais non de les supprimer complètement. Elle ne peut opérer économiquement que sur une partie des terres du domaine, et, considérée à ce point de vue, elle ne pourrait s'appliquer qu'aux grandes exploitations.

Cependant, il ne nous semble pas téméraire de prévoir l'extension prochaine de la culture mécanique du sol, lorsque, en vue de diminuer le prix de revient des travaux, plusieurs exploitations voisines se grouperont afin de présenter une étendue suffisante pour le fonctionnement économique du matériel.

Extrait du Journal d'agriculture pratique. (Librairie agricole.)

Culture au moyen d'un tracteur automobile.

VIII

LABOUR D'AUTOMNE

Par **René BAZIN**,
de l'Académie française.

C'étaient quatre bœufs superbes précédés par une jument
grise, Noblet, Cavalier, Paladin et Matelot, tous de même
robe fauve, avec des cornes évasées, l'échine haute, l'allure
lente et souple. Traînant sans peine la charrue dont le soc
était relevé, ils gravissaient la pente, et quand une pousse de
ronce, tendue en travers de la route, tentait leur mufle
baveux, ils ralentissaient ensemble l'effort, et la chaîne de fer
qui liait le premier couple au timon touchait terre et sonnait.

Ceux qui venaient derrière lui, le métayer et l'infirme, ne
parlaient pas, mais leur esprit demeurait enfermé dans
l'horizon qu'ils traversaient. Ils inspectaient avec le même
amour tranquille les fossés, les barrières, les coins de champs
aperçus au passage ; ils réfléchissaient aux mêmes choses
simples et anciennes, et en eux la méditation était le signe de
la vocation, la marque du glorieux état de ceux qui font
vivre le monde. Quand ils furent arrivés en haut de la butte,
le père aida Mathurin à sortir de la voiture, et l'infirme
s'assit au pied d'un cormier dont les branches faisaient une
ombre fine sur le talus. Devant eux la jachère descendait en
courbe régulière, hérissée d'herbes sèches et de fougères.
Quatre haies dessinaient et formaient le rectangle. Par-dessus
celles du bas, on voyait les profondeurs du Marais, comme
une plaine bleue sans divisions. Et le père, ayant fait sauter
la cheville qui retenait le soc, rangea lui-même la charrue
près de la haie de gauche, et la mit en bonne place.

— Reste là au chaud, dit-il à Mathurin. Toi, François,
conduis bien droit les bœufs. C'est un beau jour de labour.
Ohé ! Noblet, Cavalier, Paladin, Matelot !

Un coup de fouet fit plier les reins à la jument de flèche ;

les quatre bœufs baissèrent les cornes et tendirent les jarrets ;
le soc, avec un bruit de faux qu'on aiguise, s'enfonça ; la terre
s'ouvrit, brune, formant un haut remblai qui se brisait en
montant et croulait sur lui-même, comme les eaux divisées
par l'étrave d'un navire. Les bonnes bêtes allaient droit et
sagement. Sous leur peau plissée d'un frémissement régulier,
les muscles se mouvaient sans plus de travail apparent que
si elles eussent tiré une charrette vide sur une route unie.
Les herbes se couchaient, déracinées : trèfles, folles avoines,
plantains, fléoles, pimprenelles, lotiers à fleurs jaunes déjà
mêlées de gousses brunes, fougères qui s'appuyaient sur leurs
palmes pliées, comme de jeunes chênes abattus. Une vapeur
sortait du sol frais surpris par la chaleur du jour. En
avant, sous le pied des animaux, une poussière s'élevait.
L'attelage s'avançait dans une auréole rousse que traversaient les mouches. Et Mathurin, à l'ombre du cormier,
regardait descendre avec envie le père, le frère, la jument
grise, et les quatre bœufs de chez lui dont la croupe diminuait
sur la pente.

— François, disait le métayer, réjoui de sentir battre dans
ses mains les bras de la charrue, François, prends garde à
Noblet qui mollit. Touche Matelot !... La jument gagne à
gauche !... Veille, mon gars ; tu as l'air endormi...

Ils tournèrent au bas du champ, et remontèrent, traçant un
second sillon près du premier. Les cornes des bœufs, l'aiguillon
de François, commencèrent à reparaître au ras des herbes
qu'observait Mathurin. Celui-ci, pour saluer le retour du
harnais, se mit à « noter », à chanter, de toute sa voix la lente
mélopée que chacun varie et termine comme il veut. Les
notes s'envolaient, puissantes, avec des fioritures d'un art
ancien comme le labour même. Elles soutenaient le pas des
bêtes qui en connaissaient le rythme ; elles accompagnaient
la plainte des roues sur les moyeux ; elles s'en allaient au
loin, par-dessus les haies, apprendre à ceux de la paroisse
qui travaillaient dehors que la charrue soulevait enfin la
jachère, dans la Cailleterie des Lumineau. Elles réjouissaient
aussi le cœur du métayer, mais François demeurait sombre.

Quand l'attelage atteignit l'ombre du cormier :

— Père, dit Mathurin, vous ferez bien de replanter notre vigne qui s'en va. Dès que mon frère sera là, faudra nous y mettre. Qu'en dites-vous ?

Car il avait toujours l'esprit en songerie vers l'avenir de la Fromentière.

Le métayer arrêta les bœufs, leva son chapeau, et ses cheveux apparurent tout fumants. Il sourit de contentement.

— Tu as de jolies idées, Mathurin ; si le grain pousse bien dans la Cailleterie, foi de Lumineau, j'achète du plant pour la vigne... J'ai espoir dans notre labour d'aujourd'hui... Allons, cadet, range le harnais... Ménage ta jument qui a chaud, flatte-la un peu, tiens-toi dans sa vue pour qu'elle aille plus sagement.

L'attelage repartit. Une lumière ardente et voilée enveloppait bêtes et gens. Tous les flancs battaient. Les mouches criblaient l'air. Des tourterelles, gorgées de remberge, se posaient dans les ormes, fuyant les chaumes embrasés.

Extrait de La terre qui meurt (C. Lévy.)

Labour d'automne.

IX

LES FAUCHEURS

Par **Marc LAFARGUE**.

Été! Dans la fraîcheur limpide de l'aurore,
Balançant sur le ciel leurs grands corps et leurs poings,
Emportés par l'éclair de la faux dans les foins,
Marchent les noirs faucheurs que la lumière dore.

Parfois l'un d'eux s'arrête et, saisissant la pierre,
Toujours humide au fond de la gaine de bois,
D'un geste solennel promène plusieurs fois
Sa main sur l'acier renversé dans la lumière.

Comme la terre est belle au chaud matin de juin,
Quand le soleil fait resplendir les métairies,
Et quand, partout, on voit, courbés sur les prairies,
Les tenaces faucheurs qui font tomber le foin !

Leur chemise brillant dans la clarté superbe
S'ouvre à demi, montrant leur grand torse en sueur;
Et leurs bras font toujours voler dans la chaleur
L'acier qui siffle en pénétrant au fond de l'herbe.

Extrait de L'âge d'or. (Mercure de France.)

Les faucheurs de la vallée de la Loire.
D'après le tableau de M. Thomas.

Le jardin de la ferme.

VII

LE JARDIN ET LA BASSE-COUR

I

LE JARDIN DE LA FERME

Par Mme O. BUSSARD.

Dans le très grand nombre des exploitations rurales, la part faite à l'horticulture est des plus restreinte. L'agriculteur considère volontiers cette branche de la production végétale comme un accessoire de luxe, permis à ceux seuls qui jouissent d'une certaine aisance, sinon d'une fortune véritable, et mieux à sa place au château qu'à la ferme. Toutes ses ressources, tous ses efforts sont consacrés aux champs; hypnotisé par les grandes surfaces et les grosses récoltes, il dédaigne ou néglige le jardin. Combien d'exploitations n'en possèdent aucun et, quand il existe, comment est-il soigné? Le plus souvent mal établi, insuffisamment fumé, à peine travaillé et presque jamais arrosé, il présente un déplorable aspect d'abandon.

Dans ces conditions, il ne peut fournir que de maigres récoltes de produits médiocres : légumes coriaces, à saveur grossière, fruits petits et pierreux, plantes florales peu garnies, à végétation irrégulière et sans beauté. Un tel jardin contraste étrangement avec ceux des propriétés de plaisance du voisinage, confiés aux soins de jardiniers de profession. On ne saurait, assurément, demander qu'il leur ressemblât, l'utilité pourrait y perdre sans que le goût y gagnât toujours, mais son possesseur tirerait profit d'une application judicieuse des méthodes qu'on y emploie.

C'est à la fermière qu'il appartient de réagir contre le délaissement injustifié du jardinage à la ferme. Habituée aux travaux minutieux, plus dégagée des travaux de la grande culture, plus sensible aussi aux impressions délicates, au charme de la plante et de la fleur, ayant enfin la charge de la table, où légumes et fruits tiennent une si grande place, elle appréciera mieux la valeur du jardin et veillera de plus près à son entretien.

Bien conduit, le potager fruitier fournira un appoint convenable à la nourriture de la famille et du personnel de la ferme, il permettra de la varier agréablement, de la rendre plus attrayante, plus savoureuse et plus alibile. Petit, mais très soigné, sans luxe inutile cependant, il ne demandera que quelques charretées de fumier, dérobées aux autres cultures qui n'en souffriront guère, et le temps qu'on lui consacrera sera prélevé sans inconvénient sur les travaux les moins pressants. En enrichissant ainsi presque sans frais la table du petit cultivateur, il apportera dans sa modeste existence un bien-être appréciable (1).

Il pourra même y glisser un rayon de gaieté et de poésie s'il

____

(1) Voy. *Le livre de la fermière*, par O. Bussard (*Encyclopédie agricole*). — *Le petit jardin*, par D. Bois.

allie à l'utile, représenté par les produits de consommation l'agréable de quelques plantes florales ou ornementales rustiques, placées aux endroits où elles produisent le meilleur effet et gêneront le moins les autres cultures.

Pour le fermier riche ou le grand propriétaire, le jardin est le signe de l'aisance et du confort; à la façon dont il est tenu on peut juger de l'ordre qui règne dans la maison et dans l'exploitation même. L'homme soucieux de la bonne administration de son domaine ne saurait souffrir près de lui un jardinier négligent ou malhabile, et si le temps lui manque pour le surveiller, c'est à la femme, châtelaine ou fermière, qu'incombera ce soin. Elle doit donc avoir de l'horticulture des notions suffisantes pour juger des opérations qu'on exécute au jardin et, le cas échéant, donner au jardinier des ordres ou des conseils judicieux.

Récolte des grappes de raisin destinées au fruitier.

II

ÉTABLISSEMENT DU JARDIN POTAGER

Par **L. BUSSARD**,

Professeur à l'École nationale d'horticulture de Versailles.

Il arrive fréquemment, lors de l'établissement du jardin potager, que l'emplacement en est imposé par des raisons de convenance ou d'économie ; il ne reste, dans ce cas, qu'à prendre les dispositions nécessaires pour tirer le meilleur parti possible de la surface à aménager. Cependant, il n'est pas rare non plus qu'on jouisse d'une certaine latitude dans le choix du terrain à transformer en potager ; il convient alors de s'inspirer, dans la mesure où les circonstances le permettent, des indications générales qui suivent. Si toutes les conditions ne peuvent être remplies simultanément, on donnera la préférence à l'emplacement qui réunira les plus importantes, celles qu'il est le plus difficile ou le plus onéreux de modifier à l'aide du travail de l'homme.

Avant tout, il faut éviter certaines situations particulièrement désavantageuses. Pour la facilité des arrosages, on place volontiers le potager dans les terrains bas, mais ceux que menacent les inondations résultant soit des crues d'une rivière voisine, soit de l'accumulation des eaux des terrains supérieurs, ne sauraient évidemment convenir ; on conçoit à quels accidents les cultures y seraient exposées.

L'excès permanent d'humidité du sol, dû au défaut d'écoulement de l'eau qui l'imprègne, ne manifeste pas son influence sous une forme aussi saisissante et par des dégâts aussi brusques, mais l'action nuisible qu'il exerce sur la végétation met obstacle à la culture de la plupart des plantes potagères. Les terres mouillées, marécageuses, ne peuvent donc recevoir celles-ci qu'après assainissement à l'aide d'opérations sur lesquelles nous reviendrons plus loin.

Le voisinage de certaines usines est très redoutable. Les cheminées des fabriques de produits chimiques, des fours à chaux ou à plâtre, des fonderies, etc., déversent dans l'atmosphère des fumées corrosives, des gaz délétères, des poussières desséchantes ou vénéneuses qui, lorsqu'ils ne détruisent pas toute végétation, ne laissent subsister dans un rayon plus ou moins étendu que des plantes rabougries et maladives, dont les produits perdent leurs qualités normales et contractent souvent une saveur de mauvais aloi. Les usines de cette nature ne sont pas rares dans la banlieue des villes, et les dommages qu'elles occasionnent aux cultures ont été la cause de procès nombreux. Si les circonstances ne permettent pas d'en éloigner le potager, du moins convient-il de choisir la surface qu'on lui destine de telle façon qu'elle reçoive aussi peu que possible les fumées nocives; cette condition sera réalisée si son orientation la soustrait à l'action des vents dominants qui, pendant la plus grande partie de l'année, rabattent ces fumées sur la même zone.

Les plantes cultivées au potager réclament des arrosages fréquents, d'autant plus nécessaires que le climat est plus chaud et plus sec. Lors de la création du jardin légumier, il faut donc s'assurer qu'on pourra disposer à toute époque de l'année d'une quantité d'eau suffisante. La proximité d'un cours d'eau, d'une nappe souterraine, d'un puits abondamment alimenté a, pour l'établissement du marais, une importance plus considérable encore, car les arrosages sont, nous l'avons vu, la condition indispensable, *sine quâ non*, de toute culture maraîchère (1).

L'exposition du jardin potager influe sur la réussite des cultures. La meilleure est celle qui favorise la croissance rapide du plus grand nombre des légumes qu'on y produit, tout en les protégeant contre les excès de chaleur, les vents violents et l'humidité persistante. Elle varie suivant les climats. Dans toute la partie septentrionale de la France, l'expo-

(1) Voy. *Culture potagère et maraîchère*, par L. Bussard (*Encyclopédie agricole*). — *Les plantes potagères et la culture maraîchère*, par E. Berger. 1893. — *Manuel du jardinier*, par J. Rudolph. 1904. (Librairie J.-B. Baillière et fils.)

sition du nord est la plus défectueuse parce que trop froide ;
celle du midi, qui dispense largement aux plantes la chaleur
et la lumière, est la plus favorable. A l'exposition de l'est, les
végétaux, frappés par les rayons solaires aussitôt après les
froids de la nuit, sont soumis, au printemps et à l'automne,
aux dégels brusques, dont on connaît le danger ; à celle de
l'ouest, ils sont livrés aux assauts des vents les plus fréquents et les plus redoutables par leur violence ; ils ont en

Houe à bras pour le jardinage.

outre souvent à souffrir des maladies cryptogamiques. Dans
les régions sèches du midi de la France, ce serait pourtant la
meilleure peut-être, en raison de l'humidité qu'apportent les
vents d'ouest. Toutes les expositions ont leurs avantages et
leurs inconvénients, et c'est la balance des uns et des autres
qu'il faut considérer. Quand on n'a pas le choix, le mieux est
de confier à celle dont on dispose les plantes qui s'en accom-
modent, en prenant soin de corriger artificiellement, dans
la mesure possible, ce que cette exposition a de défectueux.

La *pente* du terrain accentue ou contrarie l'influence de
l'exposition. Une pente légère et régulière favorise l'écoulement des eaux dans les sols peu perméables. Une forte pente,

au contraire, est nuisible; elle entraîne le ravinement du sol et rend les travaux de culture pénibles et coûteux; la disposition en terrasses s'impose pour remédier aux inconvénients qu'elle présente lorsqu'elle est trop accentuée. D'autre part, il est possible, dans les jardins potagers, par la formation d'ados, de côtières inclinées, etc., de donner au sol de faibles pentes convenablement orientées.

Il faut tenir compte de la proximité des abris naturels tels que collines ou forêts, du voisinage de bâtiments élevés, etc., lors du choix du terrain destiné au potager. Suivant la situation qu'ils occupent par rapport au jardin, ils jouent tantôt un rôle favorable en s'opposant à l'action des vents froids ou dangereux par leur violence, tantôt un rôle nuisible par l'ombre qu'ils projettent sur les cultures.

Il convient de placer le potager aussi près que possible de l'habitation; on en a mieux ainsi les produits sous la main, et ceux-ci sont moins exposés aux déprédations des maraudeurs et des animaux; la surveillance du maître s'exerce plus aisément et les travaux s'en ressentent : ils sont exécutés avec plus de méthode, au moment convenable, et les pertes de temps se trouvent réduites au minimum. Toutes ces raisons sont valables *a fortiori* lorsqu'il s'agit du jardin maraîcher, qui nécessite des soins constants et une surveillance ininterrompue de la part du cultivateur; le plus souvent, d'ailleurs, au corps de bâtiment qui comprend la demeure du maraîcher appartiennent ou sont attenants l'écurie, la remise des voitures, la resserre des légumes, le magasin du matériel et des outils, annexes obligées du jardin où croissent des produits de vente et qui ne sauraient s'en trouver éloignées.

Enfin, la nature du sol est à considérer.

C'est à celui qui se travaille le plus aisément en toute saison et qui, sans se dessécher, s'égoutte et s'échauffe le mieux, qui présente les éléments les plus fins et les plus meubles, en un mot dont les propriétés physiques sont les meilleures, qu'il convient de donner la préférence. Des amendements et des travaux appropriés permettent de modifier ces propriétés, mais il est avantageux de pouvoir les réduire au minimum.

La richesse initiale du sol en éléments fertilisants n'est pas

non plus indifférente, car si, dans les jardins, l'amélioration
des terres trop pauvres peut être rapidement obtenue, elle
entraîne des dépenses d'engrais excessives. Dans la culture
maraîchère, il arrive fréquemment que les plantes se développent dans un sol artificiel, constitué par l'apport d'une
couche épaisse de terreau sur le sol naturel passé à l'état de
sous-sol. La perméabilité plus ou moins grande de ce dernier
est alors surtout à considérer, en raison de l'influence qu'elle
exerce sur le degré d'humidité de la couche arable.

On connaît les avantages considérables que les terres profondes présentent pour le développement des plantes et
l'impossibilité d'obtenir des récoltes satisfaisantes dans des
sols de faible épaisseur. On s'attachera donc à rechercher,
pour y placer le potager, les terrains qui se prêtent le mieux
à l'approfondissement par les labours, ceux dont le sous-sol,
de bonne nature, peut être aisément ameubli.

Utilisation des murs du potager pour les espaliers.

III

LE JARDINIER

Par **Hector MALOT**.

C'était la saison où les giroflées commencent à arriver sur les marchés de Paris, et la culture du père Acquin était à ce moment celle des giroflées ; notre jardin en était rempli ; il y en avait des rouges, des blanches, des violettes, disposées par couleurs, séparées sous les châssis, de sorte qu'il y avait des lignes toutes blanches, d'autres et à côté toutes rouges, ce qui était très joli ; et le soir, avant que les châssis fussent refermés, l'air était embaumé par le parfum de toutes ces fleurs.

La tâche qu'on me donna, la proportionnant à mes forces encore très faibles, consista à lever les panneaux vitrés le matin, quand la gelée était passée, et à les refermer le soir avant qu'elle arrivât ; dans la journée, je devais les ombrer avec du paillis que je jetais dessus pour préserver les plantes d'un coup de soleil. Cela n'était ni bien difficile ni bien pénible ; mais cela était assez long, car j'avais plusieurs centaines de panneaux à remuer deux fois par jour et à surveiller pour les ombrer ou les découvrir, selon l'ardeur du soleil.

Pendant ce temps, Lise restait auprès du manège qui servait à élever l'eau nécessaire aux arrosages, et quand la vieille Cocotte, fatiguée de tourner, les yeux encapuchonnés dans son masque de cuir, ralentissait le pas, elle l'excitait en faisant claquer un petit fouet ; un de ses frères renversait les seaux que faisait monter ce manège, et l'autre aidait son père ; ainsi chacun avait son poste et personne ne perdait son temps.

J'avais vu les paysans travailler dans mon village, mais je n'avais aucune idée de l'application, du courage et de l'intensité avec lesquels travaillent les jardiniers des environs de Paris, qui, debout bien avant que le soleil paraisse, au lit bien tard après qu'il est couché, se dépensent tout entiers et peinent tant qu'ils ont de forces durant cette longue journée. J'avais vu aussi cultiver la terre, mais je n'avais aucune idée de ce qu'on peut lui faire produire par le travail, en ne lui laissant pas de repos. Je fus à bonne école chez le père Acquin.

On ne m'employa pas toujours aux châssis; les forces me vinrent, et j'eus aussi la satisfaction de pouvoir mettre quelque chose dans la terre, et la satisfaction beaucoup plus grande encore de le voir pousser. C'était mon ouvrage à moi, ma chose, ma création, et cela me donnait comme un sentiment de fierté : j'étais donc propre à quelque chose, je le prouvais, et, ce qui m'était plus doux encore, je le sentais. Cela, je vous assure, paye de bien des peines.

Malgré les fatigues que cette vie nouvelle m'imposa, je m'habituai bien vite à cette existence laborieuse qui ressemblait si peu à mon existence vagabonde de bohémien. Au lieu de courir en liberté comme autrefois, n'ayant d'autre peine que d'aller droit devant moi sur les grandes routes, il fallait maintenant rester enfermé entre les quatre murs d'un jardin, et du matin au soir travailler rudement, la chemise mouillée sur le dos, les arrosoirs au bout des bras et les pieds nus dans les sentiers boueux; mais autour de moi chacun travaillait tout aussi rudement; les arrosoirs du père étaient plus lourds que les miens, et sa chemise était plus mouillée de sueur que les nôtres. C'est un grand soulagement dans la peine que l'égalité. Et puis je rencontrais là ce que je croyais avoir perdu à jamais : la vie de famille. Je n'étais plus seul, je n'étais plus l'enfant abandonné; j'avais mon lit à moi, j'avais ma place à moi à la table qui nous réunissait tous. Si, durant la journée, mes camarades m'envoyaient une taloche, la main retombée, je n'y pensais plus, pas plus qu'ils ne pensaient à celles que je leur rendais; et le soir, tous autour de la soupe, nous nous retrouvions amis et frères.

Pour être vrai, il faut dire que tout ne nous était pas travail et fatigue; nous avions aussi nos heures de repos et de plaisir, courtes, bien entendu, mais précisément plus délicieuses.

Extrait de Sans famille. (Hetzel.)

IV

LES ROSES

Par **ARDOUIN-DUMAZET.**

Notre langue se prête mal aux mots composés dont la contraction brève évoque une impression de poésie et de fraîcheur, comme les Rosenthal, les Rosendaël, les Rosenfeld des idiomes germaniques. Aussi n'avons-nous pas de ces noms de lieux donnant la vision gracieuse des fleurs. Mais nous avons mieux; nos champs de fleurs sont autrement considérables que ceux des pays les plus vantés. La Hollande elle-même, avec ses étendues couvertes de tulipes et de jacinthes, ne saurait lutter contre les jardins qui bordent la Méditerranée, de Marseille à Menton (1).

Peut-elle même rivaliser avec Paris? J'en doute. Notre banlieue, assurée de l'immense débouché de la capitale et jouissant d'un climat tempéré, a entrepris en grand, d'une façon presque industrielle, la culture florale. A Marcoussis, on cultive la violette et la giroflée ; plus importante encore, au point de vue des surfaces couvertes et de la valeur des produits, est la rose coupée.

On en fait un peu partout, mais surtout dans une partie de la vallée de l'Yère, en amont de Brie-Comte-Robert. Si quelque partie de la terre de France mérite le nom de Vallée des Roses, c'est, à coup sûr, cette zone de la Brie.

Pour qui possède sur la France économique des données générales et connaît la nature des terrains de Brie, les immenses champs de céréales et de betteraves, les horizons sans fin où les seuls détails saillants sont les énormes ger-

1) Voy. *Manuel de floriculture*, par PH.-H. DE VILMORIN, 1908. — *Les fleurs du Midi*, par M. GRANGER, 1902. — *Les cultures sur le littoral de la Méditerranée*, par SAUVAIGO, 1894. — *Cultures du Midi*, par RIVIÈRE et LECQ (*Encyclopédie agricole* . — *La rose*, par J. BEL (Librairie J.-B. Baillière et fils).— *Cultures de serres*, par PACOTTET.

biers et les remises à gibier, l'existence d'une culture de
roses en un pareil paysage est un paradoxe. Le rosier semble
inséparable des hameaux assis à mi-côte en plein soleil, au-
dessus de quelque ruisselet bordé de saules ou dans les jardins des petites villes tranquilles.

Au bord de l'Yère, au contraire, les rosiers préfèrent le
rebord du plateau aux pentes, ils couvrent des champs horizontaux, comme ailleurs les choux et les navets. C'est une
culture sarclée, au même titre que la betterave, et c'est ce
qui en fait l'originalité. Puis le rosier occupe de grandes étendues, la surface couverte s'étend assez loin pour qu'on ait
l'illusion d'une province tapissée de roses.

Certes, on trouve partout des roses dans cette banlieue de
l'Est parisien, mais la grande culture du rosier commence
au delà du parc superbe de Gros-Bois, près de Marolle-en-
Brie. Elle couvre les deux versants d'un vallon à peine
dessiné, rempli de villages.

Grisy est le centre principal. Quinze communes, en cette
partie de la Brie, cultivent la rose; en 1900, on évaluait à
148 le nombre des horticulteurs faisant cette fleur coupée et,
sur ce chiffre, 40 habitent soit Grisy, soit son hameau de
Suisnes, berceau de cette aimable industrie et demeuré le
centre principal du pays des rosiéristes.

Le véritable initiateur est un grand marin dont on péut être
surpris d'entendre le nom, l'amiral de Bougainville. L'illustre
navigateur possédait le château de Suisnes qui existe encore;
il avait pour jardinier un certain Christophe Cochet, très
épris de son art et qui, à l'aide de la greffe, s'était constitué
une collection de rosiers. L'amiral s'intéressa à ces travaux,
donna des conseils; puis, devinant l'essor que pouvait prendre
la culture du rosier, aida Cochet à s'installer comme pépi-
niériste. Ces essais méritent d'autant mieux d'être signalés
qu'ils avaient lieu en pleine tourmente révolutionnaire. C'est
en 1799 que Cochet formait la première pépinière rosiériste
digne de ce nom. L'établissement prospéra, mais pendant
longtemps les variétés de roses furent relativement peu nombreuses : au milieu du xixe siècle, on en comptait 200, chiffre
élevé déjà; il a décuplé depuis lors.

14.

De Suisnes, la culture s'est étendue dans toute cette partie
de la Brie, mais le coin de terre où elle est née est demeuré
l'habitat préféré du rosier. Les méthodes de travail avec l'outillage sont nées ici, s'y sont peu à peu améliorées, mais
restent bien particulières. En cette saison, on peut assister aux
premières opérations. Voici, dans un vaste champ de terre fauve,
de cette terre grasse et fertile qui fait de la Brie la reine des
blés, une ligne d'ouvriers rangés comme au cordeau; armés
de la *pioche à planter*, sorte de houe à lame très étroite, ils
font un trou, placent un rosier et tassent fortement le sol avec
le pied. Dans un terrain voisin, d'autres travailleurs bêchent
à l'aide d'un trident. Tout le plateau parcouru par la grande
route de Troyes, bordée superbement de quatre rangées
d'arbres, est ainsi jardiné. Entre les roseraies, une avenue de
vieux poiriers forme la route de Suisnes.

Çà et là, dans des pépinières d'attente, sont rangées par
milliers les tiges d'églantiers destinées à recevoir la greffe et
à former des arbustes de vente. Ces tiges sont tirées de régions
lointaines : on les arrache dans les haies et les ronciers; en
cela, les rosiéristes de la Brie se distinguent des Lyonnais qui
font, eux, le semis des églantiers.

Les tiges employées viennent des forêts de Bourgogne et de
Champagne ou des haies des environs du Mans. L'extraction
de ces arbustes est une industrie rurale assez importante;
comme elle ne saurait donner du travail que pendant une
saison, les marchands d'églantiers utilisent leur personnel
pendant le reste de l'année à recueillir les œufs de fourmis
destinés à alimenter les faisandeaux dans les grandes chasses.
Les églantiers sont donc arrachés l'hiver; ils viennent en
Brie par wagons complets, car la consommation est énorme.
Dans les seules pépinières de M. Cochet, il y a 55 000 églantiers
greffés. Cependant, l'églantier entre pour une faible part dans
la culture briarde; toute la fleur coupée, ou presque toute,
est cueillie sur francs de pied.

Pour avoir un rosier en plein rapport, il faut dix-huit mois;
quand l'arbuste a cessé de produire, on peut le remplacer par
un autre, mais ensuite on consacre le terrain à une autre culture, céréales ou arbustes fruitiers; on laisse écouler dix ans

La culture des Roses à Grasse.

avant de ramener le rosier sur l'emplacement qu'il occupe.

La main-d'œuvre nécessite de nombreux travailleurs; les 150 rosiéristes emploient environ 500 ouvriers qui ont à travailler 135 hectares. Il y a sur cette surface plus de 3 millions de rosiers et la production — en 1900 — atteignit, en chiffre rond, 5 442 853 douzaines de roses. Depuis dix ans, ces chiffres ont beaucoup augmenté.

Pendant l'hiver, les ouvriers taillent, labourent et fument les plantations. L'engrais le plus employé est le fumier de vache, tiré surtout des étables de nourrisseurs, si nombreuses à Paris et dans la banlieue; c'est par centaines de wagons qu'il est amené dans les gares des environs de Brie-Comte-Robert. Une catégorie de travailleurs d'élite est fournie par les greffeurs; ces derniers sont arrivés à une habileté telle qu'ils peuvent poser de 1 200 à 1 400 yeux par jour. Ils gagnent 6 francs chaque journée. Le gamin qui, derrière eux, enveloppe la greffe, parvient à un salaire de 3 francs.

L'activité est extrême dans ces roseraies, mais surtout au moment de la cueillette; c'est alors qu'il faut venir à Suisnes. Un proverbe de maraîcher parisien dit que, lorsque la fève dominait dans les champs de Bagneux, les gens devenaient fous à se hâter de cueillir et de vendre. C'est un peu cela pour la Brie rosiériste.

Quand la rose fleurit, on oublie tout.

Dès 3 heures et demie du matin, les gens sont dans la roseraie et, malgré la rosée, coupent sans relâche. La chaleur vient, on coupe toujours; sous l'ardent soleil, les jeunes filles se débarrassent de tout ce qui les gêne, ne gardant qu'une légère chemisette et un jupon. Par contre, lorsqu'il pleut, les travailleurs ont des vêtements faits d'un tissu semblable aux bâches de voitures.

Les roses, apportées dans le village, sont disposées par bottes de douze ou vingt-quatre selon leur grosseur; on les emballe dans des paniers spéciaux qui partent au chemin de fer avec les femmes. Le transport a lieu dans des petites voitures vertes de forme et de teintes typiques, conduites à une vitesse extrême; alors les routes se distinguent au loin par le sillage de poussière

blanche qui s'élève. C'est qu'il s'agit de ne pas manquer le
train des roses.

A l'arrivée de celui-ci à Paris, un service spécial de camionnage prend les paniers et les transporte aux Halles sans que le
producteur ait à intervenir; mais celui-ci, le mari ou la femme,
part le soir, prend un repos sommaire dans une « maison de
nuit », va au carreau, procède à la vente et retourne à la gare
pour prendre le train de 9 heures ; déjà sont venus les paniers

La culture des roses à Grisy-Suisnes (Seine-et-Marne).

ramenés par le même service de camionnage. A 11 heures
environ, le train dépose les rosiéristes dans leur station, les
voitures vertes attendent, on y charge les paniers et la course
reprend vers le village, pendant que, dans les champs,
les jeunes continuent à couper sans relâche et que, dans les
habitations, se font les bottes de roses.

La fleur la plus commune est d'un rouge vif : quelques-uns

ne font que cela. On dirait des champs de coquelicots, d'un
parfum énervant.

Le prix varie selon l'année ou les saisons. On estime de 40
à 50 centimes la valeur moyenne de la botte; le prix descend
à 30 centimes au moment de la grande production, pendant
les années très florifères. Quand l'abondance est trop forte,
cela descend à une valeur ridicule : on voit, par exemple,

La roseraie de l'Hay, près Paris.

100 douzaines livrées pour 6 francs à un « hottier », c'est-à-dire
aux gens qui vendent les roses dans les rues de Paris en portant l'odorante moisson dans une hotte.

Les fleurs sont obtenues par les forceurs de roses. Ces
habiles fleuristes sont divisés en deux catégories : ceux qui
forcent en serre, ceux qui *avancent*. Le plus curieux dans cette
industrie est le forçage en plein champ, à l'aide de petites
serres mobiles portées sur les plants, et chauffées soit par des

réchauds au fumier, soit par des thermosiphons portatifs. La Brie compte une trentaine de ces forceurs. Quelques-uns ont 25 serres, renfermant chacune de 500 à 600 rosiers. La fleur de serre, bien plus belle que la fleur obtenue en plein air, est récoltée jusqu'en juin. Elle reprend un peu en septembre, mais trouve alors la concurrence de la rose du Midi qui vient sur nos marchés du 1er novembre à la fin d'avril.

En somme, il n'y a que pendant janvier et une partie de février absence de roses en Brie.

Extrait de la *Revue horticole*. (Librairie agricole.)

Un rosier en arbre.

V

L'ARBORICULTURE FRUITIÈRE

Par L. BUSSARD.

Sous toutes ses formes, la consommation des fruits s'est accrue et généralisée. Il n'est aujourd'hui chez nous ménage si modeste d'artisans où elle ne se trouve en faveur et d'usage courant. Cette démocratisation, due à la modicité des prix déterminée par la facilité des transports, assure un large écoulement aux produits de l'arboriculture fruitière et consacre définitivement le caractère utilitaire de cette branche de l'exploitation végétale (1).

Les arboriculteurs sont légion. Les uns vivent de leur industrie ou, tout au moins, en tirent des profits appréciables ; les autres, en poursuivant l'obtention de beaux ou de bons fruits, qu'ils consomment eux-mêmes, n'ont en vue que leur satisfaction personnelle. Cette seconde catégorie comprend beaucoup d'arboriculteurs improvisés, qui ne possèdent que des notions très imparfaites des soins à donner aux plantes fructifères ; la première est formée surtout de praticiens expérimentés, mais, dans l'une et dans l'autre, il se trouve des novices, des débutants, auxquels l'étude complète des règles de l'art arboricole est indispensable.

Obtenir en grande quantité des produits d'écoulement facile et de valeur vénale élevée, tel est l'objectif de l'arboriculteur de profession, et toutes ses opérations devront être conduites dans ce but. Prudent dans l'essai des nouveautés, il le limitera à un petit nombre de sujets et ne négligera pas, pour s'y consacrer, ses cultures de rapport. L'amateur propriétaire, au contraire, libre dans ses fantaisies, pourra tenter

(1) Voy. *Arboriculture fruitière*, par L. Bussard et Duval (*Encyclopédie agricole*).— *Traité d'arboriculture fruitière*, par Pierre Passy, 1910. — *Les arbres fruitiers*, par G. Bellair, 1891.

à son gré des expériences, donner, s'il lui plaît, à ses arbres des formes élégantes ou inusitées peu compatibles avec une abondante fructification, faire acquérir à ses fruits une grosseur anormale ; à lui d'apprécier dans quelle mesure le caprice ou la curiosité lui sont permis, à cet égard. Quant au simple

Une route fruitière.

locataire de jardin fruitier, l'obligation de conserver en bon état les arbres dont il a la jouissance ne lui laissera qu'une latitude relative dans les traitements à leur faire subir.

Pour une même espèce, à des modes différents d'utilisation des fruits correspond l'emploi de variétés et de méthodes d'exploitation appropriées : distinctes des pommes à couteau, les pommes à cidre sont obtenues dans d'autres conditions.

Favorisée par la douceur générale d'un climat agréablement varié, par la diversité de son sol et de ses sites, par les goûts et le caractère même de ses habitants, la France offre à la culture fruitière des conditions exceptionnelles de développement. Les produits de cette culture ne sauraient manquer de débouchés ; ils sont, à l'intérieur, l'objet d'une consommation constamment accrue, et, au dehors, leur supériorité sur ceux des pays rivaux leur assure un écoulement facile. Aussi, peut-on s'étonner à bon droit de la stagnation, sinon du recul, de notre arboriculture fruitière. La cause en est que le défaut d'une organisation commerciale appropriée ne lui permet pas de lutter victorieusement contre des concurrents mieux outillés et plus audacieux, qui la menacent jusque sur nos propres marchés. Des services de transport rapides et peu coûteux, l'emploi de trains et de bateaux frigorifiques soigneusement aménagés, donnent aux pays les plus éloignés la faculté d'inonder l'Europe de leurs fruits. Les Halles de Paris reçoivent des pommes du Canada et des États-Unis, des pêches du Brésil, des poires, des prunes, des pêches du Cap. D'autre part, les fruits exotiques : bananes, ananas, dattes, etc., et les fruits secs de table arrivent chez nous en quantité croissante. Il pénètre, sur notre territoire, pour 12 millions de francs d'oranges et de mandarines; l'Espagne seule nous en expédie près de 75 millions de kilogrammes par an.

Nos importations de fruits frais vont s'élevant sans cesse. Dans un intervalle de quatre années, le chiffre des pommes et des poires entrées par nos frontières a doublé, passant de 1 120 000 francs à 2 370 000 francs. La part de l'Italie dans cet apport s'est élevée de 1 500 000 à 4 millions de kilogrammes. Ce pays, notre concurrent le plus proche et le plus redoutable, fait des efforts considérables pour étendre son commerce extérieur de fruits sur tous les marchés européens; il se développe sur le nôtre, mais il est bien autrement important en Allemagne et, après la Russie, gagne aujourd'hui le Danemark, la Suède et l'Angleterre.

Nos exportations, au contraire, restent à peu près stationnaires, au voisinage de 15 millions de francs, en déficit de plus de 5 millions sur nos importations.

Nous nous laissons rejoindre par la Belgique, qui, malgré sa superficie dix-neuf fois moindre que celle de la France, malgré son climat plus rigoureux, exporte aujourd'hui pour 14 millions de francs de fruits frais.

Cette situation est d'autant moins admissible que nul pays ne peut rivaliser avec le nôtre pour la production de fruits de luxe comparables à nos poires et à nos pommes de la région parisienne, de Normandie et de la Touraine, à nos pêches de Montreuil, à notre chasselas de Thomery ou de Fontainebleau, à notre prune d'Agen. Il est temps que nos arboriculteurs se groupent en syndicats de vente, provoquent la création du matériel perfectionné nécessaire à l'expédition de leurs produits à longue distance ; qu'ils obtiennent enfin, des Compagnies de transport, des tarifs en rapport avec ceux dont jouissent leurs concurrents. Ils lutteront alors aisément avec ces derniers et pourront envisager sans trop de crainte les efforts de l'Europe méridionale, l'extension de l'arboriculture canadienne et les progrès incessants de l'exportation américaine. Les États-Unis expédient aujourd'hui, à destination de l'Europe, et plus spécialement de l'Allemagne et de l'Angleterre, pour 100 millions de francs de pommes, de prunes et de raisins; ils comptaient, en 1900, 2 719 000 hectares de cultures fruitières. Les deux pays dont ils sont devenus les pourvoyeurs sont précisément ceux qui offrent à nos fruits de larges débouchés, et nous devons travailler activement à ne pas nous y laisser supplanter.

SOINS A DONNER AUX ARBRES FRUITIERS.

Trop souvent, dans les villages, les arbres fruitiers — de plein vent, surtout — sont laissés dans une négligence complète. On ne songe à eux que lorsque leurs fruits sont mûrs. Ils en donneraient davantage — et plus longtemps — si on avait pour eux quelques égards : les jeunes arbres doivent être tuteurés; ceux qui sont à portée du bétail, entourés d'une solide ceinture de pieux ou d'épines, et débarrassés de leurs branches trop basses.

De bonnes fumures leur sont très utiles. Certains cultivateurs avisés enterrent soigneusement à leur pied les cadavres de petits animaux. Les engrais potassiques, entre autres, ont un effet énergique et rapide.

Des chaulages sur le tronc et les maîtresses branches garantissent les arbres fruitiers contre les mauvais effets des excès de froid et de chaleur, les préservent des mousses, des champignons, et d'un grand nombre d'insectes.

VI

LE VERGER

Par **E. GUILLAUMIN.**

Je ne sais rien de plus suave et de plus gracieux qu'un verger au mois de mai, à l'époque des floraisons blanches, ni de plus délicieusement magnifique que cet honnête tableau champêtre : un verger en septembre. Les grands poiriers ont des branches trop chargées qui craquent ; les pommes rouges, toutes fraîches et pimpantes, s'harmonisent avec le feuillage vert de l'arbre ; de grosses reinettes à l'aspect savoureux semblent ne tenir là-haut que par le fait d'un miracle qu'on ne saurait expliquer ; de toutes petites pommes grises, nombreuses comme les fourmis d'une fourmilière, font une cuirasse au bon géant qui les a produites. Entre les grands arbres, de modestes pruniers tâchent d'attraper leur part d'air et de soleil, et ils portent aussi leur récolte : une quantité de prunes noires et de prunes jaunes qui font rêver de tartes succulentes et de bonnes marmelades sucrées.

Et tous ces fruits sont mûrs ou à peu près, bons à cueillir en tout cas, car, dans la journée, des nuées de guêpes ou frelons bourdonnent autour des arbres, attaquent les poires les plus belles, les pommes les plus savoureuses, les prunes les plus alléchantes. Insectes que le premier froid tuera, ils vivent dans une orgie continuelle, comme pour oublier l'anéantissement qui les guette en se soûlant du jus sucré, au cœur même des bons fruits...

Mais il y a, en dehors des vergers, d'autres arbres et d'autres arbustes. Encadrant les portes des maisons, les raisins dorés pendent aux treilles vivaces ; des pêches veloutées ornent les jardins, et même en pleine campagne, de loin en loin, dans les haies, des arbres isolés donnent aussi leurs fruits.

A la recherche de ceux-ci, des groupes d'écoliers en vacances

Un verger dans le pays de Caux.

sillonnent les champs, heureux de rencontrer quelquefois de
gros poiriers bâtards on nomme ainsi les sauvageons non
greffés qui portent en abondance des poires petites, coriaces
et graveleuses, mais de saveur agréable, dont ils font une consommation effrénée. Et tout en longeant les buissons, les
gamins inspectent les touffes de noisetiers ; à l'aide de longs
bâtons crochus, ils atteignent les branches les plus hautes et
recueillent de-ci de-là quelques noisettes échappées aux
investigations précédentes de la bergère et du petit pâtre de
l'endroit. A profusion, par exemple, dans les haies, ils trouvent
des mûres ; elles s'étagent par grappes pressées, noires et duve-
teuses, à toutes les ronces. On les dédaigne trop, les mûres;
elles ont un goût parfumé qui n'est pas si mauvais; beaucoup
de gosses s'en régalent et se teignent le visage et les mains de
leur jus pourpre qui ressemble à de l'encre.

Les passereaux, les merles et les grives en font leur coutu-
mière provende d'arrière-saison. C'est d'ailleurs l'époque bénie
par les oiseaux : dans les chaumes, ils trouvent encore des
grains échappés de la moisson; le sarrasin n'est pas rentré, et
cela les conduit jusqu'aux semailles sur lesquelles ils prélèvent
leur dîme légère. Mais la chasse est ouverte, et c'est aussi
l'époque où ils sont traqués de partout; ils vivent dans un
apeurement continu, se sachant à la merci du plomb du premier imbécile venu, en veine de désœuvrement et de cruauté.
Pauvres petits oiseaux !

Dans la dernière dizaine de septembre, d'autres arbres
encore, les sorbiers, commencent à se dépouiller de leurs
fruits... Savent-elles bien attraper les citadins, ces petites
sorbes vermeilles! Ils mordent dans celles qui sont vertes,
les badauds, se figurant que celles qui sont noires sont gâtées...
Quelle grimace, mes amis! Ils n'y reviennent pas, je vous
assure. Ce qui n'empêche pas les sorbes d'être excellentes
lorsqu'elles sont amollies à point.

Extrait de Tableaux champêtres. (Crépin-Leblond.)

VII

LE LIERRE

Par **M. L. de VILMORIN**,

Membre de la Société nationale d'agriculture de France.

Parmi des opinions plus ou moins contradictoires sur le tort fait aux arbres par le lierre, j'en ai relevé deux : le lierre serait parfois presque utile à l'arbre qui le supporte ; et, en second lieu, le lierre est néfaste à l'arbre comme étant son parasite.

Envisageant au point de vue forestier l'invasion de l'arbre par le lierre, il ne saurait guère y avoir d'hésitation à juger que le lierre est toujours nuisible, peu ou prou, à l'arbre qui le supporte et le subit ; nuisible par la concurrence à son pied des racines toujours en travail du lierre ; nuisible par l'enlacement de ses tiges grimpantes, qui l'étreignent parfois et le compriment ; nuisible par le poids et la masse des rameaux adultes du lierre qui étouffent bien des brindilles de l'arbre. Quelques auteurs, cependant, pensent que le lierre réchauffe l'arbre, ou du moins l'empêche de se trop refroidir ; on devrait prendre garde de dévêtir l'arbre de sa gaine protectrice de lierre, de peur que, habitué à ce manteau, il subisse quelque dommage d'un froid intense et subit.

Je ne crois pas, pour ma part, à la valeur de ces précautions d'infirmerie, et pense que l'arbre aura été beaucoup plus gêné par son manteau de lierre pendant qu'il l'aura porté, qu'il ne sera exposé à des suites fâcheuses le jour où il s'en verra débarrassé.

Si je ne vois pas bien en quel cas la présence du lierre sur l'arbre est tolérable forestièrement, — car au point de vue décoratif et horticole l'association peut être justement recherchée, — si donc le lierre sur l'arbre forestier semble être toujours nuisible, c'est, je crois, une erreur de penser qu'il soit jamais parasite, c'est-à-dire de supposer qu'en aucun cas une partie de la sève de l'arbre serve à l'alimentation de l'arbuste qui l'environne. Non seulement il semble démontré qu'il n'y a jamais de détournement de sève, mais il est presque certain — je serais porté à croire qu'il est tout à fait certain — que les parties d'écorces vieillies et partiellement décomposées ne servent même pas d'aliment aux racines du lierre qui, enlacé à un arbre, tire cependant la totalité de sa nourriture du sol, sauf pour le cas où l'arbre, creusé par l'âge, contiendrait dans ses cavités un terreau fait de la décomposition de son bois ou de ses feuilles.

Le fait de l'alimentation exclusive du lierre par ses racines plongeant dans le sol me semble démontré par le fait que, lorsque j'ai fait sectionner au pied de l'arbre un pied de lierre, le desséchement et la mort totale de la partie sectionnée du lierre en a été toujours la conséquence.

Que les crampons du lierre, rudiments de racines, puissent se changer en racines véritables, le fait n'est cependant pas douteux. Si l'on détache en mai-juin l'extrémité de la pousse nouvelle que le lierre allonge sur un arbre, on remarquera, à 5 ou 6 centimètres au-dessous de l'extrémité, l'émission de petites racines blanches et tendres. Un peu plus bas, elles sont déjà grises et dures ; en un mot, transformées en crampons. Mais si le rameau détaché est posé sous verre, sur de la mousse humide, les radicelles blanches deviendront vite racines, et le rameau détaché deviendra bouture enracinée.

Sur les vieilles constructions, vieux murs disjoints, la même transformation se produit assez souvent, et quand on sectionne, par le pied, des pieds de lierre qui y adhèrent, il n'est pas rare de voir quelques branches rester vertes et vivantes après que tout le reste du pied s'est desséché. Il n'est pas difficile de trouver alors la crevasse où quelques crampons, changés en véritables racines, se sont implantés pour y trouver une nourriture généralement fort limitée.

Quant à son influence sur les murs qu'il recouvre, la seule monographie un peu détaillée qui ait paru sur le lierre — c'est un ouvrage anglais — donne le résultat d'une sorte de referendum adressé à des châtelains, curés, industriels,

architectes, sur les effets utiles ou fâcheux de la présence du
lierre sur les habitations.

Une assez forte majorité des réponses conclut au rôle plus
utile que nuisible du lierre dans la majorité des cas.

Si tous, ou à peu près tous, reconnaissent que le lierre non
surveillé peut insinuer des rameaux entre les murs et les
descentes d'eau, gouttières, soulever et déplacer des tuiles (la
question des persiennes n'existe pas, par suite du mode presque général d'ouverture des fenêtres), par contre, le lierre agit
utilement :

1° Par l'assèchement des murs. Soit qu'il emprunte par ses
crampons un peu d'humidité au mur humide — cela est douteux, — soit bien plutôt que les lames obliquement descen-
dantes de son feuillage perpétuel rejettent pluie et neige loin
du mur, toujours est-il que l'assèchement des murs après
revêtement du lierre est presque unanimement affirmé ;

2° Par la cohésion donnée à la construction par les rameaux
enchevêtrés du lierre. C'est une sorte de chaînage végétal
extérieur, et l'implantation de racines dans les murs asséchés
est extrêmement rare, si les mortiers joignant les matériaux
ont une qualité seulement ordinaire ;

3° Enfin, par l'obstacle très notable au refroidissement que
produit le revêtement du lierre. Ce rôle protecteur est affirmé
par un grand nombre de personnes qui ont été interrogées
sur le rôle du lierre.

En tenant compte des différences climatériques, on peut
conclure de ces réponses que le lierre, bien surveillé, peut
être chez nous non seulement décoratif, mais plutôt utile que
nuisible aux habitations.

De plus, si le lierre doit être considéré comme un végétal
nuisible au point de vue forestier, il ne s'ensuit pas que nous
devions le considérer à ce seul point de vue, et qu'il soit toujours nuisible ; c'est ainsi qu'il est une précieuse plante mellifère et que sa verdure est comestible et recherchée du mouton
et peut rendre quelques services à l'agriculture.

L'époque de la floraison du lierre est exceptionnelle et sur-
prend à première vue : c'est fin septembre et octobre. Si
nous voulons réfléchir, nous y trouvons un bel exemple de

coordination des conditions de la vie de la plante, et de la vie animée qui gravite autour d'elle.

L'orme est avec, mais peut-être avant le chêne, l'arbre qui porte le plus souvent le manteau de lierre. Celui-ci s'attache plus volontiers, semble-t-il, aux arbres feuillus qu'à ceux dont la verdure persistante lui disputerait davantage la lumière dont il a besoin pour fructifier.

Qu'arrive-t-il en effet pour le cas d'alliance à un arbre feuillu? Les derniers jours de septembre voient le feuillage de l'orme ou du chêne se nuancer des couleurs automnales ; la mi-octobre voit tomber leurs feuilles, surtout celles du premier : la lumière arrive à flots jusqu'aux rameaux florifères du lierre, ses glandes nectarifères gorgées de liquide sucré attirent les abeilles et un grand nombre de diptères : c'est un bourdonnement intense pendant quelques jours autour des ombelles fleuries. Avec sa rusticité et son feuillage toujours vert, le lierre reste en sève pendant toute la mauvaise saison ; il forme, grossit et mûrit sa baie dont la pulpe un peu pâteuse est sucrée en même temps qu'amère, et qui mûrit vers le commencement d'avril. Par sa floraison automnale, la précoce maturation de son fruit, le lierre sait donc profiter du surcroît de lumière que lui donne la chute des feuilles des arbres qui le portent, et il en fait profiter l'abeille à une date où elle ne trouverait guère à butiner ailleurs, et l'oiseau à un moment où les baies de l'automne ont presque partout disparu.

L'abeille a assisté l'arbuste en portant sur les pistils le pollen des étamines, l'oiseau au printemps va disséminer sa graine et assurer sa propagation en échange de la nourriture opportune et de l'abri sûr qu'il a reçu pour y cacher son nid.

Il y a donc là encore une des belles harmonies de la nature.

Extrait du *Bulletin de la Soc. nat. d'agriculture.*

Au point de vue purement ornemental, on préfère souvent au lierre les *Ampelopsis*, genre de plantes de la famille des ampélidées, et dont la vigne vierge est le type. L'un des plus appréciés, pour la finesse et l'élégance du feuillage, est l'*A. Veitchii*, à végétation rapide, convenant à tous les terrains et à toutes les expositions. On le reproduit par marcottes, boutures ou graines.

VIII

LES PORCS

Par **P. DIFFLOTH**.

Les porcs peuplent le territoire de la France au nombre
de 7 millions de têtes environ ; cette population maintient son
chiffre sans oscillation sensible (1).

Les porcs ne remplissent au cours de leur existence qu'une
seule fonction économique : la production de la viande, mais
ils font preuve dans l'accomplissement de cette fonction d'une
supériorité incontestable. Le porc, essentiellement omnivore,
est un transformateur d'aliments remarquable : il utilise les
matières premières d'une faible valeur commerciale, les déchets, les résidus, et les transforme en chair ou en graisse.
La proportion de matières comestibles fournie est considérable ; la chair, la graisse, les viscères, le sang sont utilisés.

L'exploitation des porcs se pratique dans tous les pays, sauf
en régions très froides ou en contrées désertiques, sèches et
privées d'eau. Les régimes alimentaires les plus divers peuvent lui convenir ; sur le bord de la mer, on nourrit parfois
les porcs à l'aide des déchets des industries côtières : têtes de
sardines, morues.

En fouillant les friches, les suidés porcins peuvent s'alimenter des larves d'insectes, des racines d'herbe, de fruits
sauvages ; on peut les conduire dans les prairies artificielles,
et dans la zone intertropicale les porcs paissent l'herbe jeune
à la façon des bœufs.

Les porcs italiens de la Calabre, de l'Ombrie, des Marches
trouvent leur subsistance dans les forêts de chênes en con-
sommant les glands ; en Algérie et Tunisie, les cochons s'alimentent des tiges de figuier de Barbarie crues ou cuites, des

(1) Voy. *Moutons, Chèvres, Porcs*, par P. DIFFLOTH (*Encyclopédie
agricole*).

glands de chênes verts, des baies de lentisques, des olives sauvages, des escargots et des criquets; dans les régions très chaudes, les tiges de patates, de bananier, les têtes de canne à sucre, les racines de manioc, de fougère arborescente, de patates, canna, goyavier, bananier, etc., peuvent leur suffire.

On voit qu'au point de vue de l'alimentation et de l'utilisation des rations, le porc se place parmi les sujets les plus remarquables; son appétit est considérable ainsi que sa puissance digestive. Il n'y a guère que la cellulose, par suite de la conformation de son appareil digestif, qui ne puisse être assimilée aisément et largement, mais son coefficient de digestibilité, pour les autres principes nutritifs, est des plus élevé. C'est l'animal qui gagne le plus fort poids par jour à l'engraissement, proportionnellement à son poids vif; on peut faire gagner 1 kilogramme par jour à un porc de 60 kilogrammes, soit 1,66 p. 100.

Les porcs fournissent à la consommation un aliment estimé que toutes les peuplades de la terre, sauf les musulmans, apprécient également, à tous les niveaux de l'échelle sociale.

Le porc fournit à la consommation de la viande grasse, de la graisse, du lard, du saindoux; la charcuterie utilise ensuite les diverses parties restantes pour des préparations nombreuses, et l'on peut dire que chaque région du corps, les viscères, les intestins, le sang et même les abats (pieds, groin, estomac, langue, etc.) trouvent leur emploi.

Parmi les produits accessoires, on peut citer la vente des soies qui en général est peu importante (0 fr. 25 par tête environ ; on en fabrique des brosses, des pinceaux. Chez certaines variétés de la Sibérie et de la Russie, cette exploitation peut cependant donner lieu à un certain mouvement commercial.

La peau de porc après tannage est employée par les selliers, les bourreliers; le cuir obtenu, très résistant, est actuellement en faveur pour la garniture des voitures. En Amérique, on tire, des résidus des grands établissements d'équarrissage, de l'huile de lard employée pour le graissage des machines.

Comme produit accessoire de l'exploitation des porcs, citons enfin la production du suc gastrique.

La généralité de l'emploi de la viande de porc dans toutes les classes sociales, la diversité des mets obtenus procurent à cette production un débouché considérable. Monselet a célébré dans ces vers connus la supériorité du porc dans la production de la viande :

> Car tout est bon en toi : chair, graisse, muscle, tripe.
> Ton pied, dont une sainte a consacré le type.
> Empruntant son arome au sol périgourdin,
> Eût réconcilié Socrate avec Xanthippe.

La consommation intérieure est en progression, bien que,

Truie craonnaise avec sa portée.

Cette variété porcine tire son nom de la ville de Craon (Mayenne). C'est une des races françaises les plus estimées.

par suite de l'amélioration du sort des populations rurales, les paysans aient associé dans leur alimentation les viandes de bœuf et de mouton à celle du porc, autrefois uniquement utilisée. Les statistiques des marchés de Paris montrent nettement l'augmentation de la demande de viande de porc. Il entre dans les abattoirs de la capitale plus de 650000 porcs vivants ; l'élevage français peut donc s'orienter résolument vers la production de la viande de porc.

L'Angleterre offre de plus à notre production un débouché important : les îles Britanniques importent en effet annuellement 120 000 têtes de porcs vivants, 2 000 000 de quintaux de lard frais, 800 000 quintaux de jambons et 300 000 quintaux de lard salé. Ce contingent considérable provient pour la plus grande partie de l'Amérique. Quelles que soient les conditions favorables de l'élevage porcin dans le Nouveau Monde, il est certain que notre situation privilégiée nous met à même de lutter victorieusement contre les produits américains, qui ne présentent d'ailleurs pas la finesse de goût de nos sujets craonnais, normands, etc.

Les prix s'élèvent parallèlement à la consommation ; il importe de discerner ce mouvement de hausse parmi les fluctuations inévitables produites certaines années par la « mévente des porcs ». La truie étant très prolifique, l'extension de l'élevage, les années où les prix peu élevés des pommes de terre notamment permettent l'entretien de nombreux sujets, prend un essor considérable, qui amène une certaine surproduction et déprécie les cours; par suite de ces conditions défavorables, l'exploitation des porcs réduit momentanément son importance et les cours se relèvent l'année suivante. C'est ainsi qu'on observe d'une année à l'autre des écarts sensibles parmi lesquels on peut néanmoins discerner, avec un peu d'attention, le maintien ou la hausse des cours.

La production nationale peut donc se développer sans crainte de la concurrence étrangère.

Truie Berkshire.

IX

LE LAPIN ANGORA

Par **P. DIFFLOTH.**

On a prétendu que le lapin angora était originaire de Turquie d'Asie, par analogie sans doute avec la chèvre angora. Il est probable que l'angora a été produit, sélectionné et fixé en Europe. On a obtenu ainsi ce lapin si particulier, caractérisé par la longueur et la finesse de sa toison (1).

Le corps est assez long; la tête, allongée, semble proéminente en raison des poils qui la surmontent et couvrent les yeux. Le poil est assez court sur les joues; le nez blanc, délicat, est recouvert d'un léger duvet; la bouche est petite.

Entouré de sa toison, l'animal au repos semble une boule de neige d'une blancheur éclatante.

La fourrure de l'angora doit être soyeuse, non laineuse ou cotonneuse, très douce au toucher; elle ne doit jamais donner l'impression de dureté, de rudesse. Elle doit être fine et longue, la longueur du duvet variant entre 13 et 18 centimètres, et atteignant parfois jusqu'à 20 et 25 centimètres.

Lorsque le duvet n'est pas abondant, il se sépare de lui-même, formant une raie sur le dos et retombant de chaque côté; lorsqu'il est fourni, il se dresse autour du corps en boule neigeuse, cachant partout la peau. L'uniformité est une qualité précieuse; trop souvent les pattes, la poitrine, le front, les oreilles sont insuffisamment couverts de duvet.

Très familier, l'angora est assez rustique. On peut l'élever dehors, mais son duvet est alors moins fin que lorsqu'on le maintient en clapier fermé; l'élévation de la température favorise le développement et augmente la qualité de la fourrure.

Assez prolifiques, les femelles sont bonnes mères et excel-

(1) Voy. *Lapins, Chiens, Chats*, par P. DIFFLOTH (*Encyclopédie agricole*).

lentes laitières. Les portées sont de quatre à six petits, huit parfois. Pour faire son nid, la femelle se dépouille de son poil et devient ainsi plus susceptible au froid. Il convient, à ce moment, de la tenir en un endroit chaud et abrité. Comme la lapine tient essentiellement à constituer son nid de ses propres poils, il est indispensable de ne pas la priver de sa fourrure au moment de la parturition.

Les femelles donnent le duvet le plus fin et le plus abondant. Les mâles ont un poil moins estimé ; pour corriger cette dépréciation, on les castre vers l'âge de cinq mois.

Il existe plusieurs variétés d'angora ; la variété blanche, appelée parfois lapin de Perse, est la plus estimée pour la finesse et la longueur du duvet. La variété noire est de livrée noire, mélangée de gris ; la variété bleue est d'un aspect séduisant, mais elle se mélange souvent de poils blancs. La variété grise a trop souvent le poil long, rude et peu soyeux. Il existe encore des angoras couleur café au lait. Le poil blanc et le poil noir sont les seuls directement utilisés actuellement par l'industrie. L'angora blanc a le poil ordinairement plus long, plus soyeux ; à volume égal, il est plus léger que le noir. L'angora noir a l'extrémité du poil (un tiers environ) noir luisant ; le second tiers est gris noir ; la portion voisine de la peau est gris cendré et ondulée. Le plus beau poil d'angora est sous la gorge (moitié de la récolte environ), sur le haut de la poitrine, sur le dos, les flancs, le ventre ; le poil est plus long sur le dos, plus duveteux sous le ventre. On ne plume pas la tête ni la queue, ni les pattes au-dessous des cuisses.

Un angora *manque* ou *chôme* lorsqu'après un épilage le poil reste ras sur certaines régions du corps (le flanc surtout). Cet état peut être passager ou définitif ; souvent ce sont les lapins qui eux-mêmes arrachent leur poil à l'époque des chaleurs.

On conserve les femelles pour l'exploitation industrielle en ne gardant que le nombre de mâles strictement nécessaire.

Le poil d'angora arrivant à l'usine est dégraissé, ouvert et filé soit à la mécanique, soit à la main. Le fil tricoté sert à confectionner des gants, des chaussons, des caleçons.

On considère comme défauts sérieux chez l'angora : la taille exagérée, le poids excessif, les formes trop ramassées, les oreilles longues, écartées, pendantes, les pattes torses.

L'éleveur exercera une judicieuse sélection en ne conservant pour la reproduction que les sujets au poil long et abondant. Ces deux qualités sont assez difficiles à concilier, le duvet long étant en général clairsemé.

Les mâles, vifs, ardents, du poids de 4 à 5 kilogrammes,

Lapine angora blanche avec ses petits.

seront réservés pour la reproduction. On ne leur demandera que trois à quatre accouplements par semaine.

Il faut avoir des clapiers très propres, privés de déjections, d'impuretés pouvant salir la fourrure ; les niches auront un sol à claire-voie ou à grillage laissant écouler les urines. On éloigne de 10 mètres environ les cases des femelles reproductrices de celles des mâles : l'odeur exciterait les lapines qui pourraient abandonner leurs petits. La sélection des femelles s'exercera en recherchant les lapines à duvet abondant, les plus douces, les moins sauvages, à mamelles bien apparentes.

Les jeunes angoras s'élèvent suivant les règles générales.

mais il sera bon, dès l'âge d'un mois, de les peigner tous les huit jours, pour éviter le feutrage, les pelotes qu'il serait vite impossible de démêler. Ce peignage se pratique de haut en bas, doucement, dans le sens du poil, mais en opérant assez vite pour ne pas inquiéter l'animal. Le lapin est placé sur une table étroite; d'un naturel tranquille, il laisse l'opérateur pratiquer cette toilette; dans la crainte de tomber, il n'effectue aucun mouvement. Lorsque les soins de propreté sont assez suivis pour rendre ce peignage moins fréquent, on peut peigner les angoras tous les quinze jours seulement. En Angleterre, on les brosse.

Lorsque le sujet est adulte, on l'épile tous les trois mois en opérant ainsi : le lapin posé sur les genoux de l'opérateur, ce dernier passe le peigne dans les soies, pour les démêler, puis, tendant la peau de la main gauche à l'endroit considéré, il détache les poils de la main droite, en les tirant dans le sens. Le poil mûr se détache facilement; dans le cas contraire, on cesse l'opération pour recommencer huit à dix jours après.

En nouvelle lune, le poil passe pour repousser plus vite. On opère l'épilage avec douceur, surtout aux aisselles, à la gorge, à la croupe, où la peau est mince.

Passé quatre ans, l'angora ne donne guère de profit : on devra donc chaque année renouveler l'élevage par quart. Les sujets réformés sont de vente facile, la chair de l'angora étant estimée.

Les jeunes sont sevrés vers cinq, six, sept semaines; à ce moment, d'ailleurs, la mère refuse de se laisser téter.

On place les jeunes deux par deux dans des clapiers propres où ils reçoivent l'alimentation ordinaire ; l'avoine et le son sont distribués avec ménagement.

Le poil récolté est placé à l'abri de l'humidité et des mites dans des caisses en bois ou dans des pots de grès ; placé en sac, il se tasse et se feutre. Pour l'expédition, on rassemble le poil en caisse légère ou en panier doublé de toile.

L'industrie de la filature du poil d'angora a pris, ces temps derniers, une certaine ampleur. Vers 1880, on en produisait annuellement 1 500 kilogrammes ; actuellement, on en travaille 20 000 kilogrammes et l'exportation à l'étranger atteindra bientôt un million de francs.

X

L'AVICULTURE A LA FERME

Par **Ch. VOITELLIER**,

Maître de conférences à l'Institut national agronomique.

L'aviculture, considérée comme une branche de l'exploitation agricole, a, par la valeur de ses produits, une importance beaucoup plus considérable que celle qui se pratique loin de toute culture (1).

On a toujours considéré que les oiseaux de basse-cour étaient indispensables dans la mise en valeur d'un domaine quelconque par la culture. Ce n'est qu'exceptionnellement, et plutôt par désir d'établir d'une façon plus nette les principes qu'ils suivaient, que quelques partisans de la culture industrielle spécialisée ont déclaré qu'il n'y avait pas place pour des oiseaux domestiques sur le domaine exploité par eux, et que leurs occupations ne leur permettaient pas d'en tirer profit.

Certes, il vaut mieux ne faire qu'une chose et la bien faire que d'en faire plusieurs et les faire mal ; mais le talent pour un directeur d'usine n'a jamais consisté à ne savoir faire que de la comptabilité et à laisser aux soins de ses contremaîtres la direction des machines et des ouvriers. L'agriculteur doit savoir diriger tous les rouages de son exploitation et ne négliger aucun de ceux qui peuvent en accroître le bénéfice.

L'impossibilité de se faire aider, de trouver une main-d'œuvre consciencieuse, n'est et n'a jamais été une objection sérieuse permettant d'abandonner délibérément une branche quelconque de l'exploitation agricole. *Tel maître, tel valet,* disait-on autrefois. Le proverbe est toujours vrai. N'est bon charretier que celui qui sait mener, au besoin, des chevaux difficiles et les plier à ses exigences en usant de prévoyance,

(1) Voy. *Aviculture*. par Ch. VOITELLIER (*Encyclopédie agricole*). — *Les oiseaux de basse-cour*. par R. SAINT-LOUP, 1895. — *Les oiseaux de basse-cour*, par Ch. CORNEVIN, 1895. (Librairie J.-B. Baillière et fils.)

de patience, de douceur et de fermeté. N'est également bon patron que celui qui, sachant toujours ce qui doit être fait peut prévoir et faire exécuter quand même, lorsque la main-d'œuvre capable ou intelligente lui fait défaut.

La plupart des fermières à qui est dévolue la direction de la basse-cour manquent souvent de connaissances pratiques en aviculture (1). Si, pour beaucoup de cultivateurs, la basse-cour reste improductive, cela tient à ce qu'ils sont absolument incapables de la diriger, voire même d'en contrôler la direction.

On considère, trop souvent, hélas! que toutes les espèces ont place dans la basse-cour, qu'elles y doivent vivre ensemble et se nourrir de la même façon; on n'attache que peu d'importance au choix des races, aux aptitudes individuelles: on obtient des poulets et des œufs de toutes grosseurs et de qualités très diverses et sans souci des époques les plus favorables pour la vente. On puise parfois, d'ailleurs, sans compter, au grenier à grains, et on laisse les volailles élire domicile où bon leur semble, au détriment de la propreté des locaux réservés aux instruments et aux bestiaux.

Partout où il y a production de grains, et là où existent des prairies naturelles, les volailles utilisent des produits qui seraient perdus ou des déchets dont elles augmentent la valeur.

Le meilleur moyen de tirer un bénéfice de l'exploitation de la basse-cour est assurément d'en spécialiser la production et d'observer à ce propos certains principes d'ordre économique, analogues à ceux d'où résultent des systèmes différents de culture sur les diverses parties du territoire.

On peut, en effet, par des procédés artificiels, implanter la plupart des productions agricoles dans une région quelconque. On peut cultiver la betterave à sucre dans des pays où elle est ignorée; on peut établir des pâturages sur des terres médiocres et sous un climat froid et sec; on peut obtenir des légumes là où on cultive les céréales; mais, néanmoins, le prix de location de la terre, la facilité des communications ou le climat exigent et font que, d'une façon générale, la pro-

(1) Voy. O. Bussard, *Le livre de la fermière Encyclopédie agricole*. — *Les animaux de la ferme*, par E. Guyot, 1891. (Librairie J.-B. Baillière et fils.)

duction des betteraves à sucre et de distillerie est réservée aux terres avoisinant les usines, que celle du beurre et du lait concentré est plutôt localisée dans les fermes éloignées des grands centres, que la fourniture de lait pour la consommation ainsi que celle des légumes appartiennent presque exclusivement aux fermes établies près des grandes villes ; enfin, que l'élevage des animaux de l'espèce bovine n'est pros-

L'aviculture à la ferme.

père que si les pâturages ont une végétation active dès la fin de l'hiver, ne se dessèchent pas en été et donnent une nourriture abondante pendant une grande partie de l'année.

Les différentes productions avicoles sont aussi sous la dépendance de causes qui, pour n'être que rarement observées, n'en existent pas moins.

Dans les exploitations agricoles situées dans les faubourgs des villes ou le voisinage de celles-ci, la plus-value que donne aux œufs leur fraîcheur absolue, la facilité de la vente au détail et au fur et à mesure de la production, l'exiguïté relative du parcours accordé aux volailles, font que la production des œufs y est plus avantageuse que l'élevage des poulets ou de toute autre volaille.

Là, plus que partout ailleurs, tout ce qui favorise la ponte en hiver doit être réalisé.

La production exclusive des œufs est encore bien à sa place dans les fermes importantes où la culture des céréales est intensive et tient le premier rang, où les déchets sont abondants, où, pendant une grande partie de l'année, les terres, toutes emblavées, touchent aux bâtiments de la ferme, où les prairies permanentes n'existent pas, où la cour, quoique vaste, ne constitue pas un terrain propice pour l'élevage et n'offre ni l'abri contre le vent et le soleil, ni la nourriture variée que celui-ci réclame.

Suivant l'éloignement des villes et suivant la facilité des communications, on y visera la production des œufs en hiver, ou on se contentera de celle qui se fait naturellement au printemps et en été. La conservation des œufs pourra y être envisagée.

L'élevage des poulets est, au contraire, indiqué là où, la production des céréales étant importante, il y a néanmoins un verger, des prairies avec des arbres, des haies, permettant d'abriter les poussins du vent et du soleil, et leur offrant un parcours étendu dès qu'ils peuvent se passer de leurs mères ou de l'éleveuse artificielle. Les terrains secs lui conviennent mieux que les sols imperméables.

Sur ces derniers, les élevages de printemps réussissent moins bien à cause de l'humidité. Si les prairies y ont une étendue suffisante, l'élevage des oies est préférable. S'il y existe, à proximité des bâtiments, un ruisseau, une mare ou un étang qui ne soit pas mis à sec en été, l'élevage des canards peut y faire l'objet d'une spécialité.

L'élevage des dindons convient particulièrement aux pays de culture extensive, où la surface du territoire non cultivée est importante, où les friches, les boqueteaux, les buissons et les haies permettent de les mener en bandes avant la récolte des céréales. Il en est de même de l'élevage des pigeons de moyen et de petit format aux mœurs vagabondes. Partout ailleurs, celui des gros pigeons est à préférer.

Il arrive très souvent que les conditions favorables à deux productions différentes, celles des poulets et des canards, par exemple, se trouvent réunies. Elles ne seront réellement avantageuses qu'autant qu'elles seront séparées, que les deux espèces pourront recevoir une nourriture différente et appropriée, ainsi que les soins particuliers que chacune d'elles réclame.

L'entretien en commun de deux espèces qui n'ont pas les mêmes besoins provoque nécessairement le gaspillage

Pour la production exclusive des œufs, il est assurément préférable d'acheter des volailles de race et d'âge convenant le mieux, se trouvant dans les conditions voulues, et de ne pratiquer aucun élevage. Cela est surtout vrai pour la production d'hiver, pour laquelle il faut des poulettes du même âge ; mais il est si difficile d'acheter ce que l'on veut au moment voulu que l'on est le plus souvent obligé d'en faire l'élevage.

Le commerce des poussins âgés de quelques jours, qui existe en quelques endroits et qui constitue ainsi une spécialité, n'est pas non plus assez régulier, assez établi pour que l'on puisse, le plus souvent, ne faire que de l'élevage.

En réalité, toutes les productions avicoles comportent, quoiqu'on veuille les spécialiser, l'entretien d'un certain nombre d'oiseaux reproducteurs ; mais elles seront d'autant plus rémunératrices qu'on s'écartera moins des principes énoncés.

On accordera par exemple aux reproducteurs la liberté la plus grande, tant que les poussins des premières couvées n'auront que deux ou trois semaines ; mais, à partir de ce moment, on leur donnera un enclos suffisamment vaste, une cour et un poulailler particuliers, pour que les poulets soient, d'autre part, seuls à jouir de la grande liberté et des avantages qu'elle comporte.

Cette séparation est toujours facile à réaliser, car l'installation de panneaux de grillages montés sur cadres en bois n'est pas coûteuse, se prête à n'importe quelle configuration et peut être modifiée selon les besoins à tout moment.

Le choix d'une race appropriée à la production que l'on vise est particulièrement difficile et réclame une connaissance exacte du milieu où elle est appelée à se multiplier et des qualités de toutes races. Parmi les races de poules dont l'aptitude à la ponte est très développée, il y en a qui aiment à vagabonder, sont agiles et trouvent sans peine leur nourriture dans la campagne, tandis que d'autres, à la conformation massive, restent plus volontiers toujours près de leur

Les oies.
D'après le tableau de Mme de Ladevèze-Cauchois.

poulailler. Les premières conviennent à la culture extensive et les secondes à la culture intensive.

D'une façon générale, il convient d'adopter une race d'un format en rapport avec la fertilité du sol et principalement avec sa richesse en calcaire et en acide phosphorique. La rusticité est cependant la qualité qu'il faut rechercher avant toutes les autres. Sous un climat brumeux et sur les terrains humides, le choix se trouve, en conséquence, très limité.

Une question importante se pose tout d'abord à celui qui veut se
livrer à l'aviculture, et en particulier à l'élevage des poules : le
choix des races. La réponse est toute différente, selon qu'il s'agit de
l'aviculture de luxe ou de l'aviculture pratique.

Dans le premier cas, l'amateur, qui n'escompte guère de bénéfices
que les satisfactions de curiosité ou d'amour-propre, a le choix
entre un grand nombre de variétés, dont l'élevage, souvent intéressant. est toujours plus ou moins coûteux et délicat.

L'aviculture industrielle. Parquets d'élevage.

Tout autre est l'aviculture *à la ferme* où l'on cherche à entretenir, sans frais inutiles, une race rustique, précoce, à chair délicate
et abondante et à ponte satisfaisante.

Dans la plupart des cas, la « poule du pays », *soigneusement
sélectionnée*, donne de bons résultats.

Parmi les variétés qui s'acclimatent un peu partout et sont réellement pratiques, il faut citer surtout la *bresse grise* et la *faverolles*.
Un *croisement* entre l'une ou l'autre et la poule commune, joint à
la sélection et à un élevage intelligent, donne ordinairement d'excellents résultats, avec le minimum de frais et de soins.

Lectures agricoles.   16

XI

LE CANARD DE ROUEN.

Par **Ch. VOITELLIER**.

Le canard de Rouen est le canard domestique le plus modifié et le plus perfectionné. Son volume est énorme ; son corps est non seulement large et épais, mais surtout très long et porté presque horizontalement.

La race de Rouen est d'origine française et le perfectionnement dont elle a été l'objet a été obtenu par des éleveurs français (1).

On distingue deux variétés dans la race de Rouen : la *claire* et la *foncée*. C'est à tort que l'on désigne la première par les noms de *Rouen français* et la seconde par les noms de *Rouen anglais*. Cette dernière a été obtenue, tout autant que la première, en France.

La race de Rouen a le grand avantage sur les races à plumage uniformément blanc de permettre la distinction des sexes avant que ne se soient développées les deux petites touffes de plumes faisant crochet sur la queue des mâles. Le plumage des canetons est à peu près identique chez les canards et les canes ; cependant, au fur et à mesure que se développe le plumage d'adulte, les plumes de la tête et celles des ailes ont des couleurs et des dimensions qui permettent, le plus souvent, de reconnaître les mâles et les femelles. Le plumage des adultes est, en effet, très différent et a une très grande ressemblance avec celui des canards et canes sauvages.

Le mâle a la tête et le tiers supérieur du cou vert foncé ; une collerette blanche limite cette partie sur le devant et les côtés du cou ; en dessous, les plumes sont brun marron foncé bordées de brun marron plus clair, ainsi que celles du plastron. Les ailes sont gris brun avec un miroir bleu bordé en

---

(1) Voy. *Aviculture*, par Ch. VOITELLIER. — *Canards, Oies et Cygnes*, par H. BLANCHON. — *Les canards*, par G. ROGERON, 1903.

avant et en arrière par une bande blanche. Le dessous du
corps, depuis les épaules jusque loin derrière les cuisses, est
gris clair ; le duvet en dessous des plumes de la queue est noir et
ces dernières sont noires, mais à reflets métalliques accentués.

La femelle a un plumage gris brun, formé de plumes sur
lesquelles cette teinte a deux tons, et cela sur presque toutes
les parties du corps, de façon à constituer un plumage maillé.
Les ailes portent, comme chez le mâle, un miroir bleu bordé
par deux raies blanches.

A leur naissance, les canetons ont un duvet brun et jaune.

La variété *claire* diffère de la variété *foncée* en ce que la
teinte générale du plumage est plus claire, notamment chez la
femelle. Le blanc y remplace parfois le gris jaunâtre dans les
parties les plus claires.

Le mâle et la femelle, dans l'une et l'autre variété, ont les
tarses et les doigts rouge orangé, mais ont le bec vert-olive
clair. Les sujets dont le bec est jaune brun sont généralement
moins volumineux : il en a du moins été ainsi pendant longtemps, et c'est avec raison que l'on attache quelque importance à ce caractère.

La race de Rouen est remarquable par sa précocité, ainsi
que par son aptitude à la production de la chair, à l'engraissement et à la ponte.

Les canetons peuvent être livrés à la consommation dès
l'âge de trois mois, car ils ont atteint presque leur volume
d'adulte dès ce moment et ne font plus qu'augmenter de
poids ; élevés en liberté et bien nourris, ils peuvent alors peser
1^{kg},500 ; à cinq mois, ils pèsent de 2 kilogrammes à 2^{kg},500, et en
les soumettant à l'engraissement on peut leur faire attein-
dre, vers l'âge de huit mois, le poids de 3^{kg},500. On a vu des
reproducteurs qui, à l'âge de deux ans et fortement nourris,
pesaient 5 kilogrammes.

La chair est de qualité supérieure et la peau, très fine et
blanche, contribue à augmenter la valeur des produits.

La ponte, qui n'est que d'une quinzaine d'œufs dans l'espèce sauvage, prend en particulier dans la race de Rouen une
importance en rapport avec l'activité de l'appareil digestif, et
elle atteint parfois le chiffre de quatre-vingts.

LES DINDES

Par **Paul HAREL**.

Les dindes vont aux champs où quelque faim les pousse.
Chaque poule picore et parfois le coq glousse,
Branlant sa caroncule énorme, aux tons vineux.
Nous autres, villageois, nous sommes bien heureux :
Ces dindes aux pieds noirs, qui vont par les contrées,
Demain nous les verrons, fumantes et dorées,
Appesantir la broche et, dans leur tendre chair,
Se pâmer sous le rire amoureux du feu clair.

Extrait de Œuvres poétiques (Plon)

La gardeuse de dindons.
D'après le tableau de Troyon.

VIII

LES BÊTES DES CHAMPS

I

LE RENARD

Par **G. GUÉNAUX**,

Chef de laboratoire à l'Institut national agronomique.

Le renard est répandu dans toute la France. Cet animal de proie est célèbre par son adresse et ses ruses. Ses instincts très développés lui évitent le plus souvent d'avoir recours à la force pour s'emparer d'une proie ou s'échapper d'un mauvais pas ; ses ressources en inventions semblent inépuisables ; on dirait qu'il a sélectionné en lui toutes les finesses de la maraude (1). De fait, il possède des sens d'une acuité remarquable : son ouïe est des plus délicate, son odorat est doué d'une puissance exceptionnelle et sa vue perçante lui permet de voir dans l'obscurité. Son pelage s'harmonise admirablement avec la couleur du sol et lui permet de se dissimuler aisément. Observateur, doué d'une bonne mémoire, inventif, résolu, le renard est un animal perfectible au plus haut point et qui devient, avec le temps, d'une habileté surprenante ; c'est pourquoi il ne craint pas le voisinage de l'homme et peut subsister malgré la guerre acharnée qui lui est faite.

Il se loge généralement en bordure des bois et des forêts, aux environs des villages et des fermes. Il n'est pas nomade

(1) Voy. *Zoologie agricole*, par G. Guénaux (*Encyclopédie agricole*). — *Les Mammifères*, par Menegaux (collection de la *Vie des animaux illustrée* d'Edmond Perrier). — *Traité de zoologie agricole*, par P. Brocchi, 1906. (Librairie J.-B. Baillière et fils.)

16.

comme le loup, mais se déplace dans un cantonnement d'au moins 100 hectares, en rayonnant autour du terrier qui lui sert de quartier général. Il a soin de se pratiquer, en prévision des périls qu'il peut courir, un, deux ou même trois asiles différents ; à cet effet, il s'empare le plus souvent d'un terrier de lapins ou de blaireau, ce qui lui évite la peine d'exécuter les premiers terrassements ; il recherche, pour y établir sa demeure, un terrain bien exposé et en pente, où il n'aura pas à craindre l'envahissement par les eaux ; si le terrier est habité par des lapins, il met ceux-ci à mort et devient maître incontesté des lieux ; s'il s'agit d'un blaireau, le rusé animal parvient à le déloger en empestant les alentours, mais il se résout parfois à cohabiter avec lui. Puis il approprie l'habitation à son usage et la dispose de telle façon qu'on y distingue trois cavités successives : la *maire*, sorte de vestibule ou d'observatoire, d'où le renard peut examiner les environs ; la *fosse*, qui présente au moins deux issues et sert de garde-manger, car il y entasse la nourriture provenant de ses rapines ; l'*accul* ou *donjon*, vaste cul-de-sac terminal de 1 mètre de diamètre, qui constitue l'habitation proprement dite. Ce terrier a un périmètre de 15 à 20 mètres et une profondeur de 3 mètres ; il communique avec des couloirs disposés tout autour, reliés les uns aux autres par des galeries transversales et présentant plusieurs issues. Le renard n'habite son terrier d'une façon suivie qu'au printemps, quand la femelle a mis bas et qu'il vit en famille ; le reste du temps, il dort en plein air et passe ses journées sous bois, sauf par la pluie ou le grand froid ; mais dans les bois clairs, peu fourrés, il occupe continuellement son terrier.

Le renard est ordinairement nocturne. Pendant le jour, tapi dans les hautes herbes ou les bruyères, ou réfugié dans son terrier, il dort profondément, le corps replié en rond comme le chien ; il lui arrive cependant de se mettre en chasse quand le soleil donne, surtout s'il est poussé par la faim et que rien ne l'inquiète ; ainsi, l'hiver, il va dans les champs en plein jour déterrer les campagnols et les mulots. Mais c'est la nuit seulement qu'il se sent tout à fait à son aise.

Dès la chute du jour, il se met en chasse. Sa manière de

Le renard.

procéder tient de celle du braconnier ; il se glisse furtivement, silencieusement et, pour surprendre les animaux assoupis ou sans défiance, déploie les ressources d'ingéniosité qui l'ont fait passer maître en fait de tromperie. Il recherche avant tout le petit gibier, dont il détruit des quantités prodigieuses ; le bois et la plaine sont mis par lui à contribution ; il poursuit les lapins et les lièvres, réussissant parfois à saisir ces derniers au gîte et donnant avec succès la chasse aux levrauts, car la vitesse de sa course est fort grande ; elle ne lui permet pas toutefois d'atteindre le lièvre ; il y parvient néanmoins en procédant avec une habileté que ne désavoueraient point les veneurs les plus expérimentés : après s'être mis d'accord avec sa compagne, le mâle lève un lièvre, le détourne et le mène à la voix vers la coulée ou le carrefour près duquel s'est tapie la femelle, si bien que celle-ci n'a plus qu'à happer au passage l'animal affolé. Le renard montre une prédilection non moins marquée pour les perdrix et les cailles ; il va dans les sillons à la recherche des nids, saisit la mère sur les œufs et dévore le tout ; les faisans endormis dans l'herbe deviennent aussi sa proie. Le gros gibier le tente, et, quand il peut surprendre une biche blessée ou un faon de chevreuil isolé, il n'hésite pas à s'en emparer. Il éprouve aussi un grand attrait pour le gibier d'eau ; il fréquente les bords des étangs et se traîne entre les joncs et les hautes herbes pour bondir sur un canard endormi ; il se lance même dans l'eau pour aller attraper à la nage les oiseaux aquatiques ; on l'a vu ainsi égorger des cygnes.

Les petits oiseaux ont en lui un dangereux ennemi, bien que, fort heureusement, il ne puisse grimper aux arbres ; mais, couché à plat ventre le long des haies, il épie les passereaux, ou bien il devance les oiseleurs dans la visite des pièges. Les pies, les geais et les merles ont pour lui une aversion justifiée ; dès qu'ils l'aperçoivent, ils l'accompagnent en volant et faisant entendre des cris d'avertissement.

Là ne s'arrêtent pas les méfaits du renard. Il se rend encore extrêmement nuisible en s'attaquant aux oiseaux de basse-cour ; il connaît les ressources alimentaires que lui offrent nos habitations et ne manque pas de diriger ses investigations de ce côté ; après avoir soigneusement étudié les abords d'un poulailler, combiné son plan d'attaque et ménagé sa retraite en cas de danger, il profite d'un trou, d'une fissure pour pénétrer dans la place et en mettre à mort tous les hôtes emplumés ; le carnage accompli, il range méthodiquement ses victimes, se retire en emportant l'une d'elles dans sa retraite et revient peu de temps après, si rien ne l'en empêche, les chercher toutes successivement pour les enfouir dans différentes cachettes.

Le renard peut varier infiniment sa nourriture ; aussi souffre-t-il rarement de la faim. A défaut de gibier et de volailles, il va dans les champs se repaître de petits rongeurs, mulots ou campagnols, qu'il sait y trouver toujours en plus ou moins grande abondance ; il en détruit un nombre considérable, et il est certain qu'à certaines époques ces animaux constituent le fond de sa nourriture. Il compense donc ainsi, dans une bien faible mesure d'ailleurs, les dégâts qu'il commet d'ordinaire. Il ne dédaigne pas non plus les serpents, les lézards, les crapauds ; il sait s'emparer des hérissons et dévore, faute de mieux, des insectes et des chenilles, comme les hannetons, les vers blancs, les guêpes ou les abeilles. Il s'attaque encore aux poissons, aux écrevisses. A l'occasion, il mange même, tout carnassier qu'il soit, des substances végétales ; il fréquente volontiers les grands jardins pour s'y nourrir de fruits divers ; à l'automne, il recherche les figues, les raisins (la chose, il est vrai, a été mise en doute), et en hiver il se régale de baies de genévrier. Le miel est pour lui une véritable friandise ; il brave les piqûres des abeilles sauvages, des guêpes ou des frelons, sort vainqueur de la lutte en se roulant pour écraser ses adversaires, puis revient à la charge, et finit par dévorer couvain, cire et miel.

Les renards vivent par couples. En temps ordinaire, ils aboient rarement ; les sortes de glapissements qu'ils font retentir sont des cris monotones dont le ton s'élève sur la fin et présente une certaine analogie avec le cri du paon. La renarde est plus élancée que le mâle et a le museau plus pointu ; après une gestation de soixante-deux jours environ, vers fin mars ou commencement avril, elle se retire dans le terrier pour mettre bas de trois à six petits, exceptionnellement neuf ; elle reste constamment dans le *donjon* et y allaite ses petits jusqu'au mois de juin ; pendant cette période, le mâle seul va à la chasse ; il supplée à la nourriture de la femelle ; puis, le temps de l'allaitement terminé, celle-ci aide le père et se met à son tour en quête de gibier ; c'est le moment où les renards commettent le plus de déprédations. A l'âge de trois à quatre semaines, les *renardeaux* voient clair et commencent à marcher ; leur pelage est gris roux, d'aspect laineux ; tous les jours, ils sortent du terrier et s'ébattent sur le devant à trois reprises différentes : le matin, à midi et le soir ; la mère demeure pour les surveiller, car c'est elle qui se charge de leur protection et de leur éducation ; attentive, toujours aux aguets, elle les transporte en lieu sûr au moindre soupçon de danger. En juillet, ils quittent le terrier et accompagnent leur mère, qu'ils abandonnent à la fin de l'automne, après avoir profité des leçons de son expérience. Ils peuvent s'accoupler au bout d'une année, mais ne sont réellement adultes qu'à partir de dix-huit mois. Ils vivent de douze à quinze ans.

De même que le loup, le renard est susceptible de contracter la rage. Sa chair est détestable, mais en hiver il porte une fourrure fine et touffue.

Le blaireau commun, quoique répandu partout, est assez rare. Il se tient dans les endroits rocheux et vallonnés, non loin des cours d'eau. Il est omnivore et s'attaque aux fruits, aux graines, aux oiseaux et au gibier. Toutefois, il est beaucoup moins nuisible que le renard.

II

LA VIPÈRE

Par **F. de TSCHUDI**.

Rien ne semble redoutable dans la vipère ordinaire; sa taille est petite et n'atteint que deux pieds et trois pouces en longueur; elle a un pouce de diamètre. Son humeur n'est pas agressive. Lorsqu'on la laisse en repos, elle n'attaque ni l'homme ni les grands animaux, et prend la fuite à leur approche. Seulement, lorsqu'on l'irrite ou la foule du pied, elle s'enroule sur elle-même, se met à siffler, s'élance sur son ennemi et le mord, mais ne le poursuit pas. Lorsque la vipère a besoin de nourriture, elle ne se met pas en chasse, mais elle attend tranquillement l'approche de quelque proie; elle pousse alors un sifflement, lance sa tête en avant, enfonce ses crochets et laisse l'animal s'enfuir, mais sans le perdre de vue, car elle connaît parfaitement l'effet de son venin. Les souris périssent presque instantanément, les oiseaux quelques minutes après avoir été mordus, les moutons et les chèvres au bout de quelques heures; quant aux animaux de grande taille, il est rare qu'ils périssent; leur corps enfle, mais ils se remettent après quelques jours. La morsure de la vipère n'a pas grand effet sur les amphibies, dont le sang est froid. Lorsqu'elles se battent entre elles, les vipères cherchent à éviter d'être mordues.

En captivité, les vipères ne prennent pas de nourriture et supportent cette abstinence pendant douze à seize mois. Elles tuent les souris qu'on leur présente, mais ne les mangent pas. Lorsqu'elles sont prises, elles rejettent quelquefois au dehors les derniers aliments qu'elles ont consommés, et se laissent mourir de faim. Il ne peut être question d'apprivoiser ce stupide animal. En liberté, les vipères prennent peu de nourriture, et ce n'est que plusieurs jours après avoir digéré une

souris qu'elles se mettent à en épier une nouvelle. Il est facile
de prendre les vipères : on leur appuie sur la tête le pied chaussé
d'une botte; prise de cette manière, la vipère a beau siffler et
s'agiter, elle ne peut ramener sa tête à la hauteur de sa queue.
Les chasseurs de serpents exercés les prennent à la nuque et
les empoignent sans plus de façon. Lorsqu'on porte des bottes,
on n'a rien à craindre des vipères. Leurs dents ne traversent
pas le cuir, et elles ne peuvent s'élancer assez haut pour
atteindre au-dessus de cette chaussure (1).

Les enfants, les bûcherons, les faucheurs, les chasseurs,
les voyageurs et les bergers se laissent quelquefois mordre
par les vipères et tombent dangereusement malades. Lorsqu'il
ne fait pas chaud, de sorte que le venin n'est pas très concentré,
lorsque l'individu blessé n'a pas le sang agité et que la résorp-
tion du poison est peu rapide, lorsqu'enfin la vipère n'est pas
très vigoureuse, la blessure n'a pas de suites mortelles. Il
faut toutefois que le blessé ne perde pas la présence d'esprit,
qu'il suce la blessure, enlève la chair mordue, la brûle avec
de l'amadou, ou arrête en partie la circulation en liant fortement le membre au-dessus de la morsure. Il faut ensuite
cautériser la plaie avec de l'eau-forte, de la lessive caustique
ou au moins de l'esprit-de-vin. Il n'y a aucun danger à sucer
la plaie si on a la bouche saine et si on ne fait pas de trop
grands efforts, car le venin de la vipère n'a aucune action sur
l'estomac, et n'agit que lorsqu'il entre en contact immédiat
avec le sang. Si l'on ne peut ni sucer ni enlever au moyen
d'un instrument tranchant l'endroit mordu, on doit au moins
passer une ligature au-dessus, la serrer fortement, cautériser
la plaie avec un charbon ardent et y appliquer ensuite un
caustique énergique. L'effet du venin se produit après quelques
minutes; il provoque des vertiges, altère le sang et y détermine une espèce de décomposition; le blessé perd ses forces,
vomit, est atteint de crampes, avale difficilement et finit par
s'évanouir. Le membre blessé enfle considérablement, mais
la mort n'arrive qu'au bout de quelques heures, et elle pro-

(1) Voy. *Les Reptiles*, par F. SAUVAGE (collection des *Merveilles de
la Nature* de BREHM). — *L'art de détruire les animaux nuisibles*,
par BLANCHON, 1909.

vient toujours d'une circonstance aggravante ou bien d'une négligence. D'autres fois, le blessé reste infirme pendant des années.

Si la vipère donne facilement la mort aux autres animaux, elle a la vie d'autant plus tenace. Plongée dans de l'esprit-

La vipère.

de-vin, elle ne périt qu'au bout de deux heures ; dans le vide, elle vit dix-huit à vingt-quatre heures, et après quinze minutes la tête coupée d'une vipère mord et empoisonne encore. Cependant, le tabac la tue en quelques minutes et l'acide prussique immédiatement

Pendant l'hiver, les vipères se retirent dans de vieux murs, dans des amas de pierres, sous des feuilles sèches ou de la mousse ; ou bien elles se cachent dans des arbres creux, s'enfoncent dans des trous de souris et se mettent à dormir, sans tomber en léthargie. Dès le printemps, elles se recherchent et vivent par couples. Elles changent cinq fois de peau pendant l'été, et en juillet ou en août elles mettent au jour, comme tous les serpents venimeux, des petits vivants, au nombre de dix à vingt-cinq ; ils ont six ou sept pouces de longueur, et sont déjà armés de dents venimeuses, dont l'effet est fort actif. Il leur faut sept ans pour acquérir la taille des vieux. Pendant les premiers temps de leur existence, ils se nourrissent de vers et de lézards.

Jadis, la vipère ordinaire et la vipère rouge étaient employées en médecine, et les pharmaciens les conservaient vivantes dans des tonneaux de son. On regardait leur graisse comme un médicament actif; quant à leur chair, elle fournit d'excellents bouillons fort nutritifs, qui peuvent être recommandés aux phtisiques. On la mange sans danger, de même que les animaux tués par leur morsure. Ces deux vipères entraient, comme beaucoup d'autres serpents, dans la composition de la fameuse thériaque de Venise.

La chasse aux vipères était jadis si fructueuse que, partout où ces animaux habitaient, ils étaient pourchassés. Gessner raconte tout naïvement qu'on déposait des vases de vin dans les haies et les endroits rocailleux ; les vipères, alléchées par l'odeur, sortaient de leur retraite, buvaient le vin, s'enivraient et devenaient la proie du chasseur pendant l'état de torpeur et d'indifférence qui fait suite à l'ivresse. En France, le chasseur de vipères se rendait dans les endroits fréquentés par ces reptiles, muni d'un trépied et d'un chaudron sous lequel il allumait un bon feu; il prenait une vipère, la jetait vivante dans le chaudron et l'y rôtissait. L'animal poussait d'affreux sifflements qui en attiraient d'autres de toutes les fentes de terrain, de sorte que le chasseur n'avait plus qu'à les saisir au moyen d'un gant et à les fourrer dans son sac. Un témoin oculaire et digne de foi raconte avoir vu, près de Poitiers, pratiquer cette chasse, dont il nous est difficile de nous rendre compte, et il ajoute que c'était avec un sentiment d'horreur qu'il assistait à cette scène ; elle lui rappelait le chaudron des sorcières de Macbeth.

Les Italiens tendent sur le sol des lacets fixés à des branches flexibles ; ils attirent les vipères à l'aide d'un appeau particulier ; elles se prennent par le cou et se trouvent suspendues en l'air, de sorte qu'on n'a qu'à les saisir au moyen d'une pince et les faire glisser au fond d'un sac. Il y a quelques années à peine qu'on rencontrait à Milan des marchands de vipères, qui en portaient plus de soixante dans une caisse, et les vendaient mortes ou vivantes. Au pied du Jura, un pharmacien s'était créé un parc rempli de vipères rouges, et les expédiait dans toute la Suisse, vivantes et renfermées dans de la sciure de bois, à raison de 1 fr. 50 la pièce.

Extrait de Les Alpes. (Treuttel et Wurtz.

La vipère peut être confondue avec la couleuvre. Les différences sont beaucoup moins tranchées en réalité que sur les gravures schématisées, et, dans la pratique, une certaine habitude n'est pas toujours une garantie suffisante contre les erreurs.

On ne saurait donc trop recommander la prudence — surtout aux enfants — et rappeler qu'en cas d'accident les seuls procédés réellement efficaces, en attendant le médecin, sont :

1º *Succion immédiate*, sans aucun danger pour l'opérateur, à moins qu'il n'ait une plaie à la bouche ;

2º Si possible, *cautérisation* au permanganate de potasse, ou au fer rouge, ou même à l'acide phénique, ou à la teinture d'iode ;

3º *Boissons chaudes et alcooliques en abondance*. Ne pas craindre d'aller jusqu'à l'ivresse, qui d'ailleurs se supporte très bien en pareil cas:

4º Il existe un sérum antivenimeux (sérum de Calmette) qui est efficace et s'injecte aussitôt après la morsure.

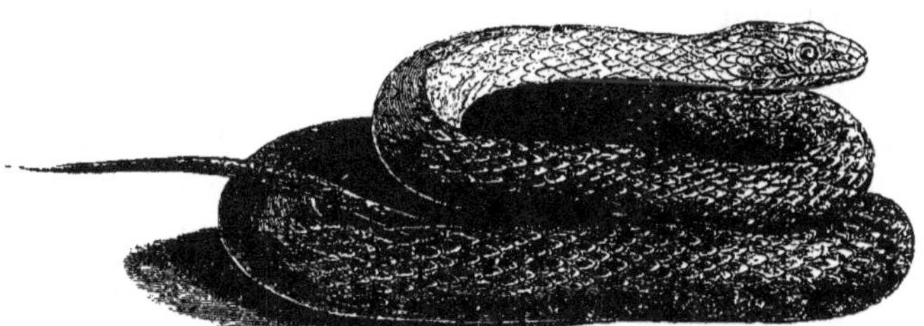

La couleuvre.

III

LES INSECTES AUXILIAIRES
DE L'AGRICULTURE

L'ICHNEUMON
Par Victor RENDU.

Un corps svelte, de forme très diverse, tantôt cylindrique, tantôt en fuseau, parfois comprimé en faucille, terminé souvent par de longs filets ; des antennes roulées sur elles-mêmes et presque toujours en mouvement, signalent les ichneumons. À l'état parfait, ces jolis insectes se nourrissent du suc des fleurs, mais aux approches de la maternité ils changent de mœurs et ne songent plus qu'à leur postérité : malheur alors aux larves et aux chrysalides ! elles vont périr par milliers (1).

Pour remplir leur fonction de mères, la plupart des ichneumons femelles sont pourvues d'un instrument spécial dont elles tirent un merveilleux parti ; une tarière leur sert à la fois à scier et à forer ; elle ouvre en outre un passage aux œufs à travers le bois, le mortier et le corps des insectes. À première vue, l'instrument, au repos, ressemble à un simple filet, mais dans l'action il montre les cinq pièces dont il est composé ; les deux filets extérieurs font l'office d'étui ; le filet du milieu se divise en trois pièces dont l'impaire abrite deux scies dentelées à l'extrémité.

Dès que la tarière a été mise en jeu, l'insecte commence sa ponte ; il dépose ses œufs dans le corps d'une larve vivante, destinée à être la proie des jeunes êtres qui en sortiront. Quelquefois, les œufs ne sont pas logés sous la peau ; ils sont simplement appliqués à sa face extérieure par un mince pédicule ; dans ce cas, les jeunes larves à peine écloses donnent

(1) Voy. *Les insectes*, par KUNCKEL D'HERCULAIS (collection des *Merveilles de la nature* de BREHM). — *Zoologie agricole*, par G. GUÉ-NAUX (*Encyclopédie agricole*).

tête baissée dans le corps de leur victime sans que la partie postérieure de leur abdomen abandonne le fond de l'œuf auquel elle est fixée.

En général, c'est à l'état de larve, et non pas sous leur forme parfaite, que les insectes sont attaqués par l'ichneumon. Il en veut particulièrement aux chenilles, et surtout à celles

L'ichneumon.

du chou ; fondre sur elles, s'attaquer à leur corps, cribler leur peau de trous et y déposer une partie de ses œufs, sont pour lui habitudes journalières : peu de chenilles échappent à sa poursuite.

L'attaque, cependant, n'est pas toujours sans résistance. A l'approche de l'ichneumon, certaines chenilles se précipitent à l'extrémité d'un fil collé d'avance à quelque branche, et impriment à leur corps un mouvement de rotation rapide, tantôt dans un sens, tantôt dans un autre ; à mesure que l'ichneumon cherche à saisir la chenille, celle-ci, par une habile manœuvre, se dérobe à ses coups ; l'a-t-il manquée plusieurs fois, il l'abandonne pour d'autres moins alertes ou moins avisées ; il est rare cependant que du premier jet il n'atteigne pas son but.

Chaque fois que l'ichneumon enfonce sa tarière dans le corps de sa victime, il y dépose un œuf à une assez grande profondeur pour que la chenille puisse changer de peau et rejeter sa dépouille sans expulser en même temps le germe auquel elle donne asile bien malgré elle. Quinze, vingt, trente blessures faites coup sur coup à la même chenille la transformeront bientôt en une sorte de magasin à œufs d'où sortira toute une horde de voraces qui croîtront à ses dépens. Chose curieuse, la pauvre bête n'a pas l'air de se douter qu'elle porte la mort dans ses flancs. Non seulement elle ne s'émeut pas, la plupart du temps, des piqûres de l'ichneumon, puisqu'elle continue ses repas comme si rien de nouveau ne lui était survenu, mais elle se développe, grossit et grandit, alors même que de terribles ennemis font ripaille dans son intérieur. Les œufs de l'ichneumon, en effet, n'ont pas tardé à éclore sous l'influence de la chaleur animale qui les a couvés. Dès leur naissance, les jeunes parasites ont bon appétit ; serrés les uns contre les autres dans le ventre de la chenille, ils entament à qui mieux mieux ses parties succulentes, se nourrissent de son tissu graisseux, mais se gardent bien d'attaquer ses organes essentiels, l'estomac, les intestins ; l'instinct leur a appris que leur existence est intimement liée à celle de la chenille qu'ils dépècent ; ils doivent la laisser vivre jusqu'à ce qu'eux-mêmes aient complété leur première croissance : voilà pourquoi ils ne la mangent qu'avec discrétion. Tant que les petits de l'ichneumon sont à l'état de vers, la chenille continue paisiblement son train de vie ; ses parasites, tout en la rongeant en détail, évitent de lui faire des blessures mortelles ; ils la débarrassent seulement de sa graisse, pur objet de luxe pour les chenilles, si leurs chrysalides n'en avaient absolument besoin pour fortifier les organes du futur papillon. Vient un moment, cependant, où les intrus se disposent à leur métamorphose en chrysalides ; ils sont repus, la table n'a plus besoin d'être dressée ; désormais, ils n'auront plus à se nourrir qu'à l'état d'insectes parfaits ; donc, plus de ménagements à garder, haro sur le garde-manger : ils achèvent

de le vider. C'en est fait de la pauvre chenille, ses jours sont
comptés ; un beau jour sa peau se perce sur les côtés, on en
voit sortir une légion de larves qui se tirent de son corps par
des contractions répétées ; en moins d'une demi-heure, le
débarquement général est opéré. La bête n'en meurt pas sur
le coup, mais elle est à toute extrémité. Elle n'a plus, il est
vrai, à loger ses mangeurs ; son rôle de nourrice involontaire
est bien terminé ; mais, à bout de forces, rongée, desséchée,

Les ichneumons.

A droite, un ichneumon dépose un œuf dans une larve de lophyre.
A gauche, un ichneumon guette une larve de syrphe.

épuisée, elle traîne encore pendant quelques jours une
existence languissante et finit par périr de consomption.

Pendant ce temps, que sont devenues les larves de l'ichneumon ? En sortant du corps de la chenille, elles descendent
toutes du côté par lequel elles se sont fait jour ; celles du côté
droit se rangent à droite, celles du côté gauche se placent à
gauche, sans s'éloigner les unes des autres, ni même de la
chenille. Tout d'abord elles se mettent à filer, mais ce n'est
là qu'une simple ébauche ; elles jettent çà et là quelques fils,
en différents sens, et en forment une petite masse qui sert de
base à la coque. Chaque ver songe bientôt à s'en faire une tout
de bon ; elle a la forme et la couleur dorée du cocon des vers
à soie : trois quarts d'heure suffisent pour sa confection.

Les chenilles ne sont pas les seules qui servent de berceau et de proie aux ichneumonides ; les larves d'un grand nombre de diptères éprouvent le même sort. Les araignées elles-mêmes, si redoutables à tant d'insectes, ne sont pas à l'abri des attaques des ichneumons; les femelles viennent pondre tantôt sur leur ventre, tantôt dans leurs cocons soyeux ; les larves y éclosent et s'y comportent comme celles qui se nourrissent de la chenille du chou. D'autres insectes, très voisins des ichneumons, les chrysides, les braconides, ont recours à des procédés analogues pour propager leur espèce. Les premières déposent leurs œufs dans le nid de certains hyménoptères, alors que la femelle est en quête de provisions pour ses petits; la larve étrangère, peu scrupuleuse, croque à la fois l'habitant légitime du nid et la pâtée mielleuse qui lui était destinée.

Quelques braconides de la plus petite espèce font élection de domicile dans le corps des pucerons; les plus ventrus sont ceux qu'elles préfèrent. A peine sont-elles à portée du placide animal, elles font glisser leur abdomen entre leurs pattes, de manière qu'il déborde la tête, et piquent le puceron sans y toucher autrement. Celui-ci, une fois blessé, ne périt pas immédiatement; il reste immobile sur une feuille; sa peau se tend de plus en plus ; bientôt elle jaunit et se flétrit : sa décrépitude coïncide avec le développement de la larve de braconide qu'il nourrit de sa propre substance. L'insecte parasite trouve sans doute qu'il fait bon vivre ainsi au préjudice de son hôte ; il ne le quitte pas aussitôt qu'il a cessé d'être larve, il y prolonge son séjour même après la mort du puceron : de son corps desséché il se fait une tente, s'y file un cocon soyeux pour se métamorphoser en nymphe, et ne l'abandonne qu'au moment de prendre sa volée.

De ces faits et de bien d'autres qu'il serait aisé de multiplier, se dégage une conséquence morale à laquelle on ne fait pas attention. Quand on voit un grand nombre d'insectes devenir chaque année la proie d'autres espèces, on est porté naturellement à se demander quelle nécessité fatale enchaîne l'une à l'autre ces existences éphémères. La nature manque-t-elle donc de ressources pour que tous les êtres trouvent leur place à son grand banquet ? Non, sans doute ; mais la guerre est parfois nécessaire pour équilibrer toutes choses. Qu'une seule espèce se multiplie sans obstacle pendant plusieurs générations, et notre globe envahi deviendrait inhabitable. Au contraire, si les occasions de ruine sont proportionnées à la fécondité des êtres ; si, à mesure qu'une espèce déborde en légions innombrables, des ennemis puissants surgissent qui les combattent, les déciment et contiennent leurs races dans de justes proportions, le superflu de la création s'absorbe ainsi de lui-même, la loi salutaire des rapports est maintenue et l'harmonie générale sauvée.

Extrait de Mœurs pittoresques des insectes. (Hachette.)

Les ichneumons sont les plus connus parmi les insectes qui se font les aides et les auxiliaires de l'homme dans sa lutte contre les insectes nuisibles. Ils comprennent un grand nombre d'espèces, parmi lesquelles : l'*ichneumon brunicornis* qui s'attaque à l'hyponomeute du pommier, le *Pimpla instigator* qui s'attaque à un grand nombre de chenilles — la piéride du chou notamment, — la *Rhyssa persuasoria* possédant une très longue tarière qui lui permet de déposer ses œufs dans le corps des larves destructrices des arbres, à travers une épaisseur de plusieurs centimètres de bois.

D'autres insectes, les *braconides*, ont les mêmes mœurs, et sont parasites, suivant les espèces, soit des pucerons, soit du charançon du blé, ou de celui du trèfle, de l'hyponomeute du cerisier, de l'anthonome du pommier, etc. Une espèce : le *Microgaster glomeratus*, dépose dans le corps de la piéride du chou (chenille) une vingtaine d'œufs qui sortent au bout de quinze jours, insectes parfaits prêts à pondre à leur tour.

Il serait à souhaiter que l'agriculteur sût reconnaître ces humbles amis qui travaillent pour lui, et que ses observations, jointes à celles des entomologistes, lui apprissent à favoriser leur développement et — qui sait ? — à se livrer à une sorte d'élevage raisonné qui lui permettrait de voir exterminer sans peine les destructeurs de ses récoltes.

Larves d'ichneumons sortant d'une chenille du pin.

17.

IV

LES INSECTES NUISIBLES
AUX PLANTES POTAGÈRES

LA COURTILIÈRE

Par **G. GUÉNAUX,**

Chef de laboratoire à l'Institut national agronomique.

La courtilière, connue encore sous les noms de taupe-grillon, avant-taupe, laboureuse, écrevisse de terre, etc., tire son nom du vieux mot français *courtil*, qui signifie jardin ; c'est effectivement l'un des insectes les plus redoutés des jardiniers. Son aspect est singulier et peu séduisant : le corps, massif et bombé dans la partie thoracique, allongé dans la région abdominale, a environ 5 centimètres de longueur ; il est de couleur brune et velouté en dessus, rougeâtre en dessous, et est terminé par deux stylets effilés. Les ailes antérieures ou pseudo-élytres sont courtes et ne recouvrent qu'à demi l'abdomen ; les ailes postérieures sont au contraire très longues et, au repos, se prolongent au delà de l'abdomen en formant une sorte de queue. La tête est conique, inclinée en avant ; elle porte des yeux brillants, deux longues antennes et des pièces buccales puissantes. Les pattes antérieures sont caractéristiques et contribuent à donner à l'animal son aspect hideux : énormes et terminées par de larges palettes rappelant celles de la taupe, elles sont admirablement conformées pour écarter et fouir la terre.

La courtilière habite la couche arable des terrains bien ameublis ; elle est l'hôte des jardins potagers, des pépinières, des champs situés dans les terres légères et dans les endroits légèrement humides, comme le fond des vallées. Pendant la nuit, elle y est occupée à creuser des galeries superficielles, toujours très nombreuses et souvent d'une extrême longueur ; elle produit ainsi de très grands ravages, allant droit devant

elle, coupant à l'aide de ses redoutables mandibules les racines
qu'elle trouve sur son passage, transperçant les tubercules
de pommes de terre ou les betteraves qui gênent sa marche,
et les dévorant aussi pour se nourrir ; les lieux attaqués sont
reconnaissables au jaunissement et au flétrissement des plantes.
Mais cette alimentation végétale ne suffit pas à satisfaire la
voracité des courtilières ; en dehors des tubercules et des
racines de toutes sortes, elles s'attaquent aux vers et aux
insectes, et il est même probable que toutes les galeries dont
elles perforent le sol n'ont d'autre but que de leur permettre
de faire la chasse aux larves et aux vermisseaux ; divers obser-
vateurs ont pu, en effet, les conserver fort bien en captivité
en leur donnant pour nourriture des vers de terre, des vers de
vase, des vers de farine, des vers blancs, des fourmis, dont
elles se montrent très avides ; leur voracité est telle que,
pressées par la faim, elles en arrivent à se manger entre elles.
Elles ont donc un régime omnivore, à la fois carnassier et
végétarien. Et l'on s'est demandé si ces insectes ne pouvaient
pas être considérés comme utiles ; mais il est incontestable
qu'ils entraînent infailliblement, d'une façon plus ou moins
directe, la mort des plantes cultivées, et se montrent par
conséquent plus nuisibles encore que les animaux auxquels
ils font la guerre. La question est toute résolue : il faut détruire
dans la courtilière un des ennemis les plus terribles de nos
cultures (1).

Pendant le jour, la courtilière demeure cachée dans son
gîte, qui est généralement situé dans un terrain ferme, comme
celui des sentiers ; cette galerie de retraite est d'abord horizontale, afin d'empêcher l'entrée des eaux de pluie, puis fait
un coude et s'enfonce à une certaine profondeur dans le sol.

Vers le milieu de juin, le mâle commence à faire entendre
un léger grésillement, que l'on perçoit seulement à petite distance et qu'il produit par le frottement de ses deux ailes
antérieures l'une sur l'autre.

La femelle établit le nid où elle déposera ses œufs ; elle

(1) Voy. *Entomologie et parasitologie agricoles*, par G. GUÉNAUX
(*Encyclopédie agricole*.)

choisit pour cela un endroit bien découvert, sans ombrage et au sol riche en humus ; elle y creuse, à 10 ou 20 centimètres de profondeur, une cavité circulaire ayant les dimensions d'un œuf de pigeon et dont les parois antérieures sont agglutinées avec de la salive afin d'être rendues lisses et résistantes ; ce nid est voûté, consolidé avec de la terre et acquiert ainsi les dimensions d'un œuf de poule. Plusieurs galeries souterraines y aboutissent. La femelle pond dans ce nid de 200 à 400 œufs, jaunâtres, de la grosseur d'un grain de chènevis, à coque très résistante, et agglutinés entre eux. Trois semaines après la ponte éclosent de petites larves blanches de la taille des grosses fourmis des bois ; on a prétendu que la mère en dévorait une partie : divers auteurs soutiennent, au contraire, qu'elle les protège et leur cherche même des aliments ; on pense d'ailleurs qu'elle ne tarde pas à mourir après l'éclosion.

Trois à quatre semaines plus tard, les petits, qui ont vécu jusque-là en société aux dépens des débris organiques qui les entourent, subissent une mue et se dispersent. Ils changent encore trois fois d'enveloppe jusqu'à la fin d'octobre ; ils ont alors 1^{cm},5 environ de taille et sont de couleur brune. Ils se creusent chacun un terrier ou bien se réfugient sous les paillis ou les fumiers pour y passer l'hiver en état d'engourdissement. Au printemps, ils subissent encore deux mues et arrivent à l'état adulte seulement en mai ou juin ; c'est à ce moment qu'ils commettent leurs plus grands dégâts dans les cultures ; certains auteurs estiment qu'il faudrait jusqu'à trois années aux courtilières pour parvenir à leur complet état de développement.

Comme moyen de destruction, on a conseillé d'inonder les galeries des courtilières avec des liquides toxiques : de l'huile, de l'essence de térébenthine, des émulsions savonneuses de pétrole, du sulfure de carbone. Il faut profiter d'une légère pluie, après laquelle on distingue plus facilement les orifices des galeries, pour suivre celles-ci sur leur parcours et arriver aux galeries verticales dans lesquelles on verse l'un des liquides indiqués ; mais le liquide ne pénètre jamais bien loin, et un petit nombre d'insectes seulement sont atteints.

On peut aussi avoir recours aux injections de sulfure de

carbone à l'aide du pal injecteur ou de trous faits au plantoir ;
la dose moyenne est de 30 grammes par mètre carré et doit
être distribuée en cinq trous, profonds de 15 à 20 centimètres.
On peut encore employer le sulfure de carbone en capsules
que l'on répartit de distance en distance. Les chiffons de
pétrole et la naphtaline (150 grammes par mètre carré) peuvent
éloigner les insectes, mais non les détruire.

On a encore préconisé le procédé suivant contre les ravages
des courtilières dans les plantations de tabac. Il consiste à
répandre, sur le sol des carrés attaqués, des grains de maïs
préalablement cuits, puis saupoudrés avec de l'acide arsénieux ;
on enterre superficiellement, au râteau, le maïs empoisonné,
une dizaine de jours avant les semailles ou le repiquage. Les
poules doivent être écartées soigneusement des endroits ainsi
traités.

Un excellent procédé consiste à attirer les taupes-grillons
en leur fournissant des *abris* à l'époque des froids. On peut,
par exemple, vers la fin de septembre, placer dans les champs
des tas de fumier de distance en distance, en ayant soin, au
préalable, de creuser le sol au-dessous sur une profondeur
d'une dizaine de centimètres ; les insectes s'y réfugient en
grand nombre pour passer l'hiver ; en janvier et février, ils
sont engourdis, et on peut les détruire alors facilement. Pendant l'été, on peut se servir de viande crue comme d'appât-
piège pour attirer les courtilières sous des abris semblables,
que l'on retourne vers le milieu de la journée.

Le système suivant permet de se débarrasser complètement
des courtilières en deux ou trois années : vers la fin de septembre, on creuse dans toute l'étendue du terrain des tranchées
tortueuses espacées entre elles de 3 à 4 mètres, on leur donne
une profondeur et une largeur de $0^m,25$ à $0^m,30$, et on les
remplit presque jusqu'au niveau du sol avec du fumier pailleux
de cheval ou de bœuf, contenant une assez forte proportion de
crottin ; puis on nivelle le tout avec de la terre. Les larves se
réfugient presque toutes dans ce milieu chaud, qui leur est
tout à fait favorable pour hiverner, et où elles vont subir
leurs mues. Au mois de mai de l'année suivante, on ouvre
les tranchées par un bout, et on attaque successivement le

fumier, par petites tranches; on y rencontre un grand nombre de taupes-grillons à l'état parfait ou des larves non encore transformées, qu'il est facile de détruire par écrasement. L'opération est peu coûteuse et ne gêne pas beaucoup la culture du sol.

Il faut surtout ne pas négliger de s'attaquer aux nids pendant les mois de mai, juin et juillet; ils se montrent sous forme de petits monticules de terre remuée, entourés de plantes desséchées; on recherche à 25 centimètres de profondeur environ la coque de terre durcie qui renferme les œufs, et on l'enlève en ayant soin de ne pas la briser pour ne pas en laisser tomber les œufs; il faut bien écraser ceux-ci, qui sont fort durs, ou les jeter au feu.

Il faut protéger certains insectes, comme les carabes ou jardinières, les procrustes et les staphylins, qui dévorent les œufs de courtilière.

On peut protéger certaines plantes délicates, comme les tomates, les aubergines et les diverses plantes horticoles, qui sont très sujettes aux attaques des courtilières, en enfonçant autour d'elles, dans le sol, des manchons en poterie ou des bandes de bois ou de zinc. On réussit encore à éloigner les taupes-grillons en plaçant dans le sol des cristaux de naphtaline, qui n'ont aucun effet nocif sur les plantes; il faut avoir soin de les renouveler tous les cinq jours environ.

La courtilière.

V

LA PROTECTION DES OISEAUX

Par **G. GUÉNAUX**,

Chef de laboratoire à l'Institut national agronomique.

« Sans l'oiseau, la terre serait la proie de l'insecte. »
MICHELET.

Il faut considérer comme utiles les insectivores véritables et les protéger. Au contraire, les oiseaux qui vivent incontestablement à nos dépens doivent être pourchassés, sans être toutefois voués à une destruction complète, car nous ignorons les lois qui maintiennent un équilibre utile entre les espèces, et nous pourrions nous préparer des mécomptes pour l'avenir en n'agissant pas avec circonspection. Il faut, à plus forte raison, prendre garde d'exterminer les oiseaux à régime mixte, qui constituent la grande majorité, et peuvent être utiles ou nuisibles selon les cas; mais il est légitime de détruire *particiellement* les espèces qui causent des dégâts par suite de leur multiplication trop abondante.

D'autres raisons militent en faveur de la conservation des oiseaux : le gibier est une source de revenus appréciables soit par la concession des permis, soit par la location des chasses; sa destruction serait une grosse perte pour la chasse et la consommation publique. Il n'est pas non plus inutile de tenir compte de l'agrément et du charme des oiseaux, dont on ne se préoccupe guère à notre époque de matérialisme à outrance; installés à notre voisinage comme pour se mettre sous notre protection, les petits passereaux nous réjouissent par la douceur de leurs mélodies, les caprices de leur vol, la vivacité et la grâce de leurs allures, le coloris de leur plumage; c'est un des charmes les plus pénétrants de la nature que celui d'entendre leur délicieux gazouillis sous la ramure; les plus âpres coins de la terre sont vivifiés par leur présence et les plus riants paysages perdent de leur beauté quand ils n'ont plus leurs hôtes ailés.

Il convient donc de sauver d'une destruction prochaine nos espèces indigènes. Mais cette question n'est pas du ressort de chaque pays en particulier, car beaucoup d'oiseaux sont migrateurs; elle est internationale et nécessite une entente entre un certain nombre de nations. Ce n'est pas chose facile à réaliser; on s'en aperçut lorsque, en 1895, une commission internationale, composée de diplomates et d'ornithologistes, se réunit à Paris pour établir un projet de convention entre les États européens; après de longs pourparlers, sous l'influence des vœux émis en 1900 par les Congrès internationaux d'agriculture, d'ornithologie et des Sociétés protectrices des animaux, ce projet réunit l'adhésion des États suivants : France, Allemagne, Autriche, Belgique, Espagne, Grèce, Hongrie, Luxembourg, Monaco, Portugal, Suède et Suisse.

Une Convention internationale pour la protection des oiseaux utiles à l'agriculture fut signée entre ces gouvernements, le 19 mars 1902, à Paris. La Convention comprend une liste d'oiseaux utiles et d'oiseaux nuisibles, ce qui était indispensable pour réaliser une action commune dans les différents pays. Elle repose sur les principes suivants :

Protection absolue des oiseaux désignés comme utiles, de leurs œufs, nids et couvées;

Défense de chasser les oiseaux autrement qu'au fusil;

Interdiction de transporter, vendre ou acheter les oiseaux dont la chasse est prohibée.

Les oiseaux insectivores voient donc s'ouvrir enfin devant eux une ère de protection, à la condition que les États aient à cœur d'observer strictement la Convention qu'ils ont signée. En France, la loi du 30 juin 1903 a approuvé et rendu exécutoire cette Convention. On doit se féliciter de ce résultat, qui couronne une longue période d'efforts et de tentatives diverses. Nous avons à présent une loi formelle, qu'il faut appliquer avec sévérité. Le braconnage doit être réprimé rigoureusement; les employés des octrois peuvent le décourager par leur vigilance en empêchant l'introduction du gibier en temps de clôture, surtout au printemps. La police doit surveiller de près les maraudeurs, bohémiens ou autres, ainsi que les enfants gardeurs de bestiaux. Enfin, dans les expositions, il convient de ne plus donner de prix aux instruments de destruction des oiseaux.

Mais des lois ne suffiront pas à protéger efficacement les petits oiseaux ; l'autorité est moins puissante que la persuasion. Il faut surtout réagir contre les mœurs actuelles, combattre l'ignorance et les préjugés ; pour empêcher les enfants de détruire les nids, il faut leur faire aimer les oiseaux, leur conter leurs habitudes, leur vie, leur démontrer leur rôle bienfaisant, et leur donner les règles à suivre pour les protéger et les multiplier ; l'administration devrait introduire cet enseignement dans toutes les écoles primaires rurales et dans toutes les écoles d'agriculture. Des lectures bien choisies intéresseraient les élèves ; des figures coloriées leur feraient faire connaissance avec les oiseaux utiles et leur apprendraient à les distinguer des oiseaux nuisibles. De petites associations protectrices pourraient aussi être constituées entre les enfants des écoles, comme il en existe déjà, bien que leur utilité soit contestable. Enfin, il pourrait être célébré annuellement, dans toutes les communes, une fête scolaire des oiseaux, comme la chose a lieu aux États-Unis. Dans chaque département, une société protectrice aurait à jouer un rôle efficace en prenant l'initiative de conférences populaires et en surveillant l'application de la loi.

Il importe aussi de combattre la mode féminine actuelle. En Angleterre, une société de dames s'est donné pour but de restreindre l'usage, comme objets de parure, des dépouilles des oiseaux utiles, et notamment des oiseaux indigènes ; dans la Suisse orientale s'est également constituée une association de dames, qui se sont engagées à ne porter, pendant dix ans, aucune plume à leur chapeau. De telles initiatives demandent à être encouragées.

Les agriculteurs ou les propriétaires peuvent enrayer, dans une certaine mesure, le défrichement et l'abatage en substituant les haies vives aux haies mortes, et en ménageant le long des champs quelques buissons ou groupes d'arbres. Les lords anglais font soigneusement entretenir dans leurs parcs des buissons de rhododendrons, dans le but de fournir au gibier à plume des abris pour la mauvaise saison ; c'est à la présence de ces buissons et des nombreuses haies entourant les propriétés que M. le professeur Oustalet attribue en partie l'abondance des petits oiseaux qu'il a observée dans certaines contrées de l'ouest de l'Angleterre. — Il convient de choisir des arbustes offrant un asile commode et des aliments aux oiseaux qui nichent dans les haies ; l'églantier, l'aubépine, le prunellier sont à recommander. Les talus des voies ferrées se prêtent très bien aux plantations favorables au nichement, les oiseaux s'accoutumant vite au bruit et à la fumée. On peut encore constituer des taillis de repeuplement composés, outre les plantes précédentes, de charmes, de pins, de genévriers et de sureaux.

Il faut chercher aussi à attirer les oiseaux qui nichent dans des trous, car ce sont tous des auxiliaires. La plus sûre façon de favoriser leur multiplication, c'est de leur faciliter les moyens de nicher en leur offrant des refuges pour élever leur couvée : boîtes percées d'un trou, bûches creuses, vieux sabots que l'on accroche aux arbres des vergers et des jardins, espaces libres que l'on pratique dans les murs ou les murailles. D'intéressantes expériences faites en Allemagne par M. de Berlepsch (de Cassel), avec les *nichoirs artificiels*, ont donné de bons résultats ; les nichoirs employés par M. de Berlepsch sont la copie exacte des trous naturels creusés par les pics, que recherchent toujours les petits oiseaux se reproduisant dans les cavités ; tout y est prévu pour que ces oiseaux s'y installent sans crainte : ils sont en bois brut (aune, bouleau ou pin) ; à l'intérieur de leurs parois sont pratiquées deux ou trois encoches destinées à remplacer les petites aspérités qui existent presque toujours dans les trous d'arbres et qui donnent prise aux pattes des oiseaux ; une planchette en chêne sert de toit ; le nichoir possède un support que l'on fixe aux arbres à l'aide de vis. On suspend ces nichoirs dans les endroits où habitent d'ordinaire les oiseaux que l'on désire protéger ; on les place l'entrée orientée vers le sud-ouest, à raison d'un par arbre tous les 20 mètres ; il est préférable d'attendre la fin de novembre pour les installer, de façon à engager les espèces non migratrices à venir s'y établir pour passer l'hiver. Ces nichoirs durent une dizaine d'années ; ils sont tout indiqués comme accessoires des jeunes et moyennes plantations. Ils facilitent surtout le nichement des mésanges, des sittelles, des grimpereaux, des étourneaux, des gobe-mouches et des rubiettes.

Ce n'est pas tout de procurer des refuges aux oiseaux insectivores ; il faut encore assurer leur existence pendant l'hiver, car le froid et la neige les privent de nourriture ; on peut répandre dans des mangeoires spéciales un peu de pain, quelques grains de chènevis ou d'avoine.

Il est nécessaire en outre de protéger autant que possible les petits oiseaux contre leurs ennemis naturels. Le plus terrible de ceux-ci est le chat domestique, que tous les ornithophiles vouent avec raison à l'exécration ; ils demandent que ce carnassier soit classé parmi les animaux nuisibles dès qu'il est trouvé à vagabonder dans la campagne ; ils ont aussi proposé de le frapper d'une taxe. Les lois allemandes autorisent la destruction des chats maraudeurs ; les sociétés protectrices des oiseaux de Hambourg et de Berlin possèdent de nombreux pièges à chats, qu'elles prêtent aux propriétaires ou qu'elles font dresser dans les promenades publiques. Le piège à trappe, le plus efficace, est une caisse amorcée avec un peu de valériane : l'animal capturé ainsi peut être aisément mis à mort par noyade ou empoisonnement. On a conseillé de garnir les troncs d'arbres des jardins et des vergers avec des paquets d'épines, qui en empêchent l'ascension aux chats.

L'alouette se nourrit de grains, mais surtout d'insectes. Sa chair, très appréciée, entraine malheureusement à sa destruction exagérée. On la vend sur les marchés sous le nom de *mauriette*.

L'hirondelle.

VI

LES OISEAUX DANS LA FORÊT

Par **F. de TSCHUDI.**

Le matin, avant que des nuages rosés flottant à l'horizon annoncent le lever du soleil, avant même qu'à l'orient une pâle lueur indique sa présence, alors que les étoiles scintillent encore au ciel obscur, un léger gloussement descend du sommet de quelque vieux sapin; puis ce sont des notes brèves, des claquements de plus en plus rapides, enfin un éclat auquel succède une longue roulade de notes sifflantes. C'est le chant du coq de bruyère. Tout en chantant, le tétras roule les yeux, saute et trépigne sur sa branche. A ses pieds, les poules cachées dans les broussailles admirent silencieusement les extravagances de leur maître et seigneur. Mais

Le coq de bruyère saluant le lever du soleil.

d'autres bruits ne tardent pas à faire diversion. Quelques becs-fins de roseaux, logés dans le marais voisin, ont déjà commencé à chanter avant minuit, et s'encouragent d'autant plus que le lever du soleil approche. C'est alors que, secouant la rosée qui humecte son plumage noir, le merle s'éveille, aiguise son bec au contact du rameau et, de bond en bond, s'élance au sommet de l'érable. Il semble s'étonner de voir la forêt endormie, lorsque déjà le jour a succédé à l'aube blanchissante. Deux fois, trois fois son cri retentit dans toute la vallée, au fond de laquelle quelques traînées de brouillards suivent le cours du ruisseau. Puis, d'une voix puissante, il adresse aux échos des strophes sonores au timbre métallique, qui tantôt s'exhalent en notes joyeuses, tantôt s'éteignent en plaintives modulations. Alors tout ce qui a·vie se réveille dans la montagne; au chant du merle succède dans la forêt le cri du coucou (1). Au-dessus des cheminées des villages commencent à s'élever bleuâtres les colonnes vacillantes de fumée; on entend les aboiements lointains des chiens de garde, puis les clochettes des vaches; tous les oiseaux délaissent les buissons obscurs, la terre, les rochers, et s'élèvent joyeux dans les airs pour saluer le matin et remercier cette bonne mère Nature qui leur rend la lumière.

Tel petit oiseau, qui s'envole maintenant sans souci, a passé une triste nuit d'angoisse; il était perché sur un rameau, la tête enfoncée au milieu de ses plumes, quand, dans son vol silencieux, la chouette l'a frôlé de son aile. Le putois a quitté la vallée, l'hermine est sortie de son rocher, la martre est descendue de son nid d'écureuil, le renard a traversé les buissons, et l'oiselet a vu passer bien près de lui ses cruels ennemis. Pendant de longues heures, tout dans l'air, sur le tronc, sur le sol, tout l'a fait trembler, et il est resté immobile sous les quelques feuilles de hêtre qui le cachaient et le protégeaient. Aussi, qu'il est heureux d'être désormais en sûreté, et de voler en pleine lumière !

Le pinson fait retentir sa voix par bruyants éclats, le

____

(1) Voy. *Les oiseaux*, par Z. Gerbe (collection des *Merveilles de la nature* de Brehm). — *La vie des oiseaux*, par le baron d'Hamonville.

rouge-gorge gazouille au sommet des mélèzes, le tarin dans les aulnes, le bouvreuil et le bruant dans les buissons. Partout, linottes, mésanges, chardonnerets, troglodytes et roitelets sifflent à leur façon, les ramiers roucoulent, les pics frappent les troncs. Parmi toutes ces voix, c'est la voix de la draine qui domine et qu'on aime le mieux entendre après celle de l'alouette lulu, et surtout de la grive musicienne dont le chant est inimitable. Que ce concert matinal est admirable sous ces dômes de verdure !

Impossible de rendre par des mots cette délicieuse musique des forêts. A chaque instant, presque à chaque pas, elle change de caractère, comme dans un orchestre où la voix d'instruments différents domine successivement. Tantôt c'est le petit cri des mésanges charbonnières, tantôt le babil des étourneaux ou les accents joyeux des pinsons, puis le chant des grives, le bruit des pics et leur cri prolongé, ou

Le chat-huant.

les éclats de voix des geais, puis silence complet; le cri enroué d'un autour affamé qui plane dans l'air a retenti, et aussitôt tous les chanteurs disparaissent au plus épais du taillis et se cachent dans le feuillage. La matinée se passe en chansons, vols vagabonds et chasses aux insectes, aux baies et aux graines. Le milieu du jour est l'heure la plus calme dans la forêt. Quelques chantres infatigables et les petits oiseaux, dont le chant est insignifiant et qui ne font qu'accompagner les vrais chanteurs, se font seuls entendre dans les bois. Vers le soir, les chœurs se réveillent, mais ils n'ont plus leur fraîcheur et leur puissance matinales. L'approche de la nuit provoque chez les oiseaux de tout autres sentiments que l'approche du matin. Ce ne sont pas les ténèbres qu'ils saluent de leur ramage, la voix du soir s'adresse au soleil qui va disparaître, aux sommités embrasées, au paysage tout entier qui palpite de vie et de chaleur. Peu à peu le silence se fait. Le merle seul, le plus matinal des chantres des bois, ne cesse pas de se faire entendre; longtemps même après le coucher du soleil, quand les dernières lueurs du crépuscule font place à l'ombre de la nuit, ses accents plaintifs retentissent encore à travers les sapins et finissent souvent par dégénérer en un détestable charivari de cris aigus et perçants, auxquels ne répondent plus que le chant des fauvettes de roseaux ou le cri attardé du coucou, jusqu'au moment où, du fond de quelque crevasse et des profondeurs des grands bois, éclate le « pue » d'une vieille chouette suivi d'un « hoho » prolongé. C'est alors que, de tous côtés, chouettes et hiboux commencent à pousser en chœur, sur tous les tons et avec tous les timbres, des cris épouvantables, dont l'effet est des plus saisissant. Que le soir est différent du matin dans le domaine de la montagne, comme dans la vie du corps et dans la vie de l'âme! Le matin nous ne sentons, dans la nature qui nous entoure, qu'activité, bonheur et confiance; mais le soir un souffle différent traverse le grand temple de Dieu, et nous inspire en même temps le sentiment d'un doux bien-être et celui d'une secrète angoisse : au milieu du repos, nous pressentons l'inconnu, cet infini que l'homme voudrait sonder et qui remplit sa pensée! Quant à l'oiseau fatigué, il se contente de se tapir au milieu du feuillage humide de rosée.

On est surpris de ne pas rencontrer plus souvent des cadavres provenant d'oiseaux morts de vieillesse ou de maladie. Ces êtres se retirent-ils, lorsqu'ils sont souffrants, au plus épais des buissons ? Se cachent-ils sous des pierres, dans des crevasses, pour dérober leurs corps aux atteintes de leurs persécuteurs ? Cela peut être, mais nous devons admettre que le nombre des oiseaux qui meurent de mort naturelle est fort peu considérable. Les oiseaux de proie diurnes et nocturnes, les re-

nards, les chats, les martres, les pies, les hermines, sont constamment à la chasse des oiseaux, de sorte qu'il serait presque
miraculeux qu'un de ces petits êtres sans défense pût échapper pendant des années à tant de poursuites. On rencontre, le
plus souvent, des cadavres de corneilles, mais ils ne tardent
pas à trouver des amateurs. Il est très rare aussi de trouver
des corps de grenouilles, de lézards, de poissons, de
scarabées, à l'exception des hannetons, qui apparaissent en
quantités immenses et ne vivent que peu de temps. La nature
possède un système de police admirablement organisé, et
elle a mille moyens d'éloigner bien vite un petit cadavre à
l'aide des becs, des ongles, des dents et des pinces dont elle
dispose.

Extrait de *Les Alpes*. (Treuttel et Wurtz.)

Le coucou.

VII

LES BÉCASSES

Par **Paul HAREL.**

A l'heure où le soleil lentement disparaît,
Les couples en chantant sortent de la forêt.
Les bécasses, par deux, volent vers les fontaines,
Vers les ruisseaux voisins ou les sources lointaines
Dont la fraîcheur est douce après le poids du jour.
Les vallons endormis semblent faits pour l'amour.
Elles vont deux par deux, très lentes, et la lune
Baigne de sa clarté blanche leur robe brune,
Et la chanson des nids sort des frêles gosiers.

L'homme, au bord de la lande, attend les échassiers,
Embusqué sur la route où doit passer l'idylle,
Et des coups de fusil troublent la nuit tranquille,
Et le sang des oiseaux tombés rougit le sol.
Regrettez-vous l'idylle arrêtée en son vol?
Moi, je sens comme un deuil planer sur mes pensées
A l'aspect des yeux clos et des ailes blessées.
Je crois que l'oiseau mort manque à l'oiseau vivant,
Qu'un signe de détresse est dans l'arbre mouvant,
Et que les pleurs dont l'aube inonde les clairières
Sont pour les oiseaux morts, là-bas, dans les bruyères.

Extrait de Œuvres poétiques. (Plon.)

La bécasse.

IX

ÉLEVAGE

I

LES GRANDES RÉGIONS D'ÉLEVAGE EN FRANCE

Par **L. GRANDEAU,**
Inspecteur général des stations agronomiques.

Le climat de la France est favorable aux animaux par l'égalité de sa température et aux fourrages par la bonne répar-

La Normandie est le pays d'élevage des chevaux.

tition de ses pluies. Les sécheresses excessives et vraiment funestes sont fort rares. Le sol est constitué en majeure partie de plaines légèrement ondulées et suffisamment irriguées. Il présente peu d'altitudes inaccessibles, peu de sommets que les pâturages ne puissent couvrir et peu d'espaces moins élevés qu'il faille laisser en pâturages.

La région la moins favorisée à cet égard est celle du Sud-Est. C'est la région des hautes cimes et des pentes dénudées, des torrents dévastateurs, des sols rocheux et des grands vents, des étés longs, chauds et secs. Peu de prairies dans la plaine, encore moins dans la montagne, si ce n'est tout à fait au creux des vallées; ici et là, des pâturages entre lesquels s'établit la transhumance. C'est ainsi que le bétail, chassé par la neige, descend dans la Crau provençale pour passer la mauvaise saison et la quitte pendant les chaleurs.

Les Pyrénées, le Jura, les Vosges présentent des conditions analogues: mais là, au pied des monts et sur leurs dernières pentes, s'étalent des prairies et des herbages, favorisés par le sol et par les pluies. L'élevage intensif y devient possible sur de bien plus vastes étendues. Le Haut-Dauphiné, le nord-ouest de la Savoie s'ajoutent à cet égard aux contrées que nous venons de désigner. Le bassin de la Garonne et le Massif central sont aussi beaucoup mieux partagés que le sud du bassin du Rhône et que les Alpes. Les plaines de la Loire et de la Saône, les régions intermédiaires entre elles, la Lorraine et la partie orientale de la Champagne le sont mieux encore, dans leur ensemble (1).

Au premier rang se placent enfin les contrées du climat armoricain, baignées dans l'humidité marine. Dans ces régions dominent les plantureux herbages, les chevaux de prix, les races de bestiaux pesantes en chair et riches en lait. L'élevage intensif est le seul que l'on y pratique. Des prairies sans fin s'étendent le long des rivières ou s'abritent dans les plis du terrain et se succèdent, à l'ombre des haies touffues, comme les cases de quelque verdoyant damier.

Les pays industriels du Nord, où le sol produit trop de

(1) Voy. *L'industrie agricole*, par F. CONVERT, professeur à l'Institut agronomique. — *L'élevage en Normandie*, par G. GUÉNAUX. — *L'agriculture dans l'Oise*, par LENGLEN et LEROUX. — *Les productions agricoles du nord de la France*, par DUCLOUX.

choses, et de trop précieuses pour que l'on y laisse croître beaucoup d'herbe, ont des fourrages artificiels et de vastes étables où s'engraissent, avec les résidus des sucreries, des huileries et des distilleries, des animaux de choix. La Champagne, la Sologne, le Berry offrent au contraire des plaines découvertes sur lesquelles les troupeaux de moutons se déplacent avec leur parc et la cabane roulante du berger.

Chacune des régions pastorales et semi-pastorales possède

Le Charolais produit une race bovine célèbre.

ainsi son caractère propre et son aspect particulier. Ici, comme dans le Bessin, dans le Sud-Est, dans les régions de transhumance, le bétail vit presque constamment en plein air; là, comme dans les contrées betteravières, il est presque constamment à l'étable. Tel pays vit à peu près uniquement de son bétail, comme le Cantal; tel autre, comme l'Anjou, adjoint à l'élevage toutes sortes de cultures. Il en est, comme la Basse-Bretagne, où tous les animaux pullulent; tandis que certains, comme le Charolais, ne produisent guère que des bêtes à cornes, ou,

18.

comme le Berry, des bêtes à laine. Dans un grand nombre,
surtout dans les pays d'herbages et dans les régions monta-
gneuses, tous les soins se concentrent sur le bétail, les cultures
qui le nourrissent demandant relativement peu de peine.
Ailleurs, il faut cultiver pour élever; c'est le cas des bocages
de l'Ouest et des plaines du Nord. Ailleurs encore, les cultures
sont moins nécessaires, mais les irrigations deviennent indis-

La Touraine est favorable à l'élevage des chèvres.

pensables : c'est le cas du Midi, de l'Auvergne et des Vosges,
alors que sur les rives de la Saône et de la Loire les prairies
sont arrosées naturellement par les fleuves qu'elles bordent.
Les pays d'herbes, comme l'Auvergne, n'ont pas de litière dans
leurs étables, faute de moissons pour en fournir; dans ceux
de fauche, comme la Bretagne, des meules énormes de foin
et de paille s'entassent dans les cours des fermes dont elles
dominent les bâtiments.

Extrait de l'*Agriculture au XXe siècle*. (Imprimerie Nationale.)

II

INFLUENCE DE L'ALIMENTATION
SUR LA CRÉATION DES RACES

Par **R. GOUIN**,

Ingénieur agronome.

La cause première du développement d'un organisme réside essentiellement dans la facilité avec laquelle il peut satisfaire aux besoins de son existence, et notamment à son alimentation complète. Ce principe est fondamental pour tout ce qui vit; sans doute, il joue un grand rôle dans les transformations que subirent les êtres organisés pendant les périodes géologiques. Son action n'est pas moins importante de nos jours dans l'industrie de la production animale (1).

Aucune plante ne peut vivre dans un milieu où une seule de ses conditions d'existence vient à manquer, et, partout où la végétation fait défaut, toute manifestation vitale disparaît : tels sont les déserts de glace et les déserts de sable.

C'est le sol qui fournit aux plantes une partie des éléments dont elles ont besoin pour se développer : il leur sert non seulement de support, mais de réserve alimentaire et, comme la plante naît, vit et meurt sur le même terrain, celui-ci, suivant sa composition chimique, offre une alimentation plus ou moins riche à son parasite. La croissance, la vigueur du végétal sont fonction de la substance qu'il rencontre en moindre quantité dans le sol; sa composition élémentaire en sera modifiée, et l'animal qui en fait sa nourriture ressentira par contre-coup l'influence de la richesse en matériaux utiles.

Pendant la vie sauvage, la conformation de nos mammifères se ressentit peu de la pauvreté de leur alimentation, parce que,

---

(1) Voy. *Alimentation rationnelle des animaux domestiques*, par R. Gouin (*Encyclopédie agricole*). — *Manuel pratique d'alimentation du bétail*, par R. Dumont. 1903. Paris. J.-B. Baillière et fils.

comme ils pouvaient se déplacer, parcourir de grandes surfaces, ils réparaient le lendemain les pertes de la veille. D'ailleurs, l'instinct les dirigeait vers les milieux plantureux dont ils ne se trouvaient chassés que par la rapide multiplication des êtres à ces endroits favorisés.

Il n'en fut plus de même lorsque l'homme domestiqua quelques espèces, et surtout quand, abandonnant la vie errante et pastorale, il devint sédentaire et agriculteur. Il se créa un foyer et demanda au sol avoisinant de quoi satisfaire aux besoins de sa famille et de ses troupeaux. Les animaux durent se conformer aux conditions du milieu dans lequel ils vivaient, conditions toujours les mêmes et dont les effets se manifestèrent dans leurs descendances multipliées par l'ancienneté des hérédités accumulées ; ainsi se créèrent les races.

Sur les terrains granitiques, où la chaux et l'acide phosphorique manquent, le bétail ne peut recevoir du sol qui le nourrit les éléments nécessaires à l'édification de sa charpente osseuse, en suffisante abondance ; dans ces conditions, la taille est restée petite et le squelette réduit ; telles sont les races bovines bretonne et jersiaise, entre autres. Dans les pays calcaires, au contraire, le squelette prend du développement et la corpulence s'accroît, comme dans la race charolaise.

Mais déjà les causes qui ont présidé à la formation de ces populations distinctes vont en s'atténuant. Pendant de longs siècles, les agriculteurs ont vécu isolés pour ainsi dire, ne pouvant compter, pour alimenter leur bétail, que sur les produits qu'à force de labeurs ils arrachaient au sol plus ou moins ingrat. De nos jours, les moyens de communication se sont multipliés avec une incroyable rapidité, les routes d'abord, puis les canaux, enfin les chemins de fer qui, depuis cinquante ans à peine, ont fait leur apparition et qui déjà rayonnent sur le monde en tous sens. Grâce aux transports faciles et rapides, il est possible d'accroître les récoltes en quantité et en qualité, en donnant au terrain les principes minéraux qui lui manquent. Il en résulte pour le bétail une amélioration de l'alimentation qui se répercute immédiatement sur la conformation des animaux et de leurs descendants. Par les mêmes moyens on peut se procurer des substances nutritives riches, provenant de contrées plus ou moins lointaines, où elles sont obtenues comme sous-produits d'industrie, et agir ainsi plus directement sur la nutrition du bétail.

Un exemple frappant des modifications dont il s'agit nous est donné par le Limousin. Au commencement du dernier

Le cheval boulonnais doit au sol calcaire et fortement minéralisé sa stature imposante et sa puissance locomotrice, si appréciée pour les transports.

siècle, Olivier Texier, dans sa statistique agricole de 1808, fixait entre 300 et 350 kilogrammes le poids des bœufs gras de cette région; aujourd'hui, ils pèsent fréquemment 800 et 1000 kilogrammes. Cette transformation, ce sont les phosphates, la chaux et les irrigations qui l'ont déterminée.

Pour perfectionner un bétail, il n'y a qu'une seule méthode : c'est d'assurer une large alimentation aux animaux à toutes les périodes de leur existence, et surtout dans le jeune âge,

lorsque l'organisme se forme. Le croisement, la sélection
interviendront seulement en seconde ligne, comme auxiliaires.

Les moutons du Limousin, nourris sur des terres fertiles, ont fait
l'objet d'une amélioration frappante.

Nous citerons à ce propos l'opinion d'un illustre agronome,
le marquis de Dompierre, au sujet de l'amélioration de la
race bovine du Cantal :

« Partout elle reflète la valeur même du sol qui la nourrit. Belle et forte là où la végétation est active et vigoureuse, elle perd la plupart de ses avantages du côté de Murat et dans la Lozère où elle foule un sol formé de sable, de débris de roches schisteuses ou granitiques, pauvres et arides. Le même fait se reproduit partout sous les mêmes influences : ce qui étonne à bon droit, c'est qu'il ait pendant si longtemps échappé à l'observation, — nous nous trompons, — à l'attention de ceux qui aiment et recommandent les croisements entre tous les systèmes d'amélioration ou de perfectionnement des races ».

Lorsqu'on demande à des reproducteurs perfectionnés de communiquer leurs qualités acquises aux descendants que l'on obtient en les croisant avec le bétail commun de la région, il ne faut pas perdre de vue que, s'ils donnent leur conformation meilleure, leurs aptitudes plus développées, ils donnent aussi inévitablement leurs exigences, leurs susceptibilités ; si l'on ne peut satisfaire entièrement aux besoins, les produits périclitent et souvent sont inférieurs à ceux que l'on aurait obtenus en se contentant de faire un bon choix parmi les animaux du pays et en améliorant leurs conditions d'existence dans la mesure des moyens dont on dispose.

La race bovine du Cantal reflète la valeur du sol qui la nourrit.

L'AMÉLIORATION CHEVALINE

Par le **comte de MONTIGNY,**

Ancien inspecteur général des Haras.

Le temps n'est peut-être pas éloigné où, dans chaque contrée d'élevage, on ne songera qu'à y produire la race la mieux appropriée, la plus homogène, sans se préoccuper de la tendance vers un produit procédant de l'amélioration absolue.

Ce qu'il nous faut, c'est la reconstitution des races locales au moyen de familles choisies, épurées et retrempées, par l'arabe dans le Midi, par le pur sang dans le Centre.

Le premier de tous ces systèmes est le système arabe ou d'accouplement ; il consiste à allier entre eux les individus les plus parfaits d'une même race, afin de perpétuer les qualités qui les distinguent. Ce système peut aller quelquefois jusqu'à la consanguinité et prévaut en Orient et en Angleterre, où il est la base de la formation du cheval « *pur sang* ». Mais ce système n'est admissible que pour les races les plus pures, soumises aux mêmes influences naturelles et artificielles et surtout dans un climat tel que l'Orient, où il est admis que la perpétuité d'une race peut avoir lieu sans dégénération.

Le deuxième système, dit « *gréco-arabe* » ou « *d'appareillement* », consiste à choisir, dans les races les plus parfaites, les chevaux qui s'allient le mieux par leurs formes et leurs moyens, leurs allures et leur destination, aux juments qu'on veut consacrer à la reproduction. Ainsi on prendra un carrossier pour donner à une carrossière, un cheval de selle pour l'appareiller à la jument de selle. Ce système a prévalu longtemps, et, en France même, il n'est pas complètement abandonné ; il n'est point condamnable lorsque les deux sujets réunissent les qualités et les formes qui peuvent améliorer la race.

Le troisième enfin est celui du Nord, ou « *de croisement* ». Il

consiste à donner le cheval de sang oriental ou anglais, son
dérivé, à la jument indigène, pour en obtenir un produit plus
énergique, plus régulier et plus gracieux dans ses formes. Ce
système, généralement en usage en Europe, et qui l'était
anciennement en Angleterre et en Allemagne, est celui qui, à
notre époque, répond le mieux aux besoins de notre civilisation et de notre commerce.

Ce système cependant a été attaqué et contesté par des

Cheval corse amélioré par une infusion de sang anglo-arabe.

hommes de science, dont les arguments, appuyés sur quelques
saines théories, méritent d'être succinctement discutés. On
a dit qu'il valait mieux améliorer les races par elles-mêmes en
choisissant au milieu d'elles les individus les plus propres,
par leurs qualités exceptionnelles, à redresser les écarts de la
nature; qu'il était toujours dangereux d'introduire brusquement dans une race un sang tout à fait étranger à elle, et
que le pur sang anglais, par exemple, ne pouvait pas améliorer
directement une race abâtardie. On doit commencer par

demander le progrès aux meilleurs types de cette race, et mettre les juments améliorées dans les conditions les plus favorables pour recevoir les influences d'un sang plus riche et plus pur. C'est aussi dans ce sens que l'emploi du demi-sang doit être préféré, comme moyen intermédiaire d'amélioration d'une race dégénérée. Quant à admettre qu'une race qui est déjà éloignée du type primitif puisse s'améliorer et se régénérer par elle-même, nous ne le pouvons, le bon sens ne le veut pas, la pratique démontre le contraire, et si, même par une hygiène bien dirigée, par les influences protectrices de la main de l'homme, une race pouvait conserver longtemps ses qualités, il serait, dans tous les cas, impossible de la modifier, de l'approprier aux services et aux emplois si divers que réclame une civilisation qui marche toujours et impose sa loi à tout ce qui se trouve sous ses pas. Le cheval de sang est donc pour nous le point de départ de tout progrès, le type vivifiant; il renferme en lui ce mystérieux fluide qui, répandu avec discernement et progression, permet à l'homme de transformer, de modifier, de modeler, pour ainsi dire, les races selon les besoins de son époque et de son commerce.

L'amélioration par les croisements est la seule qui puisse, avec du temps et de la persévérance, amener notre industrie chevaline au point de rivaliser avec l'Angleterre et l'Allemagne. Nous pourrions atteindre ce but, si tous les éleveurs voulaient se rendre compte des grands principes qui doivent présider à l'amélioration chevaline (1).

Le premier, ou du moins celui qui frappe le plus les demi-connaisseurs, c'est qu'il faut faire choix d'un étalon qui réunisse toutes les qualités que la jument n'a pas, et qu'il ait du sang et de l'espèce bien plus que la jument.

(1) Voy. *Le cheval*, son organisation, son entretien, son utilisation, par H. GOBERT, vétérinaire en 1er de l'armée, 1907. — *Le cheval de course*, par P. CAGNY et H. GOBERT, 1910. — *Le cheval*, anatomie, allures, extérieur, par E. CUYER, 1910. — *L'extérieur du cheval*, par L. MONTANÉ, professeur à l'École vétérinaire de Toulouse, 1903. — *Le cheval anglo-normand*, par A. GALLIER, vétérinaire à Caen, 1900. — *Amélioration de l'espèce chevaline par des accouplements raisonnés*, par ALASSONNIÈRE. — *Zootechnie générale*, production et amélioration des animaux domestiques, par P. DIFFLOTH (*Encyclopédie agricole*).

Le second, c'est que la jument doit elle-même réunir un ensemble des qualités qui sont indispensables chez une poulinière, et que nous définirons tout à l'heure.

Et enfin, que si le pur sang arabe ou anglais, son dérivé, est le point de départ de toute amélioration, le demi-sang est le seul intermédiaire possible entre la bête commune et abâtardie et le cheval de race pure, puisqu'il a été démontré qu'il ne devait pas exister une trop grande distance entre la jument et l'étalon améliorateur qu'on lui destine.

Mais, puisque nous avons parlé du pur sang arabe et anglais, disons notre opinion sur l'emploi de ces deux types régénérateurs. Depuis longtemps les pur sang arabe et anglais ont leurs partisans et leurs détracteurs. Les uns disent que l'arabe seul peut être sans inconvénient croisé avec les races les plus communes et sans intermédiaire; que l'arabe est le cheval de notre civilisation, sobre, doux de caractère; qu'il peut, quoique petit de taille, faire des carrossiers lorsqu'il est donné à de bonnes juments; qu'enfin les produits de cet étalon par excellence conviennent particulièrement à la remonte de notre cavalerie et peuvent être, en raison de la facilité qu'on a à les élever et dresser, d'un débouché plus sûr et plus facile. D'autres prétendent que le cheval de pur sang anglais qui, en force, puissance et énergie, égale et surpasse presque toujours l'arabe d'où il sort, est acclimaté dans un pays dont le climat est identique au nôtre; que ses formes anguleuses, la longueur de ses lignes, sa taille accrue par une bonne hygiène, tout, en un mot, concourt à le rendre le cheval de notre civilisation, le point de départ améliorateur de notre élevage; car, ajoutent-ils : « Vous voulez des chevaux de luxe, de selle, d'attelage, de la vitesse et du soutien dans l'allure du trot, sera-ce l'arabe qui pourra vous les donner avec son épaule droite, ses hanches et ses formes arrondies? Bref, où sont les bons chevaux, descendants directs du pur sang arabe, qui aient fait preuve de quelque valeur sur un hippodrome? »

Vous avez vu les deux camps; il faut choisir, opter, disent certains fanatiques, entre l'un ou l'autre de ces types. Telle n'est point notre opinion.

Il est incontestable que l'emploi du pur sang arabe peut

sans inconvénient être plus généralisé que celui du pur sang
anglais, et qu'on peut obtenir une amélioration directe de la
jument commune par l'étalon arabe sans recourir constamment au cheval de demi-sang. Il est encore évident que, dans
le Midi, le sang arabe a et doit avoir beaucoup plus de succès
que dans le Nord, par la double raison qu'il se trouve placé
dans un climat plus analogue à celui de son berceau, plus en
rapport avec sa constitution, et que les juments qui lui sont
présentées sont déjà d'un sang originairement arabe. En effet,
le cheval du Midi, produit par l'arabe et les juments indigènes,
est moins décousu, plus suivi dans ses formes que le produit de
l'étalon de pur sang anglais, bien que ce dernier donne généralement plus de taille et plus de longueur dans les lignes.
L'étalon arabe est encore précieux dans l'amélioration de la
race percheronne et des races bretonnes; mais on ne peut en
dire autant de son influence en Normandie, où déjà la race a
subi de grandes modifications par les croisements du pur sang
anglais avec les juments indigènes. Là, ce dernier type régé-
nérateur est pour nous incontestablement préférable, puisqu'il
donne la distinction, le fond et la vitesse de l'allure à une
race qui possède assez d'ampleur, assez de gros et de taille
pour recevoir tout l'influx nerveux, toute l'énergie vitale que
le pur sang anglais peut transmettre. On a eu sans doute
quelques exemples, même en Normandie, des bonnes qualités
que l'arabe pur sang peut donner à ses produits; mais alors
l'étalon de cette noble race était véritablement pur et réunissait
au plus haut degré les qualités qui caractérisent sa race. Nous
possédons bien peu de véritables chevaux de pur sang arabe,
et malheureusement nous en voyons un nombre trop considérable qu'on qualifie de ce nom, et qui ne transmettent à
leurs produits que les imperfections inhérentes aux races
arabes dégénérées. Ainsi les épaules droites, la croupe courte,
les canons longs, les membres grêles, sont tous défauts que
l'éleveur doit redouter par-dessus tout et qui se trouvent chez
l'étalon arabe de second ordre, cachés sous une enveloppe
gracieuse qui fascine le demi-connaisseur, séduit d'ailleurs par
la souplesse et l'agilité des mouvements. Le pur sang anglais
est pour nous le cheval du Nord et du Centre, et si l'on pouvait

en faire une application progressive, il ne trouverait plus aujourd'hui un seul détracteur ; il ne manque à sa mission, il faut le reconnaître, que lorsqu'on le donne à des poulinières trop éloignées de lui et ne réunissant aucune des qualités qu'on doit chercher. On se préoccupe beaucoup trop, en France, de l'amélioration par le père, et toutes les théories de sang arabe ou anglais cesseront du jour où on comprendra que le véritable progrès de l'industrie chevaline gît dans la fabrication, si j'ose m'exprimer ainsi, de nombreuses et puissantes poulinières, à telle race ou espèce qu'elles appartiennent ; nous dirons donc ici quelques mots des formes extérieures que nous désirons dans une jument destinée à la reproduction.

Une bonne poulinière de croisement, qu'elle appartienne à une race déjà améliorée, ou à une race qu'on veut améliorer, doit présenter des conditions de force et d'énergie ; elle sera aussi près de terre que possible, elle aura la poitrine profonde, le rein large, fort et soutenu, la croupe longue et les épaules inclinées ; ses membres, exempts de tares transmissibles, seront forts, et ses pieds bien conformés ; enfin, elle aura de l'ensemble dans ses formes, et aura prouvé, par la nature de ses services, quelques qualités ou aptitudes. On prétend avec raison que la jument poulinière doit être acclimatée, c'est-à-dire ne pas se trouver sous une influence climatérique étrangère à la race à laquelle elle appartient. Par exemple, la jument du Cotentin et de la vallée d'Auge serait dans de mauvaises conditions pour la reproduction, si elle était brusquement transportée dans le Midi, sur un sol sec, aride et montueux. On peut même aller plus loin, et dire qu'une jument venue d'Angleterre subira les influences de l'acclimatation au point de donner un produit inférieur à ceux qu'on obtiendra les années suivantes. Il en est de même, du reste, de l'étalon : on a remarqué que l'acclimatation exerçait une fâcheuse influence sur ses produits ; ce fait a été constaté chez les chevaux anglais de premier ordre, amenés en Normandie, et s'y trouvant cependant dans les conditions climatériques les plus avantageuses.

Nous avons parlé de l'amélioration par les croisements directs ; nous ne pouvons négliger celle qu'on doit aux croisements « *à l'envers* », car elle obtient souvent les plus heureux résultats. On appelle croisement à l'envers celui où le sang vient de la jument et où le père est, au contraire, plus fort et moins près du sang. Ce croisement est souvent employé en Angleterre et n'est pas assez compris en France. Il serait propre à corriger les défauts d'une foule de juments qui, trop grêles de membres, n'ont souvent pour elles que le sang, et ne peuvent, dans de telles conditions, donner que de mauvais chevaux de service. Aussi, dans ce cas, l'énergie dont ils sont doués leur devient-elle plus nuisible qu'utile. Ainsi que la chaudière d'une locomotive usée et mal construite, qu'on chaufferait outre mesure, éclaterait infailliblement, de même le cheval de demi-sang, grêle et sans développement musculaire, qu'on approche trop du sang, ne tarde pas à révéler sa ruine prochaine par ses tares précoces, son irritabilité dans le travail, et l'épuisement qui succède aux efforts exagérés et intempestifs de sa vitalité. C'est pour corriger, chez la jument qu'on veut absolument destiner à la reproduction, les écarts d'une amélioration mal comprise, que le cheval plus commun et plus fort est précieux. Il donne des chevaux qui, généralement, procèdent de la mère pour le tempérament, l'énergie et le fond, mais ils ont, sinon la taille, du moins le gros et l'ampleur du père. Il est admis généralement que la mère doit donner la taille et le gros, et le père répandre le sang et l'énergie. Le croisement à l'envers est un démenti à ce principe, dans certaines limites, puisque le père plus commun donne de l'ampleur à ce produit d'une mère grêle et enlevée, mais que le sang vient alors et sûrement de la mère. J'en conclus que l'une et l'autre des théories sont bonnes, mais qu'il faut, avec discernement, en faire l'application ; ainsi, donner à des juments trop minces et très près du sang, mais ayant de la « taille », des chevaux étoffés et près de terre, et ne croiser, au contraire, le cheval de pur sang qu'avec la jument déjà améliorée, réunissant la taille et l'ampleur à la bonne direction des lignes et à l'ensemble des formes.

Extrait du Manuel de dressage du cheval. (Roret.)

IV

LES HARAS

Par **G. BONNEFONT**,
Officier des Haras.

L'Administration des Haras préside aux destinées de l'élevage dont elle a la charge et sur lequel elle exerce son influence à la fois d'une manière directe et indirecte [1].

Malgré les changements de direction et les influences politiques qu'elle a eu à subir, elle a toujours poursuivi son but avec une opiniâtreté, une uniformité de vues qui a échappé à ses détracteurs. Ceux-ci ne l'accusent-ils pas de manquer de suite dans ses idées et d'avoir inconsidérément poussé l'élevage dans des voies différentes et contraires.

Mais il suffit de se rappeler quel est le système des haras en considérant leur œuvre, pour se rendre compte au contraire que les résultats obtenus sont dus à l'application rigoureuse et constante de ce système, eu égard toutefois aux besoins de l'époque.

En 1841, l'Administration se trouvait en présence d'une infinité de races locales ou, plus exactement, en présence des débris dégénérés de ces races qu'il s'agissait de régénérer. Mais ces races ne pouvaient être restaurées par elles-mêmes : la sélection naturelle eût été insuffisante, tant par suite de l'absence presque totale de sujets dignes d'être livrés à la reproduction que par la nécessité où l'on était de modifier ces races pour les rendre adéquates aux nouveaux besoins de l'époque. Le croisement s'imposait et il était tout indiqué d'aller chercher les éléments améliorateurs aux sources mêmes ; le pur sang anglais et le pur sang arabe furent choisis.

(1) Voy. *Élevage et dressage du cheval*, par G. Bonnefont (*Encyclopédie agricole*). — *Guide pratique de l'élevage du cheval*, par L. Relier, vétérinaire principal au haras de Pompadour, 1889. — *Guide pratique de l'acheteur de chevaux*, par J. Pertus, 1902.

Il fallait tout d'abord constituer un noyau de ces reproducteurs. L'Administration s'occupa donc en premier lieu de l'élevage de la race pure et ne tarda pas à produire et à posséder au Pin un lot de pur sang admirables qui, comme étalons de croisement, n'ont pas été surpassés depuis.

En même temps l'industrie privée, marchant sur les traces de l'Administration, se livrait à cet élevage et ne tardait pas à acquérir un développement suffisant pour que celle-ci s'effaçât devant elle, assurée de trouver désormais, quand elle le voudrait, les étalons de race pure dont elle aurait besoin.

Mais pendant ce temps, sous l'influence des croisements avec la race pure, des populations métisses se sont formées qui vont désormais capter l'attention de l'Administration.

Les premiers sujets en sont défectueux et sont violemment reprochés aux haras par leurs détracteurs. Mais pouvait-il en être autrement ? Pouvait-on attendre d'autres résultats de ces unions brusques, alors que l'étalon de demi-sang, ce précieux intermédiaire entre la race pure et les races abâtardies, n'existait pas encore.

Sous l'influence des haras, deux grandes familles, l'une au nord, l'autre au midi, toutes deux issues de la race pure, se créent, se développent, se perfectionnent, s'uniformisent, et c'est de leur sein que sortent aujourd'hui tous les étalons qui vont porter l'amélioration sur tous les points de la France ; nous avons nommé les familles anglo-arabe et anglo-normande. Bientôt, dans cette dernière, une aptitude spéciale apparaît : l'aptitude trotteuse, et les sujets qui en sont doués ne tardent pas à constituer une variété spéciale dont les qualités n'échappent pas à l'Administration qui, reconnaissant en elle l'élite de la production anglo-normande, rapidement lui accorde ses encouragements et son patronage ; de même que, quarante ans plus tôt, l'Administration avait encouragé à outrance le pur sang, alors nécessaire pour créer le demi-sang qu'elle considérait à juste titre comme l'améliorateur usuel et utile, elle accorde ses faveurs aux trotteurs qui, élevés d'une façon plus rationnelle en vue des courses sélectionnés par celles-ci, lui fournissent ses étalons

Le haras du Pin.

19.

de tête. Sous leur influence, les progrès accomplis par la race anglo-normande sont rapides. En même temps que le nombre des trotteurs qualifiés s'accroît dans une proportion notable, le sang trotteur se répand dans toute la race qui gagne en distinction, en quantité et en actions, se voit très recherchée par le commerce français et étranger et fournit par contre-coup à la Remonte des sujets acceptables qui, à défaut des allures demandées par l'armée, possèdent du moins la substance et la qualité nécessaires au cheval de troupe. Cependant, la Remonte se plaint de ne trouver qu'accidentellement le cheval de selle : elle réclame un type spécial pour elle, et entame une polémique violente contre l'Administration qu'elle accuse de se désintéresser du cheval de guerre et d'accorder tous ses encouragements au cheval de commerce. Mais l'Administration ne se laisse pas ébranler par ces attaques ; consciente de sa mission qui est de sauvegarder les intérêts généraux de l'industrie hippique française, elle se refuse à entrer dans la voie des réformes demandées par la Remonte, car elle sait que leur résultat immédiat serait la ruine de l'élevage et que, en voulant forcer celui-ci à produire un type plus parfait pour l'armée mais peu rémunérateur, ce serait exposer celle-ci à ne même plus trouver le nombre d'animaux nécessaires à son service. Néanmoins, tout en se refusant à engager la production dans la voie indiquée par la Remonte, dans l'intérêt de la Remonte elle-même, elle reconnaissait le bien fondé de ses critiques individuelles et organisait, sous forme de concours, des encouragements pour les chevaux de selle.

Mais voici qu'à l'horizon apparaît un point noir menaçant pour l'élevage. L'automobilisme, né d'hier, s'est développé d'une façon inquiétante ; la production carrossière en est gravement compromise. Un jour viendra, où le carrossier aura vécu et où le trotteur ne subsistera que comme animal de courses. Alors la production chevaline diminuera et se spécialisera dans les deux types extrêmes du cheval de trait toujours demandé, toujours rémunérateur à élever, et du cheval de selle produit exclusivement pour la Remonte. Alors celle-ci aura enfin le cheval qu'elle rêve, mais la production en sera

Le haras de Boulogne-sur-Mer.

forcément restreinte. La Remonte voulant un cheval important mais galopeur, c'est à l'étalon de pur sang qu'il faudra s'adresser pour le produire tout d'abord, jusqu'à ce que la répétition de ce croisement ait créé une population métisse susceptible (comme le sont actuellement les trotteurs) de se reproduire sur elle-même en fixant ses caractères. L'Administration prévoit cet avenir et travaille déjà à éviter une catastrophe. Elle sait que ce cheval de l'avenir devra être fils de pur sang, car le trotteur actuel, quoique suffisamment avancé dans le sang, n'a pas l'aptitude galopeuse que réclame l'armée ; elle sait que du croisement du trotteur actuel avec le pur sang naîtraient des animaux doués à coup sûr de qualités, mais qui manqueraient du volume et de la substance nécessaires au troupier, et c'est pour cela que, à l'étonnement général, on l'a vue, ces dernières années, accorder une part considérable dans ses achats à des étalons dont le volume paraissait la principale qualité. Ce retour au gros se justifie par la nécessité d'enrayer la désertion de l'élevage du cheval de demi-sang en faveur du cheval de trait, et par la nécessité de constituer, aussi rapidement que possible, un stock de femelles ayant assez de gros pour recevoir l'étalon de pur sang et produire ce galopeur pour gros poids réclamé avec tant d'insistance.

Pour accomplir son œuvre, l'Administration dispose de deux modes d'action, l'un direct par les étalons qu'elle met à la disposition des propriétaires de juments, l'autre indirect par les encouragements qu'elle accorde aux étalons, aux poulinières, aux pouliches, ainsi que les subventions pour les courses et les concours de dressage, par ses achats qui constituent une véritable prime à l'élevage.

Enfin, l'Administration a la charge de l'état civil de la race chevaline dont elle assure la régularité par son système de cartes de saillies et de certificats d'origine et par la tenue à jour du Stud-Book de la race pure et des principales variétés de la race de demi-sang.

LE CHEVAL ARABE

Par **P. DIFFLOTH.**

Le cheval arabe est le type le plus parfait de la beauté ;
par l'heureuse harmonie de ses formes, la noblesse de sa

Le cheval arabe.

physionomie, il réalise le modèle achevé du cheval de selle.
Ses qualités morales sont également supérieures ; il possède
la force, l'agilité, la sobriété, l'endurance ; il a la noblesse et
la grâce unies à la vigueur.

Les Arabes se sont plu à entourer la naissance du cheval de jolies légendes qui témoignent de leur attachement à ce fidèle serviteur. D'après les livres anciens, Dieu aurait créé le cheval arabe avec le vent, symbole de la vitesse. Le Koran, parlant des chevaux, les appelle « le bien par excellence », et les commentateurs des textes sacrés en ont conclu qu'un Arabe devait aimer le cheval comme une partie de son propre cœur et lui sacrifier jusqu'à la nourriture de ses enfants.

L'amour du cheval fait en effet partie intégrante du caractère arabe, et le Prophète a proclamé : « Les biens de ce monde jusqu'au jour du jugement dernier seront pendus aux crins qui sont entre les yeux de vos chevaux. »

« Le paradis de la terre se trouve sur le dos des chevaux. »

On trouve parmi toutes les nations musulmanes du nord de l'Afrique cette même sollicitude pour l'élevage du cheval ; c'est ainsi que nos possessions algériennes présentent une population équine des plus remarquable.

Les plus beaux types des chevaux algériens se rencontrent dans le Sahara, où les populations nomades entraînent les chevaux à la course ou à la guerre. Dans le Tell, les Arabes les appliquent à la culture et recherchent moins la perfection des formes qu'une meilleure utilisation de leur force.

Le cheval d'origine pure se reconnaît par divers caractères extérieurs : les lèvres et le cartilage inférieur du nez doivent être minces, les narines dilatées, les veines de la tête saillantes. L'encolure bien attachée est garnie d'une crinière de poils doux et fins. La poitrine doit être ample, les articulations fortes et les extrémités sèches. D'après les traditions anciennes, on peut encore le reconnaître par des indices moraux. Le cheval véritablement noble réunira le courage à la fierté et resplendira d'orgueil « au milieu de la poudre et des hasards » ; il chérira son maître et ne voudra, le plus souvent, ne se laisser monter que par lui ; il ne mangera pas les restes d'un autre cheval et ne boira pas l'eau limpide d'une source ou d'une rivière avant de l'avoir troublée avec ses pieds (1).

(1) Voy. *Zootechnie spéciale, élevage et exploitation des animaux domestiques*, par P. DIFFLOTH. — *Races chevalines*, par P. DIFFLOTH (*Encyclopédie agricole*). — *Le cheval de course*, par CAGNY et GOBERT.

Le garrot saillant fait valoir la minceur de l'encolure ; les côtes du devant doivent être longues, celles de derrière courtes, le ventre évidé, la croupe arrondie. La corne du pied est le plus souvent noire, d'une seule couleur, la chair dure, la queue très grosse à sa naissance et déliée à son extrémité.

Le cheval du type le plus parfait doit avoir *quatre choses larges* : le front, le poitrail, la croupe et les membres ; *quatre choses longues* : l'encolure, les rayons supérieurs, le ventre et les hanches ; *quatre choses courtes* : le rein, les paturons, les oreilles et la queue.

La taille oscille autour de 1^m,45 ; les sujets importés en Europe parviennent cependant à une plus grande élévation.

L'Arabe attache la plus grande importance à l'origine de ses chevaux, mais il considère particulièrement l'ascendance féminine. En général, il préfère les juments aux chevaux. Tout d'abord, il considère le bénéfice que peut rapporter une jument par les poulains qu'elle met au monde, et on les entend souvent s'écrier : « La tête de la richesse, c'est une jument qui produit une jument » ; ou bien encore : « Le plus grand bien de ce monde est une femme intelligente ou une jument féconde ».

Les cavaliers arabes ont, de plus, remarqué qu'une jument est plus résistante que l'étalon à la faim, à la soif, à la chaleur et qu'elle ne hennit pas à la guerre. D'ailleurs, les juments nécessitent peu de soins et s'accoutument des moindres aliments ; elles paissent avec les moutons et les chameaux sans qu'un gardien soit présent. L'étalon exige une nourriture choisie et ne peut aller au pâturage que surveillé par un palefrenier ; l'étalon est cependant plus fort, plus courageux, plus rapide à la course.

Dans la reproduction, les Arabes paraissent reconnaître l'influence qu'exerce chaque producteur. L'étalon transmet au poulain les parties essentielles de son corps, les os, les tendons, les nerfs, les veines, ainsi que les tares affectées à ces organes. La mère donne au poulain la couleur de sa robe et sa ressemblance physique. C'est l'étalon qui communique au jeune animal ses qualités morales. En résumé, le père donne plus au poulain que la mère ; mais le meilleur produit est celui qui provient d'un étalon et d'une jument de pure race : dans ce cas, *c'est de l'or qui s'allie avec de l'or.*

Les soins dont les Arabes entourent le jeune poulain dès sa naissance montrent bien quelle importance les indigènes attachent à l'observation la plus stricte des principes d'élevage transmis par la tradition ou acquis par l'expérience. Le poulain, dès qu'il a vu le jour, est promené par l'un des habitants de la tente au milieu des clameurs et du bruit provoqués à dessein : on espère ainsi enlever à l'animal toute frayeur dans la suite de son existence.

Le possesseur de la jument place ensuite la mamelle droite de la mère dans la bouche du jeune poulain. Lorsque le poulain manifeste quelque répugnance à téter, on lui place dans la bouche une figue ou une datte trempée dans du lait salé : dès qu'il y a pris goût, on le porte sous la jument.

L'allaitement est surveillé avec sollicitude : non seulement tout le lait de la mère est réservé au poulain, mais on lui donne encore du lait de brebis ou de chamelle. Parfois le jeune animal refuse de boire ces derniers laits : on use alors du stratagème suivant : on prend une peau de bouc qui a contenu pendant plusieurs années du lait de chamelle ou de brebis, et, après avoir rempli d'air cette outre, on l'insuffle dans les naseaux du poulain. Un peu habitué à cette odeur, le jeune poulain est alors amené devant ces mêmes laits dans lesquels on a écrasé des fragments de dattes qui leur communiquent un goût sucré ; il est rare que le poulain n'accepte pas cette alimentation, même avec un certain plaisir.

Quelques jours après la naissance du poulain, on lui fend une oreille ou toutes les deux, puis on lui met au cou des amulettes, des talismans supportés par des colliers en laine ou en poil de chameau d'une couleur appropriée à la robe. Les talismans sont des sachets de cuir du Maroc contenant des paroles tirées des livres saints et destinées à préserver l'animal des blessures ou du mauvais œil. Peu à peu on donne au poulain de l'orge moulue, et les repas sont réglés de manière à allaiter suffisamment le poulain sans nuire à la jument ; afin de donner au jeune élève un sabot ferme et résistant, on frotte de temps à autre la corne avec du sel qu'on a fait dissoudre dans une préparation de *bounafâa*.

Le sevrage a lieu ordinairement à six mois ; les Arabes ont remarqué qu'un long allaitement amenait toujours un *caractère vicieux* et une *bouche dure*. On sèvre progressivement en éloignant le poulain de sa mère pendant un jour entier, puis pendant deux jours, et la transition s'effectue doucement, grâce à plusieurs distributions de lait de chamelle sucré avec du miel de datte. Afin d'empêcher le jeune animal d'aller rejoindre sa mère, on l'entrave avec des cordes de laine, soit par les jambes de devant, soit par celles de derrière, mais toujours au-dessus des genoux ou des jarrets : c'est ainsi que se forment ces marques blanches souvent visibles. Parfois on met au poulain une sorte de licol muni de pointes de porc-épic ; la jument se refuse alors à se laisser téter.

Une fois sevré, le poulain suit sa mère au pâturage et prend ainsi un exercice nécessaire à son développement : le soir, il vient se coucher près de la tente de son maître, et toute la famille le caresse, lui parle et lui donne du pain, de la farine, du lait ou du couscoussou.

Lorsque, vers l'âge de quinze à dix-huit mois, le jeune cheval n'annonce pas une grande liberté d'épaules, on lui met le feu à l'articulation scapulo-humérale en forme de croix entourée d'un cercle ; si les genoux sont mal conformés, on met le feu sur trois lignes parallèles. On se sert, pour cette opération, d'une simple faucille rougie au feu, et l'époque la plus favorable est la fin de l'automne.

Dès l'âge de dix-huit mois on commence l'éducation du poulain, afin d'assouplir son caractère. On commence à faire monter le poulain par un enfant qui le mène au pâturage en le dirigeant avec une longe ou un mors de mulet assez doux ; au retour, le jeune cheval est entravé. Les Arabes n'attachent jamais leurs montures avec des longes, qui, d'après eux, occasionnent des vices ou des accidents et empêchent le cheval de se reposer. Les entraves pour le poulain sont très rapprochées, afin de ne pas fausser les aplombs, et l'animal ne peut ainsi ni s'enchevêtrer, ni contracter le tic de l'ours, ni tirer au renard.

A l'âge de deux ans, on commence à brider et à seller le

poulain, mais avec les plus grandes précautions et en l'exerçant tout d'abord à supporter un léger mors entouré de laine brute pour ne pas blesser les barres et plaire au jeune animal par un goût légèrement salé.

Le poulain est habitué à la bride lorsqu'on le voit mâcher son mors. Cet exercice est renouvelé matin et soir jusqu'à l'arrivée de l'automne, époque choisie pour le dressage, les chaleurs et les piqûres de mouches incommodant le jeune cheval pendant la saison chaude. Parfois on promène doucement le cheval chargé d'un bât surmonté de paniers remplis de sable ; ce poids, intermédiaire entre celui de l'enfant que le poulain a déjà porté et celui de l'homme adulte qu'il portera ensuite, sert ainsi de transition. Le poulain est ainsi arrivé à l'âge de trente mois ; il a été accoutumé graduellement aux entraves, à la bride, à la selle ; la nourriture qu'on lui donne est parcimonieusement mesurée. Un cavalier le monte alors doucement au pas avec un mors léger, sans éperons, avec une légère baguette. L'Arabe conduit le jeune cheval avec douceur en lui parlant à voix basse, sans emportement, et en évitant toute occasion de lutte.

C'est également à trente mois qu'on apprend aux poulains à ne pas bouger de l'endroit où le cavalier a mis pied à terre ; lorsque les rênes ont été passées par-dessus la tête et traînent sur le sol, le moyen employé est des plus simple : un jeune domestique met le pied sur les rênes chaque fois que le cheval veut quitter la place et, imprimant aux barres une secousse douloureuse, le détermine ainsi à rester à l'endroit où son maître l'a laissé et à l'y attendre des journées entières.

L'éducation du poulain se poursuit, suivant ces procédés, de trente mois à trois ans, en s'attachant à le rendre docile, obéissant, doux au montoir (1).

De trois à quatre ans, le cheval commence à être plus fortement nourri. Devenant plus fort, il est soumis à un travail plus régulier ; on le monte avec des éperons et on l'accoutume au bruit, aux coups de fusil. Pour obtenir ces résultats, l'Arabe ne craint pas de faire usage des éperons, qui, aiguisés et

(1) Voy. *L'Algérie*, par Battandier et Trabut, professeurs à l'Université d'Alger. 1898. Librairie J.-B. Baillière et fils.)

recourbés en forme de crochet arrondi, forment sur le ventre du coursier des plaies saignantes et, par la terreur qu'elles lui inspirent, adoucissent son caractère. S'il s'agit de chevaux rétifs, on va jusqu'à mettre du sel ou de la poudre sur les blessures encore saignantes; les indigènes prétendent que cette leçon est indispensable aux chevaux de guerre.

L'éducation que les Arabes donnent au cheval peut se résumer dans ces indications générales: réduire à la dernière misère le jeune cheval pour le ménager et bien le soigner de trois à quatre ans; le cheval qui résiste à ces épreuves possédera une valeur incontestable.

Ces principes sont résumés dans un proverbe fréquemment cité dans les pays barbaresques :

> Fais manger le poulain d'un an.
> Il ne se fera pas d'entorses.
> Monte-le de deux à trois ans
> Jusqu'à ce qu'il soit soumis.
> Nourris-le bien de trois à quatre.
> Remonte-le ensuite,
> Et, s'il ne te convient pas,
> Vends-le sans hésiter.

Les Arabes ont en effet pour coutume de fatiguer sans pitié leurs chevaux de deux à trois ans, pour les ménager ensuite de trois à quatre ans; un travail soutenu dans le jeune âge fortifie la poitrine, les muscles et les articulations du poulain, tout en assurant sa docilité. Les réelles qualités du cheval arabe et les soins apportés à son élevage et à son éducation ont contribué ainsi à en faire le modèle accompli du coursier de guerre ou de parade.

VI

L'ALIMENTATION RATIONNELLE DES VACHES LAITIÈRES

Par **A. MALLÈVRE**,

Professeur à l'Institut national agronomique.

La production laitière dépend de l'alimentation et de l'individualité.

Le but que se propose tout agriculteur en exploitant des vaches laitières, c'est d'obtenir un lait abondant. C'est aussi d'obtenir un lait riche. Le lait renferme des substances de très inégale valeur. On ne l'apprécie pas pour l'eau qu'il contient toujours et, naturellement, en grande proportion. On l'apprécie pour les substances qui se trouvent en suspension ou en dissolution dans cette eau. De toutes ces substances, la matière grasse ou butyreuse est la plus précieuse. Aussi, lait gras est-il synonyme de lait riche, et à très juste raison. Dans la règle, en effet, le lait qui renferme plus de matières grasses contient aussi plus de caséine, de sucre de lait, de matières minérales. L'agriculteur veut donc un lait abondant et riche. Mais il vise encore autre chose. C'est de maintenir ses vaches fécondes, capables de donner des jeunes et de fournir un nombre raisonnable de bonnes lactations (1).

L'alimentation n'est pas le seul facteur qui régisse la quantité de lait produite par une vache et la teneur en matière grasse de ce lait. Bien plus, nous devons reconnaître que ce n'est pas le facteur qui vient au premier rang. L'influence de l'alimentation est en effet primée tout d'abord par celle qui tient aux dispositions individuelles ou, comme on dit, simplement à l'individualité de l'animal ; en outre, par celle

(1) Voy. *Zootechnie spéciale*, par P. Diffloth. — *Races bovines*, par P. Diffloth (*Encyclopédie agricole*). — *Les Vaches laitières*, par E. Thierry, 1910. (Librairie J.-B. Baillière et fils.)

qui résulte du temps écoulé depuis le vêlage. Ce sont là les deux facteurs dont dépendent, en première ligne, l'activité de la mamelle et son pouvoir de transformer en lait les principes nutritifs tirés des aliments. Il est aisé de mettre en évidence leur rôle prépondérant vis-à-vis de l'alimentation.

D'abord l'individualité.

Donnez la même nourriture, la même ration, à des vaches aussi comparables qu'on puisse l'imaginer : de même race, de même âge, de même poids, ayant vêlé le même jour. Elles n'en fourniront pas pour cela nécessairement des quantités de lait égales, ni un lait d'égale teneur en matière grasse. Presque toujours, sinon toujours, on constatera des différences, et ces différences seront même souvent très accentuées. D'une vache à l'autre, le nombre de litres de lait pourra varier du simple au double, ou plus encore, et la teneur centésimale en matière butyreuse résistera presque dans les mêmes proportions. L'alimentation étant uniforme, c'est là une preuve irréfutable que les aptitudes laitière et beurrière sont dominées au plus haut degré par l'individualité. Aussi a-t-on grandement raison de recommander, avant tout, la sélection des vaches douées de ces deux aptitudes, aussi bien dans le but de les exploiter comme laitières que dans celui de les livrer à la reproduction. Dans certains pays, en Danemark par exemple, on va même plus loin. On cherche à sélectionner les bêtes fournissant la plus grande quantité de lait, ou plus exactement de beurre, pour la moindre quantité et, par conséquent, pour la moindre dépense de nourriture.

Passons à l'alimentation.

On peut se convaincre aisément aussi que le temps écoulé depuis le vêlage a, par rapport à l'alimentation, l'influence décisive sur l'activité de la mamelle, sur la sécrétion laitière au moment considéré. Donnez à une même vache la même nourriture, mais à des époques diverses d'une même lactation. Faites l'expérience une première fois peu de temps après le vêlage, une seconde fois vers le milieu et enfin une troisième vers la fin de la lactation. La quantité du lait obtenu et même la richesse de ce lait ne seront pas égales. Bien que la ration reste invariable, la vache donnera plus de lait dans les premiers mois qui suivent le vêlage, une quantité moindre au milieu de la lactation et moins encore à la fin. On verra aussi que le lait devient un peu plus butyreux à mesure qu'on s'éloigne de la parturition. Mais il s'en faut que le changement de la teneur en matière grasse compense celui qui porte sur la quantité. L'augmentation de richesse est très peu de chose en comparaison de la baisse du rendement en lait.

Ces faits, connus de tous, nous montrent déjà à l'évidence qu'il faut se garder, pendant l'hiver, de donner une même ration à toutes les vaches qui composent une étable. Comme il est de règle que toutes les vaches ont des aptitudes laitières individuelles différentes, comme à l'ordinaire aussi elles ne vêlent pas à la même époque, leur puissance de production à un moment donné est des plus variable. Les soumettre à une même alimentation, c'est courir le risque d'en nourrir un certain nombre insuffisamment, pendant que d'autres recevront peut-être une ration excessive. C'est le moyen certain de ne pas obtenir des aliments consommés tout le lait que les vaches peuvent en tirer. C'est faire un emploi défectueux des aliments, des matières premières qui servent à la fabrication du lait, et s'exposer par conséquent à ne pas produire le lait économiquement.

Obtient-on un lait plus riche et plus abondant si l'on vient à forcer leur ration ? Comment agit l'alimentation intensive vis-à-vis d'une alimentation simplement suffisante ?

Sur la richesse du lait, l'influence d'une alimentation intensive est à peu près nulle. Tel est le résultat qui découle des très nombreuses expériences tentées pour obtenir un lait plus butyreux au moyen d'une nourriture plus copieuse. Aucune ration, du moins on n'en connaît pas, ne peut permettre à une vache qui jusque-là, bien nourrie, donne un lait renfermant 3 p. 100 de matière grasse, de fabriquer un lait qui dorénavant et de façon prolongée en contiendra 4 p. 100 ou même 3,5 p. 100. J'ajoute avec intention *de façon prolongée*, parce que les expériences de courte durée conduisent à des résultats trompeurs. La fonction laitière est d'une sensibilité extrême. Le moindre changement peut y causer un trouble momentané. Et il arrive souvent qu'à la suite d'une modification de la ration la teneur en matière grasse augmente ou diminue pendant quelques jours ou au plus pendant quelques semaines. Mais bientôt le lait reprend sa composition normale. Sous le rapport de la richesse butyreuse, l'influence de l'individualité pose pour ainsi dire une barrière infranchissable à celle de l'alimentation. Inutile de chercher, par une nourriture surabondante, à rendre le lait plus riche.

Quel est le rôle de l'alimentation sur la quantité du lait?

L'effet d'une alimentation intensive sur la quantité du lait est plus appréciable. Mais elle ne laisse pas d'être également restreinte. Si on augmente la ration d'une vache, d'ailleurs en état et bien nourrie jusqu'alors, la mamelle donne ordinairement un peu plus de lait. Mais si l'on tentait de mettre ce fait à profit en forçant davantage la ration, on constaterait que les suppléments de lait deviennent très vite de plus en plus faibles et même s'annulent. Comme conséquence, on verrait que très vite aussi le supplément de lait ne paie plus le supplément de nourriture, bien que cela dépende en partie évidemment du prix du lait.

Comme d'ailleurs la vache nourrie surabondamment ne peut transformer en lait qu'une fraction très réduite de l'excédent de nourriture, avec le surplus elle fabrique de la graisse et prend un embonpoint plus ou moins rapide. C'est là un résultat qui peut être utile quand on veut livrer les vaches à la boucherie en fin de lactation. Mais c'est un résultat détestable quand on doit les conserver pour la reproduction. Elles risquent de devenir moins fécondes, de donner des veaux mal développés, et en outre leur faculté laitière se trouve compromise. Les lactations ultérieures sont moins bonnes. Que de plaintes justifiées contre les vaches trop grasses exposées dans les concours de reproducteurs. Il est clair que l'éleveur proprement dit doit éviter l'alimentation surabondante pour les vaches. Celle-ci ne peut convenir qu'à des cas particuliers, par exemple pour les bêtes exploitées par les nourrisseurs dans les villes ou le voisinage immédiat des villes, là où le lait se vend très cher et où les vaches ne sont conservées que pendant une seule lactation.

Durant la mauvaise saison, on évitera aisément les inconvénients d'une alimentation intensive qui ne se réalisera guère que pour les bêtes peu laitières ayant vêlé depuis longtemps, ou bien encore pour les bêtes dont la mamelle est au repos complet pendant les derniers mois de la gestation. Il suffira de régler et au besoin de réduire la ration de ces vaches, de façon qu'elles se maintiennent seulement en état. A ce point de vue, dans les exploitations qui possèdent une bascule, on se trouvera bien de peser périodiquement les vaches. Les variations de poids vif donnent des indications précieuses sur l'état de nutrition des animaux et l'on peut modifier la ration en conséquence. L'alimentation intensive en hiver est d'ailleurs moins à craindre, parce qu'elle est beaucoup moins fréquente que l'alimentation parcimonieuse.

Quelle est l'influence d'une alimentation insuffisante sur la production laitière?

Par ailleurs, les vaches insuffisamment nourries présentent un état de nutrition qui laisse à désirer. Elles sont amaigries, affaiblies et disposées aux atteintes des maladies chroniques, en particulier de la tuberculose. L'avenir de la fonction laitière est en tout cas compromis. Les lactations successives deviennent rapidement moins bonnes. En un mot, la période de déclin apparaît prématurément.

Veiller à l'alimentation d'hiver qui, dans les conditions habituelles, est si souvent insuffisante, surtout pour les bêtes en pleine lactation ou venant de vêler ; proportionner cette alimentation à la faculté laitière des animaux, c'est du même coup éviter les inconvénients multiples que nous venons d'énumérer.

A côté de l'abondance des rations destinées aux vaches laitières, la composition de ces rations mérite aussi un examen attentif. Pour assurer le plein épanouissement de la fonction laitière, les rations ne doivent pas contenir seulement une somme suffisante de principes nutritifs, il faut encore que la nature de ces principes soit appropriée. A ce point de vue, la vache laitière a des exigences spéciales. Le lait contient des matières azotées, de la caséine surtout. Normalement, la mamelle fabrique la caséine à l'aide des matières azotées similaires (protéine) tirées des aliments. Les principes nutritifs non azotés, matières grasses ou sucrées, n'étant pas utilisables dans ce but, il importe que les rations renferment

Pâturage normand.

une quantité suffisante de protéine digestible. C'est à cette condition seulement qu'elles seront bien composées.

Qu'arrive-t-il si la ration ne renferme pas assez de matières azotées ? Quelque chose d'analogue à ce qu'on observe avec les rations parcimonieuses. Après avoir emprunté à l'organisme, pendant un temps plus ou moins long, une partie de la matière azotée qui fait défaut dans les aliments, pour former la caséine, la mamelle est forcée de restreindre sa sécrétion et de l'adapter à la richesse azotée de la nourriture. La production de lait baisse donc fatalement 1).

Il peut même se produire un phénomène singulier, du reste facile à prévoir. Si la ration, trop pauvre en protéine, contient par ailleurs un excédent de principes non azotés, gras et sucrés, l'organisme, tout en rétablissant l'équilibre azoté, tout en réduisant la sécrétion du lait, accumule de la graisse. L'animal est en très bon état, peut-être même plus gras qu'il ne conviendrait pour une vache laitière. On a ainsi des rations qui, suivant l'expression des praticiens, « poussent à la graisse » au lieu de « pousser au lait ». On aurait volontiers l'illusion que les animaux sont trop fortement nourris pour leur aptitude laitière. A vrai dire, l'alimentation est peut-être trop abondante, mais elle est sûrement mal composée. L'animal est trop nourri, mais il est mal nourri.

Il faut parer à cet inconvénient, et l'on y peut parer économiquement. Le remède consiste à compléter la richesse insuffisante des rations en azote en y ajoutant des aliments d'une haute teneur en protéine. Si l'on a soin de choisir dans ce but des aliments très azotés, c'est-à-dire des tourteaux oléagineux les plus riches en protéine, on n'aura besoin que de quantités faibles ou modérées de ces aliments pour relever suffisamment la teneur azotée des rations. On obtiendra ainsi une nourriture bien composée et sans dépense excessive.

Il n'y a pas, surtout pour les vaches qui ont vêlé en automne ou au début de l'hiver, de meilleure préparation au pâturage qu'une bonne nourriture à l'étable pendant la mauvaise saison. Quand des bêtes ayant reçu depuis des mois une alimentation parcimonieuse ou insuffisamment azotée sont

(1) Voy. *Tables de composition et de digestibilité des aliments destinés aux animaux domestiques*, par A. MALLÈVRE, dans l'*Agenda aide-mémoire agricole* de G. WERY.

mises au pâturage au printemps, sous l'influence de la meilleure nourriture combinée avec la vie au grand air, la fonction laitière reçoit comme un coup de fouet ; la mamelle sécrète plus de lait et un lait plus riche. On a quelquefois caractérisé ce phénomène bien connu en disant qu'il se produit un véritable « renouvellement » du lait, une sorte de rajeunissement de la fonction laitière, comme au moment du vêlage. Mais, il faut le noter, l'intensité du phénomène est due pour une bonne part au contraste qui existe entre l'alimentation antérieure défectueuse et l'alimentation nouvelle très riche. Il s'atténue dès lors fortement pour les vaches bien nourries en hiver, qui, placées au pâturage, fournissent encore dans la règle un peu plus de lait, mais souvent un lait qui n'est pas plus riche qu'auparavant. Il n'en est pas moins vrai qu'en fin de compte c'est en donnant constamment, régulièrement, une bonne nourriture en hiver qu'on obtient le plus de lait et le plus de beurre, même pendant la saison suivante au pâturage. L'action du pâturage au printemps, si puissante qu'elle soit, est incapable de compenser le mauvais effet d'une alimentation antérieure défectueuse.

Extrait du Bull. de la Soc. d'agr. de la Seine-Inférieure.

La vallée d'Abondance, dans la Haute-Savoie, dotée d'excellents herbages, est renommée pour ses vaches laitières.

VII

LA VACHE JERSIAISE

Par P. DIFFLOTH.

La population bovine des îles anglo-normandes dériverait de croisements effectués entre les types irlandais et germaniques ; l'analogie de ses caractères avec ceux des variétés irlandaises nous détermine à étudier ici les soins dont son élevage est l'objet.

Il est probable que les croisements entre la variété normande et celle de Jersey remontent aux temps qui ont suivi la conquête de l'Angleterre par les Normands ; on rencontre l'un et l'autre type craniologique, mais les sujets d'élite, objets d'une sélection attentive, sont tous du type irlandais qui leur assure une tête plus courte, plus élégante, analogue à celle du cerf.

La taille est réduite et la conformation offre peu de correction au point de vue du type de boucherie ; la poitrine est étroite et peu profonde. Les épaules saillantes et élevées laissent derrière elles une dépression ; l'échine est infléchie, le ventre volumineux, la croupe courte, oblique et pointue, mais ces proportions révèlent un animal particulièrement adapté à la fonction pour laquelle on l'a sélectionné : la production du lait. L'aspect général de l'ossature révèle la finesse et la légèreté ; la tête est petite, la gorge nette, les cornes fines et arquées en croissant, les oreilles minces.

Le cou, peu épais, présente souvent un bord supérieur concave (encolure de cerf) ; les membres sont fins, mais les aplombs réguliers, les épaules légères. Le développement des mamelles, le caractère doux et tranquille des sujets indiquent également une population laitière.

La peau, mince et souple, se montre partout avec une couleur orangée aux mamelles et aux orifices naturels, laissant présager une teneur élevée du lait en beurre.

La robe est variable : on y rencontre les nuances brune, fauve, roux, froment clair et gris, avec une atténuation de ton sur les membres et sous le ventre, et des renfoncements foncés qui donnent au pelage une apparence de velours.

Les sujets qui présentent les robes gris cendré clair tirant un peu sur le fauve sont considérés comme plus vigoureux et plus rustiques, mais la robe fauve est plus estimée au point de vue laitier, comme nous avons pu l'observer au cours de nos voyages à l'île de Jersey.

Autrefois, la robe pie-noire était assez répandue dans les îles anglo-normandes ; par sélection, on a éliminé ces robes à Jersey ; les îles de Guernesey et Aurigny présentent encore des spécimens de ce type.

Les vaches ont la mamelle large, non charnue, s'étendant régulièrement en avant et bien soutenue en arrière ; les trayons, de dimensions égales et de volume moyen, sont bien espacés ; les veines mammaires présentent sous la peau du ventre des saillies sensibles.

Dans son ensemble, la variété jersiaise est précoce : l'alimentation, réglée avec soin, comporte en hiver les betteraves, les rutabagas et les pailles. Le foin provenant du continent est peu employé à Jersey, à cause de son prix élevé : en été, les animaux vont au pâturage. La stabulation est réduite au minimum et les animaux peuvent sortir l'hiver, grâce à la douceur du climat.

Indépendamment de la sécrétion lactée très abondante, le caractère le plus spécial qui distingue les vaches jersiaises est la proportion élevée et la qualité du beurre extrait du lait.

Le beurre de Jersey est très ferme, d'une belle couleur et d'un goût délicat. On peut obtenir d'une jersiaise bonne laitière 18 à 20 litres après vêlage ; le rendement moyen journalier est d'environ 7 à 10 litres et s'élève entre deux vêlages à 1 800 ou 2 200 litres.

Pour obtenir 1 kilogramme de beurre, 15 à 16 litres suffisent. John Lawrence cite le cas d'une vache d'Aurigny qui, durant trois semaines, donna, à l'herbage, $5^{kg},500$ de beurre par semaine. Sir Williams Collings (de Guernesey) put observer une vache qui donna annuellement 179 kilogrammes de beurre pendant deux années, ce qui correspond à 4kg,500 par semaine. M. Priaulx constata également sur cinq vaches un rendement annuel de 160 kilogrammes, soit plus de 3 kilogrammes par semaine.

En général, les vaches de type commun fournissent par année 125 kilogrammes de beurre.

Les habitants de Jersey, trouvant dans le développement de ces facultés beurrières une source considérable de revenus, ont veillé avec un soin jaloux à la sélection et à la conservation de ce type bovin.

Pour empêcher tout croisement, l'entrée à Jersey de taureaux, vaches, génisses, quelle que soit leur provenance, est prohibée depuis longtemps.

Les animaux destinés à la boucherie arrivent presque toujours abattus ; dans le cas contraire, des règlements sévères ordonnent que les bovidés vivants, même ne faisant que transiter, soient conduits immédiatement aux abattoirs situés sur le port même.

Il existe un comité permanent, le *Comité des havres et chaussées*, spécialement chargé de l'initiative des mesures à prendre pour sauvegarder l'intégrité de la variété bovine et lutter contre toute influence néfaste, épizootique ou autre.

Les mesures édictées sont extrèmement rigoureuses : à la suite de l'épidémie de fièvre aphteuse qui sévit en France en 1902, l'importation des fourrages français fut même interdite.

A ces mesures d'ordre général s'ajoutent des prescriptions ayant pour effet de sélectionner la variété aux points de vue laitier et beurrier.

Le commerce du beurre dans l'île est d'ailleurs étroitement surveillé, les falsifications sont punies, la vente, sans licence spéciale, de margarine est prohibée, et tout beurre jersiais vendu ou exposé en vente doit porter le nom du fermier ou du fabricant et la lettre initiale de la paroisse. L'exportation du beurre est faible ; ce produit sert presque uniquement à la consommation locale.

La réputation universelle du bétail jersiais comme producteur de beurre a déterminé un actif mouvement d'exportation et les animaux se paient toujours un prix élevé.

En France, l'exportation de bovidés jersiais n'a jamais pris une grande importance ; les prix élevés (de 500 à 600 francs rendus sur place) et les difficultés d'acclimatement en sont les principales raisons.

C'est surtout dans le nord-ouest et dans le nord de la Bretagne que ces essais ont été tentés ; l'âge le plus favorable à l'adaptation est dix-huit mois.

On rencontre quelques jersiaises en Normandie, en Bretagne, aux environs de Saint-Malo notamment ; des tentatives de croisement ont été effectuées, et il existe plusieurs centres d'élevage assez importants, dans le Nord, aux environs de Lille, dans les Charentes, dans l'Ille-et-Vilaine, la Seine-Inférieure.

La vache jersyaise.

VIII

LES VACHES EN MONTAGNE

Par **F. de TSCHUDI.**

La saison de l'année qu'ils passent dans les Alpes est un beau temps, un temps bien précieux pour nos troupeaux. Si la grande cloche du voyage que l'on suspend au cou de la plus belle vache du village, et qui, au retour, fait entendre au loin sa voix argentine, se met inopinément à tinter par un beau jour de printemps, il y a sensation générale et mouvement marqué dans tout le bétail. Les vaches se rassemblent avec des bonds et des mugissements joyeux, et semblent attendre le signal du départ. Quand le moment est venu en effet, et que la plus belle bête porte, attachée à un ruban, la clochette bien connue, avec l'ornement obligé d'un grand bouquet entre les cornes ; quand le cheval de somme est chargé de la chaudière à fromage et des provisions, et que les bergers en grande tenue roulent dans leur gosier les longs refrains suisses, il faut voir alors l'empressement, la joyeuse humeur avec lesquels ces bons animaux se rangent en ordre de départ et marchent à la file vers le sentier des montagnes. Souvent les vaches laissées exprès dans la vallée entreprennent seules et à leurs risques et périls le voyage lointain et vont rejoindre leurs compagnes. Et, en effet, quand le temps est beau, rien n'est plus agréable pour une vache que le séjour des grands pâturages. Le soleil ne la brûle pas comme dans la vallée, et de détestables insectes ne troublent pas son sommeil de midi. L'air pur et vif y est bien préférable aux chaudes vapeurs de l'étable, et le mouvement, la liberté de manger à toute heure et de choisir dans le gazon l'herbe préférée, les jeux et les sauts avec « ses compagnes cornues », tout contribue à donner plus de vigueur et de vie à la vache des montagnes. La nourriture de l'étable, si excellente à d'autres égards, lui cause souvent des maladies inconnues dans l'existence toute primitive du chalet (1).

On pense, avec raison, que le bétail des hautes montagnes est plus intelligent, plus vif que celui des plaines, car la vie naturelle qu'il y mène est beaucoup plus favorable au développement de son instinct ; l'animal, chargé presque complètement du soin de sa conservation, devient plus attentif, plus prévoyant ; il acquiert de la mémoire et de la vigilance. La vache des Alpes connaît tous les buissons, toutes les flaques d'eau de son domaine ; elle sait où elle trouvera le meilleur gazon ; elle se souvient de l'heure où elle doit rentrer au chalet pour y donner son lait ; elle reconnaît la voix du berger qui l'appelle et s'en approche familièrement ; elle distingue le moment où elle recevra son sel de celui où elle va à l'abreuvoir ou bien à l'étable. Elle s'aperçoit aussi de l'approche des orages, connaît fort bien les plantes qui ne lui conviennent pas, dirige et protège son jeune veau et évite avec soin les endroits dangereux. Ceci toutefois ne lui réussit pas toujours : la faim la pousse souvent sur un terrain gras et glissant et, pendant qu'elle penche la tête pour prendre l'herbe qui la tente, le sol se met à fuir sous ses pas et l'entraîne vers l'abîme ; dès qu'elle s'aperçoit qu'elle ne peut pas se tirer d'affaire toute seule, elle se couche sur le ventre, ferme les yeux et se résigne philosophiquement à son sort, qui la pousse quelquefois jusqu'au fond du redoutable précipice ou la fait échouer à temps contre une racine d'arbre où elle se tient jusqu'à ce que le fruitier la découvre et vienne à son secours.

Le bétail peut encore moins prévoir et éviter la chute des pierres ou des quartiers de roc qui en tuent chaque année. Mais c'est surtout sur les montagnes que se développe dans nos troupeaux le sentiment de l'honneur qui doit revenir au plus fort, car ils maintiennent sévèrement dans leurs rangs une certaine discipline connue et respectée de tous. Ainsi, ce n'est pas seulement à la plus belle, mais à la plus forte que revient le droit de porter la grande cloche du voyage, et à

(1) Voy. *Les Alpes françaises*, par A. FALSAN, 1892. (Librairie J.-B. Baillière et fils.)

chaque pérégrination elle prend fièrement, en tête du défilé, la première place qu'aucune bête du troupeau n'oserait lui disputer. Après elle, viennent immédiatement les plus fortes têtes qui composent une espèce de garde du corps ou d'état-major de la troupe.

Quand une nouvelle vache fait son entrée dans le pâturage du chalet, elle doit subir avec chacune de ses compagnes une espèce de duel à cornes, d'après lequel on lui fixe son rang dans la procession. A force égale, le combat devient souvent singulièrement opiniâtre et long ; pendant des heures entières, aucun des deux animaux ne veut céder à l'autre les honneurs du champ de bataille. La première vache, en vertu de son privilège, se charge aussi du devoir de conduire le troupeau au pâturage et de le ramener chaque soir au chalet, et l'on a souvent remarqué que, si on lui enlève ses fonctions pour les donner à une autre, elle se jette dans une mélancolie presque inguérissable et peut même tomber sérieusement malade.

C'est surtout quand il s'agit de prévoir ou de repousser les attaques des animaux sauvages, et en particulier des ours, encore très fréquents dans les Alpes méridionales, que notre bétail des montagnes déploie toute la finesse de son instinct et tout son courage. Si un ours s'approche doucement et en sournois, comptant sur ses larges et molles pattes pour n'éveiller aucun bruit, les vaches, sentant de loin la venue du meurtrier, se réunissent en mugissant et courent vers le chalet ; ou, si elles sont attachées, elles secouent leurs chaînes avec tant de violence que leurs gardiens ne peuvent manquer de les entendre et d'arriver à leur secours. C'est toujours par derrière que les carnassiers cherchent à commencer l'attaque, parce que même la jeune génisse sait faire usage de ses cornes contre l'agresseur. Si un ours réussit à abattre une vache et à la déchirer, le reste du troupeau, au lieu de se disperser, se réunit soudain autour du ravisseur, contemple son repas sanglant, la tête baissée, les cornes en avant : il témoigne de son horreur en soufflant dans ses naseaux et en poussant de temps en temps des mugissements étouffés. Aussi l'ours n'aime pas à prolonger un festin aussi peu tranquille et ne s'attaque pres-

que jamais à une seconde vache. Par la pluie ou un épais
brouillard, le bétail ne sent plus aussi bien l'approche de

Pâturage en montagne.

l'ennemi, et l'on a vu, en pareil cas, des ours le suivre de
très près, tourner autour des étables, et même tuer et em-

porter un bœuf, sans que les autres bêtes manifestassent
la moindre inquiétude.

Malgré la familiarité et la bonne harmonie qui règnent
d'ordinaire entre le pâtre et son troupeau et l'obéissance
avec laquelle chacune des vaches répond à l'appel de son nom,
il y a pourtant presque chaque été des heures de complète
anarchie, où le fruitier n'est plus le maître et ne sait plus
comment rétablir son autorité; nous voulons parler des orages
nocturnes, qui sont des heures terribles et funestes pour les
habitants de nos hautes montagnes. Le bétail rassemblé pour
la nuit autour du chalet, les pâtres fatigués de la chaleur
du jour, tout repose et jouit du premier sommeil, quand
l'horizon s'éclaire tout à coup et les champs de neige du voisinage paraissent par moments comme inondés d'une lave
brûlante. — Autour des sommets se ramassent de pesantes
nuées noires, et du côté du couchant des nuages jaunâtres,
déchirés à chaque instant par la foudre, tournoient, disparaissent et reviennent, chassés par le vent. Dans la profondeur, la plaine sombre et noire est plongée dans un silence
absolu. Les vaches s'éveillent et commencent à s'inquiéter :
des bouffées d'un vent chaud balaient les cimes des rochers
et agitent doucement les buissons de rhododendrons et les
têtes des sapelots. Les eaux des glaciers, s'éveillant, prennent
un murmure plus profond ; le lointain s'anime, il fait entendre le bruit sourd du tonnerre. Il y a un grand nombre de com-
bats dans l'atmosphère, et les sommets des Alpes s'éclairent
à chaque minute de reflets plus rougeâtres et plus effrayants.
Les vaches se lèvent, se rapprochent les unes des autres;
leur conductrice donne le signal en mugissant, et le troupeau
se ramasse autour du chalet; une chaleur étouffante pèse
sur les hauts plateaux; quelques lourdes gouttes de pluie tombent obliquement sur le toit où dorment encore les bergers.
Tout à coup, un des nuages les plus rapprochés laisse
échapper la foudre, un serpent de feu sillonne le
rocher et semble mordre les yeux de son soufre enflammé;
une détonation claire et terrible le suit; tous les nuages s'éclairent et tourbillonnent, les coups de tonnerre s'accumulent, le
ciel gémit, la cabane chancelle, la montagne tremble, et une

grêle épaisse descend sur le pâturage en longues lignes blan-
châtres. Les animaux, blessés et furieux, semblent pris de folie ;
la queue en l'air, les yeux fermés, ils s'enfuient dans la direction du vent et se dispersent au loin en mugissant ; les bergers, à demi nus, réveillés en sursaut, mettant les seaux à
lait sur leur tête pour se préserver des grêlons, se précipitent
dans la troupe effrayée, les appelant, criant, « yolant », et
invoquant la Vierge et tous les saints. Mais le bétail éperdu
n'entend et ne voit rien ; mugissant, gémissant, beuglant dans
les tons les plus expressifs et les plus lamentables, il court
toujours en aveugle et droit devant lui, sans craindre les
abîmes et les précipices ; aussi est-ce bien réellement une
heure d'effroi et souvent de grand malheur pour le vacher.
Il ne sait plus à quel moyen avoir recours et lui-même a
grand'peine à se guider : tantôt une nuit profonde, tantôt
une clarté éblouissante l'environne ; les grêlons frappent
violemment sur le seau de bois qui protège sa tête, blessent
ses jambes et ses bras nus, et tous les éléments sont dans un
si grand désordre qu'il ne sait comment y échapper.

Enfin, il est parvenu à calmer et à réunir une partie de son
bétail ; le vent a chassé au loin les nuages dangereux, la grêle
s'est changée en pluie, et les vaches, reprenant le chemin du
chalet, s'y rassemblent, plongeant jusqu'aux genoux dans un
mélange d'eau, de grêle et de boue ; mais, quand on fait le
compte du troupeau, il y manque un ou deux des plus beaux
animaux. Quand l'orage s'annonce un peu à l'avance, les
fruitiers se hâtent de rassembler le troupeau autour d'eux ;
le coup d'œil qu'il présente alors est des plus curieux : une
fois que la tempête a commencé, les pauvres bêtes tremblent
de tout leur corps ; les yeux fixes et la tête basse, elles
écoutent les bergers, qui vont de l'une à l'autre, flattant,
parlant, caressant, les encourageant ; et sous le charme de
ces paroles, elles supportent sans bouger de place les coups
les plus violents du tonnerre et les grêlons les plus aigus. Il
semble que ces animaux se croient à l'abri du danger tant
qu'ils entendent la voix de leur berger.

Extrait de Les Alpes. (Treuttel et Wurtz.)

Lectures agricoles.   21

IX

LE JOUG

Par **G. COUPAN**,
Chef de laboratoire à l'Institut national agronomique.

Les bovidés sont ordinairement attelés par paires ; on réunit les deux animaux au moyen du *joug couplant* placé sur le front, sur la nuque ou sur le garrot. Ce procédé d'attelage est fort ancien. Dans les pays de culture avancée, où les bovidés sont toujours bien dressés, les jougs sont relativement courts, leur longueur étant telle, cependant, que les animaux ne se gênent pas mutuellement. Au contraire, dans les pays où la culture est primitive et où les animaux sont mal dressés, les jougs sont beaucoup plus longs, afin que les irrégularités d'allure se traduisent d'une façon moins sensible sur les véhicules ou machines remorqués (1).

Le joug couplant est un harnais peu coûteux, mais qui, en les solidarisant trop, occasionne une gêne réelle pour les animaux, en les obligeant à prendre une attitude fatigante, qui ne leur permet pas toujours de développer intégralement l'effort qu'ils sont capables de produire. C'est surtout pendant les travaux de labour que l'attitude des animaux accouplés au joug est défectueuse : les deux bovidés marchant à des niveaux différents, l'un sur le guéret, l'autre dans la raie, sont obligés d'incliner latéralement la tête. Un autre inconvénient reproché au joug est d'exiger que les deux animaux ainsi couplés agissent toujours simultanément, sans quoi les efforts cessent d'être parallèles et ont une résultante inférieure à leur somme.

Tous ces reproches sont fondés ; il ne faut cependant pas en exagérer l'importance, et la question est de savoir si les remèdes proposés sont compatibles avec le mode d'exploitation le plus économique des bovidés considérés comme moteurs.

Certaines personnes préconisent le collier, comme pour

(1) Voy. *Moteurs agricoles*, par G. Coupan (*Encyclopédie agricole*).

les équidés ; ce mode d'attelage offre incontestablement l'avantage de laisser aux bœufs une entière liberté d'allure, et permet même d'obtenir un effort plus élevé que l'attelage au joug. Par contre, le collier expose les bovidés à de fréquentes blessures de l'encolure, qui sont une cause de souffrance et d'amaigrissement. De plus, la vie de travail des bovidés est nécessairement d'une durée fort limitée, surtout si on exploite les animaux dans des conditions de progrès qui exigent le

Un attelage de bœufs au joug couplant.

fréquent renouvellement du bétail. La durée des harnais est plus longue, et, à moins de les réformer avant leur usure, il faut bien les faire servir successivement à des animaux pour lesquels ils n'avaient point été faits. Le collier de bovidé devrait donc être une sorte de selle à tous chevaux. Ce n'est pas possible, et l'on ne peut arriver qu'à se servir de colliers mal ajustés, à moins de faire chaque fois la dépense d'un ajustement nouveau. Enfin, le harnais complet coûte cher.

Il faut donc améliorer le joug, mais ne pas chercher à le remplacer par le collier. Dans le but de laisser aux animaux un peu plus d'indépendance qu'avec les jougs doubles de fabrication courante, on a construit des jougs articulés, formés de deux jougs simples montés à articulation aux deux extrémités d'une traverse; ils manquent de solidité et n'obvient pas au défaut de simultanéité des efforts.

Il est préférable d'avoir recours au *joug frontal simple*, appelé aussi *jouguet*, qui est employé depuis longtemps en Allemagne, et même dans certaines parties de la France; c'est un appareil peu coûteux et qui permet d'utiliser, dans les meilleures conditions possibles, la puissance musculaire du bœuf. Le jouguet se compose d'une plaque en bois, assez épaisse et cintrée, renforcée en avant par une bande métallique terminée, de chaque côté, par des crochets qui servent à fixer les traits; il est rembourré à sa partie interne. Une fois placé sur le front de l'animal, on le maintient à l'aide de courroies qui entourent les cornes et qu'on serre avec des boucles, ou par tout autre système d'accrochage. On complète utilement ce harnais par une sous-ventrière, qui supporte les traits en arrière et empêche l'animal de s'y embarrasser les pieds; on peut aussi le combiner avec un harnais de halage, ou encore avec une sellette à dossière et une avaloire, pour atteler entre les brancards. Les bovidés sont alors reliés, aux machines qu'ils remorquent, par des palonniers et des balances, comme s'il s'agissait de chevaux; ils ont ainsi une complète liberté d'allure, et il n'est pas besoin de modifier les véhicules ou les machines pour y atteler à volonté des bœufs ou des chevaux; des bœufs harnachés au jouguet peuvent actionner les faucheuses et les moissonneuses.

Lorsque plusieurs bovidés attelés au joug frontal simple sont placés en file, les traits des animaux placés en avant ne doivent pas être accrochés aux jougs de ceux qui les suivent, mais à un anneau des traits, de façon que l'effort exercé par les premiers n'oblige pas les suivants à baisser la tête; les harnais bien conditionnés sont d'ailleurs pourvus d'une chaîne courte reliée au trait en un point convenable, et à laquelle on fixe les traits de l'animal précédent.

La vache vendue.
D'après le tableau de Sicard.

X

LA VACHE VENDUE

Par Hector MALOT.

Ceux-là seuls qui ont vécu à la campagne avec les paysans savent ce qu'il y a de détresses et de douleurs dans ces trois mots : « vendre la vache ».

Pour le naturaliste, la vache est un animal ruminant ; pour le promeneur, c'est une bête qui fait bien dans le paysage lorsqu'elle lève au-dessus des herbes son mufle noir humide de rosée ; pour l'enfant des villes, c'est la source du café au lait et du fromage à la crème ; mais pour le paysan c'est bien plus et mieux encore. Si pauvre qu'il puisse être et si nombreuse que soit sa famille, il est assuré de ne pas souffrir de la faim tant qu'il a une vache dans son étable. Un enfant promène la vache le long des chemins herbus là où la pâture n'appartient à personne, et, le soir, la famille entière a du beurre dans sa soupe et du lait pour mouiller ses pommes de terre; le père, la mère, les enfants, les grands comme les petits, tout le monde vit de la vache.

Nous vivions si bien de la nôtre, mère Barberin et moi, que jusqu'à ce moment je n'avais presque jamais mangé de viande. Mais ce n'était pas seulement notre nourrice qu'elle était, c'était encore notre camarade, notre amie, car il ne faut pas s'imaginer que la vache est une bête stupide, c'est au contraire un animal plein d'intelligence. Nous caressions la nôtre, nous lui parlions, elle nous comprenait, et de son côté, avec ses grands yeux ronds pleins de douceur, elle savait très bien nous faire entendre ce qu'elle voulait ou ce qu'elle ressentait. Enfin, nous l'aimions et elle nous aimait.

Pourtant, il fallait s'en séparer, car c'était seulement par la « vente de la vache » qu'on pouvait satisfaire Barberin.

Il vint un marchand à la maison et, après avoir bien examiné la Roussette, après l'avoir longtemps palpée en secouant la tête d'un air mécontent, après avoir dit et répété cent fois qu'elle ne lui convenait pas du tout, que c'était une vache de pauvres gens qu'il ne pouvait pas revendre, qu'elle n'avait pas de lait, qu'elle faisait du mauvais beurre, il avait fini par dire qu'il voulait bien la prendre, mais seulement par bonté d'âme et pour obliger mère Barberin qui était une brave femme.

La pauvre Roussette, comme si elle comprenait ce qui se passait, avait refusé de sortir de son étable et elle s'était mise à meugler. « Passe derrière et chasse-la », m'avait dit le marchand en me tendant le fouet qu'il portait passé autour de son cou. « Pour ça non », avait dit mère Barberin. Et, prenant la vache par la longe, elle lui avait parlé doucement : « Allons, ma belle, viens, viens ».

Et Roussette n'avait plus résisté. Arrivé sur la route, le marchand l'avait attachée derrière sa voiture et il avait bien fallu qu'elle suivît le cheval. Nous étions rentrés dans la maison,... mais longtemps encore nous avons entendu ses beuglements.

Extrait de Sans famille. (Hetzel.)

XI

LE MOUTON BERRICHON

Par P. DIFFLOTH.

La race ovine du bassin de la Loire, dont fait partie le mouton berrichon, occupe une aire géographique étendue et le nombre élevé de ces populations isolées témoigne d'un habitat très développé aux époques passées.

Les moutons du bassin de la Loire ont dû en effet rétrograder sous la pression des mérinos; ils se sont maintenus dans les régions où l'humidité ne permettait pas d'élever avec profit cette dernière race. Il semble établi que les ovidés du type du bassin de la Loire peuplaient autrefois la France centrale et septentrionale et certains districts de l'Angleterre.

Ces moutons jouissaient autrefois d'une grande réputation, et l'élevage ovin du Berry était justement célèbre. Partie d'un centre originaire placé dans le Berry, cette race s'est peu étendue vers le sud où elle est entrée en concurrence avec la race du Plateau central, mais sa facile accommodation aux variétés de terrains et de climats lui a permis de gagner davantage vers le nord. Son expansion a été arrêtée vers le nord par la concurrence des races du Danemark et des Pays-Bas, vers le nord-est par la race germanique, vers l'est par les montagnes de la Suisse, vers l'ouest par la mer; une petite tribu s'est néanmoins établie dans le pays de Galles (1).

L'importation des mérinos et l'extension de leur élevage devaient déterminer une dépression sensible de l'exploitation des moutons du bassin de la Loire. Les mérinos, d'une exploitation plus rémunératrice, ont remplacé ces ovidés, comme on

____

(1) Voy. *Moutons, Chèvres, Porcs*, par P. DIFFLOTH (*Encyclopédie agricole*). — *Agronomes et éleveurs*, par L. LÉOUZON, 1905. — *Le mouton*, par L. LÉOUZON, lauréat de la Société nationale d'agriculture, 1905. (Librairie J.-B. Baillière et fils.)

l'a constaté en Champagne, Bourgogne, Beauce, Brie, Orléanais. Même dans son habitat particulier, des croisements southdown ont paru un certain temps compromettre l'intégrité du type, mais la race du bassin de la Loire s'est maintenue néanmoins prospère et nombreuse.

Les éleveurs de l'Indre ont su profiter des avantages présentés par la population ovine cantonnée sur la Champagne berrichonne, d'une nature géologique toute spéciale. Les moutons berrichons de l'Indre étant des petits animaux très estimés par la boucherie et très rustiques, des tentatives d'amélioration mal définies réussirent à un certain moment à modifier le type indigène par la création de métis dishley, charmois, mérinos. Les éleveurs résolurent judicieusement de revenir à la race originaire par sélection pure, sélection tout à la fois conservatrice quant au type et progressive quant à la précocité et aux rendements à la boucherie.

Nourris avec les résidus industriels (1), les berrichons arrivent à peser 50 à 80 kilogrammes et rendent 50 p. 100 à la boucherie. La saveur de la viande est très délicate et leurs petits gigots recherchés des consommateurs parisiens.

Des infusions de sang anglais ont été pratiquées dans ces populations ovines : afin de conserver la blancheur de la toison de la tête et des membres, tout en améliorant la conformation, on utilise les béliers kent ou dishley.

Les métis southdown et berrichons se rencontrent également et sont reconnaissables à la coloration grise de leur face et de leurs membres. On utilise principalement les béliers southdown à produire avec les brebis berrichonnes des premiers métis qui s'engraissent aisément et trouvent un débouché rémunérateur sur les marchés des grandes villes.

La variété berrichonne semble présenter une puissance héréditaire atavique particulière qui ferait de ces ovidés le type des bons raceurs.

Au xviiie siècle, une épidémie fit périr tous les troupeaux de la Champagne ; pour reconstituer l'élevage, on dut aller cher-

(1) Voy. *Les résidus industriels utilisés par l'agriculture*, par COLLIN et PERROT, 1905. (Librairie J.-B. Baillière et fils.)

cher en Sologne des reproducteurs ; le lainage poilu et grossier
de ce dernier type disparut rapidement dans les croisements
avec les survivants des troupeaux champenois d'origine berrichonne, et en peu d'années les produits présentèrent une
laine aussi fine et aussi élastique que celle de la variété pure.

Moutons berrichons.

La race ovine berrichonne offre donc une aptitude particulière à ramener toutes les variétés au type berrichon.

A conditions égales, dans le croisement et le métissage
avec les variétés anglaises southdown, kent, dishley, la
variété berrichonne transmet aux métis la plus grande partie
de ses caractères de race : ossature, saveur de la chair, rusticité ; toutefois certains caractères secondaires, la pigmentation
du southdown, par exemple, se retrouvent à peu près dans les
croisements berrichons.

21.

XII

LA FOIRE

Par A. VERMENOUZE.

Une foire aux chevaux dans le Nord.

Les blouses aux grands plis cassés et métalliques,
Houleuses sous le vent, se gonflent. Le *foiral*
Semble une mer d'azur que fouette le mistral
Et, pareils à la voix des flux mélancoliques,

Les rumeurs de la foule et ses bruits babelliques
Déferlent comme un flot et d'amont et d'aval.
Ici beugle un taureau ; là-bas passe un cheval ;
Un peu plus loin, des porcs boueux et faméliques

Vous vrillent le tympan de leurs cris agressifs,
Et d'hirsutes baudets aux babines hilares
Dégorgent dans le ciel leurs fougueuses fanfares,

Tels des rires géants aux éclats progressifs.
Des cabris pantelants aux étaux s'amoncellent,
Et des pleurs encor chauds de leurs yeux morts ruissellent.

Le centre du *foiral* n'est qu'un vaste troupeau
Rouge de bœufs pesants et de vaches laitières
A qui la bouse verte et molle des litières
Met des cuissards de bronze écailleux sous la peau.

. . . .

On discute, on pleurniche, on crie, on vocifère.
— Vous, vous êtes un juif! — Vous, vous n'êtes pas franc!
Et l'on discute un gros quart d'heure pour un franc.

Extrait de En plein vent. (Stock.)

Une foire dans les Landes.

X

HYGIÈNE DE LA FERME

I

LES BOISSONS ET L'EAU POTABLE

Par **P. REGNARD**,
Directeur de l'Institut national agronomique,

et **P. PORTIER.**

Nous éliminons continuellement de l'eau : par le rein et par la sueur, à l'état aqueux ; par le poumon et par la perspiration cutanée, à l'état de vapeur. La quantité totale d'eau éliminée par ces différentes voies varie dans d'assez grandes limites, mais elle est en moyenne de 2 à 3 litres par vingt-quatre heures.

Les aliments nous apportent une quantité d'eau très notable ; il s'en forme d'autre part dans nos tissus sous l'influence de l'oxydation des matières alimentaires ; mais ce double apport ne comble pas le déficit produit par les pertes que nous venons d'énumérer : il faut donc de toute nécessité qu'à côté de nos aliments solides nous ingérions des boissons.

Il est important de boire en quantité suffisante afin de faciliter l'élimination par le rein des déchets ou des principes toxiques qui prennent naissance dans l'organisme pendant le fonctionnement de nos organes (1).

A quel moment faut-il boire ? Il faut boire d'abord pendant les repas : une sensation impérieuse de soif nous y oblige ; mais il est très nuisible de boire trop à ce moment; nous diluons, en effet, par cet excès, nos sucs digestifs qui agissent avec moins d'activité pour transformer nos aliments, nous

---

(1) Voy. *Hygiène de la ferme*, par REGNARD et PORTIER (*Encyclopédie agricole*). — *Hygiène rurale*, par IMBEAUX et ROLANTS.

surchargeons notre estomac où, déjà, il a fort à faire.

Nous ne devons donc guère dépasser deux verres de liquide au cours de chaque repas ; le supplément de boisson sera pris lorsque la digestion sera terminée, c'est-à-dire vers 5 heures du soir et vers 9 heures ou 10 heures, avant le coucher.

Celui qui produit beaucoup de force vive augmente en même temps la perte d'eau de ses tissus par la sueur et la transpiration ; il va de soi que la quantité de liquide ingérée devra croître dans les mêmes proportions.

Que faut-il boire ? L'eau pure suffit à apaiser la soif ; l'exemple de nombreux individus, de populations entières, suffit à le prouver. Que l'eau soit utilisée pure, qu'elle le soit sous forme d'infusions aromatiques (thé, café), qu'elle serve à la fabrication de boissons fermentées, comme le cidre ou la bière, elle est d'un usage général.

La question de l'eau potable est une grave question, étant donnée l'importance de l'eau dans les besoins alimentaires. Non pas que ce liquide soit un aliment au même titre que le pain ou la viande. L'eau ne permet pas à nos muscles de faire du travail, elle ne permet pas à notre organisme de faire de la chaleur, ni aucune matière de réserve comme la graisse ; mais elle n'en est pas moins indispensable parce que nos aliments contiennent une quantité d'eau insuffisante pour satisfaire aux besoins de l'évaporation pulmonaire et cutanée et de la sécrétion rénale, et ensuite parce qu'elle doit apporter avec elle certains sels qui existent en quantité insuffisante dans nos aliments, les sels de chaux par exemple. Il semble bien, en effet, que l'insuffisance de la « minéralisation » de l'eau dans certaines contrées granitiques soit la cause principale du rachitisme qui atteint les populations de ces pays.

Si les eaux destinées aux usages domestiques doivent être assez minéralisées, il ne faut pas qu'elles le soient trop. On sait en particulier qu'une eau trop chargée en sulfate de chaux (eau séléniteuse) cuit mal les légumes et est impropre au savonnage, parce qu'elle forme avec le savon des grumeaux insolubles d'oléate de calcium. Une bonne eau de boisson doit contenir de 0^{gr},150 à 0^{gr},350 de matières minérales par litre. Elle doit de plus être limpide, fraîche, contenir peu ou pas de matières organiques, et seulement une faible quantité de bactéries parmi lesquelles il ne doit pas s'en trouver de pathogènes. Miquel considère comme très pure au point de vue bactériologique une eau qui renferme de 0 à 100 bactéries par centimètre cube, comme pure une eau qui en renferme de 100 à 1 000, comme médiocres et inutilisables celles qui en renferment un plus grand nombre.

Une eau peut être d'une limpidité absolue et cependant renfermer des germes pathogènes qu'une analyse appropriée pourra seule révéler. Les maladies qui se transmettent le plus habituellement par l'eau de boisson sont la fièvre typhoïde, le choléra et la dysenterie.

De ces trois affections, la plus redoutable pour nous, par sa fréquence, c'est la fièvre typhoïde. Le bacille d'Eberth, qui la produit, vit bien et se conserve longtemps dans l'eau ; il suffit qu'une source ait été contaminée à son point d'émergence par les déjections d'un malade pour qu'elle aille répandre la maladie à des centaines de kilomètres en aval. C'est ce qui est arrivé à plusieurs reprises pour les eaux qui alimentent Paris, notamment pour la Vanne. Mais c'est surtout par les infiltrations provenant des fosses d'aisance et des puisards que les épidémies éclatent dans les petites agglomérations.

Que de fois a-t-on vu une personne rapporter la fièvre typhoïde d'un voyage ! Elle est soignée chez elle et ses déjections sont jetées, sans traitement à la chaux ou au chlorure de chaux, dans une fosse non étanche. Toutes les personnes de la maison n'en continuent pas moins à boire l'eau d'un puits situé dans le voisinage et, douze ou quinze jours après, éclate une épidémie qui décime ou anéantit la famille.

En outre de ces affections microbiennes, il est d'autres maladies parasitaires qui peuvent être transmises par l'eau, surtout par l'eau stagnante. Ces parasites parviennent à leur entier développement dans l'intestin, et ils sont incommodes et même dangereux à plus d'un titre.

On voit, par ce court aperçu des maladies transmissibles par l'eau de boisson, quelle est l'importance, pour une agglomération d'individus, d'être approvisionnée d'eau pure en quantité toujours suffisante.

II

LES EAUX DE PUITS

Par **F. DIENERT,**
Docteur ès sciences.

Un des plus graves problèmes qui se posent à propos des eaux potables, c'est celui de redonner la potabilité à une eau quand on a éliminé la cause de suspicion.

Certaines eaux sont très chargées en sels dans quelques gisements géologiques. On ne peut leur redonner une composition minérale moindre qu'à la condition de les traiter chimiquement.

Rendre une eau potable quand on a supprimé les causes de contamination n'est pas un problème très commode par lui-même. Souvent la contamination, quoique se produisant depuis longtemps, ne commence à se manifester qu'après plusieurs années ; de telle sorte qu'une grosse partie du sol est infectée. Supprimer à un moment donné les infiltrations de la surface (fosses d'aisances ou purin) ne rendrait pas l'eau potable immédiatement.

Il est enfin une autre contamination, mais passagère : elle résulte de l'introduction brusque, dans l'eau du puits non couvert, d'un élément de contamination, comme un animal tombé accidentellement.

Suivant ces divers cas, il faudra employer différents moyens (1).

Premier cas. — L'infiltration de la fosse d'aisances ou du jus de purin se fait par la maçonnerie même du puits.

La première opération consiste à pomper l'eau du puits et à curer son fond de façon à faire arriver dans le puits de l'eau

____

(1) Voy. *Hydrologie agricole*, par F. Dienert (*Encyclopédie agricole*). — *L'art de découvrir les sources et de les capter*, par Auscher. (Librairie J.-B. Baillière et fils.)

non contaminée. On y verse ensuite de l'eau de brome, oxydant énergique des matières organiques. Cette substance pénètre en partie dans le sol et brûle les substances suspectes provenant de l'infiltration. On recommande de verser de *20 à 50 grammes* de brome par mètre cube d'eau contenu dans le puits et à laisser agir cette substance pendant au moins huit jours. Il sera même utile, si la contamination est très sérieuse, de laisser cette eau bromée en contact pendant un temps supérieur, pendant environ quinze jours.

Après ce temps, l'eau est pompée plusieurs jours de suite jusqu'au moment où l'eau de brome a disparu.

Deuxième cas. — L'infiltration de la fosse d'aisances ou du jus de purin se fait à plusieurs mètres en amont du puits.

C'est un cas très fréquent. Pour améliorer la qualité des eaux, on emploie également ici l'eau de brome. On a soin de l'employer à dose plus grande, car il va falloir chasser cette substance dans le sol jusqu'au point de contamination. On introduit dans le puits 20 grammes de brome par mètre cube d'eau qu'on chasse ensuite dans le sol au moyen d'une charge d'eau contenant 20 milligrammes de brome par litre. Cette opération dure huit jours. Après ce temps, on laisse les eaux se reposer pendant huit autres jours. Puis on pompe l'eau du puits jusqu'au moment où elle ne contient plus trace de brome.

Troisième cas. — En cas de chute d'un animal quelconque, pour éviter le curage du puits on recommande, après avoir enlevé l'animal mort, d'introduire dans le puits soit un mélange d'acide phénique et d'acide sulfurique, soit un mélange de permanganate et d'acide sulfurique.

Les doses à employer sont :

Permanganate de potasse......... 200 grammes.
A. sulfurique................... 100   —

ou bien encore :

A. phénique............. .... 200 grammes.
A. sulfurique........ 100   —

Après un repos de quatre à cinq jours, on pompe jusqu'au moment où les eaux ne sont plus acides.

Ces différents moyens réussissent tant que la contamination n'est pas excessive. On doit toujours les tenter quand on veut essayer de rendre potable un puits donnant des eaux malsaines.

Mais, quand ces moyens ont échoué, il faut s'astreindre à creuser un autre puits dans un endroit susceptible d'être peu contaminé.

Le puits.

D'après le tableau de Mme E. Leuze-Hirschfeld.

III

LA MARE

Par **P. REGNARD** et **P. PORTIER**.

Pour créer une mare, il suffit de creuser une simple dépression, de grandeur appropriée aux besoins de l'exploitation. On imperméabilise le fond au moyen de ciment ou de béton; l'eau de pluie alimente la masse d'eau qui remplit la dépression. Dans certains pays, construits sur une couche de terrain imperméable, sur une couche d'argile par exemple, on rencontre de place en place des mares naturelles ou artificielles, et ici il existe toute une gamme entre la vraie mare aux rives empierrées et dépourvues d'herbages et les simples trous remplis d'eau et encombrés de mille plantes aquatiques.

L'eau de la mare est une eau toujours très impure; elle a ruisselé sur les terrains avoisinants où elle s'est contaminée; elle est constamment polluée par les déjections des animaux qui la fréquentent. La mare est utile, indispensable même dans les exploitations qui sont éloignées de tout cours d'eau, mais il ne faut point oublier que c'est un pis-aller.

En tout cas, la mare sera bien tenue; il faut entendre par là qu'elle sera curée assez souvent (une fois par an au moins), que ses bords seront empierrés ou cimentés, qu'on n'y trouvera aucune plante aquatique non plus que sur le fond.

Pourquoi cette dernière prescription? C'est afin que la mare ne puisse pas héberger certains mollusques, sortes d'escargots aquatiques à spirale allongée qu'on appelle des *Limnées*, mollusques qui se nourrissent aux dépens de plantes aquatiques. Et pourquoi cette terreur des Limnées?

Il existe une maladie du mouton, fréquente surtout dans les pays marécageux et désignée par les vétérinaires sous le nom de *pourriture* ou de *cachexie aqueuse*. L'autopsie des animaux qui ont succombé à cette affection montre que c'est

le foie qui est atteint. Il est augmenté de volume, d'une couleur souvent anormale ; sa dissection montre que les canaux
biliaires sont élargis et qu'ils contiennent à leur intérieur des
sortes de vers aplatis, foliacés, jaunâtres, d'une longueur
qui peut varier de 1 centimètre à 3^{cm},5 suivant l'espèce
à laquelle appartient le parasite et aussi suivant son âge.
C'est le Distome. Ces vers vivent dans les canaux biliaires
du mouton et se rencontrent aussi, quoique moins fréquemment, chez d'autres animaux : chèvre, bœuf, cheval, porc.
Ils pondent des œufs qui tombent avec la bile dans l'intestin
et ils sont expulsés au dehors avec les matières fécales. Si ces
œufs tombent sur un sol sec, leur développement ne peut se
produire ; s'ils tombent au contraire dans l'eau, on ne tarde
pas à en voir sortir un petit organisme bien visible seulement
au microscope.

Au moyen de cils qui recouvrent toute sa surface, ce petit
embryon nage en tous sens sans jamais s'arrêter. C'est qu'en
effet il a environ huit heures pour trouver une Limnée. S'il
ne la trouve pas, il a, au bout de ce temps, épuisé ses réserves,
il meurt. S'il la rencontre, on le voit aussitôt sortir un prolon-
gement très acéré à la partie antérieure de son corps ; il se
précipite furieusement sur les tissus du pauvre mollusque ;
il ne tarde point à y faire une brèche à la faveur de laquelle
il pénètre dans son corps.

Là, il subit des modifications fort curieuses, mais très
compliquées. Disons seulement que notre embryon parvient
à un premier stade, qu'on appelle la *Rédie*, que cette Rédie
donne elle-même naissance à plusieurs larves de formes tout
à fait différentes : les *Cercaires*. Ces nouveaux êtres, sortant
du corps de la Rédie, se mettent à nager dans l'eau ; ils ne
tardent pas à se fixer sur le rameau d'une plante aquatique.
Qu'un herbivore vienne maintenant à ingérer ce végétal,
le kyste se dissoudra dans son estomac et l'être qui en sortira
ne sera autre qu'un petit Distome qui gagnera le foie.

Durant certaines années humides, les Limnées quittent les
étangs et les mares où elles vivent d'ordinaire et elles se
répandent dans les flaques d'eau de la prairie. Les Cercaires
qui les accompagnent se disséminent, elles aussi, de tous

côtés, et ces années-là on assiste à ces épizooties de *cachexie aqueuse* qui déciment les troupeaux de la région.

Les agriculteurs qui nous auront suivis dans cet exposé ne trouveront donc pas excessif que nous demandions la suppression radicale de toute plante aquatique dans les mares.

Avant de quitter cette question, adressons encore une recommandation : celle de ne pas manger de *cresson cru*. Celui-ci héberge en effet fréquemment des Cercaires, et on a relevé chez l'homme des cas non douteux d'infection et même de mort dus à l'envahissement du foie par des Douves.

Si nous prohibons l'existence de plantes aquatiques dans la mare, nous demandons que la mare contienne des poissons, des petites carpes de préférence. Quelle relation peut-il exister entre les carpes et l'hygiène ?

Il existe une maladie, la *malaria* ou *fièvre intermittente*, rare maintenant en France, mais qui existe cependant encore dans certaines contrées marécageuses, comme la Sologne, qui sévit avec intensité dans quelques régions d'Italie, et qui est fréquente aux colonies. Cette maladie n'est pas produite par un microbe, mais par un petit être de la classe des Protozoaires. Il pullule, chez les malades atteints de fièvre intermittente, dans le sang où il a été découvert par un savant français, M. Laveran. Il attaque les globules rouges du sang qu'il détruit, il sécrète en même temps une toxine, et de là résultent les divers accidents qui caractérisent le paludisme : anémie profonde, hypertrophie de la rate, accès de fièvre, etc.

Mais ce parasite de la malaria n'arrive pas seul dans le sang ; quel est donc le mode de contagion ? Il a été longtemps très obscur. On savait bien que les individus qui habitent les régions marécageuses, ceux qui procèdent à des travaux de terrassement dans ces mêmes régions, étaient particulièrement atteints ; on avait incriminé l'eau de boisson, les miasmes transportés par l'air. On connaît maintenant avec précision la manière dont le parasite s'introduit dans l'économie. Nous savons qu'à lui aussi, comme à la Douve de tout à l'heure, il faut deux êtres bien différents pour parcourir le cycle complet de son développement. Le premier c'est l'homme, et le second c'est le moustique, ou plutôt une espèce particulière de mous-

tique qu'on appelle l'*Anopheles* et qui est commune dans les
régions marécageuses. Lorsqu'un *Anopheles* enfonce sa petite
trompe acérée dans la peau d'un malade atteint de malaria,
il pompe, en même temps que les globules sanguins dont il se
nourrit, un certain nombre de parasites de la maladie. A l'intérieur de son corps, ces parasites subissent une évolution, et,
à quelques jours de là, l'*Anopheles*, piquant une personne saine,
lui inoculera la malaria. Tel est le mode de propagation de
la maladie. Le remède est évident : il consiste à détruire les
Anopheles.

Il ne peut s'agir de détruire le moustique adulte, mais bien
sa larve. Celle-ci, en effet, vit uniquement dans l'eau stagnante ;
elle vient à la surface respirer l'air atmosphérique au moyen
de ses stigmates portés par deux longs tubes situés à la partie
postérieure du corps. Aussi, un des moyens de détruire à coup
sûr cette larve est de verser de l'huile de pétrole sur la nappe
d'eau dormante. En raison de sa faible densité, l'huile forme
une mince couche à la surface de l'eau, les larves ne peuvent
plus respirer l'air, elles ne tardent pas à mourir d'asphyxie.
C'est là le moyen qu'il faudra employer pour détruire les
larves dans les flaques d'eau. Mais, dans la mare fréquentée
par les animaux de la ferme, on ne saurait employer ce
moyen ; on se contentera d'introduire du frai de carpe ou des
jeunes carpillons en quantité suffisante. On s'est, en effet,
convaincu que ces poissons détruisent rapidement toutes les
larves de moustiques.

Même installée suivant les principes d'hygiène que nous
venons de formuler, la mare ne doit guère être utilisée que
pour baigner les animaux ; à la rigueur, elle pourra servir
d'abreuvoir dans les exploitations où il y a de grandes difficultés
à se procurer de l'eau plus pure. Mais jamais, sous aucun
prétexte, et même après stérilisation, l'eau de la mare ne
sera employée pour les besoins de l'alimentation humaine.
En dehors des bactéries qui seraient détruites par l'ébullition,
elle contient en effet presque toujours des matières organiques en quantité suffisante pour la faire, sans hésitation,
rejeter comme eau potable.

Une pratique absolument condamnable est celle qui consiste

à faire usage de l'eau de la mare pour la fabrication du cidre.
On sait en effet que, dans la confection de cette boisson, les
pommes broyées sont additionnées de 20 p. 100 d'eau ; le
marc lui-même est repris par l'eau. Si cette eau apporte des
germes pathogènes, ils peuvent se conserver longtemps dans
le cidre. Il semble bien que certaines maladies se propagent
de cette manière. C'est ainsi qu'on a constaté que les contrées
de la France où le cancer est le plus fréquent (la Normandie
et la Beauce) sont précisément celles où l'usage du cidre est
aussi le plus fréquent. Même constatation a été faite en Allemagne et en Autriche. Il est possible, probable même, que le
parasite encore inconnu du cancer est introduit dans le cidre
par la pratique que nous venons de condamner, et qui consiste.
à le mouiller avec des eaux polluées.

La mare.

IV

LA COUR DE FERME ET LE FUMIER AU POINT DE VUE DE L'HYGIÈNE

Par **Ed. IMBEAUX**,
Ingénieur en chef des Ponts et Chaussées,
et **ROLANTS**.

Fumiers.

Ce qu'il ne faut pas faire.

Le fumier ne doit pas être placé à même le sol, non loin du puits, contre les murs des bâtiments. Le purin ne doit pas s'écouler au ruisseau, ni surtout se répandre dans les cours.

Le sol sur lequel repose le fumier, étant toujours en contact avec lui et avec les liquides qu'il contient, s'infecte alors graduellement, et cette infection gagne peu à peu les couches profondes et les nappes souterraines.

Les purins qui s'écoulent du fumier ruisselant de tous côtés pénètrent dans le sous-sol par toutes les crevasses et contaminent les nappes souterraines.

Ils forment dans les cours des flaques croupissantes et malsaines. Ils contaminent le sol des cours et, par suite, les habitations.

Par la pente du terrain, ils peuvent même atteindre l'orifice des puits et les contaminer directement.

Enfin, si les fumiers sont adossés au bâtiment, les fissures qui existent entre les terrains et les fondations offrent aux liquides une plus grande facilité pour atteindre le sous-sol.

Ce qu'il faut faire.

L'emplacement sur lequel est déposé le fumier doit être recouvert d'un revêtement imperméable.

Il doit être entouré d'un mur peu élevé.

Le sol doit en être légèrement incliné vers un trou à parois également imperméables, où se réunissent les liquides qui s'écoulent du fumier et qui constitue la fosse à purin.

L'emplacement réservé au fumier doit être aussi éloigné que possible des puits.

Il ne doit pas être adossé aux murs des bâtiments, surtout des bâtiments d'habitation.

Il convient de couvrir le fumier soit d'une toiture de chaume laissant entre elle et le fumier un espace suffisant, ou même plus simplement avec une couche de terre placée directement à sa surface.

En opérant ainsi, le fumier et les purins ne sont plus une cause d'insalubrité, et toute leur valeur agricole leur est conservée. La terre placée comme couverture se transforme elle-même peu à peu en humus fertilisant.

Purins.

Ce qu'il ne faut pas faire.	*Ce qu'il faut faire.*
Le sol des écuries, étables, etc., ne doit pas être en terre battue ou pavé sans jointoiement imperméable. Il ne doit pas être irrégulier et sans pente. Les purins, en effet, y séjournent et, s'infiltrant dans le sol, atteignent les nappes souterraines ou bien ruissellent le long des murs ou dans les ruisseaux.	Le sol des écuries doit avoir une pente légère vers un caniveau continué à l'extérieur et rejoignant la fosse à purin. Il doit être nivelé et imperméable. De cette façon, les purins sont recueillis. Ils ne sont plus une cause de contamination et viennent augmenter la valeur du fumier.

Excréments humains.

Ce qu'il ne faut pas faire.	*Ce qu'il faut faire.*
Quand les urines et les matières fécales humaines sont recueillies dans des fosses, ces fosses ne doivent pas être creusées dans le sol sans aucun revêtement imperméable, sans souci des fissures qu'il renferme ou qui peuvent s'y produire. En l'absence de fosses, les matières ne doivent pas être jetées à la surface du fumier. Quand les matières sont recueillies dans des récipients, ceux-ci ne doivent pas être vidés dans des trous creusés dans le sol, non loin des habitations. Les matières ne doivent pas être répandues dans des jardins maraîchers en contact direct avec des plantes alimentaires.	Lorsque la fosse est nécessaire, il convient d'en revêtir les parois d'un enduit imperméable suffisamment solide et de vérifier l'intégrité de cet enduit à chaque vidange. Il est de beaucoup préférable, dans les campagnes, de remplacer la fosse par un récipient mobile. Ce récipient est ensuite vidé dans les champs lorsqu'il est suffisamment rempli. Cet épandage doit se faire à la surface du champ et les matières mélangées avec la terre végétale, puis celle-ci ensemencée. Lorsque la fosse fixe a été vidangée ou le récipient vidé, il est bon de les badigeonner avec un lait de chaux.

Eaux ménagères.

Ce qu'il ne faut pas faire.	*Ce qu'il faut faire.*
Les eaux ménagères ne doivent pas s'écouler directement au ruisseau ou à même le sol, ni être recueillies dans un puisard. Les dangers de contamination sont les mêmes que pour les fumiers et pour les fosses fixes.	Les eaux ménagères doivent être reçues dans un seau ou dans un autre récipient. Elles peuvent être utilisées dans l'alimentation des porcs et des animaux de basse-cour.

Abords des puits.

Ce qu'il ne faut pas faire.

L'orifice des puits ne doit pas être entouré de margelles en pierre sèche. Le sol qui les entoure ne doit pas être plat ou incliné vers le puits.

L'orifice des puits ne doit pas être ouvert, de telle sorte que les poussières et autres détritus puissent y tomber.

Ce qu'il faut faire.

Les margelles qui entourent les puits doivent être en maçonnerie. Le sol qui les entoure à environ 1 mètre de distance doit être en pente légère, dirigée vers l'extérieur, et recouvert d'un pavage à joints cimentés.

L'orifice des puits doit être fermé par des volets.

Sources.

Ce qu'il ne faut pas faire.

Le bassin des sources ne doit pas être ouvert.

Aucun lavoir ne doit être installé tout auprès de la source et au même niveau. On ne doit pas tolérer l'installation de fumiers à même le sol, de fosses fixes non étanches, etc., et, en général, de toutes installations pouvant contaminer le sous-sol en amont des sources.

Ce qu'il faut faire.

Le bassin des sources doit être fermé.

L'eau doit y être maintenue par un barrage maçonné qui ne l'en laisse sortir que par un déversoir assurant une chute d'une hauteur suffisante pour prévenir le refluement des eaux contaminées et faciliter les prises d'eau sans que les objets soient plongés dans la source même.

Une ferme bien tenue.

HYGIÈNE DES ÉTABLES

Par **A. DUCLOUX**,
Professeur départemental d'agriculture du Nord.

Il arrive encore trop souvent que les étables sont construites dans des conditions absolument défectueuses; les nettoyages y sont très difficiles et la désinfection presque impossible à la suite de maladies contagieuses. Il ne faut pas toujours incriminer l'éleveur, car il n'est bien souvent qu'un fermier, et c'est au propriétaire qu'il appartiendrait de remédier à cet état de choses déplorable.

Lorsqu'il s'agit d'établir des locaux neufs, on s'arrangera pour séparer l'étable de l'écurie, du poulailler et surtout de la porcherie. On adoptera autant que possible l'exposition de l'est ou celle du midi. Les murs seront en pierres dures ou en briques parfaitement rejointoyées; sur 1 mètre de hauteur, à partir du sol, ils seront revêtus d'un enduit en ciment, ce qui permet des nettoyages à grande eau sans que les murs en souffrent. Le sol sera constitué par des pavés en grès rejointoyés au ciment ou des briques de champ recouvertes également de ciment portant des stries pour empêcher les glissades; on s'arrangera donc pour que le sol de l'étable soit étanche partout. Au-dessous des animaux, il sera très légèrement incliné d'avant en arrière : 1 centimètre et demi de pente par mètre suffit pour assurer l'écoulement des urines, qu'une rigole conduira ensuite à la fosse à purin. Le plafond ne sera ni trop haut, ni trop bas, et une hauteur de 3^m,50 est suffisante. De préférence il sera constitué par des voûtes en pierre ou en brique sur fers à T. Des fenêtres pouvant s'ouvrir facilement donneront une lumière suffisante dans l'étable, peu abondante pourtant, car les vaches aiment la tranquillité. Au besoin, des volets extérieurs permettront d'adoucir un éclairage trop vif (1).

(1) Voy. *Économie ménagère agricole*, par A. Ducloux. — *Les vaches laitières*, par Thierry, 1910. (Librairie J.-B. Baillière et fils.)

C'est une erreur de croire que les vaches, pour produire beaucoup de lait, ont besoin d'une température élevée. Une étable bien comprise doit, au contraire, permettre d'éviter une température excessive, car il est reconnu que la température la plus convenable est comprise entre 12° et 18°. Il est facile de concevoir qu'une température trop élevée est défavorable à la lactation. En effet, pour que la sécrétion lactée soit abondante, l'une des conditions les plus importantes, c'est que la vache mange beaucoup, et il n'est pas douteux qu'elle manquera d'appétit s'il fait trop chaud dans l'étable.

De plus, une atmosphère trop chaude détermine une transpiration abondante qui agit défavorablement sur la production du lait. On s'arrangera donc pour pouvoir rafraîchir facilement l'étable au moyen de courants d'air, à la condition toutefois que ceux-ci ne frappent jamais directement les animaux, sinon on les exposerait à de sérieux accidents : congestion, maladie du pis, gerçures, mammites, etc. On y parviendra en y pratiquant des ouvertures placées haut, de telle façon que les courants d'air passent aussi près que possible de la voûte, et l'on ne saurait trop conseiller d'établir de distance en distance des tuyaux d'aération qui prennent naissance dans la voûte et permettent par conséquent d'établir des courants d'air et aussi d'évacuer les mauvaises odeurs.

Suivant l'emplacement dont on dispose, suivant aussi l'importance de l'exploitation, l'étable sera simple ou double. Dans le premier cas, elle ne comportera qu'une seule rangée d'animaux ; la mangeoire sera alors fixée au mur. L'emplacement réservé à chaque vache aura 2 mètres à 2^m,40 de long et 1^m,25 à 1^m,40 de large suivant la taille des vaches, c'est-à-dire suivant leur âge et surtout la race que l'on exploite. En arrière existera un passage d'au moins 1^m,25 de largeur. Quand l'écurie est double, les vaches sont placées tête au mur ; elles se tournent donc le dos. Un passage de 1^m,50 au moins doit exister entre les deux rangées ; c'est par là que se fait la distribution des aliments et l'enlèvement des fumiers.

Lorsqu'on dispose d'un emplacement suffisant, il est avantageux d'adopter les étables doubles dans lesquelles les deux rangées d'animaux se regardent. Un passage central permet de distribuer facilement les aliments, de nettoyer les mangeoires, de vérifier rapidement si la ration a été utilisée entièrement par chaque vache. En arrière des animaux, un passage suffisamment large permettra l'enlèvement des fumiers.

Il sera bon de grouper les animaux de façon à mettre à côté l'une de l'autre, d'une part les vaches laitières, d'autre part les génisses et enfin les veaux. Il serait même avantageux de disposer de locaux spéciaux pour chacune de ces catégories.

Dans tous les cas, on ne fait plus guère usage aujourd'hui des crèches ou râteliers. Les aliments sont placés dans une mangeoire constituée par un bac en pierre dure ou en ciment, les angles devant être arrondis. Le ciment et la pierre ont l'avantage de durer très longtemps et aussi de se nettoyer et au besoin de se désinfecter avec la plus grande facilité. La hauteur des mangeoires au-dessus du sol varie avec la taille des animaux. Quand on le pourra, il sera avantageux de les disposer de telle façon qu'un courant d'eau puisse être établi pour permettre leur nettoyage complet et rapide et pour mettre ensuite l'eau de boisson à la disposition des animaux.

Il sera toujours bon d'adopter un dispositif tel qu'une vache ne puisse pas prendre la nourriture de sa voisine.

On y parviendra en plaçant devant la mangeoire un râtelier vertical dans lequel la vache peut passer la tête pour prendre sa nourriture, mais qui l'empêche d'atteindre la ration de ses voisines. On peut aussi grouper les animaux par deux en plaçant en travers des mangeoires des séparations constituées par une grande pierre plate verticale ou par une ardoise épaisse. Le plus simple est encore d'adopter les doubles chaînes d'attache laissant à chaque vache la facilité de se déplacer dans une certaine mesure en avant ou en arrière et même latéralement, mais l'empêchant de s'emparer de la nourriture de ses voisines.

Chaque jour, les fumiers seront enlevés, le sol de l'étable bien nettoyé et fréquemment lavé à grande eau ; au besoin, un dispositif spécial empêchera les eaux de lavage de se rendre dans la fosse à purin. Les litières seront renouvelées aussi souvent qu'il sera nécessaire ; elles seront abondantes, mais on devra éviter le gaspillage.

Chaque jour les animaux seront pansés, étrillés, brossés et lavés, si c'est nécessaire ; il n'y a aucune raison pour ne pas donner aux vaches les soins que l'on donne aux chevaux, et il y a même beaucoup de bonnes raisons au contraire pour qu'elles soient tenues plus proprement que les chevaux.

Deux fois par an au moins, les murs et les plafonds de l'étable seront blanchis à la chaux et, lorsqu'une maladie contagieuse aura sévi dans l'étable, on devra la désinfecter soigneusement au chlorure de chaux.

Étable hygiénique pour petite exploitation.

VI

HYGIÈNE DU CHIEN

Par **P. CAGNY**,
Ancien président de la Société centrale vétérinaire,
correspondant de la Société nationale d'agriculture,
et **A. GOUIN**.

Le chien, ce fidèle compagnon de l'homme, cet utile auxiliaire, qui garde la maison, conduit le troupeau, chasse le gibier et rend tant d'autres services, qui partage les joies et les peines de son maître, ne reçoit presque jamais les soins hygiéniques dont il aurait besoin. A la campagne, il est laissé trop souvent à l'attache, dans un coin mal tenu; le chien de luxe est entouré de soins parfois mal compris; il mène une existence qui lui est funeste; il devient le plus souvent pléthorique et souffre des nombreuses affections qui forment le cortège de cet état (1).

Tout d'abord, cet animal a besoin d'exercice; mais il faut distinguer entre une gymnastique régulière et salutaire et les excès de fatigue, suivis de longues périodes d'oisiveté; ainsi les march.s forcées des journées de chasse, fatigantes surtout au début, alors que la chaleur règne encore, puis les mois de séjour au chenil. Sans doute le chasseur est contraint à observer ce repos, mais il peut en atténuer les mauvais effets par des promenades quotidiennes, et, avant l'ouverture de la chasse, il aura soin d'entraîner progressivement le chien pour lui permettre de résister à la fatigue et éviter les indispositions qui peuvent en être la conséquence (aggravée). Pour les mêmes raisons, on comprend qu'il est barbare de tenir toujours à

(1) Voy. *Hygiène et maladies du bétail*, par P. CAGNY et GOUIN (*Encyclopédie agricole*). — *Nos chiens*, par P. MÉGNIN, 1910. — *Le chien*, hygiène et maladies, par J. PERTUS, 1905. (Librairie J.-B. Baillière et fils.)

l'attache le chien de garde; lui aussi doit avoir ses heures de promenade et a besoin d'un peu d'exercice.

La niche doit préserver le chien des intempéries, le tenir au sec, à l'abri du vent, et le protéger contre la chaleur et le froid.

En été, il couchera sur un simple plancher; mais en hiver on devra lui donner une litière, le plus souvent de la paille; la fougère, débarrassée de ses grosses côtes, est tout à fait recommandable, à cause du peu d'abri qu'elle offre aux parasites et à leurs larves. En tout cas, il est nécessaire de changer fréquemment toute la litière pour détruire la vermine.

Il est des chiens qui se refusent à entrer dans leur niche, et préfèrent rester exposés aux intempéries, parce qu'ils ne peuvent y trouver aucun repos.

Les tonneaux à pétrole sont des niches très hygiéniques: il est vrai qu'ils manquent d'élégance. La bonde est disposée vers le bas; l'ouverture est placée à l'abri du vent et de la pluie. Le bois, tout imprégné d'huile minérale, ne peut loger de vermine; d'ailleurs, de temps en temps, lorsqu'on change la litière et nettoie la niche, on verse un demi-litre de pétrole dans le tonneau, et, en le roulant, on en recouvre toutes les surfaces internes.

Les chiens ont besoin de recevoir un pansage; pour ceux dont le poil est ras, on pourra se contenter d'un bon coup de brosse; mais ceux qui ont une toison épaisse demandent plus de soins; il faut démêler les poils sans les arracher. Comme instruments de pansage, on se servira de la brosse en chiendent et du peigne à grandes dents.

Il est nécessaire aussi de baigner les chiens plus ou moins fréquemment, en les savonnant.

On évitera soigneusement d'introduire de l'eau dans les oreilles pendant le bain: c'est une cause du catarrhe auriculaire; on les nettoiera intérieurement avec un linge seulement humide.

L'animal sorti de l'eau sera asséché le mieux possible, et on lui laissera la liberté de prendre ses ébats pour opérer une réaction salutaire.

Afin d'assurer la destruction des parasites, il est bon de

mettre dans le bain du *foie de soufre* (sulfure de potasse) à la dose de 15 à 20 grammes par litre.

Nous recommandons l'emploi du savon dur au goudron, de préférence au savon noir, qui ne se dissout pas toujours entièrement, reste dans les poils et cause une irritation.

Le chien est un carnivore que, par la domestication, nous avons habitué à manger une nourriture un peu différente; mais, chez les sujets qui dépensent beaucoup à la chasse ou à la conduite des troupeaux, rien ne peut remplacer les aliments d'origine animale.

La ration du jeune chien se composera de lait, de viande, d'os, auxquels on ajoutera du pain en proportion variable, pour faire une bonne soupe qui sera donnée tiède.

Les chiens de garde arrivés à l'âge adulte pourront se contenter d'une nourriture beaucoup moins riche; leur soupe sera faite avec les déchets de la cuisine. Dans tous les cas, il faudra proportionner l'alimentation à la dépense.

Nous recommandons de donner une ou deux fois par semaine des panses de mouton, soit crues, soit sous forme de soupe; ces aliments ont une excellente action dépurative.

La ration est donnée en deux repas également répartis dans la journée; après chacun de ceux-ci, l'écuelle est vidée et rincée; les excédents pourront être donnés à la basse-cour, mais on tâchera de régler la quantité de manière à les éviter. On ne devra jamais verser la soupe sur les restes du repas précédent.

Il ne faut pas oublier que le chien et le chat, comme les carnivores, ont un appétit irrégulier qui leur vient de ce que, par atavisme, leur organisme est habitué à se nourrir par intermittences, quand l'animal est parvenu à s'emparer de la proie dont il se rassasie.

Il y a deux époques de l'année où ses besoins sont toujours plus intenses : c'est à l'automne, pour amasser la graisse pour la période hivernale, et au printemps, pour réparer les dépenses. Chez nos animaux domestiques, qui reçoivent régulièrement leur nourriture, ces différences sont moins sensibles.

Le nombre des espèces de vers que le chien peut héberger dans son tube digestif est considérable; la plupart, pendant

certaines phases de leur développement, occasionnent chez
l'homme ou chez nos animaux domestiques des désordres
plus ou moins graves, quelquefois mortels.

Pour ces raisons, on ne saurait trop recommander de ne
donner que des aliments suffisamment cuits pour que ces
parasites, sous quelque forme qu'ils se présentent, soient
détruits ; il faut notamment s'abstenir de leur faire manger des
entrailles fraîches.

Pour débarrasser les chiens de ces parasites nuisibles à leur
santé et dangereux pour l'homme et les autres animaux, il
faut les purger de temps en temps (huile de ricin, 15 à
50 grammes ; sirop de nerprun, 30 à 60 grammes ; s'abstenir
de ce médicament pour les jeunes chiens). Dès que la purga-
tion aura produit son effet, on administrera dans une boulette
de viande ou dans un peu de lait un anthelminthique (noix
d'arec en poudre fraîche, 4 grammes).

Il est toujours prudent d'enterrer avec de la chaux les excréments des chiens et d'éviter qu'ils ne soient jetés sur le
fumier, avec lequel ils pourraient revenir au potager et
propager ainsi des maladies par les plantes consommées
fraîches.

Chienne braque Dupuy.

VII

L'ALCOOLISME A LA CAMPAGNE

Par **H. BAUDRILLART**,
Membre de l'Institut.

On sait quels progrès l'intempérance a fait en Normandie ;
particulièrement sous la forme des boissons alcooliques, consommées à domicile ou dans les cafés. Cette habitude a
quelquefois gagné jusqu'aux femmes. Elle se présente chez
celles-ci sous des traits particulièrement repoussants, et
développe dans ce cas des conséquences encore plus préjudiciables pour la famille. Elle produit l'altération du caractère, qui se témoigne par des alternatives d'excitation et de
torpeur. La mère néglige alors ou maltraite les enfants. Trop
souvent aussi son inconduite en est la suite. Les germes
mêmes qu'elle porte dans son sein se ressentent de la manière
la plus fâcheuse des habitudes d'ivrognerie. On aurait tort de
croire que ce vice est devenu général chez les femmes ; mais,
il ne faut pas se le dissimuler, il est beaucoup trop fréquent.
C'est le plus souvent à domicile que la femme du petit cultivateur ou de l'ouvrier rural satisfait ce goût désordonné pour
les liqueurs fortes.

Le bon marché de l'alcool l'a singulièrement favorisé. On
fabrique de l'eau-de-vie, souvent plus chère mais très forte,
connue sous le nom de *calvados*. On boit non seulement de
l'eau-de-vie faite avec le cidre, mais fabriquée avec le grain,
la betterave, la pomme de terre, etc. Ces dernières eaux-de-
vie sont encore plus dangereuses. On abuse de l'alcool connu
sous le nom de *trois-six* plus ou moins mêlé à d'autres
substances. Le cultivateur aisé a chez lui du cidre très fort
dont l'effet sur le cerveau ne tarde pas à se faire sentir.
Celui que l'on consomme ordinairement est, en général, trop
faible pour causer l'ivresse ; pourtant le cidre reste une des

boissons enivrantes dont on abuse, mais dans une proportion aujourd'hui beaucoup moindre. L'alcoolisme a pris le dessus.

Il y a sans doute des raisons qui expliquent cette augmentation considérable de l'ivrognerie. Le climat en reste une des causes, mais elle a toujours existé; l'absence de vie morale supérieure, de distractions peut-être suffisantes et de relations sociales, de tout ce qui tire l'homme du cercle un peu monotone et borné des occupations matérielles, ne peut être exonérée d'une part notable de responsabilité. On ne peut cependant ne pas attacher une importance extrême au bas prix de l'alcool, et à son action toxique, comme à sa puissance enivrante. Il suffit ici d'un petit volume de liquide pour exercer de cruels ravages. L'ivresse arrive vite; elle vient dans des conditions désastreuses et qui tendent à en faire prendre l'habitude. Qu'on prononce ici les mots de corruption, de dépravation, soit; mais les qualités funestes de l'alcool créent un genre de tentations et de dangers que n'ont pas connu nos pères.

Ne serait-il pas urgent d'avertir les populations par des instructions spéciales ?

La science ne permet plus qu'on se fasse illusion sur les lésions de toute sorte qui résultent, pour l'organisme, de l'abus de l'alcool. L'appareil digestif s'en ressent de la manière la plus grave. Tout est atteint, l'estomac, les intestins, le foie ; le sang est profondément altéré ; les poumons sont souvent lésés. Les lésions du système nerveux sont effrayantes, et, portant, disent les spécialistes, sur l'axe cérébro-spinal, elles y causent de vrais ravages. Les reins sont eux-mêmes parfois atteints. En Normandie, un savant, M. Isidore Pierre, professeur à Caen, a montré que les eaux-de-vie du commerce contiennent en proportions variables un certain nombre d'alcools d'origines diverses et qui équivalent à un empoisonnement.

Le grand nombre des cafés et cabarets dépasse toutes mesures. On en trouve jusqu'à dix et quinze dans les communes de trois cents âmes. Sans doute, des établissements plus considérables et moins nombreux réuniraient souvent une clientèle aujourd'hui dispersée. Mais ils se prêteraient mieux à la surveillance et n'obligeraient pas en quelque sorte de misérables débitants, pressés par la concurrence et chargés chacun de frais spéciaux, à frauder sur la qualité des boissons. Les liquides seraient moins altérés, la police mieux faite ; les établissements, dirigés par des chefs plus honorables, prendraient moins facilement le caractère de mauvais lieux.

L'intempérance trouve un autre excitant dans l'accroissement du nombre des marchés. Je dis des marchés, plutôt que des foires. Celles-ci ont perdu en importance ; mais toute localité veut avoir ses marchés. Ce sont des motifs perpétuels de déplacement, des causes de mauvaises habitudes pour les petits propriétaires, les petits cultivateurs, les moyens propriétaires aussi. C'est au café que tous traitent leurs affaires. Bientôt ils s'accoutument à y aller sans motif. Les ouvriers agricoles s'y rendent eux-mêmes ces jours-là, ou vont dans les cabarets. Ils y trouvent une occasion d'excitations funestes et de dépenses. L'eau-de-vie n'était autrefois que l'accessoire du café que l'on consomme à propos de tout marché et que l'on joue ; elle est devenue de beaucoup le principal, soit qu'on la mêle au café, soit qu'on la boive pure.

La partie ouvrière des populations agricoles est la plus atteinte par le fléau. Son ignorance et sa grossièreté laissent toute latitude aux influences de climat, de tempérament, comme aux conséquences abrutissantes de la lourde ivresse puisée dans ces boissons : ivresse sans gaieté, sans expansion, tantôt bruyante, tantôt taciturne, toujours bestiale.

Le café et le cabaret n'en sont pas les seuls théâtres. Le foyer même n'en préserve pas toujours. Les propriétaires ont dans les caves leur réserve d'eau-de-vie. C'est une tentation pour la femme qui reste à la maison, pour les journaliers, pour les domestiques ; le cultivateur a fort à faire de mettre ses tonneaux à l'abri des larcins.

En somme, le mal est grand, et on en voit l'influence dans les attentats aux mœurs, dans les actes de brutalité et de violence qui se manifestent par les coups et blessures. Dans la Seine-Inférieure, ce sont surtout les grandes villes qui souffrent.

Difficile à prévenir et à réprimer dans les villes, un tel

fléau l'est plus encore dans les campagnes. Jusqu'où peut s'exercer ici utilement l'action de la loi? Quels moyens moraux peuvent l'y combattre avec efficacité? Ces questions occupent aujourd'hui tous les esprits prévoyants. L'Académie des sciences morales n'a pas oublié ce grave et difficile problème de morale pratique, elle en a fait l'objet d'un de ses concours. Une Société s'est fondée à Paris pour combattre directement ou indirectement un mal dont rougit la civilisation et qui menace les forces vives du pays.

Extrait de *Les populations agricoles de la France.* (Hachette.)

Un marché en Bretagne.
D'après le tableau de Ch. Rivière.

XI

LES ABEILLES ET LES VERS A SOIE

I

LES ABEILLES ET LES FLEURS

Par **G. BONNIER**,
Membre de l'Institut.

Essayons de faire, sans parti pris, quelques observations précises sur les relations entre les insectes et les fleurs, sujet qui a donné lieu à tant de théories et de controverses.

Tout d'abord, cherchons à savoir comment un insecte mellifère recueille le nectar et le pollen (1).

Si l'on vient voir à l'entrée d'une ruche d'abeilles, au matin d'une belle journée, en ayant soin de s'approcher doucement sans faire de mouvements brusques, afin de n'être pas piqué, on peut observer les ouvrières qui rentrent dans la ruche. Elles reviennent de la récolte : les unes portent sur leurs pattes de derrière deux petites pelotes jaunes, parfois orangées, roses ou rarement de couleur plus sombre ; les autres ne portent pas de pelotes semblables ; mais ces dernières, en arrivant, tombent lourdement sur le plateau de la ruche ; on voit qu'elles sont fatiguées et il semble qu'elles soient chargées d'un fardeau. Si l'on en saisit habilement une par les ailes, en pressant un peu des deux côtés sur le corps de l'abeille, on voit sortir de sa bouche une gouttelette brillante ; qu'on prenne cette gouttelette avec le

____

(1) Voy. *Les plantes des champs et des bois*, par G. BONNIER. (Librairie J.-B. Baillière et fils.)

doigt et qu'on la porte sur sa langue, on sentira un goût sucré.

Les premières abeilles rapportent du pollen récolté en pelotes sur leurs pattes de derrière; les secondes rapportent du nectar qui est emmagasiné dans une poche spéciale de leur

Les abeilles et les fleurs.

tube digestif, et qu'elles vont reverser dans les alvéoles de la ruche où il formera le miel mis en provision.

Commençons par examiner la manière dont les abeilles récoltent le pollen. Si nous sommes, par une belle matinée, dans un champ rempli de coquelicots, nous remarquerons facilement les ouvrières occupées à ce travail. Sur ces fleurs, les abeilles recueillent toutes du pollen, car le coquelicot ne produit pas de nectar. Regardons attentivement l'une des abeilles. Nous la verrons saisir le pollen verdâtre des étamines avec ses pattes de devant, puis le passer à ses pattes du milieu, et enfin le placer sur ses pattes de derrière dont un article est élargi et creusé en une sorte de cuiller; cette pièce est appelée la *corbeille* et, grâce à la substance grasse qui imprègne les poils de la patte, le pollen est aggloméré, retenu, fixé sur la patte. A d'autres moments, les abeilles réunissent la poussière pollinique en se servant d'un autre article de leurs pattes auquel on a donné le nom de *brosse*. Ce manège, répété par la même ouvrière un grand nombre de fois, finit par accumuler sur les cuillers de ses deux dernières pattes deux pelotes de matière pollinique de plus en plus grosses. Lorsque l'abeille juge qu'elle est suffisamment chargée, elle prend son vol et retourne à la ruche pour se débarrasser de sa provision, puis elle repart immédiatement après, pour une nouvelle récolte. Il est très curieux d'examiner les abeilles qui rencontrent des étamines de coquelicot non encore ouvertes; elles les fendent souvent avec leurs mandibules pour prendre le pollen renfermé dans les anthères.

Ce premier exemple, très simple, nous fait voir déjà que les abeilles, en cherchant la nourriture qui doit servir à leurs larves, peuvent être, suivant les cas, utiles ou nuisibles à la plante qu'elles visitent. En effet, le coquelicot a, nous le savons, de nombreuses étamines qui entourent un pistil recouvert de stigmates en bandes rayonnantes; or, si l'abeille va récolter le pollen des étamines extérieures sans toucher au pistil, comme cela se voit très souvent, elle emporte dans sa ruche une substance utile à la plante; car le rôle du pollen, nous le savons, est de germer sur le stigmate, et si l'abeille l'enlève avant même qu'il ait pu sortir de l'anthère, le pollen ne pourra remplir sa fonction. D'autre part, s'il arrive, par hasard, que l'abeille, déjà couverte de pollen, vienne à toucher l'une des bandes stigmatiques avec ses pattes, une partie du pollen reste attachée à la substance visqueuse du stigmate; par suite, l'ouvrière, en faisant sa récolte, peut contribuer accidentellement à transporter le pollen des étamines sur les stigmates d'une même fleur ou même sur les stigmates d'une fleur voisine, lorsque l'abeille passe d'une fleur de coquelicot à une autre fleur de la même espèce...

Voici, dans les haies, une plante grimpante remarquable par ses vrilles enroulées sur elles-mêmes un grand nombre de fois. C'est la bryone... Chez toutes les fleurs de bryone, aussi bien sur celles qui n'ont que des étamines que sur celles qui n'ont qu'un pistil, on peut remarquer qu'il se produit un liquide sucré, lorsque la plante transpire abondamment, par exemple par les belles journées qui suivent les journées pluvieuses. L'eau qui circule dans la plante, absorbée dans le sol par les racines et venant sortir par les feuilles ou les fleurs, se charge de sucre en traversant ces dernières et, comme l'eau sucrée s'évapore difficilement, il se forme souvent une goutte de liquide sucré au fond de la fleur; c'est ce que nous avons nommé le « nectar ». Les abeilles viennent prendre ce nectar avec leur langue allongée dans les fleurs de la bryone. S'il arrive qu'une abeille ait d'abord visité le pied staminé de bryone avant de visiter le pied pistillé, comme, en recueillant le nectar dans les premières fleurs, elle a pu toucher les étamines, un grand nombre de grains de pollen seront restés adhérents aux poils de ses pattes, de sa tête ou de son corps; si elle vient ensuite recueillir de la même manière le nectar des fleurs sur les pieds à fleurs pistillées, ses pattes, sa tête ou son corps, plus ou moins imprégnés de pollen, peuvent toucher le stigmate des fleurs pistillées. L'abeille se trouve ainsi avoir inconsciemment rendu service à la plante, car elle a transporté le pollen à une grande distance, et ce trajet n'aurait pu être accompli par le pollen sous l'action seule du vent que par le plus grand des hasards. Voilà donc un exemple où les Mellifères peuvent se trouver remplir un rôle utile tout en venant dépouiller les fleurs d'une partie du pollen ou du nectar qui leur sert pour commencer à développer leurs fruits.

II

LES OUVRIÈRES

Par **R. HOMMEL**,
Professeur d'apiculture à Clermont-Ferrand.

Ce sont les ouvrières qui constituent la population utile d'une ruche. Seules elles effectuent tous les travaux intérieurs et extérieurs, seules elles cherchent le nectar pour le transformer en miel, le pollen pour la nourriture des larves, sécrètent la cire et bâtissent les rayons, soignent le couvain, nettoient et défendent la ruche (1). Leur taille plus petite, les pelotes de pollen qu'elles rapportent sur leurs pattes de derrière, dans la belle saison, l'aiguillon dont elles sont munies permettent de les distinguer facilement.

Pendant les premiers jours de sa vie, l'ouvrière ne sort pas de la ruche et s'occupe seulement des travaux intérieurs; à ce moment, son estomac est particulièrement apte à élaborer la bouillie larvaire, tandis que cette fonction devient difficile et incomplète chez l'ouvrière âgée. Cela explique pourquoi il est important, lorsque l'on fait des essaims artificiels ou l'élevage des reines, de disposer d'un nombre suffisant de jeunes abeilles dans la ruche qui devra procéder à cet élevage. Dans cette première période, les ouvrières sont entièrement velues, couvertes de poils de couleurs diverses suivant les races, leurs ailes sont parfaitement intactes et entières, tandis qu'en avançant en âge le corps devient brillant et glabre, les ailes s'effrangent et l'aspect général, par suite de la disparition des poils, paraît devenir plus svelte. En visitant les ruches à cadres mobiles, on assiste souvent à la naissance des abeilles; on les voit alors faibles et velues, les ailes collées au corps, se traîner péniblement sur les rayons.

(1) Voy. *Apiculture*, par R. HOMMEL *Encyclopédie agricole*. — *Manuel d'apiculture*, par Maurice GIRARD. (Libr. J.-B. Baillière et fils.)

Un rucher de ruches horizontales dans le Puy-de-Dôme.

Les jeunes, dont la fonction est de soigner le couvain, se tiennent plus particulièrement sur le milieu des rayons et les vieilles vers le bas. La jeune abeille sort pour la première fois de la ruche huit jours environ après sa naissance, mais sans rapporter encore de miel ni de pollen ; elle ne s'éloigne pas et se borne à faire un essai de vol pour remplir d'air ses sacs trachéens et vider ses intestins. On est d'accord pour penser que c'est vers le quinzième jour seulement, c'est-à-dire trente-six jours après la ponte de l'œuf dont elle est issue, qu'elle devient butineuse. Cette première sortie au loin n'a pas lieu sans quelques précautions ; on voit l'abeille décrire des cercles de plus en plus étendus, la tête tournée vers la ruche, de manière à graver dans son cerveau la physionomie des lieux et retrouver son logis, sans une erreur qui lui coûterait peut-être la vie. Elle part ensuite directement à la récolte et décrit ces mêmes cercles pour s'orienter au retour ; son allure est toute différente de celle des pillardes dont le vol, au lieu d'être régulier et tranquille, est désordonné et inquiet.

La durée de l'existence des colonies peut être excessivement longue sans que l'apiculteur soit obligé d'intervenir, le renouvellement des reines et de la population se faisant naturellement. On a signalé des cas très fréquents de ruchées très anciennes.

Par contre, la vie des butineuses est courte et sa durée variable suivant les climats, les saisons et aussi suivant la vigueur de la reine qui les a produites. C'est depuis l'introduction des abeilles italiennes, facilement reconnaissables aux bandes jaunes de leur abdomen, que l'on est arrivé à résoudre ce problème. Collin est le premier qui l'entreprit. La méthode employée consistait à enlever la reine d'une colonie d'abeilles communes et à introduire une reine fécondée de race italienne. Trois semaines après cette introduction, les derniers œufs pondus par l'ancienne reine auront fourni les dernières abeilles communes ; dès lors la durée qui s'écoulera à partir de cet instant jusqu'au moment où toutes les abeilles communes auront disparu et où la ruchée ne contiendra plus que des italiennes marquera la

longueur de la vie des dernières abeilles nées. Le résultat
obtenu a été que pendant une période de miellée et par
suite de grande activité des abeilles, deux mois, six semaines
même parfois donnaient la durée de la vie des abeilles. Par
contre, pendant la période du repos d'hiver, la vie est plus
longue, et les butineuses nées en automne ne meurent qu'au
printemps suivant, après avoir encore fourni une certaine
période de travail. Entre ces deux extrémités, il existe toutes
les durées intermédiaires et l'on peut admettre qu'une colonie
renouvelle sa population deux à trois fois dans le courant de
l'été, et une fois depuis le mois d'octobre jusque dans le
courant d'avril.

Si une ouvrière ou une reine pénètre dans une ruche qui
n'est pas la sienne, immédiatement les gardiennes qui veillent
à l'entrée s'approchent d'elle, la frôlent de leurs antennes, la
chassent et souvent la tuent. On croit que les abeilles se
reconnaissent à l'odeur, dont le siège paraît être dans les
antennes. Dans certains cas seulement, une colonie accepte
des étrangères, par exemple lorsqu'en pleine miellée et en
temps de grande activité une butineuse se présente chargée
de miel; les essaims se réunissent volontiers à d'autres,
parce qu'à ce moment les insectes perdent le sentiment de
défendre un domicile qu'elles viennent de quitter; mais, sitôt
le nouveau logis trouvé et les premiers œufs déposés, la
garde des portes redevient active. On ne peut marier
ensemble les abeilles d'origines diverses qu'en les effrayant
par la fumée et en leur donnant la même odeur par des
aspersions d'eau sucrée aromatisée.

L'abeille est aussi un insecte coutumier, et en particulier
la persistance de l'image des lieux dans son cerveau est si
grande qu'il revient toujours à l'endroit où était la colonie
dont il fait partie, même s'il est transporté à une distance
très considérable. Si l'on déplace la ruche, ne fut-ce que de 1
ou 2 mètres, on constate aussitôt une grande agitation : les
butineuses au retour des champs sont incapables de la
retrouver et le plus grand nombre revient avec obstination
à l'emplacement primitif. C'est même cette notion qu'on
applique lorsqu'on fait des essaims artificiels.

23.

L'abeille est un animal très propre : jamais, sauf en cas de maladie, il ne dépose ses excréments dans la ruche, mais toujours au dehors; même ceux de la reine sont recueillis immédiatement et transportés à l'extérieur. Les butineuses arrivées au terme de leur existence vont mourir au loin et n'encombrent pas la ruche de leurs cadavres. Des nettoyeuses rejettent les matières étrangères et il est curieux, par exemple, de constater leurs efforts réunis pour extraire par le trou de vol les longs morceaux de ficelle, souvent assez grosse, qu'elles ont réussi à couper, après que l'apiculteur a réuni par ce moyen, dans un cadre, les morceaux de rayons provenant d'un transvasement. Lorsque les corps à extraire sont très volumineux et ne peuvent pas être réduits en fragments, les butineuses les enduisent d'une matière spéciale, la *propolis*, sous laquelle les cadavres se dessèchent sans se putréfier.

Principales races d'abeilles.

L'abeille commune, noire ou brune, est de beaucoup la plus répandue — à juste titre d'ailleurs — à cause de sa rusticité et de son activité.

L'abeille jaune, ou *abeille italienne*, de couleur plus claire que l'abeille commune, passe pour avoir la langue plus longue, ce qui la rendrait meilleure butineuse. Elle est très prolifique, très active et convient aux climats plutôt doux. Pure de tout mélange, elle est très douce; métissée, elle devient méchante et pillarde, et ces métissages sont, le plus souvent, impossibles à éviter.

L'abeille dalmate, habituée aux climats rudes, peut aller butiner fort loin de sa ruche. Très active, elle défend furieusement son butin, ce qui entrave les manipulations.

L'abeille carniolienne est très vantée par l'apiculture moderne. On la considère comme un croisement de l'abeille commune avec l'abeille italienne. Elle est cependant fort douce et facile à manipuler : c'est une ouvrière de premier ordre. Malheureusement, quoique pillarde, elle se défend fort mal contre ses ennemis : de plus, elle a une propension exagérée à l'essaimage, et ses mères ne sont pas très prolifiques.

Une variété voisine de la précédente, *l'abeille du Caucase*, passe pour en avoir toutes les qualités sans en avoir les défauts, mais elle convient surtout pour la récolte d'automne, car elle se met très tard au travail.

D'autres races n'ont pas répondu à ce qu'on en attendait en tentant de les acclimater. Presque toutes, *l'abeille punique*, *l'abeille chypriote*, *l'abeille égyptienne*, se montrent extrêmement méchantes et d'un maniement dangereux.

III

ESSAIM ET ESSAIMAGE

Par **G. BONNIER** et **G. de LAYENS**.

L'existence d'une ruche d'abeilles est entièrement liée à celle de la mère. Si celle-ci meurt et n'a pu être remplacée à temps, si elle n'a pas été fécondée et, par suite, ne produit que des faux bourdons, la famille entière est perdue.

Une colonie d'abeilles forme donc comme un tout complet, comme un seul être vivant qui peut périr tout entier.

De même qu'une colonie peut mourir, une colonie nouvelle peut naître, et les sociétés d'abeilles, constituant chacune un organisme, se multiplient et se propagent comme des individus isolés. Cette multiplication des colonies a reçu le nom d'*essaimage* et une colonie naissante a reçu le nom d'*essaim*.

Le plus souvent, c'est vers le commencement de l'été qu'il se produit un essaim, quand, par suite de l'accroissement simultané de la récolte et de la ponte, la ruche va se trouver trop petite pour la population.

Lorsqu'une ruche va essaimer, il y a toujours un certain nombre de cellules maternelles en voie de formation. Cinq ou six jours avant le terme d'éclosion des plus avancées de ces cellules maternelles, la mère sort de la ruche accompagnée d'une fraction de la population. La colonie qui a donné l'essaim demeure avec le reste des abeilles et cinq ou six jours après elle aura une jeune mère, et une seule, les autres ayant été tuées par cette jeune mère ou par les abeilles.

En somme, une colonie en aura donc produit deux : 1° l'essaim qui, avec l'*ancienne mère*, va chercher à s'établir ailleurs; 2° la colonie primitive, dont la population est diminuée et qui a une *mère nouvelle*.

On a donné un certain nombre de signes indiquant la prochaine sortie d'un essaim, tels que l'apparition des faux bourdons en grand nombre qui doit coïncider avec la production des cellules de mères, l'excès de population qui déborde de la ruche, ou bien encore le va-et-vient de nombreuses abeilles ouvrières qui arrivent de l'intérieur de la ruche sur le plateau, ou inversement ; mais aucun de ces signes n'est sûr, d'autant plus que la sortie de l'essaim dépend du temps qu'il fait et de la température extérieure.

Il est rare de voir sortir les essaims lorsque la température est inférieure à 20° et lorsque les fleurs donnent peu de nectar. En général, c'est vers le milieu de la journée, entre 10 heures du matin et 3 heures du soir, que se fait cette sortie des essaims.

La saison de l'essaimage varie suivant le climat et suivant les plantes mellifères. Dans nos régions méditerranéennes, c'est en avril et mai. Dans les hautes montagnes, c'est plus tard encore, en juin et juillet. Enfin, dans les pays de sarrasin ou de bruyères, l'essaimage peut avoir lieu en août.

Au moment où part l'essaim, on voit rapidement sortir une masse énorme d'abeilles qui tournent autour de la ruche ou volent en tous sens en s'élevant dans les airs. Mais au bout de très peu de temps, et comme obéissant à un signe de ralliement, elles vont toutes se réunir au même point, soit sur une branche d'arbre au-dessous de laquelle elles se suspendent les unes aux autres en masses compactes, soit dans un buisson, sous une poutre ou même au bord d'un mur. Parfois elles se rendent dans un tronc d'arbre creux, une cheminée ou une autre cavité à leur convenance. Dans ce dernier cas, on a pu observer des ouvrières qui, avant la sortie de l'essaim, ont été çà et là chercher aux alentours un endroit favorable à l'installation de la nouvelle colonie.

Considérons le cas le plus fréquent, celui où les abeilles ont été se réunir au-dessous d'une branche d'arbre. Une fois installé sur ce premier support, l'essaim attend, dans cette situation provisoire, le moment où il pourra espérer trouver un abri ou même commencer à y bâtir.

Assez souvent, l'essaim ne reste fixé à la branche que jusqu'au lendemain, puis repart alors pour se poser plus loin, jusqu'à ce qu'il ait choisi un endroit convenable pour s'installer définitivement. Il arrive aussi que, ne trouvant aucun endroit qui puisse lui convenir, l'essaim continue à se

déplacer ; il perd de jour en jour des abeilles, il se réduit de
plus en plus et finit par disparaître.

Lorsque l'essaim a trouvé un gîte convenable, il commence

Ramassage d'un essaim dans une ruche à cadres.

tout de suite par construire des rayons ; on peut remarquer
à cet égard que les ouvrières qui forment l'essaim sont gorgées
de miel et que la plupart d'entre elles sécrètent abondamment
de la cire. La nouvelle colonie s'installe et devient une ruche

naturelle. Il arrive assez souvent aussi qu'un essaim qui vient de partir rentre dans la ruche, soit parce que le temps est devenu tout à coup mauvais, soit parce que la mère s'est perdue.

Si la population qui reste dans la ruche après le départ de l'essaim est encore suffisante relativement à la grandeur de la ruche, il pourra sortir un nouvel essaim, appelé essaim secondaire. Nous avons dit que la première jeune mère ne sort d'une cellule maternelle que cinq ou six jours après le départ de l'essaim primaire. Lorsqu'il devra se produire un essaim secondaire, les autres mères encore dans leurs cellules ne seront pas tuées, et la jeune mère fait entendre pendant un à trois jours un chant particulier qu'on peut représenter à peu près par « *tih, tih, tih* » et qu'on entend facilement le soir. Les mères qui sont encore dans leurs cellules répondent à ce chant par un autre chant qu'on peut représenter par « *koua, koua, koua* ». Ces chants spéciaux, très faciles à reconnaître, préviennent l'apiculteur qu'il se prépare dans la ruche un essaim secondaire.

Si le temps est favorable, l'essaim secondaire sort donc environ huit jours après l'essaim primaire.

Lorsque l'essaim secondaire est parti, les abeilles qui retenaient dans leurs cellules les autres mères complètement développées en laissent sortir une, et les autres sont tuées.

Il peut arriver cependant quelquefois que les autres mères soient maintenues encore prisonnières ; alors la seconde jeune mère fait entendre le chant « *tih, tih, tih* », comme la première jeune mère, ce qui indique qu'il pourra y avoir un *essaim tertiaire* qui sort quelques jours après l'*essaim secondaire*.

Il faut bien remarquer toutefois que, comme la sortie des essaims dépend du temps qu'il fait et de la température extérieure, les chants des mères qui indiquent qu'il se prépare un essaim secondaire ou tertiaire ne sont pas un indice certain de la sortie réelle de ces essaims : car, si le temps devient subitement défavorable, l'essaim ne sortira pas et les jeunes mères prisonnières seront tuées.

Extrait de Cours complet d'apiculture. (Libr. gén. de l'enseignement.)

IV

L'AIGUILLON DES ABEILLES

Par J.-H. FABRE.

Les abeilles, ainsi que beaucoup d'autres hyménoptères, sont armées d'un aiguillon venimeux. D'habitude cet aiguillon est caché dans le corps ; mais, dès qu'on tient une abeille par le corselet entre deux doigts, elle ne tarde pas à faire sortir le sien comme un trait. Bientôt elle le fait rentrer, mais c'est pour le darder de nouveau et à bien des reprises. Alors elle recourbe son corps dans tous les sens et de toutes les façons qu'il lui est possible ; elle cherche à piquer les doigts qui la gênent. Mais, pour voir plus aisément cet aiguillon et pour se procurer le temps de le mieux observer, il faut saisir le corps de l'insecte et le presser ; on oblige ainsi l'aiguillon à se montrer, et la pression continuée ne permet pas aux parties destinées à le ramener en arrière de faire fonction.

Quand il commence à paraître, il est accompagné de deux corps blancs, oblongs, arrondis par le bout, et dans chacun desquels une gouttière est creusée. On juge aisément que ces deux pièces composent ensemble une espèce de boîte, dans laquelle l'instrument délicat est logé lorsqu'il est dans le corps de l'animal. Ainsi renfermé, aucune partie de l'intérieur ne peut lui nuire, et, ce qu'il est aussi nécessaire d'empêcher, il ne peut blesser aucune partie.

A mesure qu'il avance davantage hors du corps, les deux pièces qui lui servaient de fourreau s'en écartent, et, quand il est entièrement sorti, elles se trouvent l'une à droite, l'autre à gauche, hors de son alignement.

Quoique ce petit dard soit extrêmement délié, on l'aperçoit néanmoins à la vue simple ; elle suffit même pour faire juger que, quelque fin qu'il soit, surtout vers l'extrémité, il est creux, et qu'il l'est jusqu'au bout de sa pointe ; car bientôt une gouttelette d'une liqueur extrêmement transparente paraît posée sur le bout même de cette pointe. On voit cette petite goutte grossir de moment en moment. Enfin, si on l'emporte avec le doigt, une autre gouttelette reparaît bientôt dans la même place. On prévoit déjà le fatal usage auquel une liqueur si claire est destinée. On soupçonne sans doute que, malgré sa limpidité, elle est le poison qui doit être porté dans la plaie ; et c'est ce que nous prouverons bientôt par les expériences les plus décisives.

Mais il ne faut pas s'en tenir à regarder cet aiguillon avec ses seuls yeux ; si on leur donne le secours d'une bonne loupe, ils peuvent nous apprendre qu'il n'est pas un instrument aussi simple qu'il le paraissait. Sa base est solide, épaisse et grosse, si on la compare avec la tige qu'elle porte. A mesure que cette base s'élève, elle devient plus menue ; enfin, à son extrémité elle porte une tige droite destinée à faire les piqûres. Le tout est d'une même couleur, d'un châtain brun et d'un luisant qui fait connaître que cette pièce est de corne ou d'écaille. A mesure que la tige approche de son extrémité, elle devient de plus en plus déliée, et finalement se termine par une pointe fine.

De cette même pointe fine, on voit quelquefois s'élever une autre pointe qui l'est beaucoup plus et qui sort tantôt plus, tantôt moins, ou bien rentre entièrement dans celle d'où elle était sortie. Dès lors on juge que ce corps si délié qu'on avait pris pour un aiguillon n'est que la gaine, le tuyau d'un autre aiguillon incomparablement plus fin. Cette gaine est fendue inférieurement dans toute sa longueur. Elle renferme, non un aiguillon simple, mais deux filets, deux aiguillons appliqués l'un contre l'autre, et armés près de leur pointe de fines dentelures qui ne permettent pas aux aiguillons de sortir des chairs où ils sont introduits sans des frottements difficultueux et sont cause que les abeilles laissent leur arme dans les piqûres qu'elles ont faites quand elles sont obligées de s'éloigner plus vite qu'il ne leur conviendrait. Elles sont d'ailleurs fort utiles pour faire pénétrer l'aiguillon dans la chair ; les dentelures de celui qui vient d'être enfoncé servent d'appui pour celui qui est resté en arrière et qui doit, dans l'instant suivant, aller plus loin que l'autre. On en compte une quinzaine sur chacun des aiguillons de l'abeille.

Ce n'est pas assez pour l'abeille de pouvoir faire pénétrer dans les chairs ses aiguillons et leur étui : elle ne manque jamais d'empoisonner la blessure qu'elle fait. Le poison qu'elle y verse est une liqueur extrêmement transparente ; quel est le réservoir qui la fournit ? Si l'on ouvre le ventre d'une abeille, on reconnaît que chaque aiguillon se recourbe à sa base, l'un à droite, l'autre à gauche, et qu'au milieu de l'espace laissé entre les deux se trouve une petite vessie remarquable par sa transparence et pleine d'un liquide très clair. Elle est encore remarquable par sa consistance, car, si on la détache, on peut la manier, lui faire changer de figure en la pressant doucement entre deux doigts, et cela sans la crever. Dans son état naturel, elle est oblongue comme une olive. Elle se termine par un canal délié qui se dirige entre les deux aiguillons. C'est par ce canal que le liquide venimeux est conduit du réservoir dans la gouttière résultant des deux aiguillons rapprochés.

A l'extrémité opposée, le réservoir à venin communique avec deux organes tubuleux, qui sont les glandes où le liquide venimeux se forme et s'élabore. A mesure qu'il se produit, ce liquide s'écoule dans la poche à venin et s'y maintient en réserve.

Quand une abeille irritée a introduit son dard dans notre chair, si on la presse de partir, elle l'y laisse, mais non seul : la plupart de ses dépendances y restent attachées, comme la vessie à venin et beaucoup de parties musculeuses. La blessure qu'elle a faite lui coûte cher, plus cher que ne coûterait à un homme le coup de poing qui lui ferait perdre sur-le-champ tout le bras, ou le coup de pied qui lui ferait perdre la cuisse. La blessure qu'elle s'est faite à elle-même est une terrible et mortelle blessure, à laquelle elle ne saurait survivre longtemps. Après que cet aiguillon avec ses dépendances a été arraché et entièrement séparé du ventre de l'abeille, il semble encore animé du désir de la venger : il travaille à rendre plus profonde la blessure qu'il a faite et dans laquelle il est resté. Sa base continue à se donner des mouvements ; elle s'incline alternativement dans des sens contraires. Les muscles destinés à faire pénétrer l'aiguillon dans les chairs sont restés adhérents à cette base, et ils continuent leur jeu comme les muscles de la queue du lézard continuent le leur après que cette queue a été coupée.

J'ai fait sur moi-même une expérience très simple. Avec une épingle très fine, je me suis fait une légère piqûre à un doigt. Je pressai alors le ventre d'une abeille pour obliger l'aiguillon à se montrer, et je pris, avec la pointe de mon épingle, une petite goutte de la liqueur rassemblée à son bout. Alors je fis entrer une seconde fois cette pointe dans la piqûre que je m'étais faite. C'en fut assez pour qu'elle y laissât du venin. Le liquide venimeux ne fut pas plus tôt introduit, que je sentis une douleur semblable à celle qu'on éprouve après avoir été piqué par une abeille.

La piqûre est d'autant plus douloureuse que la quantité de venin introduite dans la plaie est plus considérable ; aussi devient-elle de moins en moins cuisante à mesure que l'insecte la répète coup sur coup, parce que la provision de venin s'épuise. Ayant été un jour piqué par une guêpe, je crus qu'il valait autant prendre son mal de bonne grâce, et je laissai l'insecte achever de me piquer tout à son aise. En pareille circonstance, l'insecte retire de la plaie son aiguillon sain et entier. Quand la guêpe eut retiré le sien, je la pris et, en l'irritant, je la posai sur la main d'un domestique aguerri qui n'était pas à une piqûre près. Celle qui lui fut faite était peu douloureuse. Je repris la guêpe, et je me fis piquer moi-même une seconde fois. A peine sentis-je cette dernière piqûre ; la liqueur venimeuse avait été épuisée dans les deux premières. Enfin, j'eus beau irriter la guêpe, elle ne voulut pas piquer une quatrième fois.

Extrait de Histoires de bêtes. (Delagrave).

V

HISTOIRE DE LA SÉRICICULTURE

Par **P. VIEIL**,

Inspecteur général de la sériciculture en Indo-Chine.

Le *Bombyx mori*, ver à soie du mûrier, parce que la feuille de cet arbre lui sert de nourriture exclusive, est communément appelé en français *ver à soie* et en langue d'oc *magnan*, d'où *magnanerie*, local où sont élevés les vers à soie, et *magnanier*, celui qui élève le ver à soie.

Il est originaire de Chine, où on paraît avoir pratiqué son élevage et le dévidage de son cocon dès la plus haute antiquité. La tradition chinoise fait remonter l'invention de cette industrie à l'impératrice Siling-Chi, femme de l'empereur Hoang-Ti (2697 avant J.-C.). Pendant plusieurs siècles, l'élevage des vers à soie constituait un art sacré auquel devaient se livrer les impératrices et les femmes nobles. La soie tenait lieu de monnaie dans les échanges et servait à payer les impôts.

Cet art demeura très longtemps confiné dans son pays d'origine. Des lois très sévères punissaient de mort quiconque aurait divulgué à des étrangers les procédés de dévidage, ou exporté hors du territoire les œufs de vers à soie et les graines de mûrier. Les Chinois gardèrent leur secret plus de 2000 ans; puis la sériciculture s'étendit peu à peu au Japon et en Perse. Ces peuples empêchèrent, également par des mesures très rigoureuses, la divulgation des procédés d'élevage du ver et de la confection des étoffes de soie, mais cherchèrent à répandre au loin ces riches tissus. C'est de ces différentes contrées que les caravanes tartares apportaient jusqu'en Grèce et à Rome de magnifiques étoffes qui se vendaient au poids de l'or. L'usage des vêtements de soie, portés d'abord uniquement par les souverains, se répandit peu à peu, et à Rome

les femmes riches et les hommes eurent le luxe de se vêtir
ainsi. Tacite, Sénèque, Martial, Juvénal font mention de ces
coutumes.

Les Romains et les Grecs ont cru longtemps que la soie
provenait d'une plante.

Ce n'est que vers le milieu du vi⁰ siècle de notre ère que la
sériciculture fut introduite en Europe, et l'histoire de cette
introduction, bien que peut-être légendaire, mérite d'être
rapportée (1).

Vers l'an 550, deux moines du mont Athos allèrent prêcher
le christianisme dans des régions voisines de la Perse, où
l'élevage du ver à soie était très répandu. Désireux de faire
profiter leur patrie de cette riche industrie, ils introduisirent
en secret des graines de ver à soie dans leurs bâtons de pèle-
rins, vraisemblablement en bambou, revinrent chez eux et
élevèrent les vers à soie.

Il semble que la sériciculture se répandit rapidement en
Grèce, puisque le Péloponèse perdit son nom pour prendre
celui de Morée, pays du mûrier. De la Grèce, cette industrie
se répandit dans toute l'Asie Mineure et notamment en Syrie.
De là, elle fut répandue par les Arabes dans le Caucase, en
Sicile, en Italie, en Espagne et sur les côtes d'Afrique. Elle
ne paraît avoir été introduite en France que beaucoup plus
tard, sans que l'époque puisse être exactement précisée.

Sous Louis XI, on élevait certainement déjà des vers à soie,
puisque, à cette époque, des tissages de soie étaient établis à
Lyon et à Tours. Ce souverain et ses successeurs essayèrent
d'encourager l'industrie naissante, mais ce ne fut que sous
Henri IV qu'elle fit de réels progrès. Ce grand roi s'intéressa
vivement à la sériciculture et fit tous ses efforts pour la développer. Il fut puissamment aidé en cela par Ollivier de Serres,
qui le premier en France écrivit un traité sur ce sujet et fit
planter de nombreux mûriers dans diverses régions, notamment aux Tuileries, à Paris, où Henri IV fit installer des
magnaneries, une filature et un moulinage.

Les prêtres et les nobles, pour être agréables au roi, plan-

(1) Voy. *Sériciculture*, par P. Vien (*Encyclopédie agricole*).

taient des mûriers et élevaient des vers à soie. Le ministre
Sully faisait planter des mûriers sur les routes du royaume
et distribuait des primes en argent à ceux qui élevaient avec
succès le précieux insecte.

A la mort de Henri IV, ce mouvement semble s'arrêter pour
prendre un nouvel essor avec Colbert. Ce ministre, voyant
l'importance des achats de cocons que la France faisait à
l'étranger (Italie et Syrie), fit instituer les primes à la sériciculture : tout pied de mûrier planté et vivant trois ans
donnait droit à une prime de 24 sols. Grâce à ces encouragements, les mûriers furent plantés en grande quantité ; les
filatures et les moulinages se multiplièrent un peu partout,
et principalement dans les Cévennes.

L'industrie de la soie prenait un développement considérable, lorsque la révocation de l'Édit de Nantes vint paralyser
son essor en obligeant une notable partie de ses auxiliaires
à s'expatrier. C'est précisément à cette époque que des fabriques de soieries furent établies en Suisse et en Allemagne.

Au commencement du xviiie siècle, l'élevage des vers à soie
reprend peu à peu et, par suite, l'industrie de la soie. Louis XV
encourage la sériciculture, qui va en progressant jusqu'en
1790, si bien qu'à cette époque la France produisait plus de
6 000 000 de kilogrammes de cocons frais.

Cette production n'augmente plus, fléchit plutôt, au contraire, pendant les guerres de la République et de l'Empire.
Le calme rétabli, la récolte des cocons prend un nouvel essor.
En 1830, la production s'élève à 10 000 000 de kilogrammes et
progressivement à 20 000 000 de kilogrammes de 1840 à 1850 ;
elle atteint, en 1853, le chiffre énorme de 26 000 000 de
kilogrammes, chiffre qui n'a jamais plus été égalé. En 1865,
la production n'est plus que de 4 000 000 de kilogrammes.

Cette diminution si forte et si brusque de la production
était due aux effets d'une terrible maladie qui détruisait en
quelques jours les plus belles éducations, malgré les soins les
plus attentifs dont elles étaient l'objet ; et cela le plus souvent
lorsque les vers avaient atteint leur développement maximum, lorsque toutes les dépenses étaient faites et que l'agriculteur allait recueillir le fruit de ses travaux.

Les graines indigènes donnant des échecs complets, les sériciculteurs durent s'adresser successivement à l'Italie, la Turquie, l'Asie Mineure, la Roumanie, la Chine, etc. Mais le fléau semblait suivre les pas des négociants qui allaient au loin chercher des graines saines. Les graines du Japon, cependant, donnèrent quelques résultats; elles étaient apportées sur des cartons estampillés dans leur pays d'origine, afin d'éviter la fraude; mais ces cartons atteignirent des prix très élevés: les graines donnaient un faible rendement en poids, les cocons obtenus étaient de qualité inférieure, et enfin les vers n'étaient pas toujours exempts de la terrible maladie.

Le découragement de nos populations séricicoles était extrême. Partout on arrachait les mûriers.

Il faut avoir assisté à ces désastres pour comprendre leur étendue et les misères qui en sont la conséquence. Après avoir donné son temps et sa peine à son cher *bétail* (expression d'Ollivier de Serres), dépensé sa feuille, payé ses ouvriers, le malheureux éducateur ne recueille que des cadavres en putréfaction. Jadis, l'époque de la récolte des cocons était un temps de fête et d'allégresse. Malgré la fatigue des derniers jours de l'éducation, où l'appétit des vers ne peut être satisfait qu'au prix d'un travail qui ne connaît de repos ni le jour ni la nuit, des chants joyeux retentissaient partout dans les campagnes, sur les arbres où se faisait la cueillette de la feuille, près des tables où le précieux insecte, le corps rempli de soie, montait avec prestesse sur la bruyère pour y construire sa prison dorée. Un seul trait dira la place qu'occupait dans la vie des populations la récolte du précieux textile: les paiements de l'année entière, tous les règlements d'affaires avaient lieu quelques jours après l'achèvement des éducations. Cet usage antique et respecté n'est plus aujourd'hui qu'un souvenir.

Les pertes subies en France par suite du fléau ont été estimées à plus de 2 milliards.

VI

PASTEUR ET LA MALADIE DES VERS A SOIE

Par F. BOURNAND.

Après ses études victorieuses sur la génération spontanée, Pasteur devait faire une première, grande et utile découverte. Il devait étudier et découvrir la guérison des maladies des vers à soie, cause de ruine pour plus d'une contrée.

Les travaux sur les vers à soie, qui furent commencés immédiatement après les recherches sur les maladies des vins et avant le travail sur la bière, rentrent, par leur date (1866-1869), dans la période des fermentations; mais, par leurs objets, ils sont comme la préface de la troisième période, celle des virus et des vaccins; Pasteur les entreprit sur les instances de Dumas qui avait été nommé rapporteur de la commission du Sénat chargée d'étudier les moyens de sauver l'industrie séricicole, très éprouvée depuis quelques années et menacée de ruine complète par les maladies des vers à soie.

Les achats de graines étrangères, qui avaient un instant enrayé le mal, outre qu'ils étaient très dispendieux pour les éducateurs, ne donnaient plus que des succès incomplets et incertains. La maladie qui sévissait le plus rigoureusement sur les vers à soie était appelée la pébrine. Le corps des vers était en effet piqué de taches brunes, comme poivré. On avait bien soupçonné l'existence d'un parasite, cherché à pratiquer l'isolement des vers malades; on avait choisi comme porte-graines ceux qui n'avaient pas présenté, jusqu'au moment de filer le cocon, la moindre tache. Filippi et Cornali avaient signalé la présence dans les vers malades de corpuscules microscopiques qu'Osimo avait même retrouvés dans les graines. Vittadini était allé jusqu'à proposer de trier la graine au microscope. Malgré toutes les précautions, beaucoup d'œufs n'éclosaient pas, et, parmi les vers issus des autres, beaucoup mouraient de la pébrine.

Pasteur se rendit à Alais, en pleine région séricicole, et, avec quelques collaborateurs, Duclaux, Gernez et d'autres, improvisa un laboratoire dans les environs. Ce furent de laborieuses et souvent rebutantes études. Les membres de la mission rivalisèrent de zèle et d'ingéniosité. Il faut lire l'histoire de cette mission racontée par Pasteur lui-même. Au

Éducation des vers à soie à la station séricicole de Montpellier.

point de vue de la science, le résultat fut la confirmation de la nature parasitaire et de la transmissibilité par contagion et par hérédité de la pébrine. Au point de vue pratique, ce fut le moyen d'obtenir à coup sûr des œufs sains en montrant par où les essais antérieurs avaient péché. Or, voici ce point : la pébrine se montre à tous les âges ; un ver encore sain au moment de filer peut être contaminé et la maladie continue à évoluer dans la chrysalide et dans le papillon qui donne

naissance à des œufs malades. L'examen des œufs un à un
sous le microscope étant impraticable, Pasteur institua l'examen microscopique des papillons après la ponte. Chaque
papillon est avant la ponte placé sur un morceau de linge
distinct et épinglé après la ponte; son corps est ensuite soumis, après avoir été broyé, à l'examen microscopique et, s'il
contient des corpuscules, sa ponte est détruite; sinon, les œufs
sont conservés. Un seul examen suffit pour garantir la pureté

Taille des mûriers à la station séricicole de Montpellier.

d'une ponte entière, c'est-à-dire de deux ou trois cents œufs.

Une autre maladie, la flacherie, dans laquelle les vers
s'étiolent, deviennent mous et noircissent après la mort,
attira aussi l'attention de Pasteur. Ici, le parasitisme est d'un
genre différent. Il s'agit de ferments qui se développent dans
l'intestin aux dépens des aliments ingérés, troublent la nutrition des vers, et ceux-ci meurent en quelque sorte d'inanition.

Le remède est ici en grande partie du domaine de l'hygiène;
la trop grande chaleur, l'humidité, prédisposent à la maladie:
les feuilles mouillées, sur lesquelles la pluie ou la rosée ont
déposé les poussières rencontrées dans l'air, sont fréquemment la source de l'infection; d'ailleurs, contrairement aux

germes de la pébrine qui ne vivent pas en dehors des vers ou des œufs, ceux de la flacherie se retrouvent à l'état d'activité dans les vieilles litières et dans les poussières des magnaneries d'une année à l'autre, d'où la nécessité d'une méticuleuse propreté. Quant à l'hérédité, on s'en préserve par le choix des reproducteurs. « Servez-vous, dit Pasteur, de graines provenant de papillons dont les vers soient montés avec prestesse à la bruyère sans offrir de mortalité par la flacherie de la quatrième mue à la montée et ne contenant pas le moindre corpuscule de pébrine, et vous réussirez dans toutes vos éducations. » Et de fait, grâce aux instructions du savant, les ravages de la maladie ont été enrayés.

Extrait de Pasteur. (Tolza.)

Les *vers à soie* se reproduisent par des œufs qui mesurent environ 1 millimètre de diamètre et communément appelés graine de vers à soie.

Le jeune ver, au sortir de l'œuf, a 3 millimètres de longueur. Il se met aussitôt à dévorer des feuilles de mûrier, et grossit rapidement. Il subit successivement quatre crises appelées *mues*. Après la quatrième mue, a lieu la *grande frèze* qui se manifeste par une recrudescence d'appétit. Puis, l'appétit diminue : le ver *mûrit* et, vingt-cinq à vingt-huit jours après l'éclosion, a lieu la *montée*, c'est-à-dire que le ver monte sur des branches disposées à cet effet, et construit son *cocon* en trois jours, pour se transformer en *chrysalide*, puis en *papillon*.

Les cocons destinés à l'industrie sont étouffés par la chaleur, sèche ou humide. Ceux destinés à la reproduction sont réservés. Les papillons s'accouplent au sortir du cocon, et meurent après l'accouplement et la ponte.

L'*élevage* des vers à soie doit être entouré des plus grandes précautions hygiéniques : salubrité et aération des locaux, désinfection du matériel, propreté minutieuse, température convenable. La nourriture, qui se compose exclusivement de feuilles de mûrier, doit être abondante et saine.

Les vers à soie sont exposés à un certain nombre de *maladies* : la *pébrine*, maladie contagieuse et héréditaire, qui faillit ruiner la sériciculture française ; la *flacherie*, maladie microbienne héréditaire et contagieuse ; la *muscardine*, affection cryptogamique, contagieuse, mais non héréditaire ; la *grasserie*, maladie très ancienne mais encore mal connue.

VII

LES ABEILLES

Par **Ed. BERNARD.**

Midi sur le jardin s'étend lourd de sommeil.
Pas un bruit, pas un chant d'oiseau, au creux des branches.
Seul on entend là-bas, près de la grange blanche,
Le sourd bourdonnement des ruches au soleil ;

Car celles-là ne dorment pas, les ouvrières
Qui vont chercher le miel doré au sein des fleurs,
Le miel blond et si clair dans ses chaudes couleurs,
Qu'on croirait qu'elles ont butiné la lumière.

Oh ! le joyeux labeur des glaneuses du ciel !
Mouches d'or que nourrit le parfum de la terre
Et qui vont du buisson à la bâche de pierre,
Trainant leur vol pesant, toutes lourdes de miel !

Elles vont... Le soleil rêve et rit sur les treilles ;
C'est l'heure lumineuse et sereine du jour.
Puisque tout se repose, et la haine et l'amour.
Et qu'il n'est plus dans l'air que le vol des abeilles.

Les abeilles.

LA LAITERIE
ET LES INDUSTRIES AGRICOLES

I

LES MICROBES EN LAITERIE

Par **E. KAYSER**,
Maître de conférences à l'Institut national agronomique.

Les microbes interviennent dans l'industrie laitière d'une façon tantôt utile, tantôt nuisible dans les diverses transformations que peut subir le lait (fabrication du beurre, du fromage, de boissons fermentées diverses).

L'observation journalière apprend que le lait est un des aliments les plus difficiles à conserver; nous le comprenons aisément, car le lait renferme à lui seul les différentes matières alimentaires des microbes; c'est un de nos meilleurs milieux de culture microbienne. On y trouve des espèces aérobies qui se développent assez rapidement en enlevant l'oxygène et des anaérobies qui n'agissent qu'au bout d'un certain temps; on peut démontrer leur présence par la coloration du lait à l'aide de carmin d'indigo, qui se décolore dès que l'oxygène vient à manquer; ces microbes anaérobies manifestent leur existence par des dégagements gazeux souvent très abondants (1).

Comme le lait est un composé de sucre de lait, de matières azotées (caséine), de matières grasses et de matières minérales, nous pouvons y trouver des microbes qui attaquent de préfé-

(1) Voy. *Microbiologie agricole*, par E. KAYSER. 1910 (*Encyclopédie agricole*). — *Le lait*, par E. DUCLAUX, de l'Institut. (Librairie J.-B. Baillière et fils.)

rence le lactose, d'autres les matières azotées, d'autres enfin qui décomposent les matières grasses.

Les uns rendront le milieu acide, coaguleront le lait; les autres transformeront la caséine tantôt en milieu acide, tantôt en milieu neutre ou alcalin, et il peut s'en trouver qui attaqueront les deux principes: lactose et matière azotée à la fois. Ce sont les matières grasses qui sont les plus difficiles à décomposer; leur saponification peut avoir lieu sous diverses influences.

On y rencontre des ferments lactiques qui coaguleront le lait avec ou sans dégagement gazeux; ils sont plutôt rares dans le lait fraîchement trait; on y trouve des bactéries peptonisant la caséine du lait. Beaucoup de ces espèces jouent un rôle utile, d'autres occasionnent les maladies du lait, du beurre, du fromage. Il peut s'y trouver enfin des bactéries pathogènes pour l'homme, comme le bacille de la diphtérie, de la tuberculose, etc.; enfin des espèces banales apportées notamment par l'air. Dans la glande mammaire saine, le lait est souvent exempt de microbes; mais, dès qu'il arrive dans le trayon, la contamination est facile et rapide; ainsi le lait devient vite impropre à toute consommation.

En désinfectant la mamelle, il a été possible de recueillir du lait parfaitement stérile; mais on a, d'autre part, signalé de divers côtés la présence de microbes jusque dans les canaux galactophores, où ils peuvent venir soit de l'extérieur, soit de l'intérieur. La paroi intestinale paraît être perméable aux microbes; mais l'infection hématogène de la mamelle se produit plutôt rarement.

On trouve souvent dans la mamelle les mêmes organismes que dans l'étable, et le lait fraîchement trait est d'autant plus riche en bactéries que les muscles des trayons sont plus lâches. Ce sont en général des espèces banales, plus rarement des ferments lactiques, qu'on trouve. Certains microbes, comme le *Micrococcus prodigiosus*, inoculés dans le trayon, peuvent s'y trouver vivants pendant des semaines, et on comprend ainsi qu'un trayon envahi par une de ces espèces résistantes pourra la garder pendant fort longtemps, alimenté qu'il est à chaque traite.

24.

L'air de l'étable ou de l'endroit où l'on effectue la traite est certes une des causes d'infection ; il peut être plus ou moins chargé : on constate aisément que l'infection par l'atmosphère de l'étable est diminuée autant que possible en recueillant le lait dans un flacon ou des seaux à orifice étroit.

Lors de la distribution du foin, de l'enlèvement des litières, le nombre des bactéries de l'air de l'étable augmente considérablement ; cette influence peut se faire sentir pendant plusieurs heures ; aussi conseille-t-on, non sans raison, d'éviter tout mouvement inutile dans l'étable et le remuement de la litière avant la traite.

La traite elle-même augmente considérablement la teneur de l'atmosphère en germes, surtout dans le voisinage immédiat de la vache : ceci est dû à ce que le revêtement pileux de celle-ci est mis en mouvement par le trayeur. On peut l'éviter dans une certaine mesure en essuyant la mamelle, avant la traite, avec un linge humide ; le trayeur lui-même devra se laver les mains avant de commencer à traire, et il importe de recueillir dans un vase spécial les premiers jets de lait.

On sait quelle influence l'herbe ensilée peut avoir sur le lait, influence microbienne, influence d'odeur ; il ne faut donc pas laisser effectuer la traite par la personne qui touche à l'ensilage, à moins de la faire changer d'habits et de lui faire observer la plus grande propreté.

Le lait provenant de vacheries situées dans les montagnes est moins chargé de microbes, parce que l'air y est plus pur et parce qu'on n'y emploie que rarement des litières.

Le lait peut être contaminé par l'air de l'étable, l'agitation et les mouvements de la vache, surtout par les agrès, les vases, les seaux et le pis mal lavés, les mains du vacher mal nettoyées.

On a recherché le nombre de microbes dans des bidons légèrement nettoyés, dans des bidons lavés à l'eau tiède et échaudés ensuite, et dans des bidons lavés à l'eau tiède et ensuite soumis à la vapeur pendant cinq minutes ; avec ce dernier mode de lavage, le nombre de germes par centimètre cube diminue dans des proportions très fortes et se réduit à quelques centaines, au lieu de centaines de mille ; c'est ce qui doit faire rechercher les bidons à lavage facile. La multiplication de ces diverses espèces est très grande et peut atteindre, au bout de quelques heures, jusqu'à 100 000 par centimètre cube et plus ; leur nombre augmente donc très rapidement à mesure qu'on s'éloigne du moment de la traite et d'autant plus que la température est plus élevée.

Plus en se rapproche de la température de 35°, qui est la température normale du corps de la vache, plus la multipli-

La traite doit se faire dans les meilleures conditions de propreté. La machine à traire diminue la contamination par les microbes.

cation est rapide. On a ainsi pu constater des variations dans la teneur microbienne du lait allant du simple au décuple, déjà après quelques heures de conservation.

Une autre cause de multiplication, surtout due à la température élevée du corps de la vache, est la stagnation du lait dans les trayons de la vache. On comprend ainsi comment le lait des premiers jets peut être très riche en microbes, tandis qu'à la fin de la traite il est presque pur. Il importe donc de recueillir le lait non seulement avec les plus grands soins de propreté, de vider complètement les trayons, mais encore de le refroidir rapidement et de le conserver au froid.

II

LES FERMENTS DE LA LAITERIE

Par **P. MAZÉ**,
Chef de laboratoire à l'Institut Pasteur.

La crème fraîche retirée par centrifugation du lait immédia-tement après la traite, barattée à sa sortie de l'écrémeuse, donne un beurre dépourvu d'arome et de saveur.

Le produit fabriqué suivant les procédés ordinaires doit donc son bouquet et son goût agréables à la fermentation dont le lait et la crème recueillie par écrémage spontané sont le siège. C'est un savant danois, Storch, qui a montré le premier que ce sont les ferments lactiques qui donnent au beurre ses qualités gustatives. Il a alors introduit dans l'industrie beur-rière la pratique de la fermentation de la crème, et cette pratique a conduit peu à peu à l'emploi des cultures pures de ferments lactiques pour l'acidification ou la maturation de la crème préalablement pasteurisée (1).

Malgré tous les efforts de l'industrie, les résultats laissent souvent à désirer; dans leur ensemble, ils sont cependant bien supérieurs à ceux qu'obtiennent les petits fermiers ; nous n'avons nulle difficulté à concevoir cet état de choses avec tout ce que nous savons maintenant des ferments du lait, mais il ne faut pas oublier qu'il y a encore des beurres fermiers qui se vendent bien plus cher que les meilleurs beurres d'industrie.

Cette constatation, qui est en opposition flagrante avec celle que je viens de faire pour la masse de la production fermière, n'a pas le droit de nous étonner non plus. Ce ne sont ni les industriels, ni les bactériologistes qui ont créé l'industrie beurrière : elle existait avant eux, et, bien avant eux, quelques fermiers faisaient des beurres de toute première qualité,

(1) Voy. *Laiterie*, par Ch. MARTIN (*Encyclopédie agricole*). — *L'industrie laitière*, par A. ROLET. 1905. (J.-B. Baillière et fils.)

comme ils continueront d'en faire tout en les ignorant. C'est que la méthode empirique, qui a derrière elle des siècles d'expérience et d'observation, est parvenue, à force de soins, à réaliser des fermentations de la crème à peu près pures dans une matière première qui n'a subi aucune altération. Voilà où réside la force des fermiers ; mais elle n'y est pas toute : l'industrie réalise aussi quelquefois des fermentations pures, et cependant ses beurres ont moins de vogue ; est-ce parce qu'elle les produit en plus grande quantité ? Il y a bien un peu de cela ; mais il y a autre chose que nous allons découvrir en suivant attentivement, avec les connaissances que nous avons maintenant, le fermier dans son travail.

On a attribué la réputation des beurres normands aux qualités de la race laitière, à la richesse des pâturages, à la douceur du climat, etc. Il y a bien quelque part de vérité dans tout cela ; mais on ne peut pas se refuser à constater que tous ces facteurs agissent à peu près dans les mêmes conditions dans presque toute la Normandie, et que, malgré cela, si l'on prend deux fermiers voisins des plaines d'Isigny ou de Carentan, on s'aperçoit quelquefois que, pendant que l'un vend son beurre à raison de 3 francs le kilogramme, l'autre en retire 6, 7 et quelquefois 8 francs.

Bien entendu, le fabricant privilégié ne manque pas de rapporter à son habileté professionnelle et à ses secrets de fabrication les succès de sa marque, et en cela il a raison. Mais tous ses secrets se bornent aux précautions multiples qui lui permettent d'obtenir une fermentation lactique à peu près pure.

Le régime imposé au bétail normand est un facteur qui joue un rôle important dans le succès final. Les animaux qui vivent dans les pâturages ont rarement les mamelles souillées par les déjections et la litière ; la traite se fait donc dans des conditions de pureté satisfaisantes, la fermière normande jouissant, à ce point de vue, d'une excellente renommée.

Le lait transporté à la laiterie, dans des cannes nettoyées à l'eau bouillante, est refroidi dans un courant d'eau dont la température ne dépasse pas 15°, même en été. C'est aussi la température de la laiterie en toute saison. L'écrémage spontané se fait donc dans d'excellentes conditions. Les vases réservés pour cet usage ne sont pas seulement lavés à l'eau bouillante, ils sont stérilisés à une température très élevée par un séjour sur la braise. Les mêmes coutumes existent aussi en Bretagne dans les fermes renommées pour la qualité de leur beurre. Ce sont là les principales précautions qui concourent à la réalisation d'une fermentation pure, car, plus on élimine soigneusement tous les ferments, sans exception, plus on est assuré d'obtenir une fermentation lactique pure, parce que les ferments lactiques sont toujours les derniers à disparaître du lait, d'où on ne saurait d'ailleurs les éliminer complètement.

D'un autre côté, la température à peu près constante de la laiterie donne à la fermentation une régularité presque mathématique.

Mais, jusqu'ici, nous ne voyons pas apparaître la cause qui met les premières marques de beurre fermier au-dessus des beurres industriels. La voici : nous savons que la caséine et le sucre de lait constituent les deux substances fermentescibles de la crème ; c'est aux dépens de ces deux corps que se forment les produits sapides et odorants que l'on recherche dans le beurre. La matière grasse ne doit subir aucune altération : son rôle consiste à fixer les substances aromatiques qui prennent naissance sous l'influence de la fermentation lactique, absolument comme dans le procédé d'extraction des parfums par l'enfleurage.

L'écrémage spontané du lait se prête admirablement à ce travail de fixation. Les globules gras qui montent lentement à travers les couches du lait présentent dans toute la masse du liquide une surface de contact énorme avec les substances fermentescibles, grâce à laquelle ils entraînent en grande quantité tous les produits éthérés qu'ils rencontrent sur leur parcours.

Cette fermentation se poursuit et se complète après l'écrémage dans les terrines où l'on réunit la crème ; si le barattage se fait ensuite en temps opportun, c'est-à-dire toutes les quarante-huit heures ou tous les trois jours, le beurre présente le maximum de qualités sur lesquelles on puisse compter. Voilà donc tous les secrets de la fabrication fermière.

Extrait du Bull. de la Soc. d'agr. de la Seine-Inférieure.

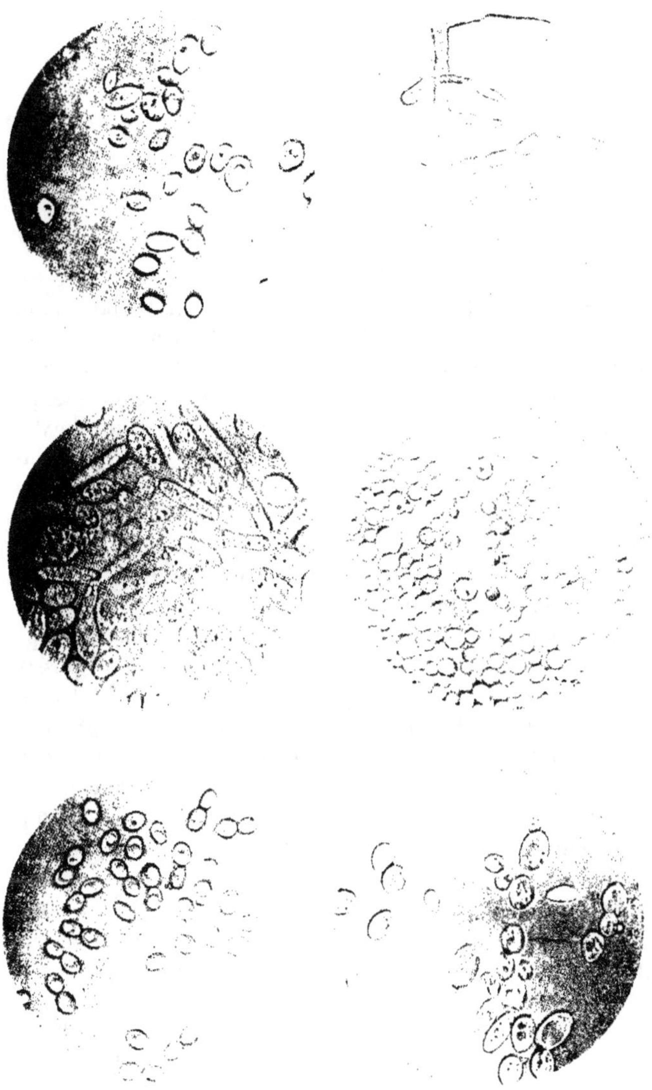

Les ferments du lait.

III

LA MATURATION DE LA CRÈME

Par **A. DUCLOUX**,
Professeur départemental d'agriculture à Lille.

Avant d'être barattée, la crème a besoin de s'aigrir ou de
s'acidifier. Ce résultat s'obtient grâce au ferment lactique qui
détermine la fermentation voulue et fait *mûrir* la crème. La
maturation de la crème détermine le développement de
l'arome du beurre et permet, lorsqu'elle est à point, d'extraire
de la crème la plus grande quantité des matières grasses
qu'elle renferme. Si elle est incomplète, c'est-à-dire si la
crème n'est pas suffisamment acide, l'arome est insuffisamment développé, le beurre sera moins fin et le rendement
se trouvera diminué ; si, au contraire, on laisse l'acidité se
développer au delà du degré convenable, le beurre rancira
vite et se conservera mal ; on voit par là combien il importe
de placer la crème dans les meilleures conditions possibles
pour obtenir l'acidité convenable. Celle-ci varie d'ailleurs
avec les saisons. En hiver, l'acidité doit varier de 58° à 65° ;
en été, elle doit être seulement de 55° à 60°. C'est surtout
sur la température qu'il faut agir. La température d'écrémage a déjà son influence : en hiver, on devra écrémer à
une température variant entre 24° et 28°, et au besoin on
réchauffera le lait au moment de l'écrémer.

En été, on écrémera le lait sans le réchauffer, surtout
dans les laiteries coopératives, parce que le ramassage du lait
exige un temps plus ou moins long pendant lequel il s'acidifie.
Les cultivateurs ont le plus grand intérêt à donner à leur
lait des soins très minutieux en vue de ralentir l'acidification
et au besoin de conserver ce lait d'une traite à l'autre. Ils
obtiendront d'excellents résultats en ne procédant à la traite
qu'après avoir lavé le pis des vaches, en recueillant le lait

dans des seaux stérilisés à l'eau bouillante et en prenant la précaution de placer les bidons à lait dans de l'eau fraîche jusqu'au moment de l'écrémage. Rappelons que le lait normal possède une acidité de 17° à 22°, que le lait à 30° d'acidité se coagule à l'ébullition, et que, lorsque cette acidité atteint 70°, il caille à la température ordinaire.

La température d'acidification a également une grande importance. L'expérience montre en effet qu'en hiver le lait renferme une proportion moins grande de ferments qu'en été ; il s'ensuit que la fermentation est plus lente. On l'activera d'abord : 1° en produisant des crèmes plus longues, c'est-à-dire en retirant 12 à 14 p. 100 de crème de lait ; on augmente ainsi la proportion de ferment lactique et de matières fermentescibles : caséine et surtout sucre du lait ; — 2° en maintenant la température à 18°-20° par un chauffage approprié. Les laiteries bien organisées possèdent une cave pour la fermentation des crèmes, dans laquelle, grâce aux tuyaux à ailettes, on maintient la température voulue en utilisant une partie de la vapeur du générateur ; dans d'autres laiteries, on se contente de déposer les bidons à crème dans un bac en ciment contenant de l'eau tiède. Il importe que cette eau ne dépasse pas la température de 22° à 24°, de manière que la crème ne soit jamais portée à une température dépassant 22°. Ce procédé, qui donne des résultats satisfaisants, présente pourtant un inconvénient : c'est que la vapeur d'eau rend l'atmosphère trop humide, si bien que, la température aidant, des moisissures nuisibles à la crème se développent trop rapidement. A la ferme, on devra placer le récipient à crème dans une pièce sèche où la température est aussi uniforme que possible et se maintient dans le voisinage de 18°.

Il est à retenir en effet que l'acidification à basse température est trop lente et qu'en hiver elle est cause du durcissement exagéré du beurre. En été, la maturation de la crème peut se faire plus rapidement parce que les ferments sont plus nombreux et plus actifs ; il sera donc avantageux de produire des crèmes courtes représentant 9 à 11 p. 100 du poids du lait, qui contiennent par conséquent moins de caséine et de sucre de lait et aussi moins de ferments. On maintiendra la température aux environs de 15°. Aussi, en été, est-il indispensable de refroidir les crèmes immédiatement après l'écrémage. Le réfrigérant à crème donnera d'excellents résultats ; mais le cultivateur qui ne le possède pas devra tout au moins placer les récipients de crème dans un courant d'eau froide, et chercher à amener la température de la crème à 8° ou 10° en renouvelant l'eau aussi souvent qu'il est nécessaire et en maintenant cette basse température pendant trois heures.

Le refroidissement de la crème a pour résultat de réduire l'énergie vitale de tous les microbes ; lorsque la température s'élève à nouveau, les bons ferments lactiques se réveillent pour ainsi dire les premiers et provoquent une fermentation favorable. La température la plus convenable en été est de 15°, quand la crème doit être mûre dans les vingt-quatre heures. Il serait donc nécessaire de maintenir une température plus basse, si on ne devait baratter qu'après quarante-huit heures, et à plus forte raison si le barattage ne se faisait que deux fois par semaine. Dans ce cas, on évitera avec le plus grand soin de mélanger les crèmes en maturation ; elles seront conservées dans des récipients distincts où, par conséquent, elles mûriront plus ou moins vite suivant les besoins, de manière à être amenées au degré d'acidité voulue au moment du barattage, et c'est alors seulement qu'elles seront mélangées. Il existe enfin deux autres moyens d'agir sur la maturation de la crème : c'est l'emploi du babeurre provenant d'une fabrication précédente ou l'ensemencement de ferments lactiques purs. L'emploi du babeurre (produit qui contient de nombreux ferments lactiques naturels) ne doit se faire qu'autant qu'il provient d'un beurre de première qualité, et il n'est guère utile de s'en servir que pendant la période d'hiver. Dans les coopératives, on a le plus grand intérêt à adopter la pratique de l'ensemencement de ferment lactique pur. Dans ce cas, la crème, au sortir de l'écrémeuse, doit être pasteurisée, soit à l'aide d'un pasteurisateur spécial, soit tout simplement, quand il ne s'agit que de traiter de petites quantités de crème, dans un bain-marie permettant de maintenir la crème à une température de 65° à 68° au maximum pendant cinq minutes. On ne dépassera pas la température de 69°, car la crème acquerrait un goût de cuit qui se communiquerait au beurre.

L'Institut Pasteur de Paris prépare des ferments lactiques sélectionnés. L'utilisation des ferments lactiques appropriés nécessite la préparation d'un levain. On commence par pasteuriser une quantité de petit-lait représentant 5 p. 100 du volume de la crème travaillée chaque jour. Il suffit, pour cela, d'un récipient en fer étamé ou émaillé, préalablement stérilisé à la vapeur et muni d'un couvercle également stérilisé. On place ce récipient dans un bain-marie dont l'eau est portée à 85°-90°. Quand le lait atteint la température de 70°, on cesse de chauffer : peu à peu la température du lait atteint 75°, tandis que l'eau du bain-marie se refroidit. On conserve cette température pendant vingt minutes. Après ce temps, le récipient à lait écrémé est placé dans l'eau froide courante, de façon à abaisser la température du lait à 25°. Ce point atteint, on ajoute le ferment lactique pur à raison de 1 litre par 40 litres de lait écrémé. Ensuite, on recouvre le récipient d'un linge à tissu fin et serré sortant de l'eau bouillante et simplement égoutté. Au-dessus de ce linge, on mettra le couvercle sans trop l'assujettir. Le tout est placé dans une pièce où la température se maintiendra à 20°. Il y séjourne pendant vingt-quatre heures, après quoi on peut l'utiliser pour l'ensemencement des crèmes. Une partie de ce premier levain sera prélevée pour la préparation d'un deuxième levain, et ainsi de suite, jusqu'au moment où il est nécessaire de recourir au ferment lactique pur, ce qui arrive après sept ou huit jours.

La pasteurisation des crèmes et l'ensemencement de ferment lactique se généralisent de plus en plus aujourd'hui dans les laiteries bien outillées. Cette pratique devient de plus en plus indispensable dans les laiteries industrielles ; elle l'est moins à la ferme, parce que là le lait est travaillé immédiatement après la traite, et qu'en prenant les soins de propreté nécessaires, en réglant comme il convient la température, on peut obtenir une bonne maturation. Néanmoins, la pasteurisation de la crème peut être pratiquée très avantageusement dans les fermes où les animaux reçoivent une ration composée surtout de navets ou de choux fourragers et, en général, un aliment quelconque susceptible de communiquer un mauvais goût au beurre.

Dans tous les cas, il importe de savoir que les beurres de crème pasteurisée manquent d'arome, si on baratte quand la crème a l'acidité ordinaire ; aussi doit-on laisser mûrir les crèmes davantage, lorsqu'on pratique l'ensemencement du ferment lactique sur des crèmes pasteurisées. En hiver, l'acidité sera poussée à 72°-75° ; en été, à 65°-68°. Pour obtenir ce résultat après dix-huit à vingt heures quand on baratte chaque soir la crème de la veille, il sera bon de ne pas refroidir la crème au-dessous de 18° en hiver, de 15° en été ; de plus, il ne faudra pas craindre d'ajouter à la crème plus de 5 p. 100 de levain. Si c'est nécessaire, on ajoutera à la crème 10 et même 15 p. 100 de son volume de levain.

Pasteurisation de la crème dans une grande laiterie industrielle.

IV

LES FRUITIÈRES

Par **Ch. MARTIN**,
Ancien directeur de l'École nationale d'industrie laitière de Mamirolle.

A l'origine, la fruitière, basée sur la confiance et la bonne foi réciproques, pouvait être considérée comme l'extension de la famille; c'était une société de fait, sans contrat, sans mise en commun de tous les produits; c'était, en réalité, une société de prêts de laits mutuels (1).

Le jour où l'on commençait la fabrication, celui qui apportait la plus grande quantité de lait devenait possesseur du fromage fabriqué, de la crème prélevée, des résidus. Il fournissait le bois nécessaire à la fabrication et même le local, car il n'y avait pas de chalet spécial. Il aidait le fruitier dans son travail et le nourrissait. Quant au mode de comptabilité, il était très simple. Le fromager marquait sur une double taille de bois, d'un côté les quantités livrées en avoir par le sociétaire, de l'autre ce qu'il redevait. Les apports successifs du sociétaire qui avait eu le premier fromage servaient à éteindre la dette, à rendre à ses coassociés le lait qu'ils lui avaient prêté, jusqu'au jour où, possesseur de la plus forte quantité en avoir, il avait de nouveau « le tour », c'est-à-dire les produits de la journée.

Peu à peu, on a compris l'utilité d'avoir un local spécial pour la fabrication et on a établi des chalets. Mais le même système d'exploitation s'est perpétué beaucoup plus longtemps et ce n'est que depuis trente ans environ que des modifications ont été apportées.

La première a été le remplacement de la taille par l'inscription des quantités fournies sur des carnets individuels et sur un registre.

(1) Voy. Ch. MARTIN, *Laiterie* (*Encyclopédie agricole*).

La taille prêtait à de nombreuses erreurs, et les droits de chacun se trouvaient à la merci de la bonne foi et de l'exactitude du fruitier; les irrégularités étaient, en effet, difficiles à constater.

Mais le remplacement de la taille n'a pas amené immédiatement une modification dans la répartition des produits. Chacun restait maître d'en disposer à son gré comme par le passé. Ce système d'association, dit « *au petit carnet* » ou « *en petite société* », a pourtant de nombreux inconvénients. Il pouvait avoir sa raison d'être quand les produits étaient consommés sur place, mais il ne saurait se perpétuer aujourd'hui.

Voici les inconvénients qui s'attachent au système. La crème est livrée au sociétaire qui a le tour. Or la quantité de crème est variable suivant la richesse du lait, suivant la température, suivant la manière dont le fruitier pratique l'écrémage, opération à laquelle le sociétaire qui a le tour assiste : de ce chef déjà, des inégalités involontaires ou intentionnelles existent.

Supposons, par exemple, qu'après avoir fabriqué un fromage de trois traites (séchon) on arrive à la production d'une pièce de deux traites; les sociétaires qui auront bénéficié de la plus grande quantité de crème verront leurs fromages réglés au même prix, s'il n'y a qu'une seule vente pour la production de six mois, comme c'est le cas parfois, et bien que la présence de ces mêmes fromages aura forcément diminué le prix des plus gras pour arriver à donner une valeur moyenne à l'ensemble du lot.

Si le fromage brèche, ce qui arrive dans les cas de laits acides, le rendement est diminué et la qualité amoindrie. Voilà donc un sociétaire qui fera peut-être un seul fromage et qui, après avoir livré constamment du bon lait, pourra se trouver lésé par le fait de circonstances accidentelles, la faute du fruitier, etc.

En ce qui concerne la livraison des fromages, ceux de chaque sociétaire, marqués à son nom, sont pesés séparément et le bon poids concédé au marchand est le même, que l'on pèse dix pièces ou bien une, deux ou trois, c'est-à-dire que le système est défavorable aux plus petits fournisseurs.

Enfin le sociétaire qui n'a qu'une vache avancera pendant longtemps son lait aux fournisseurs de quantités plus importantes et ne touchera de l'argent que plusieurs mois, quelquefois huit ou dix, après le commencement de la campagne fromagère, tandis que les sociétaires qui ont eu assez de lait pour avoir le tour en auront touché depuis longtemps la valeur.

Les inconvénients de ce système ont amené, il y a quelques années, une transformation qui, présente de notables perfectionnements, c'est le système dit *en grande société* ou *au grand carnet*.

Dans ce système on conserve le *tour*, mais seulement pour la crème et les résidus. Les fromages appartiennent non plus au sociétaire, mais à la société. Ils sont vendus et pesés en bloc et leur valeur est répartie au prorata des apports. Quant à la crème, dont la quantité peut varier suivant les saisons, elle est pesée et le sociétaire en est débité suivant un prix d'unité fixé par le conseil de gérance. C'est une avance en nature que lui fait la société et qui lui sera retenue lors du règlement de compte. Enfin les pesées de fromages se font par dix pièces. Ce système est, on le voit, bien plus équitable et plus avantageux que le précédent.

Quant aux résidus : cuite, sérai, petit-lait écrémé ou non écrémé, suivant les cas, ou bien le sociétaire qui a le tour les emporte, ou bien ils sont partagés chaque jour entre les fournisseurs.

Si l'on vend du lait à la fruitière, on en répartit la valeur de différentes façons. Dans certains cas, l'argent entre dans la caisse commune, comme le prix des fromages ; d'autres fois, le sociétaire qui a le tour bénéficie immédiatement de cette somme qui lui est alors portée en compte comme la crème.

Enfin, quelques fruitières ne portent pas en compte cet argent perçu par le sociétaire, mais, lors du règlement, on retranche du lait apporté le lait vendu.

Quant au bois, il est généralement fourni par le sociétaire qui a le tour. Si le fruitier tient bien la main à ce qu'on ne livre que du bois sec, le système n'offre pas de grands inconvénients, mais il n'en est pas toujours ainsi, et souvent on apporte des sarments, des épines, du bois vert. Il est préférable d'acheter le bois en bloc, soit par soumission, soit autrement, pour qu'il soit toujours sec et pour que le fromager puisse diriger son travail en conséquence.

Dans le système précédent, le beurre n'est pas fabriqué à la fruitière, et le petit-lait n'est pas écrémé au chalet.

En faisant faire le beurre à la fromagerie, on arriverait évidemment à un produit plus rémunérateur, puisqu'il serait préparé dans les meilleures conditions possibles, mais il est difficile d'introduire cette réforme, les ménagères tenant, en général, à conserver leur crème.

Dans quelques fruitières de la montagne, le sociétaire doit faire le beurre à la fruitière, mais il reste libre d'en disposer à son gré : il est débité non plus de la crème, mais du beurre. C'est déjà un perfectionnement.

De même, dans quelques fromageries, on écrème le petit-lait par le refroidissement et on obtient de ce sous-produit le maximum de valeur.

La fruitière la plus parfaite est celle où tous les produits sont en commun : c'est l'association intégrale.

Le beurre est fabriqué au chalet, le petit-lait y est écrémé et sa crème transformée en second beurre, le résidu mis en adjudication. Les dépenses sont faites en commun.

Ce système est évidemment le plus rationnel. Il peut être adopté par les fruitières ordinaires. Mais il trouvera surtout son application dans les grosses fruitières centrales. Ne voyons-nous pas avec regret, dans nos montagnes, cinq à six fruitières dans la même commune. Ne serait-il pas plus rationnel de grouper ces fabriques ? On objecte que les distances sont trop grandes, les chemins trop difficiles à parcourir en hiver.

Qu'est-ce qui empêche donc d'installer des centres pour couler le lait, le transport se faisant par adjudication jusqu'au chalet central.

Déjà plusieurs fromageries se réunissent pour l'hiver. Au lieu d'obtenir des séchons de trois à six traites ou de gaspiller le lait dans le ménage, on fabrique une bonne pièce. C'est un grand progrès.

Dans la région de l'Est, et spécialement dans les montagnes de Franche-Comté et en Suisse, la fruitière est une société ou association coopérative de production, d'origine très ancienne, formée entre les éleveurs en vue de la transformation du lait en fromage de Gruyère ou en Emmenthal, destinés à la vente. Elle repose sur une entente commune entre les adhérents et n'a pas de régime légal bien déterminé.

La fabrication du gruyère comportant l'emploi de grandes quantités de lait (400 à 500 litres par fromage), les éleveurs se sont, dès le début, organisés pour réunir leurs laits et fabriquer leurs fromages en commun ; et on appelle aussi *fruitière* le local où se fait la fabrication. On donne le nom de *chalet* à une fruitière de la haute montagne, d'une installation rudimentaire et faisant l'office de fruitière pour un temps déterminé. Périodiquement, pour des raisons de convenances entre associés, la fabrication est faite dans un autre local qui prend à son tour le nom de chalet. Toutefois, chalet est souvent employé comme synonyme de fruitière.

Une laiterie coopérative.

25.

V

L'INDUSTRIE CIDRIÈRE EN FRANCE

Par **G. WARCOLLIER**,
Directeur de la station pomologique de Caen.

Le cidre constitue une boisson hygiénique de premier ordre, lorsqu'il est bien préparé. Malheureusement, à l'heure actuelle, le consommateur lui fait souvent de graves reproches. Il l'accuse d'avoir une composition et un goût changeants, de manquer de fixité, d'être d'un transport et d'une conservation en fût difficiles, et enfin d'avoir un prix tellement variable qu'on ne peut en faire sa boisson habituelle lorsqu'on habite en dehors des pays de production (1).

Ces reproches sont malheureusement fondés. Le cidre ne voyage bien en général qu'à l'état doux, si bien que les expéditions de cidre à longue distance n'ont lieu que pendant les quelques mois qui suivent la fabrication, et que tout mouvement s'arrête presque complètement pendant le reste de l'année.

Le commerce de gros des liquides, qui possède chez lui des stocks de vin considérables, n'a pas voulu se charger d'une boisson aussi fragile, aussi périssable que le cidre, et c'est encore une des raisons pour lesquelles celui-ci étend si difficilement son rayon d'action.

Les producteurs de cidre se rendent bien compte de la valeur des critiques qu'on leur adresse, et seraient disposés, pour la plupart, à en tenir compte ; mais ils ont à lutter avec de grosses difficultés.

La principale, celle dont dépendent en quelque sorte toutes les autres, est l'inégalité annuelle de la production des pommes et des cidres.

Lorsque la production est faible, les cultivateurs, n'ayant

(1) Voy. WARCOLLIER, *Pomologie et cidrerie* (*Encyclopédie agricole*). — D'HUBERT, *L'art de faire le cidre*.

que de maigres récoltes de fruits à porter sur le marché, ne
peuvent profiter des prix de vente élevés et fabriquent pour
eux et leur personnel des petits cidres d'une durée de conservation très limitée.

Les cidreries, obligées d'acheter une matière première hors
de prix, risquent de ne pouvoir vendre à un taux rémunérateur les cidres qu'elles ont fabriqués ; de plus, si elles ne
peuvent tout écouler, elles ont des réserves pour l'année
suivante, qui peut être une année d'abondance, et sont alors
obligées de vendre à perte.

Si plusieurs années de disette se suivent, les réserves
s'épuisent, le cidre devient rare et atteint des prix hors de
proportion avec sa valeur ; la clientèle habituelle l'abandonne
et est condamnée à accepter les *boissons de fantaisie* que des
industriels fabriquent de toutes pièces, vendent sous les
appellations les plus diverses et souvent mensongères, faites
pour tromper l'acheteur sur leur origine et leur valeur.

En année de grosse production, les pommes atteignent des
prix si faibles que les cultivateurs n'en retirent pas un bénéfice en rapport avec la production de leur récolte ; les cidreries
peuvent fabriquer à bon marché, mais, comme il leur est
impossible de maintenir ce prix de vente pendant plusieurs
années, la clientèle n'est jamais fidèle et la mévente survient
toujours à un moment donné.

Les cidreries, dont l'installation encore rudimentaire aurait
souvent besoin d'être modifiée, hésitent à faire de nouvelles
dépenses pour renouveler leur matériel. Ne travaillant pas
d'une façon régulière la même quantité de fruits tous les ans
et ne produisant pas, par conséquent, la même quantité de
cidres, elles sont obligées cependant de supporter annuellement les mêmes frais généraux qui sont très élevés, et perdent ainsi une partie de leurs bénéfices. Ajoutons que la
cidrerie ne peut réellement pas établir ses prix de vente
d'après ses prix de revient ; elle est obligée de suivre les cours
établis par les cultivateurs-producteurs qui n'ont presque pas
de frais généraux, puisqu'ils travaillent les fruits de leurs
récoltes et vendent directement dans leur voisinage les cidres
qu'ils fabriquent.

Dans ces conditions, on s'explique pourquoi, avec un matériel ancien et des méthodes de fabrication défectueuses, le cidre ne se conserve pas longtemps, voyage mal ; et on a les raisons du malaise que nous signalons dans l'état du marché des pommes et des cidres.

Il faut dire aussi que les producteurs ont voulu, pendant longtemps, imposer leur goût à la clientèle, et n'ont réussi ainsi qu'à l'éloigner.

Le cidre ne trouvera de débouchés et ne se créera une clientèle fidèle que s'il est fabriqué au goût du consommateur. A cette condition, il pourra tenir sa place à côté du vin et de la bière qui sont des concurrents redoutables et qui viennent jusqu'en Normandie et en Bretagne lui disputer sa place sur les tables qu'il était autrefois seul à occuper.

La cidrerie doit travailler scientifiquement. Pour y arriver, le fabricant de cidre devra rompre avec la routine, s'inspirer des travaux et des recherches accomplis dans les laboratoires et stations pomologiques, suivre les congrès annuels, visiter les expositions et concours, lire les revues et les ouvrages spéciaux, chercher, en un mot, tous les moyens de s'instruire dans son métier. Il devra toujours s'intéresser aux procédés nouveaux qu'on lui signale, les expérimenter toutes les fois qu'il le pourra, rendre compte des résultats obtenus et faire progresser ainsi l'industrie cidrière.

La cidrerie devra-t-elle devenir uniquement industrielle et traiter de très grosses quantités de cidre ? Est-elle destinée à faire disparaître la fabrication paysanne ? Nous ne le pensons pas. Toutes deux peuvent vivre côte à côte, sans se gêner.

La grande cidrerie devra surtout avoir pour but d'alimenter les régions situées en dehors des pays de production, et qui demandent les cidres spéciaux : cidres secs, cidres doux, cidres mousseux ; les grandes villes placées dans son rayon d'action et qui ont aujourd'hui des clientèles de passage considérables ; les stations balnéaires, si nombreuses sur nos côtes de Normandie, Bretagne, Picardie ; les cafés, qui devraient offrir depuis longtemps à leur clientèle le bock de cidre mousseux ; enfin l'étranger, pour lequel il faudrait faire de bons cidres d'exportation.

Le producteur-agriculteur, stimulé par les progrès réalisés par la grande cidrerie, sera bien alors obligé de modifier son vieux matériel et de donner plus de soins de conservation à ses cidres. Si ses propres moyens ne lui permettent pas de faire les frais nécessaires, il aura recours à l'association.

Les petites *cidreries coopératives* feront bientôt leur apparition, grâce aux avantages que leur assure la loi du 26 décembre 1906, relativement aux avances accordées aux coopératives agricoles pour faire face aux frais de premier établissement.

Dans ces conditions, la petite cidrerie coopérative ou le producteur bien outillé ne traitant qu'un petit nombre de fruits connus, pourront aisément créer des *crus* de cidres et bénéficier ainsi des primes accordées aux marques, ou bien, suivant les circonstances, se livrer à la production des eaux-de-vie dont la fabrication est, suivant les années, plus ou moins avantageuse que celle des cidres.

La cidrerie coopérative alimentera surtout la clientèle bourgeoise des villes et les hôtels désireux de vendre un bon cidre de cru.

Enfin, quant aux producteurs agriculteurs moins bien outillés, ils conserveront la clientèle qu'ils possèdent déjà, c'est-à-dire une partie des populations ouvrières et agricoles des pays cidriers, habituées à boire en hiver le cidre déjà dur et qui, dans les années de disette, s'accoutument aux cidres acétiques qu'on a plus ou moins resucrés pour atténuer leur aigrissement trop intense.

Il faut d'ailleurs noter la nécessité d'offrir à toute une partie des habitants des pays cidriers un cidre plus ou moins acétique, peu ou pas amer. Ce cidre, que nous considérons comme un cidre malade, constitue leur boisson préférée, comme certaines bières à goût acétique ou lactique sont recherchées des populations du nord de la France et de la Belgique.

Disons enfin que la fabrication du cidre à la ferme reste une nécessité à cause de la grande quantité de petit cidre nécessaire à l'alimentation du personnel, et qu'on ne saurait faire autrement que fabriquer sur place, par des méthodes appropriées, une boisson d'une valeur relativement minime.

VI

LA DISTILLERIE AGRICOLE

Par **E. BOULLANGER**,
Chef de laboratoire à l'Institut Pasteur de Lille.

L'industrie de la distillerie a pour objet la production de l'alcool par la distillation des moûts fermentés. Ces moûts peuvent s'obtenir aux dépens d'un grand nombre de matières premières. On réserve ordinairement le nom d'*eaux-de-vie* aux alcools qui proviennent de la distillation des vins, cidres et fruits, et on désigne sous le nom plus général d'*alcools* les produits obtenus par la fermentation et la distillation des betteraves, des mélasses, des grains, etc. Les eaux-de-vie servent exclusivement à la consommation de bouche ; les alcools sont employés, non seulement pour la consommation, mais aussi pour d'autres usages industriels, tels que la fabrication des vinaigres, l'éclairage, le chauffage, la force motrice, etc. (1).

Les principales matières utilisées en France pour la fabrication des alcools sont la betterave, la mélasse de betteraves et les substances farineuses telles que le maïs, l'orge, le seigle, le riz et le manioc. En Allemagne, la matière première la plus importante est la pomme de terre, puis le seigle, l'orge, l'avoine et le maïs ; il en est de même en Autriche-Hongrie et en Russie. L'Italie et l'Angleterre travaillent surtout le maïs. La transformation de ces diverses matières premières donne lieu à des industries également très diverses, dont quelques-unes présentent, pour l'agriculteur, le plus haut intérêt.

Il y a environ cinquante ans, les alcools provenaient, pour

(1) Voy. Boullanger, *Distillerie* (*Encyclopédie agricole*). — Larba-létrier, *L'alcool.* — Guichard, *Distillerie* (3 vol.). — Baudoin, *Les eaux-de-vie.* — Pacottet, *Eaux-de-vie*, 1910.

la plupart, de la distillation du vin. Vers 1854, la crise de l'oïdium vint diminuer dans de grandes proportions la production des vins ; le prix de l'alcool s'éleva à plus de 200 francs l'hectolitre, et on chercha à appliquer à l'industrie les recherches de Dubrunfaut, qui dès 1824 avait signalé la possibilité d'obtenir de l'alcool par fermentation et distillation du jus de betteraves acidulé par l'acide sulfurique. Les études de Champonnois sur la macération à la vinasse et sur la fermentation des moûts de betteraves furent le point de départ de la nouvelle industrie et, en quelques années, on vit s'établir de nombreuses distilleries agricoles, produisant l'alcool avec la betterave et utilisant les résidus pour l'alimentation du bétail.

Cette industrie présente une haute importance agricole et économique. C'est en effet essentiellement une industrie annexe de la ferme, mettant en œuvre les betteraves récoltées sur le domaine. L'alcool, qui provient de la fermentation du sucre, est le seul produit exporté ; or, le sucre est formé par la betterave aux dépens de l'eau et de l'acide carbonique de l'atmosphère, grâce à la chlorophylle des feuilles. Les matières azotées et salines enlevées au sol lui sont rendues en grande partie sous forme de fumiers ou de vinasses. L'autre partie est utilisée par les animaux pour leur alimentation et leur engraissement. La culture de la betterave n'appauvrit donc pas le sol, et comme elle exige des soins minutieux, des labours profonds, des fumures copieuses, des sarclages fréquents, elle contribue sans cesse à accroître la fertilité de la terre et élève ainsi le rendement des plantes qui lui succèdent dans l'assolement. L'extension de la culture de la betterave a permis en outre aux exploitations agricoles d'entretenir et d'engraisser un nombre de têtes de gros bétail beaucoup plus considérable, grâce à la production des pulpes qui constituent un résidu de très grande valeur pour l'alimentation des animaux. Les ouvriers agricoles trouvent enfin dans cette industrie une main-d'œuvre abondante.

La consommation de bouche en alcool distillé est voisine en France de 4 litres et demi par habitant et par an. Cette consommation n'était que de 1 litre en 1830 et de 3 litres et demi en 1880. Elle a donc considérablement augmenté ; depuis quelques années, elle est à peu près stationnaire avec une tendance à la diminution. La consommation est d'ailleurs très variable suivant les diverses régions de la France : elle est très élevée dans le Nord-Ouest, où elle dépasse 7 litres par tête et où elle atteint 15 à 16 litres dans certaines villes, comme Rouen et le Havre ; elle est faible au contraire dans le Sud-Ouest où elle descend au-dessous de 2 litres.

Les quantités soumises à la dénaturation ont beaucoup augmenté depuis 1890, par suite de l'extension des emplois industriels de l'alcool. La consommation d'alcool dénaturé, qui était d'environ 110 000 hectolitres en 1890, s'est élevée peu à peu jusqu'en 1903 à 375 000 hectolitres et a atteint en 1906 près de 550 000 hectolitres.

L'emploi de l'alcool pour l'éclairage et le chauffage a beaucoup augmenté dans ces dernières années et a triplé depuis 1900. L'emploi pour les explosifs a également doublé : il en est de même de l'alcool utilisé pour les matières plastiques (celluloïd, etc.), pour les produits chimiques et pour les usages scientifiques. L'emploi dans la fabrication des vernis, et la consommation pour les tanins, le chloral, le chloroforme, la présure liquide restent au contraire sensiblement stationnaires.

Les principaux débouchés de l'alcool industriel sont donc l'éclairage, le chauffage et la production de la force motrice. Les études entreprises depuis une dizaine d'années ont démontré que l'alcool peut avantageusement remplacer le pétrole aussi bien pour l'éclairage et le chauffage que pour l'alimentation des moteurs.

Les lampes à alcool donnent une lumière vive et agréable et ne répandent aucune odeur. Certains types de lampes brûlent l'alcool liquide à flamme libre ; mais, comme l'alcool pur ne donne qu'une flamme peu éclairante, on doit brûler dans ces lampes de l'alcool carburé, c'est-à-dire additionné d'une certaine proportion de benzine. D'autres lampes, bien meilleures, font passer d'abord l'alcool à l'état de vapeurs, puis ces vapeurs sont brûlées par un courant d'air au contact d'un manchon d'incandescence. Ces lampes ont été très perfectionnées dans ces dernières années, et l'éclairage à l'alcool est aujourd'hui plus économique que l'éclairage au pétrole. Il est certain que l'extension de cet emploi de l'alcool serait aujourd'hui beaucoup plus considérable sans les frais de remplacement des verres, manchons et mèches qui ont souvent déterminé le retour provisoire à l'éclairage au pétrole. L'emploi des verres de mica, les progrès réalisés dans la préparation des manchons d'incandescence, permettront certainement le développement de ce débouché pour l'alcool industriel.

Les poêles pour le chauffage, les réchauds pour les cuisines sont aujourd'hui très répandus et ont largement contribué à la progression de la consommation de l'alcool dénaturé dans ces dernières années.

L'emploi de l'alcool pour la production de la force motrice a été au début très discuté, mais les études effectuées sur cette question et les résultats fournis par les concours récents ont établi nettement les avantages que présente l'alcool pour l'alimentation des moteurs.

L'alcool n'occasionne aucune attaque et aucune usure anormale des soupapes, la marche des moteurs est parfaitement régulière, le rendement thermique est élevé, et l'échappement ne donne naissance à aucune autre odeur que celle du graissage.

L'utilisation de l'alcool dénaturé intéresse l'industrie de la distillerie au plus haut degré, et il est à souhaiter que toutes les facilités soient offertes pour étendre cette consommation. Un certain nombre d'obstacles s'opposent encore à l'extension désirée ; d'abord le prix du dénaturant de l'alcool et sa composition, ensuite les variations des cours de l'alcool, le prix de vente trop élevé, et les difficultés qu'on éprouve à se procurer en cours de route l'alcool nécessaire pour les moteurs.

Enfin, la question de l'utilisation de l'alcool industriel se complique d'une question fiscale très importante, car le Trésor, par crainte de voir l'alcool retourner, par voie de fraude, à la consommation de bouche, hésite à modifier le procédé de dénaturation actuel.

VII

LES ORIGINES DU MOULIN A GRAINS

Par **L. LINDET**,
Professeur à l'Institut national agronomique.

Si l'on ouvre un traité de meunerie, un traité qui a la prétention de faire de l'histoire, on trouve en première page cette phrase typique : « L'art de moudre remonte à la plus haute antiquité ». Mais la phrase est vague ; qu'est-ce que la plus haute antiquité ? Qu'est-ce que la moins haute antiquité ? Il y a des peuples modernes dont la civilisation arriérée est encore aujourd'hui identique à celle des peuples les plus anciens. Il convient donc de préciser et de passer en revue les diverses civilisations anciennes et modernes, sans chercher entre elles des liens qui, le plus souvent d'ailleurs, n'existent pas.

Il semble évident aujourd'hui qu'à l'époque paléolithique, et même à la dernière période de cette époque, à l'âge du renne, l'homme n'a pas connu l'agriculture ; il n'a pas connu le blé, et, par conséquent, n'a pas eu à le moudre. La forme des pierres retirées des grottes préhistoriques ne permet pas d'admettre que ces pierres aient été des meules.

A partir de l'époque néolithique, c'est-à-dire de l'âge de la pierre polie, le doute n'est plus permis : dans les stations de cette époque, on a rencontré souvent, à côté d'échantillons de grains plus ou moins calcinés, les pierres qui ont servi à broyer ces grains. Ce sont des pierres plates, légèrement creusées, soit intentionnellement, soit par l'usure naturelle, sur lesquelles on promenait d'autres pierres en forme de molettes ou de rouleaux. On retrouve ces mêmes pierres parmi les vestiges de l'âge de bronze.

Quelquefois, ces pierres sont fortement creusées en forme de cuvette. Les tombes celtiques en Bretagne renferment des pierres analogues qui servaient à écraser le grain, et qui étaient, à la mort du chef, brisées et renfermées avec lui.

Un moulin sur les rives de l'Orne.

Le même procédé de mouture était employé chez les Égyptiens, à en juger par les peintures que nous remarquons sur leurs tombeaux.

Mais nous avons mieux : les riches Égyptiens faisaient enfermer dans leurs tombes des statuettes représentant leurs domestiques dans les attitudes de leurs fonctions ; ceux-ci étaient censés continuer au mort leurs bons offices. Or il fallait, pendant le grand voyage, nourrir le mort ; aussi retrouvons-nous, dans les tombes memphites, des meuniers et des boulangers. Le grain était broyé entre deux pierres, puis la farine était délayée dans une auge dont nous possédons des représentations, et enfin la pâte était pétrie et *tournée* sur la même pierre plate ou sur une planche.

Le seul document relatif à la mouture que j'aie rencontré dans la civilisation chaldéenne ou assyrienne est un bas-relief du palais de Khorsabad. Il représente un camp retranché défendu par des murs et des tours crénelés, à l'intérieur duquel a lieu une cérémonie religieuse ; un prêtre semble bénir une gerbe de blé que deux hommes apportent ; la partie inférieure du bas-relief est occupée par des tentes sous lesquelles des hommes ou des femmes pourvoient à la nourriture des guerriers ; l'un des personnages semble broyer du grain sur une pierre munie de pieds ; l'autre semble pétrir sur une table.

Les Grecs ont connu également la pierre plate. Les statuettes que nous possédons montrent que le travail de la mouture était, chez les Grecs, conduit de la même façon que chez les Égyptiens.

De ces engins primitifs, de la pierre plate et du mortier au moulin à meule tournante, il y a une très grande distance.

Nos moulins actuels sont constitués par deux meules plates, l'une fixe sur le plancher de l'usine, c'est la *gisante* ; l'autre tournant au-dessus de la première avec une vitesse de 120 tours à la minute, c'est la *courante*. Au centre de celle-ci est une ouverture circulaire, l'*œillard*, dans laquelle une traverse de fer, l'*anille* ou *nille*, est scellée ; cette anille repose en équilibre sur l'extrémité, dite *pointal*, d'un axe vertical, le *fer de meule*, qui traverse la meule gisante ; la meule supérieure est équilibrée ; pour la faire tourner, on dispose au sommet du fer de meule un manchon, dans l'échancrure duquel se place l'anille ; le fer de meule, dans son mouvement de rotation, entraîne l'anille et, par conséquent, la meule courante. Distribué par une *trémie* et un *auget*, le grain tombe dans l'œillard ; poussé par la force centrifuge, il gagne la périphérie en s'écrasant.

Il a donc fallu, pour en arriver là, que le génie inventif de l'homme fît un très gros effort ; mais dans quelle contrée, à quelle époque a été fait cet effort ? Qui l'a fait ?

Ce n'est que postérieurement à l'ère chrétienne que les auteurs et les monuments nous donnent des témoignages indiscutables sur l'emploi des meules tournantes pour la mouture du blé. Mais le meilleur des témoignages est l'existence même, dans les ruines de Pompéi, de moulins en bon état de conservation, qui n'auraient qu'à subir quelques réparations pour fonctionner aujourd'hui. Pompéi a été enfoui sous les cendres du Vésuve en l'an 79 après Jésus-Christ. Nous avons donc là un document dont le lieu et l'époque nous sont connus.

Comme moteurs, on employait à la meule les esclaves et, le plus souvent, les condamnés ; on leur rendait le travail encore plus pénible en les chargeant de chaînes, en leur imposant une sorte d'entrave, qui les empêchait de porter la farine à leur bouche.

Mais, quand le moulin était de grande dimension, c'est aux bêtes de somme, aux ânes, que l'on demandait la force nécessaire à la rotation de la meule. Ceux-ci ne se reposaient qu'au moment des fêtes de Vesta. Ovide nous apprend que ce jour-là « les ânes étaient couronnés de fleurs, et que des guirlandes fleuries voilaient les meules dures ».

Extrait du Bull. de la Soc. d'encour. à l'ind. nat.

VIII

LA BOULANGERIE ET LA PANIFICATION

Par **E. SAILLARD**,
Professeur à l'École nationale des industries agricoles de Douai.

L'origine de la boulangerie est fort obscure. Chez les anciens Romains — c'est Pline qui nous l'apprend — il n'y a pas eu de boulangerie avant la guerre de Persée.

Il faut arriver à quelques années seulement avant notre ère pour trouver, dans les villes romaines, des boulangers de profession.

En France, la profession de boulanger n'est guère antérieure à Charlemagne. A cette époque, une classe de bourgeois appelés *blâtiers* s'occupait spécialement du commerce des blés. On avait institué pour la garantie des ventes des *mesureurs-jurés*, nommés par le corps des marchands. Enfin, le prévôt de ces derniers avait, au nom du roi, la garde des mesures étalons. Pour être boulanger, il fallait en acheter le droit au grand panetier du roi, que l'on appelait aussi le *patron des talemeliers*.

Nul ne pouvait être maître s'il n'avait au moins quatre années d'apprentissage. Pour la consécration de la maîtrise, il existait un cérémonial particulièrement curieux. Le récipiendaire devait briser sur un mur de la maison du grand panetier un pot rempli de dragées; après quoi l'on s'adonnait à des libations dont le maître du métier payait tous les frais. La profession de boulanger était la seule qui présentât une pareille curiosité. Du reste, ces coutumes ne tardèrent pas à disparaître, sauf celle qui consistait à reconnaître un certain droit au grand panetier du roi. Un impôt hebdomadaire pesait aussi sur les boulangers.

On était arrivé en 1226, sous le règne de saint Louis, que les talemeliers n'avaient encore reçu aucune prescription au sujet de la qualité et du poids des pains qu'ils livraient à leurs clients. Ce n'est que bien plus tard qu'on les obligea à régler le poids de leur marchandise.

La fonction de grand panetier du roi subsista presque jusqu'à la Révolution de 1789.

Quant à la pâtisserie, cette industrie connexe de la boulangerie, il n'en a guère été question avant le xiii⁰ siècle. A cette époque, les fabricants d'oublies et de plaisirs étaient en peu d'années devenus fort nombreux et le roi lui-même avait un *oublier* ou *oblayer* d'office, personnage assez important des cuisines royales.

Aujourd'hui, la panification est peut-être l'industrie qui touche le plus près à l'agriculture. Dans certaines régions de la France, il est rare de trouver une ferme où l'on ne pétrisse pas le pain nécessaire à la consommation du personnel. Dans les petites villes même, il est encore des familles qui n'ont jamais eu affaire aux boulangers. Bien souvent, le grain est amené dans un moulin du voisinage et le meunier est payé en nature. En général, il conserve un douzième de la farine produite. Les particuliers pétrissent généralement une fois par semaine et cuisent le pain dans un four qui leur appartient. Quelquefois aussi, lorsqu'ils ne possèdent pas de four, ils vont cuire — c'est l'expression consacrée — chez un boulanger. Il n'y a pas bien longtemps encore qu'il existait des *fourniers*, détenteurs bien souvent de plusieurs fours, chez qui l'on allait « cuire ». On les payait presque toujours en nature, en leur laissant une certaine quantité de pain.

La fabrication du pain est restée la même pendant des siècles, et ce n'est guère que dans ces dernières années que l'on a pu étudier la *fermentation panaire*, en utilisant les méthodes pastoriennes. La farine devenue pâte, additionnée de certains levains, augmente de volume, devient poreuse et légèrement acide (1).

Le gluten et l'amidon sont attaqués et subissent une transformation partielle. Il n'est pas facile de déterminer exactement à quelle sorte de microorganismes doit être attribuée

(1) Voy. Saillard, *Technologie agricole* (*Encyclopédie agricole*). — Boutroux, *Le pain et la panification*.

la fermentation du pain. En disséminant à l'infini un peu de
pâte levée sur une plaque de gélatine placée dans des conditions favorables, on ne tarde pas à voir se développer à sa
surface des colonies d'êtres vivants microscopiques, parmi
lesquels on trouve des saccharomyces ou levures et des bactéries. On n'est pas encore absolument fixé et les savants ne
sont point d'accord sur le rôle à attribuer, dans la panification,
à chacun de ces organismes. D'aucuns prétendent que la
fermentation panaire est surtout alcoolique. Il est certain que
l'on trouve dans la pâte levée une petite quantité d'alcool et
une proportion à peu près égale d'anhydride carbonique.
Mais cela seul ne suffit point pour affirmer que la fermentation est purement alcoolique. Ce qui donnerait plus de poids
à cette assertion, c'est que l'on peut faire lever la pâte en
l'additionnant de levure de bière. Aujourd'hui, on ne fait pas
autrement certains pains de luxe.

Cependant, beaucoup de faits observés pendant la fermentation panaire ne s'expliquent pas par l'unique action des
saccharomyces. Ainsi, en ajoutant du sucre à de la pâte ensemencée de levure, on retarde beaucoup la levée. Ce fait est
étrange, car le sucre est l'aliment par excellence des saccharomycètes.

D'autre part, la culture sur gélatine montre qu'il y a toujours présence de bactéries. C'est à ces dernières qu'il faut
donc attribuer quelques-uns des faits constatés pendant la
fermentation du pain et qui ne seraient pas complètement
explicables par l'action seule des levures.

Il nous paraît juste d'admettre qu'il existe deux fermentations parallèles dues : l'une aux saccharomycètes, l'autre aux
bactéries. Les propriétés du pain sont différentes suivant que
l'une ou l'autre de ces deux espèces d'organismes a pris la
plus grande part dans le travail.

Pratiquement, on peut obtenir la fermentation panaire
de deux façons différentes : 1° par l'emploi de la levure de
bière ; 2° en se servant de levains.

Ces levains ne sont autre chose que des portions de pâte
fermentée, conservées d'une opération sur l'autre. Dans une
boulangerie où l'on pétrit tous les jours, on peut travailler

indéfiniment sur levain. On remarque que, dans les pâtes traitées par ce procédé, l'acidité se développe plus vite et que le pain se ressent ensuite de cette particularité. C'est ainsi que la mie acquiert une saveur aigrelette très recherchée, surtout pour les pains de ménage qui peuvent se conserver plusieurs jours de suite, sans que leur goût change sensiblement. Les pains sur levure, au contraire, ont une saveur beaucoup plus fade ; ils sont meilleurs que les précédents quand on les consomme frais, mais, à l'état rassis, ils deviennent insipides et même désagréables.

Que l'on emploie de la levure ou du levain, les deux sortes de fermentation dont nous avons parlé se développent simultanément. Si l'on ne s'entoure pas de suffisantes précautions, l'action des bactéries devient bientôt prépondérante et, dans ce cas, l'activité de la pâte s'exagère. Le pain se cuit mal et sa conservation est de courte durée.

Dans les boulangeries, on cherche de temps à autre à rajeunir les levains. Pour cela, on les additionne d'une certaine quantité de pâte neuve. Cette dernière apporte avec elle, outre l'amidon, un peu de sucre qui a pour principal effet de réveiller l'activité des saccharomyces, qui l'affectionnent tout particulièrement. La fermentation alcoolique prend alors le dessus et on l'amène au degré voulu par des cultures successives.

Dans la fermentation sur levure, le pain a une structure homogène ; les alvéoles de la mie sont petits, assez rapprochés et tous à peu près de même dimension. Ceux qui ont habité le nord de la France ont pu se rendre compte de ce que nous avançons.

Avec le levain, au contraire, les yeux sont plus dissemblables, et il en est de beaucoup plus grands. Le pain est plus creux et moins dense que le précédent.

Les pains de luxe sont fabriqués sur levure. Voici pourquoi : on a remarqué que ce sont surtout les bactéries qui attaquent le gluten ; et le gluten transformé se colore ensuite par la chaleur, pendant la cuisson. Il en résulte que le pain obtenu est moins blanc. Or, il n'est pas douteux que la fermentation bactérienne est moins intense en travaillant sur levure qu'en employant l'autre système.

Lectures agricoles.   26

XIII

L'EAU EN AGRICULTURE
LES IRRIGATIONS — LA PISCICULTURE

I

UTILITÉ DE L'EAU

Par **F. DIÉNERT**,
Docteur ès sciences.

Nous ne saurions nous passer d'eau. Sans elle, les animaux, les végétaux et, parmi eux, les infiniment petits ne pourraient vivre. Partout où il y a de l'eau, la végétation est luxuriante, le pays est riche, la population est généralement nombreuse, tandis que là où elle est peu abondante, le pays est aride et la population très clairsemée. Là où elle manque, c'est le désert. On a signalé le contraste excessif qui existe entre l'extrême fertilité des oasis et la stérilité du désert au milieu duquel elles se trouvent. La composition du sol n'a aucune influence sur cette fertilité. En Égypte, le terrain sablonneux est très fertile grâce à la présence de l'eau, tandis qu'en Tunisie, entre Gabès et Gafsa, des terrains plus riches et argileux restent stériles faute d'eau (1).

On peut donc dire que l'eau attire l'homme et tout ce qui constitue la vie. Si, par un moyen quelconque, elle venait à disparaître brusquement de la terre, les êtres vivants disparaîtraient avec elle.

L'agriculture réclame de l'eau pour tous ses besoins et le problème se pose souvent de connaître les moyens les plus

---

(1) Voy. DIÉNERT, *Hydrologie agricole* (*Encyclopédie agricole*). — BUSQUET, *La houille blanche.*

Installation hydro-électrique agricole sur la Sauldre, en Sologne. L'eau est indispensable à la ferme.
Une de ses utilisations nouvelles est la production de l'électricité.

économiques pour en obtenir une grande quantité. Dans toutes les installations agricoles, l'eau est nécessaire pour la nourriture des animaux et du personnel, pour le lavage et le nettoyage. Dans ces conditions, il faut rechercher la quantité et la qualité.

Lorsqu'à la ferme est adjointe une industrie agricole telle qu'une sucrerie, une laiterie, une distillerie, une féculerie, une brasserie ou un chai, l'abondance de l'eau devient une condition primordiale du bon fonctionnement de ces industries.

En dehors de la ferme et des industries annexes, l'eau est nécessaire aux cultures. Pendant les périodes sèches, certaines plantes, comme les betteraves et la pomme de terre, se trouvent bien d'un apport d'eau sous forme d'irrigations. Ces dernières sont obligatoires dans la culture maraîchère et pour l'entretien des prairies. Or, l'hydrologie permet, dans certaines circonstances, soit de découvrir des eaux facilement utilisables pour l'irrigation, soit d'augmenter la quantité des eaux qui s'écoulent déjà naturellement.

C'est que, en effet, disposer de beaucoup d'eau est un bienfait. On a souvent constaté une diminution de la mortalité après la fourniture d'une plus grande quantité d'eau qui permet les grands nettoyages.

N'est-ce pas par de grands lavages qu'on arrive à débarrasser les locaux des germes qui les souillent après une maladie transmissible? Les hygiénistes même admettent comme une mesure prophylactique suffisante le lavage des parquets à la brosse pour désinfecter les habitations après une des maladies qui entraînent la désinfection d'après la loi sur la santé publique, mais on ne peut opérer ainsi que lorsqu'on a à sa disposition une grande quantité d'eau.

La question de quantité résolue, il ne faudrait pas croire que l'eau soit potable parce qu'elle est sapide (ce qui dépend de sa minéralisation), fraîche et limpide.

Il faut aussi considérer sa pureté, et celle-ci n'est pas facile à discerner sans une étude approfondie. Or, dans les campagnes, cette question est très souvent laissée de côté. Il n'est pas rare que le puits alimentaire soit entouré d'une auréole malodorante de fumier et de purins dont les infiltrations viennent souiller l'eau qu'on consomme.

Nos cultivateurs apprécient l'eau de source et il est assez difficile de leur faire admettre que celle-ci puisse être dangereuse. Et cependant, les exemples abondent de contaminations et d'épidémies ayant l'eau comme origine. Ainsi la présence d'un cimetière directement au-dessus d'une source alimentant un village est très dangereuse, car il suffit d'un typhique enterré là pour transmettre la maladie.

On connaît des exemples frappants où l'emploi de puits contaminés a favorisé la propagation de la fièvre typhoïde ou du choléra. De même on a pu suivre des éclosions brusques d'épidémie de fièvre typhoïde due à l'arrivée rapide de germes jeunes et virulents provenant de typhiques, dans les sources qui servent à leur alimentation.

Dans certains cas, on a exagéré un peu le rôle que l'eau joue dans la propagation des maladies dites hydriques. Ce qu'il faut surtout éviter, c'est l'introduction dans l'eau de germes jeunes et virulents provenant de malades atteints d'affections intestinales transmissibles, et nous englobons sous cette rubrique toutes les fièvres typhoïde, muqueuse, embarras gastriques, choléra et même les diarrhées. Si des obstacles viennent à arrêter le plus grand nombre de ces germes, les germes jeunes et virulents perdent de leur virulence et ne sont plus nuisibles. Certains hygiénistes même prétendent qu'ils sont utiles parce qu'ils vaccinent l'organisme et le mettent à l'abri des autres contaminations par d'autres moyens que l'eau.

De même la santé des animaux, qui a la campagne prime souvent celle des gens, doit être prise en considération. Or, pour le cultivateur, tout est bon pour abreuver les animaux ; aussi est-on tout étonné, au moment des épizooties, de voir la maladie continuer sa marche victorieuse malgré l'isolement des animaux. On a oublié qu'ils s'alimentaient à la même mare ou au même abreuvoir.

L'hydrologie ne doit donc pas se désintéresser de ces questions qu'elle a pour mission de résoudre. Non seulement son domaine s'étend aux eaux souterraines, mais encore aux

eaux superficielles qui viennent parfaire l'appoint des eaux
potables.

Or, là encore, les causes de contamination des eaux sont
multiples. Elles résultent des apports des déjections de toutes
sortes qu'on dépose sur les bords des lits des ruisseaux ; elles
proviennent, en outre, des substances toxiques ou nuisibles
que différentes industries envoient à la rivière.

MM. Ogier et Bonjean (1) citent à ce sujet : les fabriques de
poudrettes et d'engrais, les féculerie, teinturerie, tannerie,
sucrerie, distillerie, papeterie, boyauderie, abattoir, équarrissage, industrie textile, poudrerie, buanderie, lavoirs, fabrique de soude, lavage de laines, chapellerie, macération de
bois, rouissage, fabrique de draps, lavage des peaux tannées,
fabrique de couleurs d'aniline, etc. Des eaux ainsi contaminées
ne peuvent être employées pour l'alimentation, à moins de subir
un traitement spécial.

Ce qu'il faut retenir, c'est que le remplacement de l'eau de
puits ou de rivière par une canalisation d'eau potable a souvent diminué considérablement la mortalité.

L'eau, qui est la seule boisson nécessaire et indispensable à
l'homme et aux animaux, possède encore des propriétés thérapeu-
tiques dont on ne saurait trop rappeler l'importance, surtout aux
habitants des campagnes, qui souvent n'ont pas d'autre remède
sous la main, comme premier secours en attendant le médecin.

En cas d'*empoisonnement* — quelle que soit d'ailleurs la nature
du poison — il importe de boire au plus vite de l'eau en grande
quantité, c'est-à-dire 6, 8 litres et plus, par verres, et dans un
délai aussi rapproché que possible. C'est, d'après les avis les plus
autorisés, le contrepoison le plus inoffensif, en même temps que
le plus efficace.

Une *entorse*, une *plaie*, une *brûlure*, baignées longuement dans
l'eau fraîche, puis recouvertes de compresses d'eau fraîche bien
propre et fréquemment renouvelées, se guérissent aussi rapidement
qu'avec les remèdes les plus compliqués.

(1) Voy. J. OGIER et ED. BONJEAN, *Le sol et l'eau*, 1906. (Librairie
J.-B. Baillière et fils.)

II

LA CIRCULATION DE L'EAU DANS LE SOL

Par **E. RISLER**,

Ancien directeur de l'Institut national agronomique.

Et **G. WERY**,

Sous-directeur de l'Institut national agronomique.

> « La France bien aménagée et bien irriguée
> nourrirait facilement le double d'habitants
> qu'elle a maintenant. Ce résultat naîtra des
> reboisements et des irrigations »
>
> BARRAL, membre de l'Institut.

L'eau joue un rôle considérable dans l'alimentation, dans le développement de la plante. C'est l'histoire de l'eau physiologique. Elle en a une autre encore, dont les multiples chapitres ne sont pas moins intéressants. Nous voulons parler des phénomènes dont dépendent sa présence et sa circulation dans le sol (1).

En tombant sous forme de pluie ou de neige, en se précipitant à l'état de rosée, l'eau apporte au sol des éléments dont nous connaissons l'importance pour la végétation : de l'oxygène ; de l'acide carbonique ; de l'azote combiné : ammoniaque ou acide nitrique. Lorsque, après avoir rempli les interstices qui séparent les molécules terreuses, elle s'écoule dans le sous-sol, ou que, suivant les pentes des couches imperméables, elle va sourdre au loin, elle amène de l'air, pour la remplacer, dans les couches qu'elle a traversées et qu'elle abandonne. Ainsi la pluie, après avoir fourni elle-même de l'oxygène au sol, par son mouvement dans les couches profondes, amène une aération d'autant plus énergique que sa masse est plus forte et sa descente plus rapide.

---

(1) Voy. RISLER et WERY, *Irrigations et drainages* (*Encyclopédie agricole*).

La propriété qu'elle possède d'augmenter de volume en se congelant en fait l'auxiliaire du laboureur. La terre qui a été travaillée avant l'hiver se reconnaît vite au printemps. Les alternatives de gels et de dégels l'ont comme réduite en poussière. Mais, bien plus, c'est en partie grâce à elle que la terre s'est formée à l'origine et qu'elle continue à se former en certains endroits. L'eau, par ces alternatives mêmes de gels et de dégels, désagrège les roches plus ou moins poreuses où elle s'infiltre.

Entraînés par les torrents ou les cours d'eau, les minéraux, frottés les uns contre les autres, s'effritent en limon impalpable. Aidés de l'eau, l'acide carbonique et l'oxygène de l'air s'attaquent à la plupart des roches et les réduisent en terres fines. Les roches silicatées perdent leurs bases : potasse, soude, chaux, magnésie, et donnent des carbonates qui sont éliminés par les eaux. Le silicate d'alumine qu'elles renferment demeure intact et, en s'hydratant, forme l'argile. Quant à l'oxyde de fer, il reste avec l'alumine.

Le granit subit la même altération. Les schistes se détruisent et se délitent avec beaucoup de facilité. Les pierres calcaires, en présence de l'acide carbonique, se dissolvent lentement dans l'eau.

Nous n'envisageons ici que l'eau qui est contenue dans le sol. Aussi n'évoquons-nous qu'en passant l'action considérable que les glaciers exercent sur les roches qui forment leur lit. On sait que ces masses énormes de glace se déplacent lentement et que, durant leur marche, les cailloux, les pierres qu'elles enchâssent usent les parois des roches voisines, en arrachant des fragments qu'elles transportent au loin, comme l'attestent les moraines qui ceignent leur front.

On a mis en lumière dans ces dernières années le rôle indirect, mais très important cependant, que les êtres inférieurs et les organismes infiniment petits jouent dans la décomposition des roches et la formation de la terre arable. Les microorganismes, qui pullulent dans le sol, produisent tous de l'acide carbonique ou nitrique. S'ils s'établissent sur une roche déjà plus ou moins décomposée, il est évident qu'ils aident à sa destruction. C'est ce que M. Müntz a constaté.

« Un des exemples les plus frappants, dit-il, m'a été fourni par
un massif des Alpes de l'Oberland bernois, le Faulhorn (Pic
pourri), qui est constitué par un calcaire schisteux noir et
friable en voie d'émiettement et dont toute la masse est
envahie par le ferment nitrique ».

Aux sables, aux argiles, au fer et à la chaux viennent
s'ajouter l'humus qui résulte de la décomposition de la matière
organique, des résidus des végétaux qui se sont succédé sur
le sol. C'est le témoin et le gage de la fertilité. Cette décomposition des matières organiques à laquelle il est dû s'effectue grâce à l'intervention active des microbes, à celle des
champignons, à celle des vers de terre, comme l'a montré
Darwin. Les lombrics se nourrissent de feuilles mortes, de
débris de plantes ; leurs excréments forment de l'humus.
En outre, ils sillonnent la terre en tous sens, lui donnent
ainsi de véritables façons et favorisent sa pénétration par l'air
et par l'eau.

La terre est quelque chose de vivant, a dit M. Berthelot.
Mais ce « quelque chose » ne peut être vivant qu'à la condition de contenir assez d'eau pour y entretenir la vie. Il faut
de l'eau pour le développement des algues qui fixent l'azote
de l'air. Il faut de l'eau pour nitrifier (Schlœsing et Müntz).

La nitrification, qui a un si grand intérêt pour la fertilisation du sol, s'arrête complètement dans la terre sèche. Dès
que la terre contient 0,05 p. 100 d'eau, la nitrification s'y
établit ; 0,10 à 0,15 p. 100 paraît être le degré d'humidité
optimum. Il est clair d'ailleurs que, la nitrification étant un
phénomène d'oxydation, elle cesserait de s'opérer si la terre
était gorgée d'eau, parce qu'elle ne contiendrait alors plus
d'oxygène. La vie microbienne exige, pour s'exercer, de l'eau
et des matières organiques. On peut la développer au maximum dans les sols en leur fournissant de l'eau et des fumures.

Les plantes assimilent l'acide carbonique de l'air pour
former de la matière organique. Les animaux qui se nourrissent de plantes en forment à leur tour. Il est nécessaire que
cette matière organique soit ensuite décomposée afin que
l'acide carbonique et les matières minérales qu'elle renferme
rentrent dans la circulation. Ainsi se trouve fermé le cycle de

la vie. Ce sont les organismes inférieurs animés par la chaleur, par l'oxygène et par l'humidité qui se chargent de cette décomposition, qui dégradent peu à peu la matière organique. Comme l'a dit Pasteur, sans eux, la vie cesserait parce que la terre serait bientôt encombrée de cadavres. L'eau est absolument indispensable à leur activité.

Dans les milieux rigoureusement secs, ils suspendent leur utile fonctionnement. L'eau acquiert donc ici une nouvelle importance ; la symétrie, l'harmonie que l'on admire dans les phénomènes naturels, le cycle que parcourent leurs agents réapparaissent dans l'étude des rapports entre l'eau et la matière organique. Après avoir contribué à la créer, en donnant, avec la lumière et la chaleur, la vie aux plantes, l'eau contribue à la détruire. Et elle assure ainsi sa perpétuité.

Entraînés par les torrents, les minéraux s'effritent en limon impalpable. L'eau est un élément de désagrégation.

III

IMPORTANCE DES IRRIGATIONS

Par **A. MUNTZ**,
Membre de l'Institut.
Professeur à l'Institut national agronomique.

L'eau est le facteur essentiel de la production végétale. Là où elle manque, les sols les plus riches en principes nutritifs sont voués à la stérilité.

La prospérité agricole d'un pays est dans un rapport étroit avec la distribution de l'eau. Celle qui est apportée par les pluies est souvent trop peu abondante; plus souvent encore répartie sur des époques où la végétation n'en peut pas profiter. Les irrigations ont pour but principal de fournir l'eau en suffisance et aux moments les plus favorables. On sait quels résultats elles donnent; elles peuvent doubler ou tripler les récoltes et transformer en terrains fertiles des sols improductifs. Ce n'est pas seulement dans les régions méridionales que leur efficacité se manifeste; dans le Nord, on en tire également un parti avantageux.

La France est un des pays dans lesquels l'arrosage donne les meilleurs résultats et se trouve être relativement facile, grâce à la multiplicité des petits cours d'eau; elle est cependant bien en retard sur plusieurs pays voisins. A quoi tient cette infériorité et quels sont les moyens à employer pour amener l'agriculture française dans la voie féconde de l'utilisation de l'eau?

Un grand nombre de raisons ont été mises en avant pour expliquer la lenteur du développement des irrigations dans notre pays. On a invoqué, en particulier, l'ignorance et l'esprit de routine des cultivateurs, leur manque de discipline et d'esprit d'association, la complication et la longueur des formalités administratives, les exigences des cahiers des charges de la plupart des canaux d'irrigation, l'insuffisance de notre législation des eaux et le morcellement exagéré du sol.

Il est certain, par exemple, que nos paysans manifestent une répugnance marquée à prendre des engagements fermes relatifs au mode d'emploi des eaux. De plus, la mise en valeur des terres arrosées, la transformation et la préparation du sol en vue de l'irrigation exigent des capitaux considérables. Le morcellement du sol est encore un obstacle sérieux à l'arrosage, surtout en ce sens qu'il rend celui-ci fort difficile sans l'union des propriétaires intéressés et la formation d'associations syndicales. Enfin, la législation qui régit la propriété et l'usage des eaux et limite aux seuls riverains le droit d'en disposer librement rend trop souvent leur utilisation impossible. Aussi, les grands canaux d'arrosage ont-ils eu jusqu'à présent peu de succès.

À ces causes diverses, il convient d'ajouter la façon dont on a jusqu'ici compris ces entreprises. La construction de ces grands canaux a été abandonnée à l'industrie privée, et ils ont été le plus souvent établis à l'aide de subventions de l'État par des syndicats de propriétaires ou des concessionnaires. Or, si les syndicats donnent d'admirables résultats pour des entreprises de petite étendue, si leur création peut seule permettre l'utilisation de la multitude des petits cours d'eau existant sur notre territoire dans les vallées secondaires, ils ne peuvent réussir et, en fait, n'ont jamais réussi dans les grandes entreprises, qui nécessitent une unité de vues impossible à trouver dans une association de propriétaires qui ont, en général, des intérêts trop divergents. D'autre part, l'exécution par des compagnies concessionnaires n'a conduit qu'à des résultats le plus souvent désastreux. Les grands canaux d'irrigation, destinés à porter les eaux sur de vastes territoires, souvent très éloignés de leur prise, sont en effet des entreprises qui ne peuvent donner de bénéfices qu'à échéance très éloignée. D'une part, les travaux d'amenée de l'eau sur le terrain nécessitent ordinairement la création de longues têtes mortes, qui grèvent lourdement le prix de revient de cette eau. En outre, dans les régions où l'on introduit ainsi l'arrosage, le développement de cette pratique agricole ne peut se faire qu'avec une très grande lenteur. La substitution, à la culture ordinaire, de la culture arrosée, à part peut-être celle de la prairie permanente, ne peut en effet avoir lieu du jour au lendemain, cette substitution exigeant une transformation complète des habitudes des cultivateurs, la modification du mode de culture et d'exploitation du sol, une instruction plus étendue chez les exploitants et une mise de fonds plus considérable. Dans ces conditions, il est impossible d'espérer que les grandes entreprises d'irrigation soient immédiatement rémunératrices, et, par suite, les sociétés financières qui les pratiquent sont condamnées, comme on ne l'a vu que trop souvent, à une ruine à peu près certaine.

C'est donc l'État, et l'État seul, qui peut et qui doit construire les grands canaux d'arrosage, demandant toutefois le concours financier des communes et des intéressés. Seul l'État a la possibilité de faire les avances qui sont nécessaires pour attendre le moment où ces entreprises deviennent rémunératrices. N'en retirera-t-il d'ailleurs aucun revenu direct, les bénéfices indirects qu'il en obtient sont tellement considérables qu'ils suffisent, même sans tenir compte de l'intérêt général résidant dans l'accroissement de la richesse publique, à justifier son intervention. On a calculé, en effet, que la plus-value des terrains arrosés donne un accroissement de droits de mutation égal à 8 francs par hectare, et que leur augmentation de revenu annuel fournit une perception de 12 francs. Dans certains cas, ces chiffres peuvent être bien plus élevés encore.

Extrait des Annales de l'hydraulique agricole.

Actuellement, la loi du 19 mars 1910 autorise les sociétés de crédit agricole à consentir des prêts individuels à long terme, destinés à faciliter l'acquisition, l'aménagement, la transformation et la reconstitution des petites exploitations rurales.

D'autre part, le *Service de l'hydraulique agricole,* institué au Ministère de l'Agriculture, a pour but de faciliter les entreprises des collectivités, relatives aux travaux d'assainissement.

Lectures agricoles.   27

LA PISCICULTURE ARTIFICIELLE

Par **G. GUÉNAUX**,
Chef de laboratoire à l'Institut national agronomique.

Malgré les moyens dont elle dispose pour favoriser la multiplication et le développement des poissons, la pisciculture naturelle ne suffit pas à empêcher le dépeuplement de nos eaux libres. La prodigieuse fécondité des poissons semble cependant destinée à équilibrer les causes de destruction dont la nature est si prodigue envers les œufs et les jeunes alevins. Fécondation incomplète des œufs, voracité des poissons avides de leur propre frai, crues, sécheresses, variations subites de température, ennemis de toutes sortes, voilà qui suffit à détruire les neuf dixièmes des pontes ; un dixième à peine arrive à l'éclosion ; quant aux alevins, exposés aux mêmes dangers que les œufs, ils périssent par moitié dans la première année de leur existence. Tout cela est dans l'ordre des choses et il n'y a pas lieu de s'en montrer trop surpris ; les espèces les plus fragiles, les plus exposées à une mortalité intensive sont, partout et toujours, les plus fécondes (1).

Mais, à ces causes naturelles de destruction, sont venues s'en ajouter de nouvelles, non moins graves, dont l'homme seul est responsable. Impuissant à les supprimer et à remédier de la sorte à l'anéantissement des poissons, il a cherché à faire la part du mal en créant plus de vie, en lançant plus d'êtres dans la circulation fluviale ; il y est heureusement parvenu : l'observation de la nature, les études zoologiques l'ont conduit à intervenir directement dans certains actes physiologiques des poissons ; elles lui ont appris à obtenir les œufs, à les

(1) Voy. GUÉNAUX, *Pisciculture (Encyclopédie agricole)*. — GOBIN et GUÉNAUX, *La pisciculture en eaux douces*, 1907. — LOCARD, *La pêche et les poissons d'eau douce*.

féconder, à les incuber et à élever les alevins; il a pu ainsi soustraire le frai à tout danger et accroître, en proportion considérable, à son gré, la production des espèces les plus précieuses. De là est née une branche nouvelle de la pisciculture, un art « artificiel » d'ensemencer les eaux et d'en améliorer les produits, dont les progrès rapides et l'extension incessante manifestent bien l'utilité.

Les premiers essais de fécondation artificielle remontent à 1758 ; ils furent réalisés par le lieutenant autrichien Jacoby et portèrent sur la truite et le saumon. Buffon, Lacépède, Fourcroy, Adanson, Duhamel connurent les expériences de Jacoby ; mais aucune conséquence pratique ne résulta de ces recherches. En 1837, cependant, un grand établissement de pisciculture artificielle fut installé en Allemagne, à Detmold, sans qu'il en ait toutefois été tiré grand profit pour le repeuplement des cours d'eau.

En 1848, l'attention de l'Académie des sciences fut appelée sur les travaux de deux pêcheurs des Vosges, Remy et Géhin. Dès 1842, Remy, pauvre pêcheur illettré de la vallée de la Bresse, avait fécondé des œufs de truite et réussi à élever les alevins obtenus ; avec l'aide de Géhin, il parvint, de cette façon, à obtenir en étang des milliers de truites, âgées de un à trois ans, qui lui servirent à repeupler la Moselotte ; il avait réinventé en quelque sorte le procédé de Jacoby et su en tirer un parti utilitaire. M. Coste, professeur au Collège de France, s'intéressa particulièrement à la découverte de Remy ; il vit le grand intérêt pratique qu'elle présentait et s'en fit l'ardent propagateur, dans le but de l'appliquer à l'empoissonnement de nos cours d'eau. Coste installa un laboratoire de fécondation au Collège de France, puis obtint la création, à Huningue, d'un vaste établissement de pisciculture chargé de distribuer gratuitement des œufs fécondés et des alevins. Grâce à l'impulsion donnée, un certain nombre d'établissements particuliers s'installèrent un peu partout, en France et à l'étranger ; une industrie nouvelle, la *pisciculture artificielle*, était créée.

La France, qui avait pris l'initiative de ce mouvement, s'en désintéressa par la suite. Au contraire, à l'étranger, en Angleterre, en Hollande et surtout aux États-Unis, la pisciculture artificielle fit de remarquables progrès. Ce fut seulement après 1870 qu'elle subit, dans notre pays, une sorte de renaissance ; on l'enseigna dans les écoles d'agriculture, et l'intérêt se porta, d'une façon définitive cette fois, sur les nouveaux procédés de production du poisson.

La France, si bien pourvue de cours d'eau et de sources, semblerait être un pays privilégié pour la pisciculture.

Mais, depuis un siècle, le poisson devient de plus en plus rare. Cela tient à des causes nombreuses : la navigation fluviale, avec les barrages ; les usines qui déversent des produits nocifs ; d'autre part, le dessèchement de nombreux étangs. Il y a aussi les causes morales : l'homme ne sait pas assez respecter ce qui ne lui appartient pas en propre. Les poissons et les fleuves sont à tout le monde, d'où il résulte que la pêche en temps prohibés, avec engins également prohibés, prend souvent les proportions d'une véritable calamité.

Les particuliers ne peuvent guère remédier à ce triste état de choses, à moins que la mutualité n'intervienne pour la protection du poisson, le développement de la pisciculture artificielle.

La pisciculture en étang pourrait être bien souvent une source de profit pour l'agriculteur.

Un établissement de pisciculture artificielle à Villers-Cotterets
(Aisne).

V

LES CRUES DÉVASTATRICES

COMMENT LES SUPPRIMER
Par O. RECLUS.

Nous, Français, nous n'avons ni la crue annuelle, ni les
vents réguliers, ni la stricte division des douze mois en saison
sèche et en saison mouillée. Chez nous, les rivières ne diminuent pas normalement jusqu'au jour où une première averse
tombée des nuages annonce que le ciel va se fondre en eau,
que les coulées sèches ou marigots vont déborder et, de
100 litres par seconde, passer à 100 000 : cela régulièrement,
jusqu'au retour de la sérénité qui amène la décrue des
fleuves.

Au contraire, en France, c'est l'embrouillement des vents,
des climats, des pluies capricieuses, des mois secs qui, l'année
passée, avaient précipité des cascades sur le sol, et qui, l'an
prochain, sera peut-être plus anhydre encore que l'an d'auparavant. C'est pourquoi nos courants ne se soumettent pas au
rythme des saisons adverses, l'une mouillée, l'autre aride.
Pas d'ascension et de descente normales des eaux, mais des
croissances et des décroissances à l'aventure, tantôt au printemps, tantôt en été, tantôt en automne, tantôt en hiver, au
caprice des brises. Alors que le Nil, le Niger et leurs compa-
gnons de l'Équateur, du Tropique savent ce que tel mois leur
réserve, notre Loire, pour ne parler que d'elle, va de l'alpha à
l'oméga : hier ruisseaux séparés par des îles de sable allongées,
demain fleuve en démence qui force les murs de sa prison.

Cette Loire, on l'a, malgré sa légitime résistance, incarcérée
dans la geôle d'un nain, quand il lui fallait le préau d'un
géant. La sagesse était de lui abandonner, comme au Nil, tout
l'espace qu'elle réclame en grande expansion : des kilomètres,
une lieue au besoin, non pas seulement 250, 300, 500 mètres.

Elle disait clairement : « Quand je m'endors nonchalante, au soleil d'été, en petits rus d'argent, c'est pour me réveiller, m'étirer, m'allonger, envahir mes coulées, mes palus, mes prairies, ma savane ; alors je n'ai pas trop de la moitié, des trois quarts, quelquefois de toute ma campagne. »

L'homme n'a pas cru ces paroles véridiques. Il a revendiqué pour lui toute la vallée, moins un étroit chenal pour la Loire. Et la Loire, essentiellement rétive, n'a pas tenu compte des commandements de l'homme. Quand la nature parle, ce fleuve obéit ; elle lui dit de reconquérir, et pour quelques heures, quelques jours, il reconquiert : il surmonte ses turcies, c'est-à-dire ses levées, ou il les crève, et de fleuve il devient lac, mais lac animé, frénétique, avec d'immenses remous.

Puis, le lac découvrant peu à peu ses rives, la Loire, redevenue fleuve, laisse derrière elle des champs sillonnés, ravinés, bouleversés, des tranchées, des remblais, des cailloux inféconds, des traînées de sable, des maisons renversées, des morts pour le cimetière ; et quelquefois des morts hors de l'enclos léthargique, lorsqu'il lui a plu de déterrer les hôtes silencieux qu'on avait cru porter à leur dernière demeure. Nos autres fleuves, nos rivières font, à l'occasion, comme la Loire, sauf quand la hauteur de leurs berges défie l'ascension des flots.

« Ce qu'on voit et ce qu'on ne voit pas », pourrait-on dire à propos de toutes les actions humaines, comme de toutes les œuvres de la nature qui cache ses bienfaits sous ses méfaits, et inversement des ruines sous ses opulences. Ce qu'on voit dans le haut pays, c'est un hectare de plus pour le pâturage aux dépens de la forêt, un hectare de plus pour le labourage aux frais du gazon. Ce qu'on ne voit pas, c'est, dans les bas pays, les champs dévastés, les hameaux saccagés, les ponts croulés, les routes crevées, le fleuve envasé. Le déboiseur du mont assassine au loin la campagne.

On a calculé qu'en cinquante ans les extravagances des eaux nous ont appauvris, nous, les seuls Français, de plus d'un milliard. Suppressions de vie, coulage des terres vers l'aval, perte d'éléments fertilisants par dénudation du sol, plaies hideuses dans la montagne et la colline, la campagne, découragement des riverains, suivi de leur veulerie, le fatalisme déprimant les ruraux : voilà les « bienfaits » des crues : pour remonter jusqu'à l'origine, ce sont là les « cadeaux » de la déforestation.

Quelle nausée de voir le présent imiter toujours le passé !

Quoi ! la tourmente des flots calmée, marquer béatement, sans réfléchir sur le passé, sur le présent, sur l'avenir, le niveau que vient d'atteindre la crue au fluviomètre échelonné en lignes noires sur la pile du pont ou la maison du quai ; reconstruire indéfiniment le même pont, chaque fois un peu plus long, un peu plus haut, parce que la dernière crue a été plus puissante que l'avant-dernière ; rebâtir la même levée ; restaurer le même moulin ; refaire la même chaussée à plus d'élévation au-dessus du torrent dont les débris de l'amont ont rehaussé le niveau ; garantir la même prairie si elle n'a pas déjà pris tout entière le chemin de l'Océan ; protéger le même hameau s'il n'est pas parti, lui aussi, pour les grandes eaux marines dans la sauvagerie des grandes eaux de la trombe !

Et ne pas dire au fleuve, à la rivière, au torrent, au ruisseau : « C'est la dernière fois que tu m'as surpris, méchant compagnon ! Je n'ignore plus que sur les sommets la neige abandonne le sous-bois quinze jours plus tard que le hors-bois ; je sais qu'au-dessus des forêts flottent, visibles ou non, de légères vapeurs, et qu'après la pluie les branches gouttent longtemps sur le sol ; j'ai vu qu'après les nuits sereines de l'été « la forêt qui gémit pleure sur la bruyère », comme si les urnes du ciel s'étaient penchées sur la terre, en réconfort aux sources bienheureuses. Je sais comment te contraindre à la mansuétude, à la sagesse : je t'enchaînerai et tu ne te déchaîneras pas. C'est la forêt qui te domptera. Je vais reboiser les montagnes. J'ai compris que la forêt est la mère des eaux. Dorénavant, tu seras la joie et non la terreur des villes et des campagnes. Encore quelques années et tu couleras apaisé sous l'ombre des hêtres touffus, des pins et des sapins sonores. Le voyageur ne dira plus comme autrefois le poète : « Je meurs de soif auprès « de la fontaine. »

Extrait du Manuel de l'eau. (Touring-Club.)

XIV

MICROBES ET CHAMPIGNONS

I

LES MICROBES EN AGRICULTURE

Par **E. KAYSER**,
Maître de conférences à l'Institut national agronomique.

« Gaz, fluides, électricité, magnétisme, ozone, choses
connues ou occultes, il n'y a quoi que ce soit dans l'air,
hormis les germes qu'il charrie, qui soit une condition de
la vie. » Telle est la conclusion à laquelle arrivait Pasteur
vers 1858, dans ses premières études sur la décomposition des
infusions organiques.

Bientôt après, Pasteur montre le rôle joué par les infiniment
petits dans la maladie des animaux domestiques (bactéridie
charbonneuse, clavelée, choléra des poules, rouget des porcs),
dans celle des vers à soie, dans les industries de fermentation,
notamment dans la fermentation alcoolique. On ne voyait pas
leur utilité directe en agriculture, sinon pour l'élevage du
bétail. On considérait les modifications constatées journellement dans le sol comme des procès exclusivement d'ordre chimique et physique.

Mais l'agronomie ne tarda pas à subir, comme la médecine
et l'hygiène, l'influence des découvertes pasteuriennes. La
fertilité de la terre dépend en grande partie de l'habile mise
en œuvre des infiniment petits, qui s'y comptent par milliards.

Pendant que les plantes font surtout un travail de synthèse,
en amenant les résidus des décompositions animales et végétales à l'état de composés complexes : sucres, amidons,

albuminoïdes, les microbes opèrent le travail d'analyse, de désagrégation de ces mêmes produits.

Ce sont eux qui défont et disloquent continuellement les matériaux édifiés par les végétaux supérieurs ; le rôle dans l'économie générale du monde vivant est des plus important.

Nous savons aujourd'hui que la plupart des décompositions qui ont lieu dans le sol sont dues à des interventions microbiennes ; la fermentation du fumier de ferme et la nitrification en sont des exemples frappants (1).

Jusqu'à présent, dans un milieu aussi complexe, l'homme n'a qu'une influence relativement restreinte sur leur activité ; mais, par un travail raisonné de la terre, par des engrais appropriés, par les amendements, par les soins culturaux, etc., il peut rendre la réaction du sol basique ou acide et favoriser ainsi les espèces qui lui sont utiles. Le point important à observer est d'arriver à leur constituer toujours un milieu favorable, ce que nous appelons au laboratoire un bon milieu de culture.

Ainsi envisagée, la fertilité du sol se montre intimement liée à sa flore microbienne.

Les microorganismes jouent un rôle dans la décomposition des roches, dans la formation des sulfates et des nitrates ; ils sont encore les principaux intermédiaires pour la fixation de l'azote atmosphérique, et de grands producteurs d'acide carbonique, si utile aux végétaux supérieurs.

Ce sont eux qui rétablissent l'équilibre entre la création et la destruction de matières organiques, entre la matière vivante et la matière inerte.

Les études microbiologiques ont vite fait reconnaître leur importance en vinification, cidrerie, distillerie, boulangerie, laiterie, fromagerie ; leur intervention dans le rouissage, l'ensilage, la tannerie, etc.

Elles nous ont appris l'existence de microbes utiles et de microbes nuisibles.

Beaucoup de ces transformations sont encore insuffisamment expliquées, attendent une solution. On est donc obligé de

____

(1) Voy. KAYSER, *Microbiologie agricole* (*Encyclopédie agricole*).

faire des hypothèses expliquant certains faits, tandis que d'autres restent irrésolus. A ce sujet, Pasteur disait : « Les hypothèses, nous les brassons à la pelle dans nos laboratoires ; elles remplissent nos registres de projets d'expériences ; elles nous invitent à la recherche, et voilà tout. »

Malgré l'insuffisance de certaines hypothèses sur les phénomènes biologiques du sol, la microbiologie a déjà rendu, dans ces vingt dernières années, de grands services à l'agriculture, d'où l'utilité manifeste de faire connaître dès maintenant l'état actuel de nos connaissances sur ces questions et d'indiquer de quel côté nos recherches futures devront être orientées.

Lorsque nous abandonnons à lui-même, dans des conditions déterminées d'humidité, d'aération et de température, un grain d'orge, il ne tarde pas à germer, à donner naissance à une tigelle, à une radicelle et à vivre aux dépens de ses réserves ; nous constatons qu'il diminue de poids. Mais, dès que la chlorophylle apparaît dans ses feuilles, le végétal formé sait profiter de l'énergie solaire pour réduire l'acide carbonique de l'air en formant de la matière organique pendant que les radicelles puisent dans le sol les différents éléments minéraux et azotés assimilables. C'est donc grâce à cette chlorophylle que le végétal peut engager les éléments gazeux de l'air dans des combinaisons plus complexes, dans des combinaisons combustibles à nouveau (celluloses, sucres, amidons, albumine, etc.). Dès ce moment, la plante devient le siège de deux fonctions opposées en quelque sorte, l'assimilation chlorophyllienne entraînant une augmentation de poids et la respiration qui agit en sens inverse. La résultante est positive, et il y a création de composés carbonés, azotés et gras.

Le végétal est donc un agent de synthèse ; c'est lui qui sert à la nourriture des animaux. Leurs tissus sont formés de principes immédiats, très semblables à ceux qu'ils absorbent ; les animaux transforment alors l'énergie chimique accumulée par les végétaux en travail musculaire, en chaleur et en produits divers. Ils désagrègent toutefois déjà une partie de ces matériaux, notamment les sucres, les graisses utilisables pour le végétal, tandis que les matières azotées sont éliminées sous la forme d'excréments solides et liquides.

Lorsqu'une plante meurt ou qu'un animal périt, on peut
dire que la majeure partie de leur corps se trouve sous une
forme inutilisable pour le règne végétal. D'autre part, l'azote
combiné et l'acide carbonique sont limités, et il en résulterait
que toute vie deviendrait bientôt impossible à la surface
terrestre s'il n'y avait pas un facteur, un agent qui amènerait
la désagrégation, la combustion complète des débris végétaux
ou animaux jusqu'aux termes simples que la plante peut
ramener à la forme vivante.

Il est certain qu'une fraction de ces résidus végétaux ou
animaux, il est vrai faible, peut déjà être détruite par combustion, ou par oxydation et réduction chimique, mais la majeure
partie resterait intacte sans cette source de destruction que le
génie de Pasteur nous a fait connaître. C'est ce rôle qui est
presque exclusivement dévolu aux infiniment petits. Ce sont
les véritables agents de destruction de la matière organique.

L'observation a montré que toutes les solutions organiques,
les infusions les plus diverses de plantes, de viande, abandonnées au contact de l'air, se troublent et se gâtent plus ou
moins rapidement selon les conditions extérieures. Ainsi une
solution sucrée peut donner lieu à la formation d'alcool qui
se transforme en vinaigre, et ce dernier lui-même est
décomposé à son tour en acide carbonique et en eau. On
expliquait ces décompositions par la génération spontanée.
Souvent l'ébullition même de quelques heures ne suffisait pas
pour mettre les infusions à l'abri des transformations;
d'autres fois elles restaient claires, mais le simple passage de
l'air leur rendait la faculté primitive de se modifier plus ou
moins profondément.

Pasteur nous a montré que la matière organique, une fois
constituée, ne se détruit pas par elle-même; elle ne se crée
pas non plus, elle revêt seulement des formes variées.
Ainsi la matière azotée passe d'un être à l'autre par une
série de métamorphoses ; elle affecte les diverses formes :
matières albuminoïdes complexes (fibrine, albumine), azote
nitrique, azote ammoniacal, azote gazeux ; ceci n'est possible
que grâce aux agents de destruction.

« Si les êtres microscopiques, disait-il, disparaissaient de notre globe, la surface de la terre serait encombrée de matières organiques mortes et de cadavres de tous genres (végétaux et animaux). Ce sont eux principalement qui donnent à l'oxygène ses propriétés comburantes ; sans eux la vie deviendrait impossible, parce que l'œuvre de la mort serait incomplète. »

Aucun résidu d'un être vivant ne résiste à leur action dès qu'il est exposé à l'air et dès que les conditions de température deviennent favorables ; mais plaçons cette matière organique à l'abri de l'air, après l'avoir soumise à une température convenable, nous pourrons conserver les infusions les plus altérables pendant un temps infini. Faisons entrer l'air pendant quelques instants ou ajoutons-y quelques germes microbiens, la désagrégation commence, la gazéification se poursuit jusqu'aux termes simples qui permettent le retour dans la circulation générale.

Cette destruction n'est pas du tout une transformation mal définie ; elle est au contraire la résultante naturelle d'une série de vies successives, de ferments jouissant de la propriété de se multiplier, de se reproduire, provenant d'êtres semblables et possédant des propriétés spécifiques et héréditaires. C'est grâce à eux qu'il existe cet équilibre parfait entre la destruction de la production organique et sa synthèse à la surface du globe.

L'agriculture a profité des découvertes de Pasteur autant que les autres sciences. Le sol, en effet, est le siège de phénomènes chimiques très variés, décompositions microbiennes diverses et assimilation des éléments fertiles par la plante ; ce sont encore des infiniment petits qui peuvent engager en combinaison l'azote atmosphérique grâce à la destruction de la matière carbonée de la terre comme rançon de cette propriété précieuse. Le fumier sert à la fois aux végétaux supérieurs et aux infiniment petits, deux sortes d'êtres entre lesquels nous voyons ainsi exister des liaisons nombreuses.

Ce sont donc ces minéralisateurs, ces gazéificateurs de la matière organique du sol qui sont ainsi, comme Pasteur nous l'a appris, les agents principaux de la fertilité des terres.

II

LA FERMENTATION

Par **E. DUCLAUX.**
Membre de l'Institut.

Les phénomènes de fermentation sont aussi anciens que le monde et ont dû être observés par les premiers hommes qui ont préparé du jus de certains fruits sucrés, par exemple celui du raisin. L'espèce de bouillonnement qui s'y produit spontanément, le soulèvement que subit la masse entière, la production continue de petites bulles gazeuses qui viennent crever à la surface, leur ont rappelé l'état d'un liquide placé sur le feu. Il est curieux de voir cette analogie entre l'ébullition et la fermentation alcoolique se traduire dans les langues les plus anciennes. Le nom hébreu du vin (*yine*) vient d'un verbe qui signifie faire effervescence, se soulever, bouillir, et il doit avoir des racines profondes dans les âges, car il a donné le nom du vin à presque tous les peuples de l'Occident. De son côté, le mot *fermentation*, plus récent, vient de *fervere*, bouillir. Le nom allemand de la levure, *hefe*, vient de *heben*, s'élever, et les mots gallo-latins de *levure* et de *learen* expriment les mêmes relations (1).

Le changement de goût qui se produit dans le liquide fermenté n'a pas dû paraître moins surprenant que la fermentation elle-même, et les noms de Noé, d'Osiris, de Bacchus, témoignent de la reconnaissance des populations pour ceux qui leur ont donné les boissons alcooliques. La fabrication de la bière, sans doute postérieure à celle du vin, parce qu'elle exige davantage l'intervention de l'homme, était cependant

____

(1) Voy. *Ferments et fermentations*, par L. Garnier, 1888. — *Ferments et fermentations*, par P. Guichard, 1897. (J.-B. Baillière et fils.)

connue dès la plus haute antiquité, chez les Égyptiens, les Espagnols et les Gaulois.

Quant au pain, il a fallu sans doute encore plus longtemps pour apprendre comment on pouvait l'obtenir avec le grain de blé, si difficile à digérer à l'état brut. La mouture, la cuisson ont dû constituer des découvertes successives, et il semble que la mise en levain n'ait été connue qu'après. Abraham sert du pain sans levain aux deux anges qui lui apparurent dans la vallée de Membré et ce n'est guère que du temps de Moïse qu'on voit apparaître le pain fermenté qui a été et devait être dès l'origine considéré comme impur.

Pendant de longs siècles, on en est resté à ces notions simples. La pratique se perfectionnait peu à peu ; on apprenait à conserver le vin en y mélangeant de la résine ou des essences ; on le couvrait d'huile à sa surface pour en empêcher l'acétification. Caton connaissait et pratiquait le soufrage des tonneaux. On améliorait en même temps la fabrication du pain. Celui qu'on mangeait dans la Gaule jouissait, par exemple, de la réputation d'être léger et facile à digérer, parce qu'on le faisait lever au moyen de la levure de bière, au lieu de levain ou de farine aigrie. Mais l'étude des phénomènes théoriques de la fermentation a sommeillé jusqu'à la fin du XVIe siècle.

Extrait du Traité de microbiologie. (Masson.)

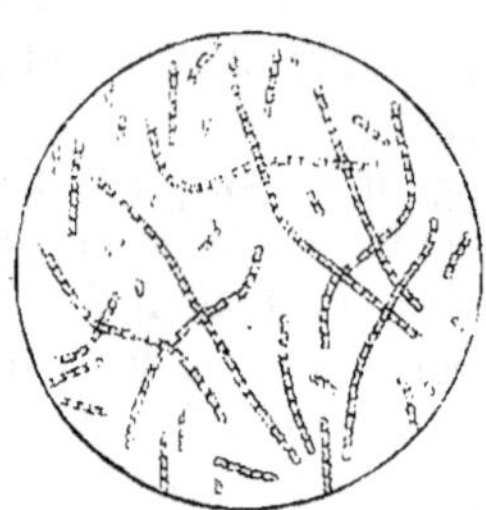

Ferments de l'acide acétique.

III

LE CHAMPIGNON DES MAISONS
DESTRUCTEUR DES BOIS DE CHARPENTE

Par **J. BEAUVERIE**,
Professeur à l'Université de Lyon.

Les maisons sont, comme les gens, susceptibles de maladies. Des parasites divers et multiples peuvent s'attaquer à leur corps et leur faire plus ou moins de mal, suivant les conditions dans lesquelles elles se trouvent. Pour les maladies des maisons comme pour les maladies des animaux, il existe un état de réceptivité, résultant d'un ensemble de conditions favorables aux parasites qui en font une proie plus ou moins facile pour les envahisseurs. Ces envahisseurs sont le plus souvent ou des insectes ou des champignons.

Le plus terrible d'entre eux, le *Merulius lacrymans*, est le véritable champignon des maisons. Les dégâts qu'il cause se chiffrent par millions. Sa présence a été constatée un peu partout et ses ravages sont de plus en plus graves. Dans certaines villes, il produit de véritables épidémies, causant rapidement l'effondrement des maisons qu'il attaque ou nécessitant du moins une réfection totale des charpentes et boiseries ; à Breslau, en Silésie, notamment, le champignon s'est propagé de maison en maison et de rue en rue, causant de vrais désastres. Mais l'existence de ce champignon n'est pas une chose nouvelle, il ne constitue pas un triste privilège de notre époque; on l'a signalé il y a déjà longtemps : Boussingault rapporte le cas d'un magnifique navire de guerre, le *Formidable*, qui fut détruit peu de temps après sa construction par le *Merulius*. Beaucoup d'autres faits de destruction prompte et singulière de bâtiments en bois, que l'on voit incidemment cités à des périodes plus ou moins éloignées de notre histoire, doivent vraisemblablement être rapportés à la même cause, que l'ignorance de nos pères faisait méconnaître.

Bien souvent encore aujourd'hui on attribue à des causes variées des méfaits dont le *Merulius* est l'auteur, tout simplement parce que les techniciens ignorent ce champignon.

Il est certain que les cas de destruction par le *Merulius* sont plus fréquents à notre époque qu'autrefois. Cela tient à la trop grande rapidité avec laquelle on procède à l'édification des maisons, sans laisser un temps suffisant pour que les matériaux se dessèchent avant l'achèvement.

Il est du plus haut intérêt pour les propriétaires, les architectes et les entrepreneurs d'être documentés le mieux possible sur ce champignon, car son existence amène fréquemment entre eux des contestations et des procès. Le propriétaire peut refuser le paiement d'une maison gravement atteinte par le *Merulius* avant l'expiration du délai de garantie.

On ne sera pas étonné si, après de graves mécomptes causés par l'emploi du bois dans les constructions, on tend de plus en plus à le remplacer par le fer et le ciment armé. Ces matériaux ont cependant leurs défauts et les techniciens reviendraient certainement sans arrière-pensée à l'usage du bois pour les charpentes, si on pouvait leur donner des moyens d'éviter le fâcheux *Merulius*. Cette question est donc du plus grand intérêt pour tous ceux qui s'occupent du commerce des bois.

Comment le *Merulius* s'introduit-il et se propage-t-il dans les maisons? La contamination des bois en forêt est extrêmement rare ; il faut cependant admettre qu'à l'origine ce sont des bois atteints dans la nature qui ont introduit le champignon dans les maisons. Mais, bien plus souvent, il se propage, soit par ses spores, soit par son mycelium, de maisons en maisons et de rues en rues, causant ainsi des épidémies plus ou moins étendues. Quel est le mécanisme de cette propagation ? Elle peut s'effectuer de différentes manières: le plus souvent le champignon apparaît dans les maisons neuves ; les spores peuvent y être apportées par les charpentiers venant de travailler à la réparation de maisons atteintes par le *Merulius* ; ils peuvent transporter des milliers de germes sur leurs souliers, leurs outils ou quelque partie de leurs vêtements. Ces spores peuvent conserver pendant des années leur faculté germinative, d'où il résulte qu'un ouvrier qui a travaillé à des réparations de maisons infectées, surtout s'il s'y trouvait des fructifications, peut pendant longtemps encore servir de véhicule au mal. Non seulement l'homme, mais encore les animaux : chiens, chats, rats, etc., peuvent servir d'agents de transport des spores du champignon.

Il ne faut pas oublier que la contamination se fait surtout par les *spores*, c'est-à-dire par cette poussière jaune roux qu'émet en grande quantité le champignon qui fructifie. Cette poussière, dont chaque particule est capable de contaminer le bois, peut se disséminer partout, se loger dans des fentes quelconques et s'y conserver pour propager ensuite le mal quand elles se trouveront dans des conditions favorables. Elles sont parfois assez peu nombreuses pour n'être pas visibles, mais elles n'en sont pas moins dangereuses.

La contamination peut résulter de l'emploi de décombres provenant de vieux bâtiments où existait le *Merulius*. Lors de la démolition d'une vieille maison, il faudra, si on a l'intention d'utiliser des matériaux en provenant, porter spécialement son attention sur l'état du rez-de-chaussée et du sous-sol, beaucoup plus aptes à recevoir le *Merulius* que les étages élevés.

Un autre mode de propagation est le suivant : il arrive trop souvent, lorsque l'on procède aux réparations d'une maison atteinte de *Merulius*, qu'on laisse des bois, plus ou moins couverts du champignon frais ou sec, des jours entiers dans la rue ou dans les cours, exposés au vent et à la pluie. Pour certaines pauvres gens, les matériaux de la plus faible valeur sont encore désirables; aussi arrive-t-il que ces bois soient enlevés avec ou sans autorisation ; ils sont transportés dans les rues et jusque dans les maisons habitées par ces personnes; d'innombrables spores peuvent être disséminées de cette façon. Ces faits devraient être surveillés et, d'ailleurs, la destruction immédiate par le feu des bois atteints devrait les rendre impossibles.

Il faut donc rejeter l'emploi de tous les bois ayant appartenu à une maison où s'est développé le *Merulius*, alors même qu'ils présentent une apparence saine.

Extrait de Le bois et le champignon des maisons. (Rey.)

IV

LA TRUFFE

Par **A. CHATIN**,
Membre de l'Institut.

Nous sommes loin du temps où l'on regardait la truffe comme un produit de la fermentation de la terre, une excroissance engendrée par un suc tombé des feuilles, un tubercule rhizogéné, ou un fruit souterrain. Mais beaucoup d'hommes du monde pensent encore qu'elle n'est autre qu'une galle due à la piqûre des radicelles de certains arbres par des insectes diptères. Inutile de réfuter ces erreurs, aujourd'hui que chacun sait que la truffe est un vrai champignon hypogé de la famille des Tubéracées, famille qui compte parmi ses caractères un réceptacle sphéroïde, charnu, indéhiscent, lisse ou verruqueux, un parenchyme parsemé de sporanges renfermant de une à huit spores, etc. Quant au genre Tuber, type de la famille, il comprend des espèces non parasites à réceptacle verruqueux, à sporanges globuleux ou oblongs, souvent appendiculés. Enfin, notre bonne truffe, dite truffe noire, truffe du Périgord, truffe franche et, très justement, truffe des gourmands, est le *Tuber* de Pline, l'*Hydnum* de Théophraste et de Dioscoride, le *Lycopercon Tuber* de Linné, le *Tuber cibarium* de Sibthorp et de Bulliard, enfin le *Tuber melanosporum* de Vittadini et de Tulasne (1).

Plusieurs espèces du genre Tuber autres que le *Tuber melanosporum* sont recherchées comme aliments. Les Italiens font cas de leur grosse truffe blanche, que je trouve en effet fort bonne, mais sans qu'elle puisse être mise en comparaison avec la truffe noire ; les Bourguignons et les Champenois consomment avec plaisir la truffe grise et la truffe rouge ou rousse qui croissent en assez grande abondance dans leurs bois pour

(1) Voy. Ad. Chatin, *La truffe*, 1892. — Ferry de la Belloune, *La truffe*. (Librairie J.-B. Baillière et fils.)

que de notables quantités soit exportées à Paris et dans l'Est, surtout à Strasbourg et à Nancy. Ces deux truffes, que produisent d'ailleurs aussi les contrées à truffe noire, sont assez souvent laissées en mélange avec celle-ci, non sans préjudice pour la qualité du mélange; ce n'est en effet le plus souvent qu'à la présence de ces truffes, d'une saveur spéciale qui les fait désigner sous le nom de *truffes musquées*, qu'il faut attribuer la mauvaise réputation de certains crus de truffe du Périgord ou de la Provence. La truffe rousse est toutefois préférée à la truffe grise; elle se vend toujours plus cher que celle-ci au marché de Dijon.

Vers la fin de l'été et en automne, on consomme beaucoup, dans le midi de la France, une truffe blanche, dite *truffe d'été*, laquelle est insipide et inodore. Si elle n'est pas bonne, on ne saurait la dire mauvaise; coupée en tranches minces, elle est soumise à la dessiccation pour être conservée. Il existe aussi une truffe blanche d'hiver, que j'ai observée pour la première fois en Périgord et qui est vendue mêlée à la truffe noire à laquelle elle ressemble extérieurement par la pellicule noire diamantée qui recouvre sa chair blanche.

La récolte des truffes a lieu par deux méthodes : 1° par des animaux dressés à cet effet; 2° directement par l'homme lui-même, s'aidant d'instruments divers, de la pioche le plus souvent, pour fouiller la terre.

Les animaux dont l'instinct est utilisé pour la récolte des truffes sont le porc et le chien.

Le porc, à peu près seul employé aujourd'hui dans les pays où il y a le plus de truffes, sent le tubercule d'assez loin et se dirige droit au-dessus de lui; quelques coups de son solide museau le font arriver à celui-ci, qu'il jette hors de terre ou laisse en place (après l'avoir mis à nu) suivant le genre d'éducation qu'il a reçu. Le rabassier (chercheur de truffes) donne au porc pour le récompenser, après chaque fouille, une châtaigne ou un gland; s'il oublie cette juste rémunération, le porc grogne, refuse de continuer le travail ou même s'approprie les truffes qu'il a découvertes. Un bon porc trouve souvent, dans un pays truffier, de 5 à 6 kilogrammes de truffes par jour.

Le chien, plus docile et plus agile que le porc, est préféré par les rabassiers maraudeurs, mais il creuse moins vite la terre, qu'il ouvre avec ses pattes, et souvent n'atteint pas jusqu'aux tubercules si ceux-ci sont profondément enfouis, cas surtout commun à l'arrière-saison. Le chien présente d'ailleurs cet inconvénient, sur les pentes rapides le long desquelles il projette en arrière avec ses pattes les tubercules, de faire perdre une partie de ceux-ci, ou tout au moins d'obliger les rabassiers à se fatiguer à leur poursuite.

Un petit morceau de pain est ordinairement la récompense du chien qui a trouvé une truffe.

Quand, ce qui est fréquent, le chien n'arrive pas jusqu'à la truffe, le rabassier retire celle-ci avec une sorte de couteau à large et forte lame.

La récolte de la truffe à la pioche est surtout pratiquée par les maraudeurs ; elle est pénible, peu rémunératrice, et ne donne que des produits inférieurs. Voici pourquoi :

Dans la fouille à la pioche, celle-ci, dirigée au hasard, fait trouver indifféremment les truffes mûres et celles qui, ne devant mûrir qu'à une époque plus ou moins éloignée, ont peu ou pas de parfum et sont plus ou moins blanches encore à l'intérieur. L'écorce elle-même, déjà noire, donne à celles-ci l'apparence trompeuse de la maturité, de sorte que le public ne les reconnaît que lorsqu'il les émonde ou même quand il les mange. Le porc et le chien, au contraire, ne fouillent que les truffes mûres, sans toucher aux autres, qu'ils décèleront plus tard à mesure qu'elles arriveront à maturité. De là la supériorité très grande, dans un même pays, des produits récoltés avec le chien et le porc sur ceux obtenus par la fouille à la pioche.

La production de truffes par un arbre donné commence lorsque celui-ci a de six à dix ans, augmente jusqu'à trente et quarante ans, puis reste stationnaire et enfin diminue. On peut croire que l'arbre produira des truffes tant qu'il continuera de vivre. J'ai vu, par exemple, de Riez à Montagnac (Basses-Alpes), des truffes sous des chènes séculaires isolés au milieu de terres cultivées.

V

LE NITRE ET LA NITRIFICATION

Par **A. MUNTZ**,
Membre de l'Institut.
Professeur à l'Institut national agronomique.

Les procédés de la guerre moderne reposent tout entiers sur la mise en œuvre de la force dynamique produite par les explosifs. Ceux-ci dérivent tous, ou à peu près tous, du nitre ou salpêtre, dont l'élément actif est l'acide nitrique, agent d'oxydation d'une grande énergie, qui, par la combustion brusque des matières carbonées avec lesquelles il est mélangé ou combiné, détermine l'explosion. Le nitre ou, plus véridiquement, l'acide nitrique qu'il contient, est donc la matière première de tous les engins de guerre.

Ce produit est le résultat de la combinaison de l'azote des substances azotées avec l'oxygène de l'air, combinaison effectuée sous l'influence d'un phénomène naturel et universellement présent à la surface de la terre, qu'on nomme la nitrification, et qui est en même temps le facteur essentiel de la production agricole et de l'assainissement, comme il l'est de l'armement moderne.

On comprend qu'avec l'importance de son rôle la nitrification ait attiré de tout temps l'attention des savants, depuis Lavoisier jusqu'à Boussingault et Pasteur. Son étude a certainement fait un grand pas le jour où, en 1877, nous avons découvert, M. Th. Schlœsing et moi, qu'elle était le résultat d'une véritable fermentation, c'est-à-dire qu'elle était due à l'action d'organismes vivants. Ces microbes ont la faculté, par un travail lent et complexe, de porter l'oxygène sur l'azote et d'emmagasiner ainsi une somme d'énergie que, plus tard, les explosifs mettent en œuvre en la développant brusquement. Les effets prodigieux des engins de la guerre moderne sont donc le produit du travail accumulé sans bruit par des infiniment petits dans le sein de la terre.

Depuis longtemps, on savait retirer le nitre des terres où il s'était développé et on connaissait celles où il était le plus abondant. Les sols des bergeries, des étables, des caves, étaient traités par la lévigation ; l'évaporation des eaux de lavage fournissait le salpêtre par la concentration.

Au xviii⁰ siècle, on établit un peu partout des nitrières artificielles et le gouvernement français donna à ce sujet, en 1777, des instructions détaillées dont on ne saurait trop admirer la justesse.

Pendant les guerres de la Révolution et de l'Empire, où tant d'armées furent mises sur pied et durent être pourvues de munitions, un grand essor fut donné en France à cette exploitation et l'art du salpêtrier se perfectionna beaucoup.

Lavoisier, plus tard Chaptal, y aidèrent puissamment. Aussi, la production du salpêtre put-elle suffire aux besoins de la défense, d'abord, puis à ceux de l'attaque.

Cependant, cette préparation était lente ; les terres salpêtrées ne donnaient que de faibles rendements ; les nitrières artificielles ne pouvaient être exploitées qu'au bout de deux ou trois ans, car on ignorait les moyens de hâter la nitrification, puisqu'on en ignorait les causes déterminantes.

Longtemps encore après les guerres de la Révolution et de l'Empire, où la consommation de la poudre fut énorme, c'est par la lévigation des terres qu'on préparait le nitre. Mais, vers le milieu du xix⁰ siècle, la découverte des immenses gisements de nitrate de soude du Pérou mit ce produit, en quantité pour ainsi dire illimitée, à la disposition de l'Administration de la Guerre, comme de l'Agriculture et de l'Industrie. C'est à ces gisements, en petite quantité aussi à ceux du salpêtre de l'Inde, qu'on s'adresse aujourd'hui, et ce sont eux qui fournissent la prodigieuse quantité de munitions de guerre du monde entier. On ne retire plus le salpêtre des terres indigènes et l'art du salpêtrier a disparu.

Ici se pose un problème, et un problème d'une extrême gravité. Nous sommes, à l'heure qu'il est, assurés de trouver dans ces gisements tout ce qu'il faut à notre armée de terre,

comme à notre marine, en fait de munitions, en temps
de paix et même en temps de guerre. Dans ce dernier cas,
l'épuisement des approvisionnements peut être compensé par
les arrivages des nitrates du Pérou. Mais ne sommes-nous
pas à la merci de ces arrivages ? Si nous n'étions pas maîtres
de la mer, la source de nos munitions serait tarie.

Depuis l'époque où nous avons trouvé la cause déterminante
de la nitrification naturelle, la pensée d'établir des nitrières
à rendement intensif a hanté mon esprit et, pendant plusieurs années, j'ai poursuivi mes études dans cette direction
à la ferme de Joinville, quand cet établissement, alors
annexé à l'Institut agronomique, et en pleine activité scientifique, fut fermé. Les moyens de continuer cette œuvre me
furent ainsi enlevés et personne d'autre, à ma connaissance,
ne s'y est attaché. Aussi s'il fallait, à un moment donné, créer
des nitrières à hauts rendements et à action rapide, serions-
nous bien embarrassés de le faire, faute d'essais pratiques
réalisés au préalable, et il nous faudrait probablement de
longues séries de tâtonnements, des années sans doute, pour
aboutir au résultat voulu. Que de temps précieux perdu, et
peut-être la réussite de ces opérations ne serait-elle obtenue
que quand il serait trop tard.

N'est-il pas sage, n'est-il pas éminemment désirable que ces
essais, ces tâtonnements de longue durée soient entrepris, et
le soient à un moment où nous sommes libres de le faire à
tête reposée, afin que nous nous trouvions en mesure, le cas
échéant, de préparer, avec les ressources de notre territoire,
le salpêtre que nous ne pourrions plus tirer des gisements
du Pérou ?

Les matières premières ne nous manquent pas. Ce qui
constitue le nitre, ou plutôt la substance active du nitre,
l'acide nitrique, est formé par la combinaison de l'azote et
de l'oxygène. L'oxygène, l'atmosphère nous le fournit sans
mesure, il ne s'agit que de favoriser les conditions dans lesquelles il peut se porter sur l'azote. L'azote, nous le trouvons
sous des états variés, mais tous nitrifiables, dans les résidus
de l'alimentation de l'homme et des animaux ; les eaux ammo-
niacales de la fabrication du gaz en fourniraient de grandes

quantités, et d'ailleurs, s'il le fallait, nous pourrions le demander à l'atmosphère, en utilisant la faculté des plantes légumineuses d'absorber ce gaz dans l'air. Un hectare de luzerne peut fournir ainsi annuellement assez de composés azotés pour produire plus de 1 000 kilogrammes de nitrate de soude.

Ce ne sont donc pas les constituants du nitre qui nous manqueront jamais, mais il faut les mettre à même de s'unir par l'intervention microbienne, pour donner naissance à la combinaison douée de si énergiques propriétés dynamiques.

La nature se charge de cette fonction universelle de la nitrification : les sols, les eaux en sont le siège permanent ; aussi le nitre est-il dispersé partout. Mais à cet état de dispersion, on ne peut pas le saisir et le retirer pratiquement. Ce n'est que là où il est à un état concentré qu'on peut l'exploiter industriellement. Sous nos climats, cette concentration naturelle ne s'effectue que dans des cas limités. En aidant à la nature, en domestiquant en quelque sorte les forces qui entrent en jeu, et que des découvertes récentes nous ont révélées, on arriverait certainement à obtenir la production intensive du nitre et à suppléer, pour les besoins des armées, au nitrate du Pérou, si celui-ci venait à nous manquer.

Pour obtenir ce résultat, d'où peut dépendre le sort de la patrie, que faudrait-il faire ? Quelques essais basés sur les connaissances précises du processus de la nitrification, pour déterminer les conditions dans lesquelles s'obtiendrait le maximum d'effet, dans le temps le plus court et de la manière la plus économique.

Ces conditions étant ainsi nettement définies, on serait prêt à toute éventualité et, le jour où il faudrait fabriquer du nitre, on installerait sur une grande échelle les nitrières à hauts rendements, d'après les données que ces études préliminaires nous auraient fournies.

Extrait des Annales de l'Institut national agronomique.

VI

LA VACCINATION

Par **P. REGNARD**, et **P. PORTIER.**

On sait les ravages qu'exerçait autrefois la petite vérole. On avait essayé de se préserver des atteintes de cette terrible maladie par la pratique de la variolisation. On inoculait aux enfants des pustules provenant d'une variole bénigne, on espérait qu'il en résulterait une forme également bénigne de la maladie qui suffirait à conférer l'immunité ; mais il arrivait souvent que les prévisions optimistes du variolisateur étaient déjouées, et que la variolisation conférait une maladie grave, parfois mortelle. Et, tout compte fait, cette pratique ne servait guère qu'à propager la maladie.

Il existait cependant une vieille tradition populaire d'après laquelle la maladie pustuleuse des mamelles des vaches était transmissible à l'homme et conférait l'immunité pour la variole. Les médecins n'accordaient aucune créance à ces dires. Un médecin anglais, Jenner, vers 1770, frappé de la rareté de la variole dans le personnel des fermes, et particulièrement de l'immunité presque absolue des personnes employées à soigner les vaches, entreprit de vérifier scientifiquement la croyance populaire des paysans du Gloucestershire. Ses études lui permirent de conclure en toute certitude que « la maladie des vaches » peut se transmettre à l'homme : qu'elle se manifeste par une éruption qui, à son tour, est contagieuse d'homme à homme, et qu'enfin tous les individus qui ont subi les atteintes de cette contagion ne sont jamais victimes de la variole.

Il établit en outre que les maréchaux, en ferrant les chevaux, sont parfois envahis par une maladie éruptive qui confère aussi l'immunité pour la variole. Une enquête minutieuse lui permit de se convaincre que le horse-pox est la maladie primitive : c'est elle qui se transmet à la vache pour donner le cow-pox, la vaccine de l'homme, le man-pox, provenant elle-même soit du horse-pox, soit du cow-pox.

Y a-t-il donc identité entre les trois affections précédentes et la variole? Il est impossible de l'affirmer avec certitude dans l'état actuel de la science, car le parasite de ces maladies est inconnu, mais il est bien probable qu'il en est ainsi.

Des notions scientifiques et théoriques précédemment exposées découle la pratique de la vaccination. On sait qu'elle consiste à inoculer systématiquement à l'homme le cow-pox; il en résulte au bout de quelques jours, au point d'inoculation, l'éclosion d'une pustule; il se produit en même temps une faible élévation de température et un léger malaise vite dissipé. L'enfant ou l'adulte inoculé est alors, pour de longues années, préservé de toute atteinte de la variole.

Autrefois la transmission du man-pox, de la vaccine, s'opérait d'homme à homme. Cette pratique présentait plusieurs inconvénients. D'abord la virulence de la vaccine a, dans ces conditions, une tendance à s'affaiblir et, si l'on n'y veillait, elle deviendrait bientôt inefficace et on n'atteindrait plus le but qu'on se propose.

C'est pour cette raison qu'on avait soin de toujours choisir des pustules largement développées et de belle apparence.

Ensuite il arrivait qu'en même temps que la vaccine on inoculait une maladie dont le germe existait dans les humeurs de la personne qui fournissait la matière vaccinogène.

Ces deux graves inconvénients disparaissent si on prélève la pulpe vaccinale à un animal de l'espèce bovine atteint du cow-pox. C'est le procédé actuellement presque partout adopté.

On prend un veau ou une génisse de belle apparence. On s'assure par l'épreuve à la tuberculine que l'animal n'est pas atteint de tuberculose. On rase les flancs que l'on nettoie soigneusement au moyen d'une solution antiseptique. Puis, quelques heures après, alors que les phénomènes congestifs résultant de ces manipulations se sont atténués, on procède à l'inoculation du cow-pox.

Au moyen d'un bistouri flambé, on fait sur les flancs des séries d'incisions parallèles; il est possible d'en disposer cent cinquante sur les flancs d'un seul animal. Dans chacune de ces incisions, on insère une petite quantité de pulpe vaccinale. L'animal doit être tenu dans le plus grand état de propreté.

Après une période qui varie de cinq à sept jours, une pustule s'est développée en chacun des points d'inoculation.

Avec la pointe d'un bistouri, on détache la croûte qui recouvre la pustule et on la rejette. Elle contient, en abondance, l'agent de la vaccine, mais, en raison de sa situation superficielle, elle est presque toujours contaminée par des microbes variés. L'enlèvement de la croûte laisse apparaître une surface dénudée de laquelle s'écoule une lymphe trouble que l'on recueille ; on gratte ensuite, au moyen d'un bistouri flambé, la pulpe crémeuse qui recouvre la surface de la pustule. Tous ces produits sont collectés dans un mortier stérilisé, soigneusement triturés et additionnés de glycérine. Le liquide épais ainsi obtenu est ensuite réparti dans des ampoules stériles qui sont fermées à la lampe.

VII

PASTEUR ET LE CHARBON

Par **F. BOURNAND**.

C'est le hasard qui a servi Pasteur pour la découverte des vaccinations par les virus atténués. Mais il fallait un homme de génie comme lui pour utiliser ce hasard.

Un jour qu'il voulait inoculer le choléra des poules à une des bêtes de son laboratoire, Pasteur ne trouva à portée de sa main qu'un tube de culture « éventé », comme on dit, et l'utilisa tout de même. Et, chose curieuse, la poule survécut à l'inoculation du choléra. A dater du moment de cette vaccination, il semble qu'une force étrange, inexpliquée, inconnue, la fortifie contre le mal, la rende pour ainsi dire inattaquable, car désormais cette poule résiste aux plus violentes inoculations. Pasteur se dit qu'il doit y avoir là quelque grand mystère qui sera utile et qu'il faut découvrir.

Pasteur répète l'expérience, la varie, apprend à atténuer les virus, à les conduire d'une manière méthodique à un certain degré d'énergie, où, trop faibles pour empoisonner, ils sont assez forts pour vacciner. La grande découverte du siècle était faite et, entre ses patientes mains, le microbe, qui tout à l'heure était le mal terrible, devient désormais son remède et préserve contre lui-même. Le génie avait tué le mal.

Le choléra des poules et le charbon allaient être vaincus.

Qui ne connaît la maladie du charbon au moins par son triste renom? Elle sévit épidémiquement chez les animaux, particulièrement les moutons et les bœufs. Les bêtes qui en sont frappées en meurent dans l'espace de quelques heures ; et, sous le nom de *pustule maligne*, elle fait chez les hommes de nombreuses victimes.

Pasteur cultiva le microbe du charbon, multiplia les inoculations et les cultures, et ne prit de repos que lorsqu'il eut enfin découvert un moyen de vaccination.

Ce fut le 28 février 1881 que la découverte de la vaccination charbonneuse fut annoncée à l'Académie des sciences. Le 5 mai de la même année, des expériences célèbres commencèrent dans une ferme de Pouilly-le-Fort, près de Melun. C'était la Société d'agriculture de Melun qui les avait demandées. On fit une série d'inoculations graduées de virus atténué. Et le 31 mai suivant, les animaux qui avaient été vaccinés, et ceux qui ne l'avaient pas été, reçurent l'inoculation virulente du microbe charbonneux.

Un rendez-vous fut assigné par Pasteur pour le 2 juin, sur le lieu même. Une foule de médecins, de vétérinaires, de fermiers, vinrent au rendez-vous.

Aucun des animaux qui avaient été inoculés par le microbe du charbon, après avoir été vaccinés, ne fut malade.

Au contraire, tous les animaux qui n'avaient pas reçu la vaccination préventive et qui avaient reçu le microbe du charbon, soit vingt-quatre moutons, une chèvre, six vaches, prirent la maladie, et les moutons et la chèvre moururent le jour même. C'était un triomphe.

Extrait de *Pasteur, sa vie, son œuvre*. (Tolra.)

XV

L'ENSEIGNEMENT AGRICOLE

—

I

HISTORIQUE DE L'ENSEIGNEMENT AGRICOLE EN FRANCE

Par **E. TISSERAND**,
Directeur honoraire de l'agriculture.

L'enseignement agricole donne, dès maintenant, à toutes les classes de la population rurale, la possibilité et la facilité de faire acquérir à leurs enfants un enseignement professionnel approprié à leur état social et à leurs besoins ultérieurs. L'ouvrier rural a pour son instruction la ferme-école ; le petit cultivateur ou paysan a l'école pratique ; la moyenne et la grande culture ont les écoles nationales ; enfin, les jeunes gens qui veulent se vouer à la science ont l'Institut agronomique, véritable École polytechnique des sciences physico-chimiques et naturelles.

Il fournit encore aux instituteurs qui, dans la campagne, doivent élever nos enfants, une instruction agricole qui les met à même de concourir au progrès agricole.

Enfin, comme couronnement de l'édifice, un vaste enseignement de choses distribué par les professeurs départementaux et les professeurs d'enseignement agricole primaire et secondaire, par les stations agronomiques, par les laboratoires agricoles et par les champs de démonstration, va porter la lumière sur tous les points du territoire et jusque dans les localités les plus reculées, en montrant aux cultivateurs les améliorations réalisables par chacun d'eux.

28.

Cette organisation date, sans doute, d'un petit nombre d'années ; elle peut compter comme une des plus belles œuvres de la troisième République ; mais ce serait s'abuser cependant que de croire qu'elle est une œuvre en quelque sorte improvisée et fortuite.

Les institutions, comme les lois qui viennent donner satisfaction aux besoins de la société, ne naissent jamais sponta-

L'Institut national agronomique de Paris (vue intérieure).

nément : elles ont leurs racines dans le passé ; leur histoire nous les montre toujours sollicitées à l'avance, précédées de tentatives isolées, d'essais partiels, d'efforts faits par des intelligences d'élite, pour dissiper l'ignorance et les préjugés, jusqu'au moment propice où, le présent étant gros du passé, suivant l'expression de Leibnitz, le législateur, éclairé par les expériences déjà accomplies, entraîné par le sentiment général, trouve pour ainsi dire préparés à point les bases et les matériaux du nouvel édifice que réclament les besoins pressants du pays.

Telle est l'histoire de toutes les grandes institutions, telle est celle de l'organisation de l'enseignement agricole en France.

De tout temps on a cherché à faire progresser l'agriculture, mais les moyens ont varié avec les époques.

Pendant de longs siècles, on s'est figuré que l'agriculture,

La station d'essais des machines à l'Institut agronomique.

mêlée à tout, existant partout et pratiquée par les intelligences les plus frustes, pouvait s'exercer sans qu'on eût besoin d'une instruction spéciale; tous les individus, même les plus bornés, étaient jugés aptes à faire de l'agriculture; on allait même jusqu'à prétendre que l'instruction était plutôt nuisible qu'utile à la bonne et profitable exploitation du sol; la profession de cultivateur était le métier du pis aller !

A chaque époque, cependant, il y eut des esprits supérieurs, audacieux parfois, qui entrevoyaient des progrès à réaliser;

mais l'aire de leur action était des plus limitée. Les « *Missi Dominici* » de Charlemagne d'abord, les communautés religieuses ensuite, indiquaient des procédés : on publiait des livres de préceptes ou, mieux, de recettes dont quelques rares adeptes savaient profiter. Mais c'étaient là des efforts isolés dont les bienfaits ne pouvaient se répandre au loin. C'est ainsi que les masses profondes de la population rurale restèrent plongées, jusqu'au commencement du XIXᵉ siècle, dans l'ignorance, asservies aux rudes labeurs et écrasées sous le poids des corvées, des dîmes et des impôts ; et cependant Bernard Palissy et Olivier de Serres avaient écrit qu'*il n'est nul art au monde auquel soit requis une plus grande philosophie que l'agriculture*, c'est-à-dire qui réclame le concours d'autant de branches de la science.

Sully, pénétré de ces idées fécondes, entreprit de les appliquer ; il favorisa la culture, et fit faire maintes expériences utiles ; l'agriculture devint même relativement florissante sous sa sage administration ; l'industrie de la soie, importée dans les Cévennes, ne tarda pas à pénétrer dans d'autres parties de la France. Malheureusement, après lui, sous les règnes de Louis XIII, Louis XIV et Louis XV, l'agriculture tomba dans le discrédit ; elle fut abandonnée à des intendants aussi avides qu'ignorants ; pour payer le luxe de Versailles et les splendeurs de la cour, on pressura le paysan et les ténèbres recouvrirent de nouveau nos campagnes délaissées.

Mais, vers 1760, à la suite de désastres sans précédents, les esprits assagis se détournèrent des frivolités mondaines et se reportèrent vers les champs. Ce fut alors un véritable réveil de l'agriculture.

La guerre de Sept ans venait de finir ; après des revers inouïs et la déroute de Rosbach, nos flottes avaient été détruites ; les Indes et le Canada étaient passés sous la domination anglaise. A l'intérieur, la situation était non moins pitoyable : les cultivateurs étaient soumis à toutes sortes de servitudes et de vexations, et la condition du paysan était des plus misérable et des plus précaire. La moitié du sol cultivable était en friche ; l'autre moitié, qui était en culture, donnait des récoltes aussi chétives et aussi faibles que les malheureux chargés de les recueillir.

Cette situation lamentable d'une part, de l'autre les publications des encyclopédistes et la grande évolution philoso-
phique et sociale dont ils étaient les initiateurs, provoquèrent
un certain mouvement vers les choses de l'agriculture. La
Révolution était dans l'air; des effluves puissants, signes
précurseurs de l'orage qui s'approche, se dégageaient...

La Société d'agriculture de la généralité de Paris (aujourd'hui
la Société nationale d'agriculture), qui avait été fondée

Le château et les jardins de l'École nationale d'agriculture de Grignon.

en 1761, obéissant à l'impulsion nouvelle, demanda des professeurs éclairés pour débrouiller le chaos dans lequel se trouvait
le monde agricole. Elle chargeait plusieurs de ses membres de
grouper des agriculteurs sur certains points du territoire et
d'y prêcher la bonne parole. Quelques grands seigneurs revenaient à leur tour à la vie rurale et, par leurs exemples, ten-
taient d'éclairer la pratique agricole.

C'est ainsi qu'en 1763 l'un deux fonda une petite école

d'agriculture à la Rochette, près de Melun ; une autre école fut organisée en 1771 près de Compiègne. Le marquis de Turbilly, dans l'Anjou, faisait à la même époque une tentative semblable, et Louis XVI créait, en 1786, la ferme expérimentale et la bergerie de Rambouillet, où il fit introduire, à grands frais, les troupeaux de mérinos espagnols qui devaient bientôt faire la fortune des cultivateurs de la Brie, de la Beauce, de la Bourgogne, de la Champagne et de la Picardie.

L'immortel Lavoisier reconnut à son tour l'utilité d'un enseignement méthodique pour l'agriculture. Le fondateur de la chimie moderne essaya même de le réaliser en introduisant, dans l'une de ses fermes, sa puissante méthode de recherches ; grâce à sa science, il arriva, dit-on, à doubler les revenus de son exploitation agricole. Ce grand génie, appliquant la balance à la constatation de tous les phénomènes de la production, préparait, par ses découvertes en statistique agricole, le grand mouvement qui se produisit un demi-siècle plus tard sous l'impulsion d'un autre grand maître de la science française, Boussingault.

Les hommes de 1789 avaient des idées trop larges pour ne pas comprendre tout ce que l'agriculture pouvait retirer d'un enseignement professionnel bien distribué. L'Assemblée nationale, puis la Constituante et la Convention s'en occupèrent, tour à tour, avec une égale ardeur ; de nombreux rapports furent préparés, de nombreux projets élaborés. L'École polytechnique était instituée ; on créait, pour l'industrie, le Conservatoire des arts et métiers et les Écoles centrales départementales qui devaient servir plus tard de modèles aux Allemands pour l'organisation des écoles *réelles*. Pour l'agriculture, on voulait avoir surtout des chaires d'économie rurale. C'était, en germe, l'institution des professeurs spéciaux. Qui n'a lu d'ailleurs l'éloquente et érudite introduction dont Grégoire a fait précéder la publication du *Traité de l'Agriculture* d'Olivier de Serres ? Précis admirable de la situation de l'agriculture française à cette époque, où l'on voit à quel point l'ardeur et l'initiative, réveillées vers 1760, s'étaient déjà développées. On y constate surtout que la pensée dominante était déjà alors de frapper l'attention du cultivateur et de le pousser au progrès, moins par l'exposé de théories que par les faits, autrement dire par l'expérience.

En 1800, François de Neufchâteau, reprenant un ancien projet de l'abbé Rozier, présentait au Premier Consul un vaste plan d'organisation d'école d'agriculture qu'il proposait de créer sur le domaine de Chambord.

Le Premier Consul écouta attentivement François de Neufchâteau, mais il lui répondit ce que, du temps de Turgot, Louis XVI avait dit à l'abbé Rozier : que Chambord était nécessaire à la sécurité de la France, comme poste militaire derrière la Loire en cas d'invasion ! Et c'était au moment où la gloire des armes françaises brillait de tout son éclat et rayonnait sur toute l'Europe !

L'agriculture, le premier des arts de la paix, fut de nouveau sacrifiée à la guerre, et, au moment où elle aurait eu tant besoin d'être soutenue, elle fut encore abandonnée à elle-même, sans aide, sans secours, sans phare pour l'éclairer et la guider dans sa marche pénible et hésitante.

Des hommes courageux, firent de nouvelles tentatives sous la Restauration pour organiser un enseignement agricole.

Mathieu de Dombasle créa en 1819, à Roville, près Nancy, une école agricole au moyen de fonds réunis à grand'peine, par voie de souscription. Cette école acquit bientôt une grande célébrité ; de toutes parts accoururent, pour écouter la parole du maître et s'initier à ses méthodes culturales, des fils de grands propriétaires et même des étrangers venus d'Allemagne, d'Autriche, de Suisse, de Roumanie, de Russie et d'Égypte. Mais une exploitation qui se consacre aux recherches, aux études, aux expériences, ne peut, à raison des lourdes charges qui pèsent sur elle, donner de gros bénéfices. Aussi, la gêne ne tarda-t-elle pas à menacer l'existence de l'École de Roville, et, comme le gouvernement ne fit rien ou presque rien pour venir en aide à l'illustre agronome qui l'avait fondée à ses risques et périls, elle dut bientôt succomber sous le poids de sa tâche.

Son œuvre, toutefois, laissa des traces profondes.

En 1829, l'École de Grignon, près Versailles ; en 1833 celle de Grandjouan, dans les Landes de Bretagne, et en 1840 celle de la Saulsaie, sur le plateau couvert d'étangs de la

Dombe, furent créées par les élèves de Mathieu de Dombasle.

Enfin quelques fermes-modèles s'organisèrent pour recevoir de jeunes ouvriers et leur donner, par un apprentissage raisonné, la pratique du métier de cultivateur.

Extrait d'un rapport sur *l'Enseignement agricole*. (Imp. Nationale.)

La République de 1848, reprenant les projets de son aînée, montra,

Le laboratoire de zootechnie et le jardin botanique de Grignon·

par des actes intelligents, le soin qu'elle apportait aux intérêts de l'agriculture. En effet, dès octobre 1848, la loi sur l'enseignement agricole fut votée. Cette loi si importante est due au ministre de l'Agriculture et du Commerce Tourret, et à Richard, député du Cantal. Elle instituait : 1º les fermes-écoles ; 2º les écoles régionales ; 3º l'Institut agronomique. Mais les dépenses qu'entraînaient ces fondations furent bientôt trouvées exagérées ; l'Institut agronomique fut supprimé. Quant aux écoles régionales et fermes-écoles, presque entièrement livrées à elles-mêmes, elles périclitèrent d'année en année, faute de ressources et faute d'élèves.

Vint la troisième République qui, en modifiant la loi de 1848, la rendit plus pratique et rebâtit sur toutes ces ruines un nouvel

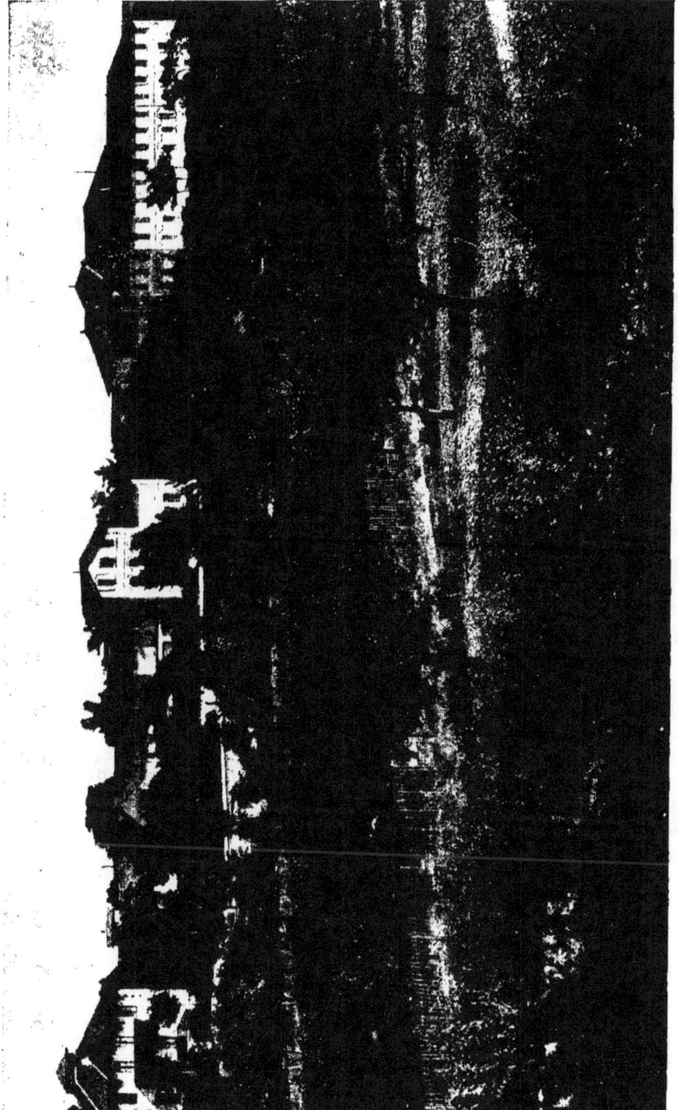

Vue générale de l'École d'agriculture de Montpellier.

édifice à bases plus stables. M. Tisserand fut l'âme du mouvement. Il consacra à cette œuvre un inlassable dévouement et les grandes capacités de sa haute intelligence. Entouré de savants tels que Boussingault, Pasteur, Becquerel, Tresca, Risler, Sanson, Schlœsing, Müntz, Baudement, de praticiens tels que Léonce de Lavergne, Teisserenc de Bort, Hervé-Mangon, il réorganisa complètement l'enseignement agricole. L'Institut national agronomique, rétabli par lui, demeure à l'heure actuelle avec la même organisation, et sa supériorité ne s'est jamais démentie. En même temps, l'École de Grignon, fondée en 1829, était réorganisée, le niveau des études considérablement relevé, et elle prenait le titre d'École nationale. Il en était de même des Écoles de la Saulsaie, transférée à Montpellier, et de celle de Grandjouan, actuellement à Rennes.

L'École nationale d'horticulture de Versailles fut ouverte en 1874.

L'École nationale des eaux et forêts avait été fondée en 1824.

L'École des haras du Pin, de fondation ancienne, a été rétablie en 1874. Les Écoles nationales d'industrie laitière de Mamirolle et de Pontarlier datent de 1888. Plus récente enfin est l'École nationale des industries agricoles de Douai (1894). Les Écoles nationales vétérinaires d'Alfort, Lyon, Toulouse ont été réorganisées.

Les fermes-écoles, au nombre de 11, sont des établissements d'apprentissage pour les enfants ruraux. L'enseignement, essentiellement pratique, y est gratuit et a pour but de former de bons cultivateurs, des commis de ferme et des contremaîtres.

Les écoles pratiques, au nombre de 40, reçoivent des jeunes gens qui, au sortir des écoles primaires ou des collèges, désirent acquérir l'instruction professionnelle agricole. Essentiellement régionales, elles tiennent le milieu entre les fermes-écoles et les Écoles nationales ; leur but est de former des agriculteurs éclairés.

Enfin, l'enseignement agricole est complété par les professeurs départementaux et spéciaux d'agriculture.

L'enseignement agricole, à ses divers degrés, exerce une action puissante sur le progrès de l'agriculture, en vulgarisant jusque dans les communes les plus reculées les méthodes de culture les plus économiques, en mettant le monde agricole tout entier au courant des progrès réalisés et en lui donnant les conseils nécessaires pour mettre ceux-ci à profit.

Le but de cet enseignement, d'ordre élevé et d'intérêt général, est de relever la profession d'agriculteur, de retenir et de ramener les bras à la terre, en diminuant les prix de revient et en développant, chez les jeunes générations particulièrement, l'esprit scientifique dans tout ce qu'il peut avoir de compatible avec le côté pratique et économique de l'agriculture. (S.)

II

L'ENSEIGNEMENT AGRICOLE
A L'ÉCOLE PRIMAIRE ET A L'ÉCOLE MÉNAGÈRE

Par **J. MÉLINE**,
Ancien ministre de l'Agriculture.

Au point de vue technique et scientifique, l'enseignement agricole est excellent, mais nous estimons qu'il laisse encore beaucoup à désirer dans le but à atteindre, qui n'est pas seulement d'instruire nos agriculteurs, mais aussi de les retenir à la terre et d'amener à l'agriculture de nouvelles recrues. Pour y parvenir, il faudrait un autre genre d'enseignement que nous appellerons esthétique et dont l'objet principal devrait être de célébrer et de faire ressortir les beautés de la nature et les avantages de la vie champètre.

C'est à nos instituteurs surtout que revient cet apostolat, puisque ce sont eux qui sont appelés les premiers à modeler l'âme de l'enfant. Il n'est pas nécessaire pour cela qu'ils soient tous des poètes : on peut inspirer à l'enfant l'amour de la nature sans faire du lyrisme. La moindre leçon d'histoire naturelle ou de chimie, bien donnée, vaut un poème ; l'examen des grands phénomènes de la nature et des merveilleuses manifestations de la vie animale et végétale élève l'âme et attache l'homme à la vie des champs en agrandissant son horizon. Combien il leur serait facile, du reste, d'élever et d'étendre leur sujet s'ils le voulaient. L'agriculture touche à tout et elle embrasse tout ; elle n'est pas seulement une science qui résume toutes les autres, elle est surtout un art, puisqu'elle consiste à appliquer avec intelligence et discernement les vérités scientifiques, ce qui est le propre de l'art.

C'est ce que M. Louis Passy, secrétaire perpétuel de la Société nationale d'agriculture de France, faisait ressortir excellemment dans la lecture *l'Agriculture devant la science*, qui se trouve en tête de ce volume.

Il n'est pas possible d'exprimer dans un langage plus élevé une pensée plus juste, ni de mettre l'agriculture à une place plus haute et plus digne d'elle. Si nous avions un conseil à donner à nos instituteurs et à nos professeurs d'agriculture, ce serait de lire ce travail en entier, de s'en inspirer et de le transposer pour le mettre à la portée des plus modestes intelligences. Il contient toute la synthèse de l'agriculture et forme comme une série de têtes de chapitres qui pourraient servir de préface à chaque partie de leur enseignement.

Il y aurait d'ailleurs bien des moyens de vivifier l'enseignement de nos instituteurs et de le rendre à la fois pratique et attrayant ; un des meilleurs et des plus efficaces serait certainement de mettre à leur disposition, aussi près que possible de l'école, un jardin pouvant leur servir de champ de démonstration et où ils auraient le loisir de se promener avec leurs élèves, en leur donnant des leçons de choses (1).

Il est aussi un genre d'enseignement qui pourrait beaucoup pour le relèvement de la profession agricole et qui est malheureusement trop négligé en France ; nous voulons parler de l'enseignement spécial des filles ; nous entendons par là l'enseignement donné à la sortie de l'école primaire, à l'âge où la jeune fille commence à réfléchir et à se former. Si on l'abandonne à elle-même à ce moment, elle sera vite rebutée par les rudes travaux de la ferme et tournera d'instinct ses regards vers les séductions de la ville. C'est l'instant psychologique où il faudrait lui donner le goût de la vie agricole en l'anoblissant à ses yeux.

Du même coup on retiendrait au village une foule de jeunes gens qui ne quittent bien souvent la terre que parce qu'ils ne trouvent pas de femmes pour partager leur existence et diriger leur maison. De tous les moyens de ramener ou de retenir à la terre les nouvelles générations, il en est peu d'aussi puis-

---

(1) Voy. — *Le livre agricole des instituteurs*, par Ch. SELTENSPERGER. *L'agriculture à l'école primaire*, par ROUGIER et PERRET, 1900. — *Comment enseigner l'agriculture à l'école primaire*, par PERRET. — *L'agriculture à l'école supérieure*, par ROUGIER et PERRET. — *Économie ménagère agricole*, par A. DUCLOUX. — *Le livre de la fermière*, par O. BUSSARD.

sants que celui-là. Une masse de jeunes filles qui bien souvent quittent à regret leur village ne demanderaient pas mieux que de se consacrer à l'agriculture, si on ne les reléguait pas dans les parties les plus ingrates et les moins faites pour elles de l'exploitation agricole. Il serait si facile de les utiliser en faisant d'elles de véritables surveillantes et des directrices, au lieu de les ravaler au rang de servantes et de femmes de peine. Le jour où elles feront partie intégrante de l'état-major de la ferme et où elles auront le sentiment de leur dignité et de leur utilité, elles seront plus fières d'être fermières que couturières, modistes ou femmes de fonctionnaires.

Une école visitant un champ d'expériences dans la Loire.

De toutes les réformes qu'on peut entreprendre dans l'intérêt de l'agriculture, si l'on veut arrêter la désertion des campagnes, il n'en est pas de plus pressante que celle de l'enseignement des femmes, et c'est sur ce point qu'il est temps que les sociétés agricoles et le gouvernement portent toute leur attention, tous leurs efforts.

Extrait de Le retour à la terre. (Hachette.)

LES CHAMPS DE DÉMONSTRATION

Par **L. GRANDEAU,**
Inspecteur général des stations agronomiques.

Que doit être un champ de démonstration ? Où et comment faut-il l'installer ? Quels sont les enseignements qu'il peut fournir ?

En dehors des conditions climatériques qui échappent à notre influence, trois ordres de facteurs, d'une importance capitale, concourent à la production végétale : les propriétés physiques du sol ; sa nature et ses propriétés chimiques ; la qualité, le choix et l'adaptation des végétaux (semences ou plants) au sol et au climat. Les champs de démonstration ont pour but de mettre sous les yeux des cultivateurs l'influence de ces trois facteurs principaux.

Le champ doit être installé à proximité du village, autant que possible sur le bord d'un chemin fréquenté et dans un terrain voisin de l'habitation de la personne qui en aura la surveillance. Le terrain sera choisi dans une des parties les moins fertiles des confins de la commune ; son étendue variera avec le nombre et la nature des cultures qu'on se proposera d'y faire. Une surface supérieure à un hectare sera rarement nécessaire ; cette dimension assurera d'ordinaire une homogénéité du sol suffisante pour rendre comparables les résultats obtenus dans les différentes parcelles du champ. La première condition à remplir au moment de la création du champ est le prélèvement et l'analyse d'un échantillon du sol représentant aussi exactement que possible la moyenne du terrain.

Une ou plusieurs parcelles du champ, suivant le nombre des démonstrations qu'on aura en vue, serviront de *témoins* ; elles seront cultivées d'après les procédés plus ou moins arriérés en usage dans la région, rendant ainsi très instructive la comparaison des résultats dus à l'application des méthodes perfectionnées.

Un point essentiel ne doit jamais être perdu de vue : un champ de démonstration n'est pas un champ d'*expériences*. Comme son nom l'indique, il doit mettre sous les yeux des visiteurs les résultats acquis ailleurs : la valeur de tel système de labour, de culture, de fumure : le champ de démonstration perd son caractère et son utilité en cas d'insuccès des récoltes qu'il porte.

Les services que rendent les champs d'expériences sont d'une tout autre nature ; bons ou mauvais en soi, les résultats d'une expérience sont toujours instructifs, pourvu que les conditions dans lesquelles ils se sont produits soient exactement connues et rigoureusement déterminées. Dans le

Un champ de démonstration pour la culture de l'orge dans le Forez.

A gauche, un champ sans engrais potassique ; à droite, un champ avec engrais potassique.

champ d'expériences, on *étudie* l'influence des divers facteurs de la production végétale ; on la *démontre*, par une leçon de choses, dans le champ de démonstration.

Les conditions spéciales auxquelles répondront les champs de démonstration varieront essentiellement d'un lieu à l'autre, avec la nature du sol, le mode de culture. Dans les régions, trop nombreuses encore, où n'a pas pénétré l'emploi des engrais minéraux, on s'attachera à démontrer la plus-value énorme que leur application judicieuse peut apporter dans les rendements.

Là où le travail de la terre est encore primitif, on démontrera les avantages d'un outillage perfectionné. L'introduction de semences de choix et de variétés nouvelles de plantes alimentaires et fourragères attirera particulièrement l'attention des organisateurs des champs de démonstration dans les régions où le paysan ne connaît que les quelques espèces végétales cultivées par ses pères. Les praticiens distingués, les professeurs d'agriculture, les associations et les syndicats agricoles doivent prendre en main l'organisation et la direction de ces utiles créations.

Aux subventions de l'État, trop minimes jusqu'ici, les conseils généraux devraient joindre celles du département, et faire appel, en donnant l'exemple, à tous les concours pour la multiplication d'une institution utile entre toutes. Ce qui manque avant tout à la vaillante population rurale de notre pays, c'est la conviction, résultant d'exemples tangibles, que l'application des méthodes nouvelles de culture, de fumure, etc., dont on lui parle, lui assurerait les bénéfices qu'on lui annonce. La vue du champ de démonstration, qui mettra sous ses yeux, à côté des maigres récoltes de son lopin de terre, les beaux produits obtenus, à peu de frais, par des procédés applicables chez lui, fera plus pour son instruction et le progrès de sa petite culture que tous les enseignements oraux qu'on peut lui donner.

Si chaque commune de France arrivait à posséder un champ de démonstration, la face de la culture, celle des régions pauvres surtout, changerait en peu d'années, au profit du paysan d'abord, ensuite au profit du pays tout entier.

Si dans chaque commune un cultivateur organisait un champ de démonstration, dans les proportions les plus modestes, pourvu qu'il fût bien conçu et dirigé, conditions

faciles à remplir grâce au zèle de nos professeurs d'agriculture, il rendrait un immense service à la population rurale de
sa région, et par suite au pays tout entier. Le moindre de ce
service ne serait peut-être pas de retenir dans leurs foyers les
fils des cultivateurs que l'exemple aurait convaincu de la possibilité de trouver, dans l'amélioration du champ paternel,

Récoltes d'un champ de démonstration pour la culture du sarrasin
dans le Finistère.
A gauche, récolte du champ sans engrais potassique; à droite,
récolte du champ avec engrais potassique.

l'aisance qu'ils croient rencontrer dans les villes et dans les
usines, où si souvent les attendent les plus cruelles déceptions.

Extrait de *L'agriculture au XXe siècle*. (Impr. Nat.)

29.

XVI

LA COOPÉRATION
ET LA MUTUALITÉ AGRICOLES

I

L'ANCIENNETÉ DE L'ESPRIT MUTUALISTE
CHEZ LES AGRICULTEURS

Par **L. TARDY**,
Inspecteur principal du crédit mutuel
et de la coopération agricoles.

On a l'habitude de dire, dans les milieux mutualistes, que les agriculteurs n'ont pas su apprécier suffisamment les bienfaits de la mutualité ; mais on oublie d'ajouter qu'en parlant de la mutualité, on n'envisage que les sociétés de secours mutuels. Si l'on donne, par contre, au mot *mutualité* son véritable sens, celui des risques mis en commun, quels qu'ils soient, de mise en pratique de l'idée de solidarité, sous quelque forme que ce soit, il faut reconnaître que les agriculteurs sont peut-être, au contraire, ceux qui se sont le mieux pénétrés de l'idée de la mutualité (1).

Les premiers, au moyen âge, ils ont constitué des communautés qui étaient de vraies sociétés communistes, où tout était mutualisé, où le patrimoine commun recevait tous les produits de l'exploitation et subvenait à toutes les dépenses des associés.

Ce n'est que pendant les siècles qui ont précédé la Révolution, au fur et à mesure que la sécurité des campagnes de-

(1) Voy. *Associations agricoles*, par L. TARDY (*Encyclopédie agricole*).

venait plus grande et que les libertés se développaient, que l'esprit d'individualisme a pénétré les agriculteurs. La Constituante, en défendant aux citoyens de s'unir pour la défense « des prétendus intérêts communs », le Code Napoléon, en interdisant les associations de plus de vingt personnes et en déclarant que les autres n'étaient pas licites, ne purent que renforcer cet esprit d'individualisme qui fut alors bien général d'ailleurs, et non point spécial aux agriculteurs. Les conditions économiques de la première moitié du xixᵉ siècle ne furent guère favorables non plus au développement de l'esprit de mutualité en agriculture. Les agriculteurs pouvaient vivre sans danger sur leur exploitation où ils produisaient tout ce qui était utile à l'entretien de leur famille. Les transactions étaient relativement peu importantes. Les routes, peu nombreuses, n'étaient guère praticables, et l'agriculteur était arrivé, comme l'a dit notre éminent maître M. Cheysson, à « tracer son sillon solitaire, sans se préoccuper de son voisin, qui traçait de même le sien, l'un et l'autre se complaisant dans cet isolement égoïste et farouche ».

Mais l'esprit d'aide mutuelle était, quand même, toujours vivant au fond du cœur des ruraux, et dès le milieu du xixᵉ siècle, même avant, il se manifestait dans les pays de petite propriété, dans les régions viticoles surtout, où les agriculteurs étaient plus rapprochés, se connaissaient mieux sans doute, par suite du morcellement de la propriété et de l'uniformité des systèmes de culture. Des sociétés vigneronnes existaient ainsi dès cette époque, et étaient de véritables sociétés de secours mutuels, donnant des secours en nature. Lorsqu'un agriculteur victime d'accident ou de maladie se trouvait dans l'impossibilité d'exécuter certains travaux culturaux, de donner une façon à sa vigne, les autres sociétaires y pourvoyaient en fournissant chacun un certain nombre d'heures ou de journées de travail. Plus rarement, le travail était fait par un ouvrier rétribué sur un fonds commun. Ces sociétés vigneronnes se développèrent surtout en Touraine et en Bourgogne, en ayant souvent le caractère de confréries et en se plaçant sous le patronage de saint Vincent. D'autres, constituées entre horticulteurs, se plaçaient sous le patronage de saint Fiacre; d'autres enfin, s'appliquant aux travaux agricoles ordinaires, portaient la dénomination de sociétés de Saint-Roch, de Saint-Éloi, etc.

Dans les régions de petite culture, où le bétail était une des principales sources de richesse, on s'empressait aussi de venir en aide au voisin. Lorsque celui-ci perdait un animal par accident ou maladie. Lorsque la viande était consommable, le sinistré était autorisé à la vendre après l'abatage de l'animal, et tous les habitants du village se la partageaient pour lui venir en aide. C'était, d'ailleurs, une des rares occasions, indépendamment des fêtes, où l'on mangeait de la viande. Lorsque l'animal mort ne pouvait pas être utilisé pour la boucherie, l'agriculteur, victime du sinistre, était autorisé à faire une quête, dont le produit lui permettait d'acheter une nouvelle tête de bétail en remplacement de celle qu'il avait perdue. Enfin se constituèrent les *cotises* et les *consorces*, qui étaient de véritables sociétés d'assurances mutuelles contre la mortalité du bétail.

Les caisses départementales de secours contre la grêle et l'incendie de l'Aube, de la Marne, de la Meuse, des Ardennes, sont aussi fort anciennes. L'esprit d'aide mutuelle et de prévoyance, s'il s'était atténué pendant la première partie du xixe siècle, existait donc cependant, chez les agriculteurs, et les sociétés d'aide mutuelle en travail, telles que les sociétés vigneronnes, ressemblaient fort à des sociétés de secours mutuels, auxquelles elles ont d'ailleurs donné naissance.

Mais c'est surtout pendant la deuxième moitié du xixe siècle que les idées de solidarité se sont développées parmi les agriculteurs, à tel point qu'ils ont souvent devancé la loi. C'est qu'aussi l'agriculture s'est, à cette époque, profondément transformée, par suite du développement des voies de communication et des découvertes nouvelles de la science agronomique. Les cultivateurs furent obligés, alors, de sortir de leur « splendide isolement ». Faisant de la culture plus intensive, spécialisant leurs productions, développant leurs transactions pour lutter contre la concurrence des pays nouveaux, ils reconnurent la nécessité de s'unir pour la défense de leurs intérêts, l'utilité de s'associer pour produire dans de meilleures conditions, se procurer de nouveaux débouchés, se protéger contre les risques si nombreux auxquels sont exposés leurs bestiaux, leurs récoltes, et contre ceux auxquels ils sont exposés eux-mêmes.

Les agriculteurs sont, plus que n'importe quelle autre catégorie de citoyens, devenus mutualistes. *Mutualistes*, ils le sont, en effet, nous venons de le voir, *par nécessité.* Ils le sont aussi *par prédestination*, comme l'a fort bien indiqué M. Mabilleau. « Solidaires plus que tous autres du milieu économique et social, climat, nature du sol, genre de production, instruments de travail, origine et importance des ressources, difficultés de la vie, échelles des bénéfices, tout est en commun, a-t-il dit, aux cultivateurs du même coin de terre, et les agriculteurs doivent être fatalement mutualistes. »

Ils l'ont bien montré depuis trente ans.

Extrait d'un *Rapport au Xe Congrès de la Mutualité.*

Un récent rapport de M. le Ministre de l'Agriculture sur le fonctionnement des assurances mutuelles permet de constater la marche toujours ascendante de ces institutions.

Au 31 juillet 1909, on comptait 9 842 sociétés d'assurances mutuelles, dont 7 923 contre la mortalité du bétail.

On sait que ces sociétés reçoivent du ministère de l'Agriculture deux sortes de subventions : une subvention de premier établissement, qui varie avec l'importance des sociétés, mais qui, actuellement, n'est pas inférieure à 500 francs, et une subvention de secours accordée aux sociétés en plein fonctionnement qui, dans l'année précédente, ont subi des pertes exceptionnelles.

Si le cultivateur ne peut disposer de *garanties réelles* immédiates, il peut avoir recours au crédit reposant sur les garanties personnelles, mis à sa disposition par les caisses de crédit agricole mutuel, qui lui permet d'user rapidement du crédit comme le fait le commerce à l'aide des billets à ordre et des lettres de change.

Par son intermédiaire, le cultivateur peut arriver jusqu'à la Banque de France, dont les conditions avantageuses sont ainsi mises à profit. *On prête à tout cultivateur honnête, travailleur et offrant toutes les garanties morales désirables.* Celui-ci trouvera dans cette institution un moyen pratique de se procurer le crédit à bon marché et d'éviter les emprunts à des taux usuraires.

II

L'ÉVOLUTION DES SYNDICATS AGRICOLES

Par **M. DECKER-DAVID.**

Je ne ferai pas l'histoire des syndicats agricoles, qui ont joué un rôle si considérable dans la transformation de notre agriculture, et qui sont, on a pu le dire avec raison, « le chef-d'œuvre de la sociologie » et « le fait économique le plus remarquable du siècle ». Je voudrais simplement résumer rapidement leur évolution et montrer qu'ils ont eu, au début, des préoccupations toutes matérielles, qu'ils ont plutôt commencé tout d'abord à faire de la coopération, par être des associations d'agriculteurs, de professionnels à but tout spécial, et que ce n'est que plus tard qu'ils se sont occupés des intérêts généraux de leurs membres, qu'ils ont été alors, à vraiment parler, des associations professionnelles.

Cette évolution des syndicats agricoles est un fait reconnu de tous. « C'est du côté de la coopération que les syndicats s'orientèrent immédiatement », dit M. Chevallier. « Le syndicat agricole, dit M. de Rocquigny, *d'abord simple procédé économique d'achat*, s'est élevé au rang d'institution essentiellement apte à améliorer la condition morale et sociale des paysans : *de la coopération, il s'est acheminé vers les services de la mutualité*, travaillant efficacement à répandre le bien-être, à combattre les maux qui menacent le cultivateur et à consolider la paix sociale. » Il avait dit précédemment : « Le syndicat professionnel agricole tend, de plus en plus, à devenir une véritable société de production et de vente agricole ».

L'achat en commun de matières fertilisantes, à une époque où cet achat comportait tant de risques et de difficultés pratiques pour le cultivateur, a permis aux syndicats agricoles de gagner la confiance des paysans et de développer chez eux l'idée d'association.

Après avoir rendu aux agriculteurs des services d'ordre

exclusivement matériel pour l'amélioration de l'exploitation du sol, après s'être occupés de l'achat en commun des engrais, des machines, avoir favorisé la reconstitution du vignoble par l'achat en commun de plants américains, contribué à l'amélioration du bétail, avoir servi aussi à faciliter la vente des produits récoltés par leurs membres, après avoir pris des formes spéciales, telles que les syndicats viticoles, horticoles, les syndicats de défense contre les maladies cryptogamiques et les dégâts du gibier, contre la grêle et les gelées, etc., les syndicats agricoles se sont efforcés de propager l'enseignement agricole, de créer à côté d'eux des sociétés coopératives ayant une capacité plus grande pour l'achat de tous produits utiles à l'agriculture, même de produits de consommation ordinaire ; ils ont favorisé la constitution de sociétés coopératives de production, de sociétés de crédit agricole, de sociétés d'assurance mutuelle agricole contre la mortalité du bétail, l'incendie, les accidents du travail, la grêle.

Après l'assurance des biens, ils ont contribué à développer l'assurance des personnes sous forme de sociétés d'aide mutuelle, de secours mutuels, de caisses de retraite. Enfin, ils ont organisé des offices de placement pour les ouvriers, des commissions de conciliation et d'arbitrage ; ils ont poursuivi et réprimé la fraude, défendu les intérêts généraux de la profession agricole devant les tribunaux, les compagnies de chemins de fer, les administrations publiques. A côté des syndicats ouvriers, il y a eu, récemment surtout, des syndicats mixtes, spéciaux, groupant à la fois des propriétaires et des ouvriers qui fixaient d'un commun accord les conditions relatives au travail, en confiant à une commission composée mi-partie d'ouvriers et de patrons le soin de reviser ces conditions et de prévenir les conflits.

En résumé, après avoir rendu aux cultivateurs des services relevant plutôt de la coopération, les syndicats agricoles se sont occupés davantage ensuite de l'étude et de la défense proprement dite des intérêts professionnels, en apprenant en même temps aux paysans les bienfaits de la solidarité professionnelle et les ressources de la coopération et de la mutualité.

III

LE RÔLE DES SYNDICATS AGRICOLES

Par le **comte de ROCQUIGNY.**

Les initiateurs des syndicats agricoles se sont rendu un compte exact des besoins de notre temps et de notre démocratie. Alors que, de toute part, s'impose aux anciennes classes dirigeantes et aux hommes politiques la noble préoccupation d'améliorer le sort de ceux qui travaillent et de ceux qui souffrent, ils se sont dit que le paysan français ne devait pas être oublié, ils ont fait de l'association professionnelle le levier de son relèvement et de son ascension à un état plus prospère. Et ce faisant, ils ont concouru pour une large part au progrès général de notre état social et se sont montrés de bons citoyens.

L'œuvre des syndicats agricoles est donc vraiment démocratique, et tout gouvernement avisé lui doit sa bienveillance et ses encouragements. Elle est dirigée tout entière dans l'intérêt des petits et des faibles; elle s'imprègne, de plus en plus, de mutualité et de solidarité sociale. Comme l'a fait justement remarquer M. Mabilleau, c'est « l'esprit des humbles » qui y prévaut, c'est leur cause que servent les chefs des syndicats, même lorsqu'ils appartiennent à cette catégorie des grands propriétaires fonciers qu'on a pu soupçonner de rechercher un moyen de ressaisir leur influence compromise par l'évolution politique du pays. Leur pensée a été plus noble; ils ont vu un devoir social à remplir et la grandeur du but les a séduits : on ne saurait sans injustice leur en marchander l'honneur.

Les syndicats agricoles ont transformé les procédés de la culture, initié les plus modestes cultivateurs aux fécondes découvertes de la science et résolu le problème de mettre à la disposition de tous leurs membres les moyens d'action de la grande exploitation. Ils ont ainsi accru la production et l'ont rendue moins onéreuse. Ils ont relevé la condition des classes rurales, modifié profondément les mœurs et habitudes des cultivateurs qui, rompant avec le fatalisme né du sentiment de leur impuissance séculaire, ont commencé à s'intéresser à la marche des affaires publiques en ce qui concerne les besoins de leur profession. Enfin, et surtout, ils ont révélé aux habitants des campagnes les ressources, presque inépuisables, de la coopération et de la mutualité, les droits et les devoirs de la solidarité professionnelle ; ils ont rapproché les diverses catégories du monde rural pour exercer une action combinée au profit d'intérêts collectifs, pour mettre au service des faibles le conseil, le crédit, l'influence des forts, pour corriger les inégalités sociales au moyen de l'aide mutuelle.

De tout cela résulte un état social mieux ordonné, une organisation nouvelle du travail agricole, qui donne d'importantes satisfactions aux besoins des paysans et légitime de plus grandes espérances. Déjà les masses rurales, prenant conscience de leurs forces, semblent moins portées à réclamer, en toute occasion, l'intervention de l'État-Providence, comme elles le faisaient jadis, et la vertu magique, enfin comprise, de l'association, leur apparaît plus efficace pour poursuivre les conquêtes demeurant à réaliser. C'est là un fait capital : car les institutions créées librement par l'initiative privée sont essentiellement propres à résoudre heureusement les questions ouvrières. Elles se développent spontanément, parce qu'elles sont animées d'une vie autonome et que leurs organes ont une souplesse s'accommodant à tous les besoins. Les syndicats agricoles n'en offrent-ils pas euxmêmes un frappant exemple ? Jamais l'État, avec toutes les ressources et influences dont il dispose, n'aurait pu faire progresser l'agriculture, transformer ses méthodes, améliorer la condition des petits cultivateurs, comme l'ont fait ces syndicats fondés par quelques hommes dévoués au relèvement des populations rurales. L'un des meilleurs enseignements répandus par les syndicats agricoles a donc été d'habituer les agriculteurs à compter principalement sur eux-mêmes, sur leur entente et leurs efforts communs, en ne demandant à la puissance publique que la protection et les encouragements dont elle ne peut équitablement les priver.

L'œuvre sociale des syndicats agricoles ne tend pas seulement à maintenir et étendre la petite propriété, à consolider la famille rurale, à attacher les cultivateurs à la terre en accroissant leur bien-être, à combattre la misère, à assurer des secours aux malades et la sécurité aux vieillards, à faire régner la concorde et la paix entre les possesseurs du sol et les travailleurs qui le cultivent, ce qui déjà fournit un programme bien pratique pour la solution des questions sociales intéressant les populations agricoles.

Ils ont, de plus, donné aux classes rurales une organisation qui leur manquait et les ont élevées à une conception plus haute de leurs droits et de leurs devoirs, ainsi que du rôle qui leur appartient dans l'État. Ils ont été véritablement les éducateurs des paysans et les ont affranchis des servitudes que de longs siècles d'ignorance, de faiblesse et d'isolement faisaient peser sur eux.

Cet avènement des travailleurs ruraux au progrès général de notre civilisation est gros de conséquences pour l'avenir.

« Ce n'est qu'un commencement, a dit M. Paul Deschanel, et pourtant c'est déjà un monde nouveau qui surgit des profondeurs silencieuses; c'est déjà le xxᵉ siècle qui se dresse devant nous. » Au fur et à mesure que son organisation se perfectionne, le monde agricole subit, à son tour, l'influence grandissante des doctrines de solidarité humaine dont se pénètre de plus en plus la société moderne. Un rayon d'idéal illumine la rude existence de l'homme des champs.

Pour quiconque cherche à étudier le sens de ce vaste mouvement dans lequel se sont si inopinément engagés les hommes de la terre, marchant vers des destinées inconnues, pour le philosophe et le moraliste anxieux d'en saisir la portée, c'est incontestablement l'âme rurale qui se dégage des obscurités ataviques et prend conscience d'elle-même au seuil d'une vie supérieure.

Jamais évolution plus féconde ne se fit dans le monde du travail, et elle est due tout entière aux syndicats agricoles.

Extrait de Les syndicats agricoles et leur œuvre. (Colin.)

IV

MUTUALITÉ ET CRÉDIT AGRICOLE

Par **M. RUAU**,
Ministre de l'Agriculture.

Le crédit agricole, c'est le crédit sous toutes ses formes, personnel ou réel, à court terme ou à long terme, consenti aux agriculteurs dans un but d'amélioration agricole.

Bien que l'institution du crédit agricole apparaisse comme un moyen de progrès d'apparence assez moderne et récente, nous ne commettrons pas l'erreur de dire que l'agriculture a manqué de crédit jusqu'en ces dernières années. Nous devons reconnaître au contraire que peu d'industries ont fait autant appel à cette forme de la richesse. Mais ajoutons que le crédit accordé était réel, et qu'il enchaînait le cultivateur au bailleur de fonds, propriétaire ou créancier hypothécaire.

La conception nouvelle du crédit, qui fait reposer un prêt sur la valeur morale d'un homme ou sur les forces décuplées des groupements réunis par la mutualité ou de la coopération, n'a trouvé sa charte d'organisation que dans l'édifice législatif commencé en 1894. Dès cette époque, il revêt la double forme, personnelle et collective.

Cette transformation était devenue indispensable, surtout au cours de ces dernières années, par suite des conditions actuelles de la production. Rappelons, dans une énumération rapide, les conditions auxquelles l'agriculture se trouve soumise. Ce sont : la vitesse des transports, l'élargissement du marché, l'augmentation des transactions, les progrès de la culture intensive, la spécialisation des cultures, la sélection des produits, la suppression des intermédiaires inutiles, la nécessité des groupements.

Les choses n'allèrent pas d'elles-mêmes : ce crédit, qu'un orateur grec appelait avec raison « le plus grand capital de tous les capitaux », rencontra, comme il fallait s'y attendre, les plus redoutables obstacles accumulés devant lui. Il fut battu en brèche tout d'abord par ses adversaires intéressés, petits banquiers, propriétaires, hommes d'affaires et surtout par les usuriers locaux. Il lui fallut vaincre toute espèce de préjugés, au premier rang desquels figurait la routine. Dans notre ancienne société, ne se cachait-on pas toujours pour emprunter? Au conseil du bon sens, certains répondaient par la vieille maxime : « On ne prête qu'aux riches ». Et les esprits forts allaient répétant : « C'est un mauvais service à rendre aux paysans que de leur apprendre à emprunter ». Enfin, il était d'expérience que le papier agricole circulait difficilement.

Et ces objections, si atténuées qu'elles aient été par l'expérience et le progrès, n'en demeurent pas moins vivaces dans certaines régions arriérées du pays, où nos professeurs sont impuissants à les vaincre. L'éducation patiente des paysans dans l'ordre économique et social seule en viendra à bout. Mais il faudra qu'elle s'exerce au sein des associations de mutualité, dans un champ d'action restreint, limité le plus souvent à la commune.

Les premiers essais de crédit agricole proprement dit remontent au milieu du siècle dernier. Contrairement à la logique, le législateur n'avait pas songé à créer de petits groupements à faible rayon, organismes indispensables de propagande et de contrôle réciproque.

Par contre, la loi de décembre 1906 ouvre un champ d'action inexploré. Elle crée véritablement une formule de crédit. En face du crédit individuel à court terme, elle édifie le crédit collectif à long terme. Aux sociétés coopératives de production agricole, elle permet d'allouer des avances spéciales pour une période maxima de vingt-cinq ans par l'intermédiaire et sous la responsabilité des caisses régionales. Ainsi, grâce au nouveau texte de loi, les coopératives sont assurées de pouvoir accomplir une œuvre viable; elles s'établiront désormais sur des bases solides et deviendront les agents de production par excellence. La réforme était hardie, sans doute. Mais elle valait la peine d'être réalisée. N'était-il pas indispensable de favoriser l'essor de la coopération, forme d'association supérieure pour produire en commun, qui révèle d'une façon saisissante les bienfaits de toute sorte, matériels ou moraux, qu'un homme libre peut retirer de la solidarité?

A vrai dire, le développement des coopératives agricoles était entravé par la difficulté où se trouvaient les associés de se procurer à taux raisonnable, et pour une période de temps assez longue, des sommes d'argent relativement élevées. En remédiant à cette situation embarrassée, la loi de 1906 a garanti l'avenir d'un élément de progrès indispensable dans l'agriculture nouvelle. Il suffit, pour étayer cette affirmation, de constater qu'en moins de deux ans nous avons obtenu des résultats féconds. Par la vertu de l'association libre, la petite propriété est devenue l'égale de la grande.

Les groupements anciens avaient été obligés, faute de crédit mutuel, d'émettre des obligations ou de contracter des emprunts. Depuis le vote de la loi de 1906, ils ont recours au crédit pour rembourser leurs créanciers, se rendre définitivement propriétaires de leurs immeubles, aménager suivant les progrès de la science les locaux et perfectionner le matériel. Voici que les coopératives de vinification et de distillation redonnent confiance au Midi viticole. En Provence, les moulins à huile coopératifs remettent en honneur la culture de l'olivier. Et c'est, sur les points les plus divers du territoire, dans tous les domaines de l'agriculture industrialisée, une véritable floraison d'efforts groupés pour la production, la conservation, la transformation et la vente des produits.

L'instrument de crédit aux agriculteurs, que nous venons de voir forger sous nos yeux par de bons ouvriers, et qui sur toute la surface de l'édifice social a fait sentir son action bienfaisante, est-il suffisamment perfectionné? répond-il à tous les besoins de l'agriculture nouvelle? Nous ne le croyons pas. Il y a longtemps que dans le code du crédit, dans l'ensemble des lois fécondes qui facilitent l'amélioration agricole, j'aperçois avec regret une page blanche. Pourquoi ne pas étendre aux individus la facilité du crédit à long terme? Je disais à Blois en 1908, devant plus de cinq mille agriculteurs réunis : « Il s'agit de procurer au paysan les moyens de soulever le poids de la dette hypothécaire qui l'écrase et d'acquérir,

grâce à un crédit approprié, des parcelles de terre menacées de
rester définitivement stériles. Le remembrement et la consoli-
dation de la petite propriété rurale seraient la conséquence
directe d'une réforme conçue dans ce sens. » Depuis lors, ces
idées, loin de changer, se sont enracinées davantage dans mon
esprit et m'ont fait appeler de tous mes vœux une législation
qui assurerait, entre autres avantages, celui de faire fonctionner
demain l'institution du bien de famille et la loi sur les habitations rurales .. (1).

Autrefois, le papier agricole était considéré comme sans valeur.
L'injuste prévention qui le faisait écarter disparaît de jour en
jour. Les grands établissements de crédit le recherchent. La
Banque de France favorise de tout son pouvoir son expansion...

Les caisses de crédit, établies demain dans les plus petites
communes de France, jouant le double rôle de banques
rurales et de caisses d'épargne, grandiront à l'abri des groupements agricoles de toute sorte inspirés par la mutualité et la
coopération. Et c'est ainsi que l'épargne paysanne, soustraite
aux dangers redoutables de la spéculation, restera sur place
pour féconder le sol.

Le crédit agricole s'est affirmé, tout spécialement dans la
période récente que nous venons de traverser, comme un merveilleux soutien de la propriété, comme un élément prépondérant de progrès démocratique. Sous son influence tutélaire,
les vertus sociales se sont épanouies dans le monde des ruraux.
Au milieu de ces braves gens, on apprend, sans leçons doctri-
nales, par le spectacle de la vie même, par le seul fait qu'on
s'est assosié, la fidélité réciproque des engagements mutuels,
l'habitude de la prévoyance, le sentiment de la responsabilité
collective. N'est-ce pas un grand pas de fait vers la solution du
problème social? Le crédit agricole nous achemine progressivement dans la liberté, dans le respect de la personnalité
humaine, à un régime d'étroite solidarité qui suppose la justice.

Extrait d'un Discours à la Soc. nat. d'Agriculture.

(1) Le *bien de famille* a été institué par la loi du 12 juillet 1909,
complétée par le règlement d'administration publique du 26 mars 1910.
Le *crédit individuel à long terme* a été créé par la loi du
19 mars 1910, complétée par les décrets des 26 et 31 mars 1910.

V

LE CRÉDIT MUTUEL AGRICOLE

Par **P. DECHARME**,
Chef du service du crédit mutuel et de la coopération agricoles.

L'agriculture a subi en France, depuis trente ans, une évolution presque complète ; désormais, le cultivateur ne vit plus exclusivement, comme autrefois, sur son exploitation ; il s'habitue à être tributaire d'autrui ; la méthode intensive lui a appris à spécialiser ses cultures ; les transactions auxquelles il est mêlé augmentent chaque jour en nombre et en importance ; les débouchés se multiplient en s'élargissant ; le marché devient mondial ; en un mot, l'agriculture se commercialise.

La dernière barrière qui séparait, il y a quelques années encore, l'agriculture du commerce et de l'industrie proprement dite, vient maintenant de disparaître, ou tout au moins peut être facilement franchissable ; en effet, grâce à une compréhension plus nette des services que sont capables de rendre les œuvres basées sur la mutualité, — cette force, faite d'enthousiasme et de bonté, cet organe de prévoyance sociale, d'éducation civique et de solidarité fraternelle, — se sont fondées un peu partout, sur l'ensemble de notre territoire, des sociétés bien modestes en apparence, mais fertiles en résultats féconds, destinées à mettre ce levier tout-puissant, l'argent, à la disposition des habitants de nos plus humbles chaumières.

Créées par des hommes prévoyants et conscients des besoins de la classe paysanne, les caisses de crédit mutuel agricole ont trouvé le meilleur accueil auprès du législateur et des pouvoirs publics, qui ne lui ont pas ménagé leurs encouragements ; issues de syndicats professionnels, ces âmes du peuple rural, suivant la forte expression de Waldeck-Rousseau, débarrassées par la loi du 5 novembre 1894 des difficultés de constitution édictées pour les sociétés commerciales, largement dotées par la loi du 31 mars 1899, elles sont aujourd'hui au nombre de 3 000, comptent plus de 140 000 adhérents rayonnant sur 86 départements et ont effectué, en dix années, des prêts se montant à près de 500 millions de francs.

Leur but, est-il besoin de l'indiquer? Procurer, à des conditions raisonnables, aux travailleurs intelligents, laborieux, honnêtes (et à ceux-là seuls), les capitaux indispensables à l'augmentation de leur exploitation, à l'amélioration de leurs procédés de culture, et, partant, à l'accroissement des bénéfices annuels tirés de la vente des produits perfectionnés.

Mais, dira-t-on, pour obtenir de tels résultats, — car il s'agit rien moins que de modifier les habitudes séculaires de nos agriculteurs, — que de préjugés à vaincre, que de difficultés à surmonter, que de capitaux à grouper, et, surtout, que de risques à courir !

À cela, il est facile de répondre tout d'abord qu'il s'agit en effet de révolutionner, pacifiquement et pour son plus grand bien, notre démocratie rurale et que les risques sont nuls (je pourrais le démontrer chiffres en main), car, ainsi que l'a dit M. Léon Bourgeois, « il y a beaucoup moins de faillites avec les seules garanties que constituent le travail et la bonne volonté qu'il n'y en a avec les autres ».

Quant à la constitution de ces sociétés, dont les effets utiles doivent sauter aux yeux de tous, rien n'est plus simple, rien n'est même plus enfantin ; qu'on en juge !

Il est bien évident que dès les premiers pourparlers on se heurte partout à cette invariable réponse : « Il n'y a, dans notre commune, que deux catégories de paysans : les riches qui n'emprunteraient jamais et les besogneux qui ne rendraient pas l'argent emprunté ». Il ne faut pas s'arrêter à cette première objection, car, dès que la société est formée, on voit de ces deux catégories de personnes se dégager une troisième, qui absorbe les deux premières, à quelques unités près ; elle est formée de cultivateurs aisés qui pourraient, certes, trouver du crédit ailleurs, mais qui n'en ont pas l'idée, et de tous ceux qui ne possèdent presque rien, si ce n'est l'amour de la terre et le désir, en la travaillant sans relâche, de gagner honorablement leur vie.

Combien de personnes faut-il grouper pour créer une caisse de crédit? Sept. — Quelle doit être l'importance du capital de fondation? Trente-cinq francs. — Quelles sont les formalités de constitution? Le seul dépôt des statuts au greffe de la justice de paix du chef-lieu de canton. — Quel sera le maximum des prêts? Variable selon l'importance de l'exploitation de l'emprunteur et le but que celui-ci se propose d'atteindre; il pourra, cependant, être relativement très élevé si les sociétaires, poussant jusqu'au bout la volonté de s'entr'aider, se sont engagés solidairement au remboursement des dettes de chacun d'eux. — A quel taux l'argent sera-t-il prêté? A 3,50 ou 4 p. 100. — Combien les usuriers, dont trop d'entre vous, travailleurs des champs, dépendent encore, vous font-ils payer leurs misérables services? — Quelle garantie exigera-t-on? Le seul engagement d'honneur, la plupart du temps, parfois une caution ou la souscription d'un warrant, lorsqu'une somme importante sera demandée. — Comment remboursera-t-on? Par amortissement, au fur et à mesure que les sommes prêtées auront produit leurs fruits. Vous entendez bien, cultivateurs intelligents, qui manquez des capitaux indispensables pour lutter victorieusement contre vos voisins, il suffit que vous soyez sept dans votre commune et que vous versiez chacun 5 francs, qui d'ailleurs vous rapporteront intérêt, pour que vous puissiez créer une caisse locale de crédit mutuel, pour que cette caisse locale puisse s'affilier à une caisse régionale, organe régulateur de toutes les petites caisses locales du département, pour que cette caisse régionale obtienne à son tour, de l'État, des avances égales au quadruple de son capital, du capital que vous aurez vous-mêmes contribué à constituer, car l'État, dans sa sollicitude pour la classe paysanne, s'est rendu compte qu'il devait lui-même prêcher d'exemple en avançant aux agriculteurs, par l'intermédiaire des caisses départementales, les sommes nécessaires aux premières opérations et à la constitution rapide de réserves importantes.

Auriez-vous, par hasard, moins confiance en vous-mêmes que l'État? Cela serait, n'est-ce pas, contraire au bon sens que vous possédez à un si haut point ; dépêchez-vous donc d'user du droit qui vous a été généreusement consenti d'utiliser une partie de ces 90 millions mis par la loi de 1899 à votre disposition, qui vous appartiennent, je dirai presque : qui vous attendent et vous appellent !

Agriculteurs, hésiterez-vous plus longtemps ? — Déjà 3000 caisses de crédit mutuel existent et fonctionnent en France ; mais il y a encore 33 000 communes rurales qui n'en sont point pourvues, et il devrait y en avoir partout. Songez que ces sociétés n'ont pas seulement pour but de vous procurer à bon compte, et sans autre garantie que votre honorabilité reconnue, les fonds qui vous faciliteront soit l'achat immédiat de tout le bétail que vous pourrez nourrir, soit l'attente de cours meilleurs pour la vente de vos produits, mais encore qu'elles vont favoriser grandement la formation de ces groupements coopératifs, qui vous mettront à même de conquérir de haute lutte les marchés du monde par la seule supériorité de vos marques nouvelles.

Paysans de France, groupez-vous ; fondez partout des syndicats d'étude et de défense de vos intérêts professionnels ; assurez-vous contre tous les risques agricoles ; procurez-vous par le crédit mutuel le nerf de la guerre, car il vous faudra désormais combattre chaque jour davantage la concurrence étrangère ; réunissez-vous en sociétés coopératives pour produire vite et bien et vendre à des conditions avantageuses. Vous serez d'ailleurs certains d'être toujours guidés et soutenus dans cette voie, car, lorsque le monde rural saura pouvoir tirer à coup sûr de la terre nourricière la juste rémunération de son labeur, sans craindre les intempéries, la mévente, la maladie ou la vieillesse, bon nombre de problèmes sociaux, qui préoccupent tant les classes dirigeantes, seront bien près d'être résolus.

Au 1er janvier 1910, le nombre des caisses régionales est de 95. Le capital versé est de 13 050 973 francs, les prêts consentis sont de 470 454 172 francs et les avances de l'État de 46 608 377 francs.

Pour ce qui concerne les caisses locales, le capital versé est de 9 521 419 francs ; les prêts consentis sont de 483 929 500 francs.

Actuellement, les sociétés coopératives, au nombre de 128, ont versé un capital de 2 199 300 francs. Les avances qu'elles ont reçues de l'État s'élèvent à 4 398 525 francs.

VI

LE SECOURS MUTUEL

Par **L. MABILLEAU**,
Directeur du Musée social.

Le secours mutuel est une œuvre proprement française d'origine et qui est restée « latine » en ses développements.

Nos *sociétés de secours mutuels* sont vraiment un produit spontané de l'instinct national.

Ni les législateurs, ni les philosophes, ni les savants qui ont contribué à régulariser leurs opérations, n'ont exercé d'influence notable sur leur développement. Ils se sont contentés de formuler, à mesure que l'opinion les en pressait, les résultats d'expériences qui n'avaient été ni préparées, ni prévues. Leurs indications mêmes ont rarement été suivies ; elles n'ont pas préparé une seule création originale. Ce sont les circonstances et les besoins, les trouvailles personnelles et les succès tâtonnants de l'association, les efforts coordonnés du peuple souffrant et de l'élite compatissante qui ont posé peu à peu les conditions du problème, et fait surgir les solutions.

Ce problème n'avait au début rien de théorique. Des groupes d'hommes, rapprochés par la communauté de la profession et de la vie journalière, se formaient autour d'une paroisse, d'une mairie, d'une usine, autour d'un de leurs chefs ou de leurs frères plus hardi ou plus éclairé, afin de chercher, par l'union des bonnes volontés et des ressources disponibles, à s'entr'aider *les uns les autres*, non seulement en pansant les plaies présentes, mais en tâchant de diminuer l'effet des maux à venir. On ne visait d'abord qu'à soigner les malades, à enterrer les morts et à secourir temporairement l'accidentelle indigence.

Mais bientôt la nécessité apparaît d'entretenir les vieillards et les infirmes, de soutenir les orphelins et les veuves. La complexité des questions que soulèvent ces prétentions nouvelles, comme aussi le souci du meilleur emploi des fonds mis en réserve par la foule croissante de ces humbles, déterminent une provende continue d'inventions et d'améliorations, où l'intérêt tardif des économistes et des hommes d'État n'apporte qu'un secours secondaire. C'est une sorte de végétation organique de l'obscur dessein germé dans l'âme populaire, un bourgeonnement naturel de conséquences et d'applications autour de la tige qui plonge ses racines dans le fond mystérieux de l'histoire et de la race.

Chaque jour se révèlent, sous l'influence des variétés locales et des tentatives individuelles, de nouvelles formes de risque et de défense, qui ne rentrent dans aucune catégorie précise de la science sociologique, mais qui les enveloppent toutes, comme la vie déborde hors des classifications des naturalistes : c'est le « pain de la mutualité », le « lait de l'enfance mutualiste », la « mutualité scolaire », la « mutualité familiale », la « dotation de la jeunesse », la « dotation des mères », l' « aide mutuelle pour la culture rurale », le « prêt gratuit » et tant d'autres que je ne puis citer.

L'ingéniosité des intéressés se développe surtout dans la recherche des ressources supplémentaires, condition indispensable du progrès, tant la cotisation est faible, et limitée par la pauvreté générale.

Ici, l'ardeur apostolique du président de la société, son crédit dans la contrée, lui permettent de doubler l'apport normal, en plaçant un membre honoraire derrière chaque participant ; là, le même résultat est obtenu par des fêtes annuelles dont la tradition s'est si bien établie dans le pays qu'elles forment une sorte d'institution civique, à laquelle tous les bons citoyens et leur famille considèrent comme un devoir d'assister ; ailleurs, une campagne s'organise pour dériver une part des donations, toujours si abondantes en notre généreuse France, hors du bureau de bienfaisance où elles ne servent qu'à entretenir la misère invétérée, vers les sociétés mutuelles qui les emploient à relever le travailleur blessé ou malade, à le préserver de la chute définitive pendant qu'il en est temps encore...

Et combien d'autres extensions, combien d'autres acquisitions, impossibles encore à formuler, avons-nous le droit d'attendre de l'organisation spontanée qui est en train de s'accomplir au sein de la mutualité — indépendamment de la loi et presque malgré elle — par la création d'une hiérarchie de services correspondant à une hiérarchie de groupes! Dans le domaine de la maladie, la substitution progressive de la prévention à la médication, l'entrée dans la voie de l'hygiène sociale, la lutte contre l'alcoolisme, contre la misère du taudis, contre la contagion des fléaux ravageurs, tuberculose et autres; dans le domaine de la vieillesse et de l'invalidité, l'hospitalisation à domicile, les maisons spéciales de retraite, l'entente avec les pouvoirs publics et avec les sociétés d'intérêt social pour recueillir l'indigent isolé, le replacer dans un cadre de solidarité digne et saine, l'assurance en cas de vie et de décès, qui est toujours le complément utile et souvent le substitut indispensable de la pension viagère : voilà quelques-uns des bienfaits que rend ou peut rendre le « secours mutuel » tel qu'il s'est formé lui-même dans la matrice démocratique.

Je sais bien qu'on peut relever dans tout cela quelque confusion de principes, un mélange de buts et de moyens qui choquent les esprits soucieux d'ordre et de clarté. La thèse savante consiste à soutenir que nos sociétés, par suite du progrès des lumières et de la prospérité générale, se sont graduellement élevées de l'*assistance* à la *prévoyance*, et de là à l'*assurance*, qui est le terme nécessaire et exclusif de la mutualité véritable, où doivent se résoudre tous les tâtonnements des opérations antérieures.

Eh bien! non, nous n'y saurions consentir sans réserve. L'évolution que je viens de résumer s'est accomplie sans laisser en route une seule parcelle du trésor moral et social amassé par l'effort antérieur des générations. L'objet du secours mutuel ne s'est pas transformé, il s'est compliqué et enrichi; il a conservé, dans son unité concrète et vivante, les trois formes d'activité sociale qu'on semble donner comme incompatibles les unes avec les autres et qui correspondent à des besoins complémentaires, comme à des pouvoirs permanents.

L'assistance, la prévoyance et l'assurance tiennent une place naturelle et légitime dans l'institution mutualiste et ne sauraient en être séparées sans dommage.

Extrait de La Mutualité française. (Avenir de la Mutualité, Bordeaux.)

30.

XVII

LA VIE A LA CAMPAGNE

I

LA TRANSFORMATION DE L'AGRICULTURE

Par **M. VIGER**,
Ancien ministre de l'Agriculture.

La situation agricole a été gravement atteinte depuis trente ans, par l'entrée en ligne dans le commerce du monde de facteurs absolument nouveaux. Des pays suffisant jadis à peine à l'alimentation de leurs habitants sont devenus vendeurs d'énormes quantités de produits. D'autre part, les découvertes de la science ont, par leurs applications, modifié profondément les conditions de la production.

L'agriculture tend de plus en plus à revêtir les caractères de l'industrie manufacturière. Il a fallu abaisser ses prix de revient, sous peine, pour le cultivateur, de ne plus pouvoir lutter contre la concurrence étrangère.

Nous sommes, avant tout, un pays agricole ; la mise en valeur de notre sol est notre principale richesse, elle est la source de toute prospérité, la garantie de notre bien-être, la condition suprême de notre indépendance. Nous ne pouvons être une nation de grands transports maritimes, ni une véritable usine comme l'Angleterre. Ce qui fait la force et la grandeur de notre patrie, c'est qu'il n'est pas une seule parcelle de sa terre que le Français ne cherche à acquérir pour la fertiliser de son travail et en tirer profit.

Ce serait un paradoxe de nous représenter comme une agglomération de gros propriétaires et de capitalistes; nous sommes surtout des cultivateurs, mais je suis loin de par-

tager l'opinion de ceux qui rèvent la disparition de la grande
propriété et, partant, de la grande culture.

N'est-ce pas au contraire une nécessité du progrès que, dans
chaque région, une partie du sol soit entre les mains d'hommes
auxquels la science acquise, l'expérience culturale, unies à la
puissance du capital, permettent de réaliser les conceptions
des savants et d'en faire le coûteux essai? C'est à cette élite
de producteurs qu'il appartenait de donner l'élan, de montrer
l'exemple, et nous devons reconnaître loyalement qu'elle n'a
pas failli à son devoir. La grande culture a établi dans ce
pays qu'elle était réellement l'initiatrice du progrès.

Mais le gouvernement doit, de son côté, remplir ses obligations; la plus impérieuse consiste à faire pénétrer profondément dans la petite culture les notions et les pratiques des
nouvelles méthodes.

Le développement de notre enseignement agricole est
justement considéré comme le facteur indispensable de tout
progrès en agriculture, et comme le corollaire naturel de
notre système économique. Quelles que soient les critiques
dirigées contre la théorie, la transformation du vieux monde
accomplie par suite des nouvelles découvertes affirme avec
éclat cette idée que, si la pratique n'est point vivifiée par
la science, elle ne peut sortir de l'ornière creusée par la
routine.

N'est-il pas nécessaire de créer une génération nouvelle en
coordonnant, en fixant, en développant dans l'esprit des enfants
de nos cultivateurs cet ensemble de données pratiques et de
traditions culturales qu'ils recueillent journellement dans la
maison paternelle? N'est-ce pas cet enseignement qui, joignant à la pratique du métier les explications théoriques,
doit éveiller chez lui le goût de la profession agricole? N'est-ce
pas cet enseignement qui lui permettra plus tard d'accroître
les profits du sol par un emploi plus rationnel des ressources
de la nature? (1).

Extrait de Deux années au ministère. (Masson.)

(1) Voy. Le livre agricole des instituteurs, par M. SELTENSPERGER,
ouvrage présenté à la Société nationale d'agriculture par M. Viger.

LA DÉSERTION DES CAMPAGNES

Par **J. MÉLINE**,
Ancien ministre de l'Agriculture.

La crise agricole est bien loin d'être la seule cause de l'émigration des campagnes. Il en est une autre, d'ordre purement moral, qui a peut-être exercé une action plus décisive sur leur dépopulation : c'est la mentalité particulière d'un grand nombre d'agriculteurs, surtout de jeunes agriculteurs. Ils n'ont pas quitté la terre parce qu'elle leur a fait faillite, parce qu'ils ne pouvaient plus gagner leur vie et qu'ils manquaient du nécessaire ; ce qui les a poussés à l'émigration, ce n'est pas la misère de la vie rurale, ce sont surtout les douceurs et les enchantements apparents de la vie urbaine.

Ils ont été attirés par les splendeurs des villes comme les papillons par la lumière ; au fond de leurs chaumières, ils se sont mis à rêver de théâtres splendides, de cafés étincelants, de fêtes brillantes, de luxe et de plaisirs, et quand ils se sont réveillés, qu'ils ont jeté un coup d'œil attristé sur leur humble chaumière, sur ses murs nus et gris, sur la chandelle fumeuse et sur leurs haillons de travail, ils se sont sentis envahis d'une immense nostalgie et n'ont plus eu qu'une idée : aller à la ville à tout prix, les yeux fermés, sans même savoir à quelle porte frapper.

Qu'on appelle cela comme on voudra, de la fièvre, de l'hallucination, du vertige, si l'on veut, peu importe ; mais le phénomène moral n'est pas niable, et c'est lui qui entraîne notre pays, comme tant d'autres, à la dérive, lui qui explique la constitution de ces formidables agglomérations, qui tendent de plus en plus, dans les pays civilisés, à attirer à elles et à absorber à des distances immenses toute la vie, toute la sève des régions qu'elles dominent.

Ce mouvement d'attraction irrésistible a redoublé de puissance, depuis que le service militaire obligatoire a fait passer tous les enfants de la campagne par la garnison des villes. C'est là qu'ils prennent des goûts nouveaux, des habitudes auxquelles ils ne peuvent plus ensuite renoncer, et comme ils ne peuvent plus y donner satisfaction que dans les villes, ils ne pensent qu'à y rester. Si, par hasard, ils retournent à la charrue, ce n'est pas pour longtemps; ils s'ennuient bientôt de la vie monotone des champs, trouvant tout ce qui les entoure au-dessous d'eux, hommes et choses, et ils saisissent la première occasion pour s'évader. Leur grande ambition est de devenir bureaucrates, facteurs, garçons de magasin ou employés de chemin de fer.

Ce n'est pas seulement la mentalité des hommes qui a été pervertie par les mœurs nouvelles : les femmes n'ont pas échappé à la contagion de l'exemple. Elles aussi ont été empoignées et séduites par le spectacle des villes où elles ont pris l'habitude d'aller chercher de la distraction et du plaisir; elles en ont rapporté le goût de la vie élégante et amusante, de la toilette et des fêtes. Au retour, le village leur a paru maussade, la ferme sale et triste, et les travaux de la terre répugnants; les cavaliers de la campagne, lourds et pesants d'esprit et de corps, n'ont pu soutenir la comparaison avec les beaux messieurs séduisants et sémillants qui avaient fait des frais pour leur plaire. L'humble fonction de fermière leur a paru indigne d'elles, et elles n'ont plus voulu, des gars de leur village, que ceux qui s'étaient élevés aux hautes dignités d'employés ou de fonctionnaires.

On voit d'ici, par ce tableau, ce qui, depuis vingt ans, s'est passé dans la plupart de nos villages. Nous pourrions citer de grandes familles agricoles qui ont quitté, la mort dans l'âme, de belles et grandes exploitations, parce que les fils ne trouvaient pas de femmes consentant à partager leur existence et à vivre à la campagne.

Extrait de Le retour à la terre. (Hachette.)

LA PROPRIÉTÉ DE LA TERRE

Par **E. LEVASSEUR**,
Membre de l'Institut.

L'homme s'approprie les choses par son travail et en vertu de sa liberté : là est la source première de son droit. Mais, dans les sociétés, les lois garantissent ce droit et en réglementent l'usage. Or, à tous les degrés de la civilisation et dans toutes les contrées du globe, le travail ne produit pas les mêmes effets et les lois ne le régissent pas de la même façon : de là des différences considérables dans la nature des propriétés mobilières et immobilières, dans leur rapport, dans leur mode d'exploitation et de transmission...

La propriété immobilière ou *propriété foncière*, c'est-à-dire la propriété du sol, constitue un genre particulier, parce que l'objet auquel elle s'applique, la terre, étant susceptible de varier sous le rapport de la force productive et de la valeur, mais jamais sous le rapport de l'étendue et de la quantité sur un territoire donné, produit certains effets économiques qui lui sont propres, et parce qu'à sa possession est attachée, dans presque tous les pays et dans presque tous les temps, une part considérable de la puissance politique.

La terre n'est pas la première propriété individuelle que l'homme ait le plus ardemment recherchée. Le sauvage s'est d'abord appliqué à avoir des armes et des provisions, le pasteur des troupeaux. Déjà cependant, dans ces périodes barbares, on connaissait la propriété collective de la terre, la tribu avait son canton de chasse ou de pâturage, et elle le défendait énergiquement contre les empiétements de ses voisins.

Le sentiment de l'appropriation individuelle du sol ne s'est développé avec énergie que dans la période agricole, lorsque les hommes, ne se contentant plus de recueillir les fruits que la

terre donnait spontanément, lui ont demandé de produire à
leur volonté certains fruits préférés. Mais la terre, devenue
dès lors un véritable instrument de production, n'a répondu à
leur demande qu'autant qu'ils l'ont labourée, ensemencée,
rendue féconde par leurs sueurs. Dès lors aussi, cette terre
est, pour ainsi dire, imprégnée de capital, et elle a acquis
plus de valeur ; le cultivateur s'y est naturellement attaché
comme à sa chose, à cause des efforts qu'elle lui avait coûté
et à cause des revenus qu'elle lui promettait : car elle portait
désormais le cachet de la personnalité humaine que nous
avons dit être la marque caractéristique de la propriété. Plus
s'accumulent sur le sol d'un pays les labeurs féconds de
l'homme, plus se fortifie dans l'esprit de la population l'amour
de la propriété foncière.

C'est pourquoi, chez les sauvages les plus grossiers, tels que
ceux de l'Australie, on voit à peine poindre le sentiment de
la propriété collective, parce que de pareils hommes, sans
aucune industrie, n'ont encore pour ainsi dire su se lier par
aucune attache à la terre. Chez les sauvages de l'Amérique du
Nord, à l'époque de la découverte du Nouveau Monde, on l'a
trouvé déjà plus vivace, parce que ceux-ci, construisant des
villages et ayant un certain art de la chasse, tenaient au sol
par plus de racines. Chez les peuples pasteurs, comme les
Tartares ou les Arabes, le sentiment de la propriété collective
est énergique, celui de la propriété individuelle est rudimentaire ; c'est souvent le chef de la tribu qui assigne chaque
année aux familles leurs terres de labour ; souvent le cultivateur lui-même, après avoir tiré une récolte d'un champ, va
en ensemencer un autre moins fatigué, et, hôte passager, ne
s'attache énergiquement à aucune portion de la terre pour en
faire sa chose, parce qu'il ne dépense sur aucune un travail
suffisant pour en accroître la force productive.

Chez les peuples civilisés, au contraire, l'un et l'autre sentiment sont puissants ; mais celui de la propriété individuelle
est le plus propice à une production abondante et partant le
plus conforme aux besoins d'une population nombreuse et
riche ; aussi n'est-il pas un pouce de terrain, cultivé ou non,
qui n'y ait son propriétaire.

Dans la période agricole, lorsque la science n'a pas encore perfectionné l'industrie (et cette période dure souvent une longue période de siècles), les capitaux mobiliers sont rares, et la terre les absorbe sans en être à beaucoup près saturée : *la possession en sol est alors par excellence le signe de la richesse et de la puissance.* Dans la période industrielle, les capitaux, mis en œuvre par la science, multiplient la richesse mobilière; *la terre gagne considérablement en valeur, mais elle perd le privilège de la puissance,* parce qu'elle a désormais une rivale avec laquelle elle doit partager.

Jusqu'ici, nous avons presque toujours supposé que le propriétaire faisait valoir lui-même sa terre. C'est en effet le cas le plus fréquent dans la petite propriété, mais c'est le moins ordinaire dans la grande.

Le paysan qui n'a qu'un champ suffit largement, quelquefois même trop largement, à l'exploiter avec sa famille. L'homme qui possède une vaste étendue de territoire a besoin d'un grand nombre de serviteurs ou d'associés qui l'aident à tirer parti du sol. Dans l'antiquité, il avait des esclaves; vers la fin de l'Empire romain, ces esclaves, fixés de génération en génération sur le même champ, étaient devenus des colons; au moyen âge, ils devinrent serfs « attachés à la glèbe », suivant l'énergique expression de nos aïeux, donnant au seigneur une partie des fruits du champ qu'ils tenaient de lui et une partie de leur travail que celui-ci employait à la culture des terres qu'il s'était personnellement réservées. Cette organisation des travaux agricoles procédait toute du principe d'autorité; si elle avait été nécessaire à une époque de civilisation peu avancée, elle avait de très graves inconvénients qui gênaient la formation de la richesse et le mouvement de la liberté. Elle devait disparaître, lorsque la liberté et la richesse seraient assez fortes pour renverser l'obstacle.

C'est ce qui a eu lieu : en France, comme dans la plupart des pays civilisés, les travaux agricoles ne se font plus qu'en vertu de contrats libres et temporaires.

Ces contrats peuvent être très divers, comme toutes les conventions librement faites entre les hommes; néanmoins, ils se ramènent à *trois grands systèmes d'amodiation* : le *métayage,* le *bail à ferme* et le *bail emphytéotique*, ce dernier très peu usité dans notre pays.

Tous supposent l'existence de la *rente*. En effet, admettons par hypothèse que telle terre, retournée par les labeurs incessants d'un paysan, suffise à peine à le nourrir, lui et sa famille, et que les récoltes paient bien juste les frais de production. Comment le paysan affermera-t-il cette terre et quel excédent pourrait-il demander, à titre de loyer, à un autre cultivateur ? Si, au contraire, les récoltes, tous frais prélevés, laissent un excédent, le paysan propriétaire peut dire à cet autre cultivateur : « Je vous loue ma terre ; chaque année vous aurez un profit qui sera dû en partie à ma propriété et en partie à votre industrie ; je vous propose donc de partager ce profit, et nous allons immédiatement stipuler, par un calcul approximatif, ma part. » Cette part est précisément le fermage.

Extrait de *Économie pratique*. (Hachette.)

Petite ferme flamande.

IV

LA GRANDE PROPRIÉTÉ

Par **Paul LEROY-BEAULIEU**,
Membre de l'Institut.

La grande propriété moderne est celle qui appartient à de riches agriculteurs de profession, pourvus d'instruction et d'ouverture d'esprit, comme on en rencontre un grand nombre dans nos progressifs départements du Nord et du Pas-de-Calais, entre autres, de la Gironde et de l'Hérault, de l'Aude et du Gard ; ou bien encore c'est celle qui est acquise par d'habiles industriels, auxquels leurs manufactures ou leur commerce ont procuré de larges fortunes ou assurent de gros revenus. Le nombre de ces industriels, soit en activité, soit retirés des affaires, qui se laissent séduire à l'appât de la propriété foncière et aux attraits d'une exploitation agricole, devient de plus en plus considérable. C'est par cette catégorie de propriétaires surtout, ayant l'habitude de la précision, de la comptabilité, le sens de la hardiesse, la pratique des expériences et des essais, le goût des applications scientifiques, que la grande propriété moderne remplit sa fonction essentielle, l'une des plus importantes de la société. Rien ne peut la remplacer. Cette grande propriété moderne est comme l'hélice qui communique toute l'impulsion à la production agricole et la fait avancer.

L'avantage par excellence de la grande propriété moderne, c'est sa supériorité scientifique et intellectuelle ; c'est la qualité qui la rend indispensable à la bonne économie et au progrès d'une nation. Cette supériorité intellectuelle et scientifique des grands propriétaires modernes est le pivot de tous les progrès de l'agriculture. Elle l'a été dans le passé, elle l'est beaucoup plus encore dans le présent, et chaque jour son rôle s'élargira.

La grande propriété moderne joue beaucoup plus régulièrement ce rôle d'introductrice du progrès qui n'a été rempli que passagèrement, à certaines époques, par l'ancienne grande propriété nobiliaire, souvent frivole ou obérée. Dans le temps présent ou le récent passé, ce sont les grands propriétaires du nord et du centre de la France qui ont modifié les assolements, adopté de nouvelles cultures, comme celle de la betterave, de nouveaux engrais, comme le guano, les superphosphates, des amendements, comme le chaulage, le marnage, des reproducteurs de choix, qui ont essayé les semences améliorées, les machines enfin, de toute nature, qui ont pour objet et pour effet, non seulement d'épargner de la main-d'œuvre, mais d'accroître la quantité des produits, d'en éviter la déperdition et parfois d'en améliorer la qualité. Un souffle de recherche et de progrès anime la grande propriété moderne, tandis qu'un certain attachement à la routine, une naturelle timidité tendent à caractériser la petite propriété.

On a bien vu ces deux dispositions contradictoires dans le midi de la France, lors des crises qu'a traversées la vigne. C'est un grand propriétaire du département de l'Hérault, M. Marès, qui a inventé le traitement de l'oïdium avec le soufre ; c'est un grand propriétaire d'un des départements voisins, M. Faucon, qui a appliqué la submersion pour lutter contre le phylloxéra ; c'est une société viticole, celle des Salins du Midi, qui a fait connaître la résistance à l'insecte de la vigne plantée dans certains sables ; c'est sur le domaine d'un grand propriétaire de la Gironde, M. Johnston, qu'a été reconnue l'efficacité du sulfate de cuivre pour triompher du mildew.

Ce sont les grands propriétaires, particulièrement du département de l'Hérault, qui, luttant pendant quinze ans contre certains savants, notamment contre le chimiste J.-B. Dumas qui voulait leur imposer le sulfure de carbone, ont, avec des recherches infinies, une persévérance sans égale, des dépenses énormes, établi l'immunité des vignes américaines, sélectionné les plants, multiplié les essais et les expériences, et reconstitué plus de 600 000 hectares de vignes, presque soudainement détruits, en consacrant à cette œuvre, dans le département de l'Hérault, environ 300 millions de francs en une quinzaine d'années.

A l'heure actuelle, c'est aussi la grande propriété moderne qui fait des recherches incessantes pour lutter contre les autres ennemis de la vigne, l'anthracnose, le block-rot; c'est elle qui a créé des hybrides ayant des qualités particulières, le « Petit Bouschet », l' « Alicante Bouschet »; c'est elle aussi qui recherche les meilleures méthodes de vinification, qui introduit des fouloirs-égrappoirs, au lieu du procédé tout primitif d'écrasement de la grappe sous les pieds du vigneron, qui s'ingénie à varier le mode et la durée de la cuvaison, qui fait les expériences des levures artificielles, etc.

Ce n'est pas seulement pour les cultures industrielles comme la betterave ou la vigne, c'est même pour l'exploitation des pays pauvres que les grands propriétaires industriels ont donné de très utiles leçons. Ainsi, M. Cormouls Houlès s'est appliqué dans le Tarn, pendant trente ans, à changer toute l'exploitation d'une vaste propriété de montagne, située à 800 mètres d'élévation, et où l'on ne faisait qu'une culture extensive. Il a amélioré les bois, remplacé les moutons par les vaches, assaini les prairies, fait des barrages et des constructions. Il a dépensé plus de 300 000 francs en améliorations et en a retiré, affirme-t-il, un revenu de 6 p. 100. Des exemples de ce genre sont fréquents.

Les petits propriétaires n'ont pas l'esprit assez alerte pour prendre l'initiative des expériences; l'État a trop de rigueur et de parti pris, pas assez de souplesse, pour suppléer, en pareil cas, à l'ingéniosité diversifiée de l'initiative privée. Les petits propriétaires, quoique leur intelligence soit plus éveillée qu'ailleurs, se sont contentés d'imiter tardivement quand, depuis de longues années, la démonstration de certains modes soit de plantation, soit de culture, soit de traitement, soit de cuvaison, était depuis longtemps décisive.

Lorsque, au contraire, le phylloxéra a éclaté dans une région où domine la petite propriété et où la grande est très rare, la Champagne, les journaux ont été remplis de sortes d'émeutes de paysans s'opposant aux essais des inspecteurs phylloxériques, ne voulant entendre parler ni de mesures préservatrices, ni de traitement, et repoussant avec des violences ceux qui s'efforçaient de prévenir et de réparer le mal.

Une grande propriété dans le nord de la France. Domaine du prince de Monaco, à Marchais.

V

LA PETITE PROPRIÉTÉ

Par Paul LEROY-BEAULIEU.

Le petit propriétaire exploite souvent beaucoup plus à fond que le grand propriétaire et tire plus toute la production possible des parcelles sur lesquelles il se cantonne et s'acharne. C'est que la terre a pour l'homme qui la possède un attrait singulièrement vif; elle devient l'objet de toutes ses pensées, de tous ses soins, de toute sa tendresse. Michelet a dit que le paysan propriétaire rend un culte à sa terre, qu'il ne se lasse pas de la caresser, de l'orner et de la parer. Ce petit propriétaire ne mesure pas le temps qu'il consacre à son domaine : il y affecte avec plaisir des heures supplémentaires au delà de la journée normale. Jamais le petit propriétaire ne réduira chez lui à huit ou à neuf heures la journée de travail. C'est comme une mère qui soigne son enfant. De là les miracles de la petite propriété, qui dès l'ancien régime, suivant Arthur Young, transformait les rochers parfois en champs et en jardins. Ces miracles n'ont pas cessé; ils proviennent d'un travail infatigable et incalculable qui trouve dans la joie dont il est accompagné, dans les espérances toujours renaissantes, sa principale récompense. Les jardins maraîchers près des villes ou l'admirable culture de certains grands pays entiers comme la Chine chantent les louanges de la petite propriété.

Cet avantage de la petite propriété est incontestable ; c'est l'un de ses principaux : les enfants presque dès le plus bas âge, les femmes trouvent dans la petite propriété un emploi très efficace. Toute la famille se partage les tâches et s'y adonne d'ordinaire, avec ardeur. Ce concours des deux sexes et de tous les âges, dans une œuvre acceptée et remplie avec entrain, est l'un des beaux côtés de la petite propriété. Il semble qu'elle réponde complètement à la nature de l'homme et de la famille.

Quoique ce ne soit pas là des avantages économiques, on ne

peut les passer sous silence. Une nation qui compte beaucoup de petits propriétaires sera, dans l'ensemble, plus laborieuse, plus prévoyante, moins adonnée à certains vices : la dissipation, l'ivrognerie même ; elle sera plus en garde contre les sophismes.

Sans prétendre (ce serait une erreur) qu'elle résistera nécessairement aux séductions du socialisme, car la petite propriété peut comporter l'envie contre la grande, elle s'y laissera moins complètement entraîner.

La petite propriété donne une certaine stabilité à une société sans l'assurer, toutefois, d'une manière absolue contre les agitations et les bouleversements.

Nous avons constaté que la petite propriété fait parfois des merveilles. Arthur Young s'extasiait en leur présence. C'est à propos d'un coin du département de l'Hérault, le vallon et les montagnes des environs de Ganges, qu'il a écrit une phrase bien souvent répétée : « En sortant de Ganges, je fus surpris de rencontrer le système d'irrigation le plus avancé que j'aie vu en France. Je passai ensuite près des montagnes fort escarpées, parfaitement cultivées en terrasses. Grandes irrigations à Saint-Laurent ; paysage d'un grand intérêt pour le fermier. Depuis Ganges jusqu'à la rude montagne que j'ai traversée, la course a été la plus intéressante que j'aie faite en France, les efforts de l'industrie les plus vigoureux, le travail le plus animé. Il y a ici une activité qui a balayé devant elle toutes les difficultés et revêtu les rochers de verdure. Ce serait insulter au bon sens que d'en demander la cause : la propriété seule l'a pu faire. *Assurez à un homme la propriété d'une roche nue, il en fera un jardin; donnez-lui un jardin par bail de neuf ans, il en fera un désert.* »

Il faut remarquer toutefois que ces merveilles, la petite propriété les réalise, non pas à égalité de travail avec la grande propriété, mais au moyen d'un labeur infiniment plus prolongé, labeur qui plaisait aux rudes petits propriétaires d'autrefois et qui commence à avoir moins d'attraits pour les petits cultivateurs d'aujourd'hui, *labeur énorme auquel participait toute la famille, la femme, les enfants.* Dans le département de l'Hérault, où se sont réalisés ces miracles de la petite propriété qui séduisaient

tant Arthur Young, la journée maxima de travail rural aujour-
d'hui est de huit heures en hiver et de neuf heures en été ; très
souvent même cette durée n'est pas atteinte. Or, ce n'est pas
avec ces huit ou ces neuf heures que le petit propriétaire pouvait
transformer ainsi en jardins des rochers, ni même cultiver
efficacement des terres moins dénuées de la nature; il y con-
sacrait dix, douze heures, parfois plus en été.

Cette observation n'est pas sans importance, étant donné le
courant actuel des idées. Ce n'est pas avec une somme
moyenne de travail, c'est avec une effroyable somme de
travail pour lui et toute sa famille que le petit propriétaire
arrive dans bien des cas aux résultats qui font l'admiration
de tous. Aujourd'hui, on a persuadé aux habitants des campagnes comme aux habitants des villes que le travail est une
servitude qu'il faut réduire autant que possible ; il en résulte
que même la petite propriété, parmi les jeunes générations
du moins, se sent moins d'inclination à ce travail acharné et
prolongé qui produisait ces résultats extraordinaires. Aussi,
beaucoup de ces terres ingrates qu'elle mettait en valeur
tendent-elles à être abandonnées.

La petite propriété trouvera peut-être une compensation, surtout lorsqu'elle est dans le voisinage de la grande, dans l'abré-
viation des heures de la journée salariée qui lui laisseront encore
quelque répit sans travail excessif pour la mise en valeur de
ses petites exploitations ; elle trouvera surtout une compensation dans l'amélioration des méthodes de culture. Néanmoins, on remarque dès maintenant que le discrédit où est
tombé le long travail quotidien et l'amoindrissement du goût
de l'effort chez l'homme font qu'aux environs des petites villes
industrielles les ouvriers salariés, quoique faisant des journées
plus courtes, sont bien moins disposés à conserver, à acheter
et à maintenir en valeur les lopins dont l'exploitation autrefois faisait leur joie et leur rapportait un modeste mais non
négligeable surcroît de ressources.

Extrait de Traité d'économie politique. (Guillaumin.)

VI

ROLE DE LA FEMME A LA CAMPAGNE

Par **O. BUSSARD**.

A côté du fermier, maître de la terre, la fermière, maîtresse du foyer, a sa tâche nécessaire.

Le maître, absorbé par le travail extérieur, qui demande toute son intelligence, toutes ses forces, n'en peut rien distraire pour le donner aux soins de détail que demandent l'organisation et la conduite d'un intérieur. La « maîtresse » — comme on dit dans quelques campagnes — doit prendre la direction de ce domaine, et ce ne sera point là une sinécure : il faut beaucoup travailler ou beaucoup surveiller, et souvent faire les deux.

Si les devoirs de toute maîtresse de maison sont lourds, ceux de la fermière sont écrasants. En plus de celle-ci, elle est celle-là ; elle est encore la collaboratrice indispensable de son mari, auquel elle apporte la coopération de son jugement et de ses idées personnelles ; elle est la mère, quelquefois l'institutrice, toujours l'éducatrice ; elle est, enfin, la charité efficace, active, en éveil pour guérir ou consoler.

Les devoirs de la femme et sa tâche sont, dans la vie agricole, plus nombreux et plus lourds que partout ailleurs. La fermière, compagne du fermier, est l'influence discrète et constante, l'aide laborieuse et le rouage principal du mécanisme compliqué qu'est l'intérieur de la ferme.

Dans cet intérieur, son domaine tout spécial, un labeur varié autant qu'absorbant demande son attention. Que le personnel placé sous ses ordres soit nombreux ou restreint, il est nécessaire que la main qui le conduit soit ferme, il est encore plus nécessaire qu'elle sache au besoin montrer le chemin ; en un mot, la fermière doit connaître la théorie et la pratique du travail, afin de pouvoir commander avec discernement et justice et surtout afin d'être obéie.

31.

Les comptes de l'exploitation sont encore bien souvent, pour une large part, du ressort de la fermière. Les exploitations accessoires : laiterie, basse-cour, potager, etc., sont, en effet, dirigées par elle et soumises à son contrôle. Une comptabilité très détaillée s'impose donc et doit être tenue avec une méthode rigoureuse. Veut-elle encore s'occuper de ses enfants, être vraiment la mère ? son programme se charge encore : que

Femmes employées au fanage.

de soins, de veilles, de préoccupations constantes l'enfant n'exige-t-il pas ! Et plus tard, lorsque le caractère et l'esprit malléables ont besoin de l'empreinte presque créatrice qu'ils porteront peut-être pendant toute la vie, quels nouveaux devoirs s'imposent impérieusement !

Il faut convenir que la femme arrive le plus souvent mal préparée à sa belle et vaste tâche. Généralement elle quitte sa famille où, même si elle habitait la campagne, elle ne s'occupait guère, comme jeune fille, de la conduite de la

maison et encore moins de celle de la ferme; ou bien elle
vient de la ville et ignore tout de la vie qui s'offre à elle.
Quelquefois, il est vrai, la future fermière a reçu une éducation
solide et pratique, qui serait parfaite si on y avait joint le
côté technique, presque impossible à enseigner chez soi sans
une installation spéciale. D'ailleurs, la partie matérielle

Femmes employées au teillage du lin.

s'acquiert; il suffit, pour cela, de temps et d'une certaine
intelligence, mais il est toujours préférable qu'elle repose sur
un fonds scientifique raisonné, que la pratique, si habile soit-
elle, ne remplace jamais.

Cette lacune dans l'éducation agricole féminine a été
comblée et il existe en France des écoles s'intitulant modeste-
ment Écoles de laiterie, qui enseignent aux futures fermières,
en même temps que la technologie laitière complète, l'économie domestique, des notions d'hygiène, d'élevage, de

médecine vétérinaire, d'agriculture, d'apiculture, etc. (1).

A côté de la partie théorique, le programme fait une large place à la partie pratique, qui comprend la fabrication du beurre et du fromage, la tenue de la ferme et du ménage : couture, cuisine, blanchissage, comptabilité, soins à la basse-cour et au rucher.

Habilement dirigés, et dotés d'un enseignement basé sur les principes les plus élevés, ces établissements ont déjà rendu de grands services à la cause agricole.

Mais si tout n'a pas encore été fait dans la voie de la préparation spéciale de la femme à la vie agricole, l'idée est dans l'air et elle progresse. D'autre part, la jeune fille est moins récalcitrante à l'idée de rester ou même de venir habiter la campagne, et il n'est pas rare de voir des femmes de la ville, et du meilleur monde, accepter de vivre entièrement sur une exploitation.

Le retour à la vie rurale s'organise déjà ; elle effraie moins, on s'aperçoit qu'on l'a négligée et calomniée et on lui revient avec joie. Et quelle existence large, saine, on y mène en effet ! Quels plaisirs calmes et quel noble labeur la remplissent ! Il semble que la vie agricole épure ce qu'elle touche ; elle est la mère des goûts modérés. Par la diversité des occupations, elle prévient l'ennui ; elle met l'homme plus près des œuvres de Dieu. Elle glorifie davantage le travail, et, si elle y attache moins de fortune, elle y met souvent plus de bonheur. La vie agricole est donc morale. Ennemie de l'égoïsme et des goûts frivoles, elle développe l'énergie et peut la porter jusqu'à la vaillance. Elle enseigne de la façon la plus pratique que le bonheur de chacun est fait du bonheur de tous.

(1) Voy. *Le livre de la fermière*, par O. Bussard (*Encyclopédie agricole*). — *Économie ménagère agricole*, par A. Ducloux.

VII

CONSEILS AUX JEUNES AGRICULTEURS

Par **Eug. RISLER**,

Ancien directeur de l'Institut national agronomique.

Les systèmes de culture sont des faits très complexes qui
varient, non seulement avec les faits que l'on a réunis sous
les noms de *climat* et de *sol*, mais avec les *faits économiques*.

Comparez, par exemple, l'agriculture avec une de nos principales industries manufacturières. Quelque immense qu'elle
soit, une fabrique de coton est infiniment plus simple dans
son organisation que la plus petite et la plus modeste de nos
fermes. Elle emploie toujours la même matière première ;
cette matière passe toujours par la même série de machines ;
ces machines livrent toujours le même produit ; il n'y a de
différence que dans la finesse des filés. On peut construire des
filatures exactement pareilles en Écosse, aux États-Unis ou
en Alsace. Le terrain sur lequel elles sont bâties, le climat,
n'auront aucune influence sur elles. Pour établir, par une
comptabilité rigoureuse, le prix de revient du kilogramme de filé
de tel numéro, on ne trouvera comme éléments variables que le
coût de la matière première, de la houille, celui des salaires.

Quand le même établissement réunit à la fois la filature et
le tissage, il devient un peu plus complexe. Les produits de
la filature servent de matières premières à la fabrication des
étoffes. Mais c'est toujours du coton et rien que du coton.

Nous pourrions dire que nous aussi, nous agriculteurs, nous
avons à fabriquer un tissu. C'est ce tissu merveilleux des
plantes qui couvrent les champs, tissu formé en quelque sorte
par la réunion des éléments du sol avec ceux de l'atmosphère,
sous l'influence de la lumière du soleil et des eaux de la pluie.
Mais, au lieu de n'employer qu'une même matière première,
partout et toujours, nous en avons de toutes sortes. Les unes,
les substances azotées, l'acide phosphorique, la chaux, la

potasse, etc., sont très inégalement réparties dans les diverses terres et les autres très inégalement fournies par les divers climats. Nous avons autant de produits que de cultures. De plus, au lieu de les livrer directement au consommateur, il faut transformer la plupart de ces produits, soit en lait, beurre, fromage, viande, laines, etc., par l'intermédiaire des animaux qui s'en nourrissent sur place, soit en fécule, sucre, vin, alcool, huile, etc., par les industries qui s'annexent aux cultures proprement dites. Chacune de ces productions représente, en quelque sorte, une industrie à part. La comptabilité agricole exprime bien cette complication ; de là viennent précisément les difficultés qu'elle a souvent à surmonter.

Toutes ces productions doivent varier, non seulement avec le milieu physique, mais avec le milieu économique. Les prix de vente, par conséquent le produit brut, dépendent de la densité de la population, de sa richesse, de la nature de ses consommations, de son groupement en villes plus ou moins grandes, de la distance de la ferme au marché, du coût des transports, des droits d'octroi et de douane, et, quant aux frais de production, ils dépendent des salaires et des conditions variées de la main-d'œuvre, du prix des engrais et amendements, de celui des terres, des modes de fermages et des lois qui régissent la propriété, des impôts, etc.

Les classifications des systèmes de culture, proposées par Royer entre autres, n'en expriment que les traits généraux. En France, il y a pour ainsi dire autant de systèmes de culture qu'il y a d'anciennes dénominations, comme *la Brie*, *la Beauce*, *le Vexin*, *le Pays de Caux*, *le Bocage*, etc. Pendant longtemps, ces systèmes de culture sont restés immuables dans leurs caractères essentiels ou n'ont subi que des changements très lents par une sorte de sélection naturelle, inconsciente à la plupart des cultivateurs qui la pratiquaient. Ils se formaient en quelque sorte comme les flores et les faunes en raison du milieu qui les entourait ; les pratiques qui n'étaient pas appropriées à ce milieu ne vivaient pas longtemps et disparaissaient avec leurs auteurs ; celles qui réussissaient étaient imitées, se propageaient et s'adaptaient au milieu, sans que les gens du pays se rendissent bien compte pourquoi.

Mais, aujourd'hui, le milieu économique qui les entoure se transforme rapidement avec les moyens de transport. Tel produit qui se vendait bien autrefois a baissé de prix par suite de la concurrence ; tel autre a augmenté par suite de l'accroissement de sa consommation ; partout la main-d'œuvre devient rare et chère. Les vieux praticiens s'inquiètent.

La crise actuelle a des causes qui ne seront que passagères : les mauvaises saisons, les maladies des plantes, etc. Après les vaches maigres viendront les vaches grasses. Mais cette crise a également d'autres causes, plus profondes, plus durables, dont la plupart proviennent du perfectionnement des moyens de transport et de l'amélioration du sort des classes inférieures. Elles se résoudront en fin de compte par un progrès général, mais elles n'en amènent pas moins des souffrances et, en certains endroits, des ruines pour les cultivateurs privés de l'instruction qui fait connaître les remèdes, ou des capitaux qui permettent de les appliquer. Ils ne peuvent plus faire ce que faisaient leurs pères, car les temps ont changé. Ils ressemblent à des marins privés de boussole. Comment diriger leur navire au milieu de ces mers inconnues ?

Nous voulons, autant qu'il est en notre pouvoir, vous épargner les déceptions et les revers.

Pour cela, rappelez-vous d'abord, quand vous vous trouverez à la tête d'une entreprise agricole, qu'il faut commencer par accepter les anciens usages. S'il n'ont plus leurs raisons d'être, à coup sûr ils les ont eues pendant longtemps. Commencez par étudier ces raisons d'être ; quand vous les aurez bien comprises, vous aurez le droit d'y faire des changements ; vous comprendrez également les changements qui y sont survenus et, d'après les variations observées dans les causes, vous serez amenés logiquement à modifier les effets. Soyez modestes devant les vieux praticiens, comme doivent l'être des jeunes gens instruits à la fois de l'autorité des faits et de leur complication.

Vous trouverez dans les livres et les publications agricoles bien des faiseurs de systèmes hâtifs et incomplets. Ce sont souvent des hommes ingénieux et distingués ; mais ce sont des hommes qui n'ont vu qu'un seul côté des choses et qui se sont trop pressés de conclure à une règle générale. Quelquefois l'exagération même de leur système a fait leur succès momentané ; le public s'est fait illusion quelque temps ; mais cet engouement n'a pas été de longue durée, quoique, hélas ! presque toujours il ait fait des victimes.

Il fut un temps où l'on s'était passionné pour l'agriculture allemande ou belge, puis vint le tour de l'agriculture anglaise. — L'agriculture ultra-intensive jette encore beaucoup de poudre aux yeux. — On a vu également la doctrine des engrais chimiques qu'on présentait comme pouvant remplacer complètement et économiquement le fumier de ferme. — On a vu, il y a vingt-cinq ou trente ans, la passion de la viticulture. On voulait faire des vignes partout.

Non seulement l'agriculture comparée constate que les méthodes de culture varient avec le sol, le climat et les conditions économiques, mais elle étudie comment et suivant quelles lois elles doivent varier.

Extrait de Géologie agricole. (Berger-Levrault.)

La rentrée des foins à la Saint-Jean.
D'après le tableau de M. Marchand.

VIII

LA SAINT-JEAN

MAITRES ET DOMESTIQUES A LA CAMPAGNE

Par E. GUILLAUMIN.

La Saint-Jean est arrivée, et, en ce jour où il faut changer
de maître, commencer dans une maison nouvelle le labeur
d'une année, il y a bien des craintes, bien des regrets, bien
des larmes... On sait d'où l'on vient, on ne sait guère où l'on
va. Rien à dire des grands qui, habitués déjà aux changements
de foyer, aux vicissitudes de la vie, sont capables de se bien
tirer n'importe où, — ayant la force et l'habitude des durs
travaux, — mais combien sont intéressants ceux qui débu-
tent ! Ce sont des gamins de onze à douze ans, fils de journaliers pour la plupart, et leur enfance n'a pas été tendre ; à la
maison paternelle on ne les a ni câlinés, ni choyés ; la mère,
ayant trop de besogne, était souvent grondeuse, le père était
parfois violent, et il n'y avait jamais guère à manger que la
soupe et le pain sec. Mais cette chaumière qui fut leur berceau,
ils la regrettent quand même ; ils regrettent leurs parents,
leurs frères et leurs camarades, et aussi toutes les habitudes
de leur enfance qu'il faut abandonner pour une vie nouvelle
dont l'inconnu les effraie.

Dans cette ferme où on les conduit, ils trouvent des visages
nouveaux, des gens qu'ils n'ont jamais vus et qui, brièvement,
leur donnent des ordres...

Que les heures leur paraissent longues et tristes en ces premiers jours ! Ils ont — les pauvres gamins ! — des mines effa-
rouchées qui les font ressembler à des oiseaux pris au piège ;
ils ont le cœur trop plein, et bien souvent des larmes, gonflant
leurs paupières, semblent prêtes à s'échapper... Oh ! cela ne
dure pas ; ils sont vite familiarisés, trop vite même si l'on n'y
prend garde, car, n'ayant plus de crainte, ils tombent dans
la désobéissance et le bavardage irrespectueux.

Eh bien, les maîtres ont à remplir vis-à-vis d'eux un lourd devoir. Ils doivent être pour ces enfants des tuteurs ; ils doivent remplacer la famille absente et s'attacher, non à les commander brutalement, mais, s'il est possible, à les initier doucement aux choses qu'ils doivent apprendre, à ne pas exiger trop, à passer sur bien des vétilles : sans cesser d'être fermes, tout en maintenant intégralement leur autorité, ils doivent chercher à s'attirer leur affection.

Hélas ! c'est un rôle de parents, cela, et les parents mêmes n'y réussissent pas toujours... Aussi, généralement, les choses se passent-elles tout autrement. Dans bien des fermes, les gamins, sans être maltraités, sont accablés de mille petites besognes, commandés de partout en même temps. Ils n'ont ni loisirs, ni jours de repos ; quelquefois, au moment des repas, on les envoie en course : cela les aigrit ; ils font de tristes réflexions ; ils conservent de leurs débuts un souvenir bien amer. Et, très vite, ils arrivent à envier la position des *grands* qui font un travail plus pénible, mais ont des loisirs, sont mieux considérés et gagnent davantage. C'est pourquoi, dès l'âge de quatorze ans, ils se prétendent capables de tout faire, ils se marquent de l'épi de froment et tâchent de travailler avec les hommes.

Ah ! les pauvres gosses ! ils ne sont pas au bout de leurs peines ! Il y a même quelque chose de révoltant dans l'effort continu, les souffrances sans nombre qu'endurent ces enfants qui veulent être des hommes... Ils peinent parce qu'ils n'ont pas la force ; ils se fatiguent plus encore parce qu'ils ne savent pas... Heureux s'ils tombent dans une maison où on les ménage, où on les encourage tout en leur aidant.

Pour les filles, toutes ces questions sont bien plus graves encore. Il est à remarquer que, de plus en plus, chez nous, on laisse la femme à son rôle de ménagère ; les paysannes ne vont plus guère travailler dehors, sauf pour les grands travaux de l'été : les fenaisons et les moissons. Mais il est encore de petites débutantes de douze ans dont le rôle est de garder les bêtes d'un bout à l'autre de l'année et par tous les temps. Cela est passable à la belle saison ; cela est horrible en hiver, dans les chemins boueux, par le froid, la neige et le vent. Un garçon du même âge, vigoureux et robuste, peut s'en tirer ; on ne devrait pas demander cela d'une fillette.

Pour les servantes de quatorze à dix-sept ans, la question travail est d'une importance capitale. Il faudrait habituer ces jeunes filles à une vie active, leur apprendre toutes les besognes d'intérieur qu'il est essentiel pour une femme de connaître, mais il faudrait aussi les traiter avec ménagement, ne pas leur imposer de fatigues trop fortes, ne pas surtout leur faire exécuter de travaux d'hommes.

Enfin, pour les jeunes domestiques des deux sexes, mais surtout pour les filles, la question morale a une grande importance aussi. Je sais bien qu'on ne peut demander aux travailleurs manuels une grande élévation d'idées ni une pureté absolue de langage. Aux champs, on goûtera toujours mieux les gauloiseries rabelaisiennes que les rêveries sentimentales de Lamartine et de ses disciples. Mais il est une limite qu'on ne devrait point franchir, il est des plaisanteries soldatesques qui sont déplacées absolument en dehors des casernes. Aux maîtres qui ont la responsabilité matérielle et morale de leur personnel, à tous les travailleurs intelligents de montrer l'exemple. Sans tomber dans le puritanisme, frère de l'ennui, sans bannir le moins du monde le bon rire franc qui fait oublier les dures fatigues, qu'ils observent une certaine retenue de langage, qu'ils exigent qu'autour d'eux, en présence surtout des femmes, on n'emploie ni les mots trop crus, ni les phrases trop pimentées... C'est une sage habitude à prendre ; nul n'y perdra, et les jeunes filles de la maisonnée y gagneront beaucoup.

Le courage, la persévérance, la bonne volonté sont les vertus primordiales des terriens. Des pensées plus nobles, une plus haute idée de leur dignité personnelle, une conscience plus éclairée et plus large, voilà ce qui leur manque. Avec le temps, cela viendra, je l'espère, et les paysans montreront alors qu'ils ne sont pas, comme certains l'ont voulu prétendre, des brutes grossières, mais au contraire, et plus peut-être que les citadins raffinés, des êtres intelligents, des hommes !...

Extrait de Tableaux champêtres. (Hachette.)

IX

LE BERGER

Par **M. de CHERVILLE**.

Nous venons de conduire au champ du repos un homme qui, dans son humble condition de berger, avait su conquérir la sympathie et l'estime de tous ceux qui l'ont connu, par sa droiture et sa probité dans une longue et laborieuse existence. Comme il n'avait jamais cherché la gloire ailleurs que dans la bonne condition de son troupeau, son nom vous importe peu ; d'ailleurs, dans les agitations qui vous consument, vous en oubliez si aisément d'autres qui avaient légitimement conquis la renommée, que ce n'est vraiment pas la peine de vous le donner. Cependant, je ne renoncerai pas à la pieuse satisfaction de consacrer quelques lignes à la mémoire de cet inconnu qui ne fut rien, qu'un brave homme honorant la blouse qu'il portait.

Pendant cinquante ans, il avait conduit le troupeau de la même ferme, passant du père au fils, mais regrettant quelque peu que celui-ci ne partageât pas la prédilection exclusive que le premier avait manifestée pour le mouton ; il se montra, pendant ce demi-siècle, toujours aussi ponctuel, aussi actif, aussi vigilant, aussi absorbé par le souci de la prospérité des animaux dont il avait la garde.

Un seul sentiment fut chez lui à la hauteur de son dévouement, je pourrais presque dire de son fanatisme professionnel, celui du père de famille. Le vieux berger avait eu huit enfants et il les éleva non seulement avec tendresse, mais avec un judicieux discernement. C'était au temps de l'exonération ; lorsqu'un de ses fils arrivait au moment du tirage, notre berger s'en allait trouver son maître, lui demandait une avance de deux mille ou deux mille cinq cents francs qui jamais ne lui était refusée ; le jeune homme, trouvant un remplaçant, poursuivait le métier qu'on lui avait donné et arrivait à s'établir. Alors le berger et sa courageuse femme, « faisant de l'argent avec leurs dents », comme on dit en Beauce, c'est-à-dire s'imposant privations sur privations et mettant sol sur sol, arrivaient à rembourser la grosse somme empruntée.

Il avait renouvelé trois fois ce tour de force de l'économie rurale, ce qui ne l'avait pas empêché de marier convenablement

La cabane du berger et le parc à moutons.

ses filles et de s'assurer à lui-même un morceau de pain pour ses vieux jours ; précaution inutile : ils vinrent, mais le robuste bonhomme ne fléchit pas et continua jusqu'à soixante-dix ans le métier qu'il considérait comme le plus noble de tous.

Il n'est pas du reste le premier chez lequel nous observons une véritable passion pour la profession de pasteur de troupeau ; il faut croire que la vie contemplative qu'elle leur impose, le recueillement auquel elle les astreint, peut-être aussi les jouissances de leur domination sur un peuple de quadrupèdes, ont des charmes auxquels ils cèdent sans s'en rendre compte et que nous sommes incapables d'apprécier. En revanche, une longue pratique leur fournit une connaissance physionomique de l'animal, assez curieuse pour nous autres profanes. Pour vous comme pour moi, rien ne distingue trop un mouton d'un autre mouton ; choisissez celui que vous voudrez dans un troupeau de cinq cents têtes, montrez-le au berger, faites-le rentrer dans la masse, après l'avoir marqué d'un signe invisible, brouillez les cartes autant que bon vous semblera, au défilé le vieux pâtre reconnaîtra infailliblement la bête marquée et ne s'y trompera jamais.

Nous n'avons jamais dissimulé les travers et les vices de nos populations rurales ; nous avons reconnu, avec tristesse, les progrès que le désordre moral, conséquence de l'alcoolisme, faisaient chez elles. Cependant, si vous allez plus loin que les surfaces, si vous ne vous arrêtez pas à ceux des villageois dont l'existence bruyante et tapageuse attire l'attention, soyez certains que vous ne manquerez pas de découvrir dans ces populations des hommes restés probes, sobres, vaillants au travail, économes pendant une longue existence, et que vous trouverez autrement nombreux que ceux qui, pour une cause ou pour une autre, auront faibli ou choppé sur la route. C'est surtout pour ceux-là que nous souhaiterions que l'on fît pour chacun de nos villages ce que Joigneaux a fait pour le sien en Bourgogne : nous voudrions qu'on en écrivît l'histoire et qu'on la donnât à lire aux enfants de l'école. Ce serait à la fois la chronique de ce passé de ce coin de la patrie et le livre d'or des humbles mais glorieux travailleurs, de tous les gens de bien dont le souvenir devrait s'éterniser au moins chez leurs compatriotes. Peut-être le témoignage de la considération publique, à laquelle peut atteindre un simple remueur de terre, un modeste serviteur, comme notre vieux berger, pourrait-il inspirer à la jeunesse la résolution de les prendre pour modèles.

Extrait de Le monde des champs. (Firmin Didot.)

La prospérité du troupeau dépend des aptitudes et des qualités du berger. Par berger, on n'entend pas un jeune serviteur quelconque de la ferme — gamin ou gamine — chargé de mener paître les moutons, mais un homme qui consacre tout son temps au soin du troupeau, et s'en occupe avec sollicitude et intelligence, non seulement par probité professionnelle, mais encore par goût, il faudrait presque dire par vocation, tant on doit réunir d'aptitudes spéciales pour réaliser le type du bon berger. De plus en plus rares sont ceux qu'attire cette vie modeste, solitaire, monotone, et qui, joignant l'expérience à l'intuition, savent diriger l'existence du troupeau et de chacun des individus qui le composent : hygiène, alimentation, tonte, accouplement, mise-bas, castration, engraissement, traitement des maladies, etc.

On conçoit ce que peut devenir le plus beau troupeau confié à des mains malhonnêtes et maladroites. Nous avons vu récemment une dizaine de fermiers, habitants de la même commune, perdre entièrement leurs troupeaux, par suite d'une série d'imprudences et de négligences qui eussent été facilement évitées.

La disparition des bons bergers est une des principales causes de la décadence de l'élevage du mouton. (S.)

Bergère berrichonne.
D'après le tableau de Leloir.

La chasse au marais.

X

LA CHASSE ET LA POPULATION RURALE

Par **A. de LESSE**.

On connaît les avantages pécuniaires que procure la location des chasses dans certaines communes ; c'est surtout dans les départements agricoles que ce fait est le plus répandu. On peut citer telle commune de Seine-et-Marne, seulement de 200 habitants, dont le revenu net provenant de la chasse communale s'élève à plus de 1 000 francs les années médiocres, pour une superficie de 500 hectares environ (1).

(1) Voy. *Chasse, Élevage, Piégeage*, par A. DE LESSE (*Encyclopedie agricole*).

A côté des avantages matériels, il faut placer l'influence morale et sociale du sport cynégétique sur la population des campagnes, et en particulier sur la population agricole. Il est clair que l'exercice de la chasse peut être mis au rang des « attractions » les mieux conditionnées pour retenir à la vie et aux travaux des champs.

Le braconnage local, instinct répandu à profusion, représente le mauvais côté de la question, car au fond de tout campagnard, même chasseur, sommeille un braconnier. Il est une des causes principales de la disparition du gibier. Or, quand le gibier fait complètement défaut dans un pays, celui-ci perd un de ses attraits, surtout aux yeux des jeunes hommes qui n'y sont pas encore attachés par l'habitude et la famille : nouvelle cause, d'ordre secondaire il est vrai, à ajouter à toutes celles qui ont amené un si alarmant exode vers les villes.

Dans les régions où le gibier devient trop rare, il est constant que les fils des cultivateurs les plus aisés, dépourvus de ce passe-temps de la chasse, dissipent leurs loisirs des jours de fête à la ville, qui finit par les garder.

Or la chasse reste pour l'homme des champs l'exercice hygiénique et moralisateur par excellence.

C'est une occupation qui remplace avantageusement le cabaret, aussi bien pour nombre de chasseurs modestes que pour une foule d'auxiliaires de la chasse. Un rabatteur qui, en général, peut gagner 2 fr. 50 à 3 francs pour sa demi-journée le dimanche et même la semaine, ne perd pas son temps. Mais, afin que la pratique de ce sport ne devienne pas un leurre et pour le justifier, encore faut-il qu'il existe du gibier en quantité suffisante. Pour obtenir ce résultat, l'habitude journalière de chasser sur le même terrain, quand il s'agit en particulier de chasses banales, est inadmissible.

Dans beaucoup d'endroits où le repeuplement est peu en honneur, où l'élevage n'existe pas, et où pourtant il reste encore un peu de gibier à cause des dispositions favorables du pays, on a pratiqué ainsi la chasse à outrance ; il est aisé de comprendre que le gibier ne peut s'adapter à un tel abus.

Quel est surtout le secret de l'abondance presque générale

de gibier qui caractérise les pays allemands ? C'est le développement d'une qualité, qui sans doute n'a pas toujours fait défaut en France, mais qui à coup sûr s'est bien affaiblie : nous ne savons pas être conservateurs, et nous mangeons allégrement notre bien en herbe.

Il est un fait certain, c'est qu'avant l'annexion l'*Alsace-Lorraine* ne pouvait passer pour un paradis des chasseurs ; actuellement, *cette province présente tous les caractères d'un pays réellement giboyeux.*

Étant donnée la véritable destruction à laquelle on s'est livré dans certaines provinces françaises, il est admirable de voir qu'il reste encore dans quelques chasses banales, à peine gardées, des quantités parfois considérables de gibier.

Cela prouve, et la constatation n'est pas neuve, que notre pays est susceptible, grâce à l'ensemble privilégié de ses caractères physiques et naturels, l'admirable fertilité de son sol, son climat particulièrement favorable, de posséder une richesse en gibier que pourraient lui envier les autres contrées européennes, en apparence plus favorisées.

On a prétendu que certaines provinces méridionales, comme la Gascogne et la Provence, par exemple, ont toujours été déshéritées et sont vouées à la stérilité au point de vue gibier. Rien ne serait plus inexact, si l'on en croit le public désintéressé, les voyageurs par exemple. Ceux-ci racontent qu'au xviie et au xviiie siècle le gibier était si abondant en Gascogne et en Provence qu'on était dégoûté de manger chaque jour, dans les hôtelleries, des cailles et des perdreaux à tous les repas.

Ce qui donne aux pays étrangers leur supériorité actuellement incontestable, c'est surtout l'ensemble des sages mesures qu'y a prises le législateur ; et, fait qui ne saurait trop attirer l'attention, ces lois sont exécutées presque invariablement avec toute la rigueur nécessaire.

On s'y inspire uniquement de la loi de conservation des espèces.

Si nos petits propriétaires, si la masse des paysans cultivateurs comprenaient quelles ressources ils peuvent tirer de la chasse exploitée en bon père de famille, évitant la faute amère de l'homme qui abuse de la fertilité du sol, ils devraient être les premiers à accepter et à solliciter toutes les mesures propres à la protection du gibier.

Ce ménagement et cette protection auraient dans bien des cas pour résultat le retour au milieu de leur domaine de propriétaires dont les capitaux ne servent pas à l'amélioration et à la prospérité de ceux-ci.

De plus, la constitution d'une chasse normale, surtout quand on s'y livre à l'élevage, oblige toujours le propriétaire ou le locataire à une sorte de *remembrement*. Ce fait a lieu lorsque le territoire est trop divisé, ou même lorsqu'il subsiste des enclaves.

Cette division si exagérée de la propriété à l'heure actuelle, ces enclaves parcellaires, aussi gênantes qu'inattendues, et qui font le bonheur du petit paysan tueur de lièvres, sont beaucoup moins profitables aux travaux de la culture.

L'agriculteur, comme le chasseur, a certainement intérêt à opérer sur un domaine « d'un seul tenant ».

Enfin, qui dit « chasse giboyeuse » dit « destruction des bêtes malfaisantes ou nuisibles »; l'agriculteur y trouve son compte, puisqu'un très grand nombre de ces animaux nuisent aux récoltes comme au gibier.

La chasse à courre.

XI

LA VIE RURALE ET L'HYGIÈNE

Par J. MÉLINE,
Ancien ministre de l'Agriculture.

La littérature populaire aurait un grand et beau rôle à jouer
dans cette œuvre de régénération morale et sociale ; elle pourrait beaucoup pour changer les idées, les habitudes, le caractère des citadins et des ruraux eux-mêmes, en modifiant leur
conception de la vie et du bonheur.

Malheureusement, elle semble de plus en plus oublier cette
noble mission d'éducatrice. Quand elle ne tourne pas à la
pornographie abjecte, qui est le foyer d'infection morale le
plus redoutable de notre époque, elle ne sait que flatter les
appétits les plus bas et les passions les plus violentes ; elle
étale avec complaisance, sous les yeux de la foule, des scènes
de férocité hideuses, comme si elle voulait ramener l'homme
à la bête.

En face de cette littérature décadente, on voit heureusement
se lever depuis quelques années une littérature nouvelle, la
littérature de l'avenir, éprise de toutes les beautés, la beauté
de la nature, la beauté de l'homme fort et sain, la beauté de
la vie intérieure ; elle fait appel aux plus nobles sentiments
de l'âme humaine et s'efforce de réveiller en elle le goût de la
vie simple et des joies de la famille...

L'heure est d'ailleurs bien venue pour entreprendre en
faveur de la terre une croisade que le courant de l'opinion
semble favoriser partout. Il n'est pas douteux qu'il se fait en
ce moment, comme par une sorte de poussée instinctive, un
travail profond dans les esprits, qui oriente beaucoup de
Français dans une direction toute nouvelle. La réaction contre
la ville s'accentue pendant que l'attraction de la campagne
grandit chaque jour et s'affirme avec une force irrésistible.

Tout contribue à ce mouvement instinctif et profond : l'excès de fatigue des habitants des villes, la lassitude d'une existence toujours agitée et devenue maladive, le déchaînement de toutes les passions politiques, religieuses, sociales, qui engendre la soif du repos et fait envisager la campagne comme une oasis protégée contre les bruits du dehors, enfin la ruine des santés de plus en plus compromises par une existence désordonnée qui est une cause d'usure incessante.

Car, il n'est plus permis d'en douter aujourd'hui, et toutes les découvertes de la science aboutissent à la même conclusion : la cause principale de tant de maladies insidieuses et mysté- rieuses que ne connaissaient pas nos pères, ou qui étaient tellement exceptionnelles qu'on les recensait à peine, des affec- tions nerveuses qui revêtent tant de formes affligeantes, hypocondrie, neurasthénie, anémies du cerveau, et de l'horrible tuberculose pire que la peste, c'est surtout, il faut avoir le courage de l'avouer, l'atmosphère viciée, empoisonnée au milieu de laquelle notre civilisation, ou plutôt la dégénéres- cence de notre civilisation, a plongé l'espèce humaine depuis un demi-siècle. Cette vie contre nature à laquelle les trésors de santé et de forces accumulés par nos aïeux ont pu pendant un certain temps résister, a fini par user tous les organismes et par avoir raison de tous les remèdes.

Il y a longtemps que Jean-Jacques Rousseau avait dénoncé, comme par une sorte de prescience, les dangers qui menaçaient les générations à venir. « Les hommes, disait-il, ne sont pas faits pour être entassés en fourmilière, mais épars sur la terre qu'ils doivent cultiver. Les infirmités du corps, ainsi que les vices de l'âme, sont l'infaillible effet de ce concours trop nom- breux. L'homme est, de tous les animaux, celui qui peut le moins vivre en troupeaux. Des hommes entassés comme des moutons périraient en peu de temps. L'haleine de l'homme est mortelle à ses semblables ; cela n'est pas moins vrai au propre qu'au figuré. Les villes sont le gouffre de l'espèce humaine. Au bout de quelques générations, les races périssent ou dégénèrent. Il faut les renouveler, et c'est toujours la campagne qui fournit ce renouvellement. »

Michelet a dit la même chose sous une forme plus précise encore et d'une poésie charmante : « De toutes les fleurs, la

32.

fleur humaine est celle qui a le plus besoin de soleil. »

L'art médical, à bout de ressources et ayant épuisé tous ses moyens, a fini par raisonner comme ces deux grands penseurs et il a pris aujourd'hui le bon parti. Il s'est dit que, pour guérir le mal, il fallait d'abord en supprimer la cause, et il a fini par proclamer que le vrai remède, le remède souverain, est dans le retour à la nature, à la vie pour laquelle nous sommes faits, la vie au grand air, reposée et reposante.

C'est ainsi que les cures d'air sont devenues par la force des choses le fond invariable de tous les traitements, la médication universelle pour la plupart des maladies qui affligent aujourd'hui l'espèce humaine. Le sanatorium se développe partout, envahit tout, et l'on ne sait plus aujourd'hui où se réfugier, dans certaines régions alpestres, quand on veut éviter le voisinage des innombrables victimes de la maladie du siècle.

Mais le sanatorium lui-même n'est pas une solution, ce n'est qu'un expédient désespéré et qui peut devenir aussi dangereux que le mal lui-même. Il peut guérir le malade, c'est vrai, mais il peut aussi propager la maladie, l'étendre et la rendre indéracinable pour le malheur de l'espèce. Ce qui vaut mieux que le sanatorium, c'est l'isolement individuel et permanent au milieu d'un air pur, avec la vraie vie des champs, celle qui retrempe, qui élimine les germes morbides et écarte les contagions menaçantes.

Si le traitement par la nature n'est pas toujours suffisant pour guérir les maladies invétérées, il est en tout cas infaillible comme système préventif pour en empêcher l'éclosion. Vous tous qui tremblez pour la vie de vos enfants, qui vivez dans une angoisse perpétuelle en contemplant leur visage pâle et souffreteux, indice d'un sang appauvri, d'une nervosité précoce, d'une décomposition lente, et qui voyez s'avancer avec effroi le microbe qui doit fatalement se développer sur ce terrain tout prêt à le recevoir, n'hésitez pas; et si vous tenez à sauver ces êtres si chers, ayez le courage des grandes et fortes résolutions qui seules peuvent leur rendre la santé et la vie. Partez avec eux pour les champs et tâchez de les y laisser le plus longtemps possible, toujours si cela dépend de vous; grâce à ce bain vivifiant, vous les verrez revivre et vous reconstituerez une race prête à s'éteindre.

Il semble, du reste, que les habitants des villes, surtout des grandes villes, se sentent, depuis quelques années, poussés, par l'instinct de la conservation, à ouvrir de plus en plus largement cette porte de salut qui donne sur la belle nature. On ne peut pas attribuer à une autre cause ce besoin effréné de villégiature qui s'est emparé des populations urbaines et qui les entraîne maintenant comme un flot immense partout où elles ont chance de trouver un peu de verdure et l'abri de quelques arbres. Les gens riches, qui étaient seuls autrefois à se donner ce luxe rare, ont été bientôt suivis par les petits bourgeois; derrière les bourgeois, ce sont aujourd'hui les boutiquiers, les ouvriers eux-mêmes qui se précipitent sur les chemins de fer pour aller chercher le plus loin possible la rase campagne où ils peuvent respirer à pleins poumons et faire d'amples provisions d'oxygène.

Extrait de *Le retour à la terre*. (Hachette.)

Une cure de plein air pour les enfants des écoles.

XII

PLEBS RUSTICA

L'air ne retentit plus des chansons de la plèbe.
Les modernes ruraux, fils de ceux qui luttaient,
Ont refusé l'effort et déserté la glèbe.
Où sont les paysans, les vrais, ceux qui chantaient ?

Aux anciens, il fallait la plaine et la charrue,
Le grand air dont le souffle ondoie au front des blés ;
Les nouveaux ont quitté le sillon pour la rue
Et, jeunes, les désirs malsains les ont troublés.

. . . .

Ah ! que le déserteur s'arrête et qu'il revienne
Vers la ferme, à l'endroit où ses pères sont morts !
Du métier désappris que l'absent se souvienne !
C'est le travail des champs qui nous rendra les forts.

Pourquoi plier devant la chimère impuissante ?
Nous voulons le terrien debout, poitrine au vent.
Un corps sain peut marcher sous une âme pensante ;
Le laboureur futur, nous le voulons savant,

Fier, aimant son village avec idolâtrie,
Fraternel et croyant ; mais, devant l'étranger,
Assez terrible encor pour venger la Patrie,
Si quelque peuple essaie un jour de l'outrager !

Paul HAREL.

Extrait des Œuvres poétiques. (Plon.)

TABLE DES MATIÈRES

V. — LA VIGNE ET LE VIN.

VI. — SOINS A LA TERRE.

VII. — LE JARDIN ET LA BASSE-COUR.

VIII. — LES BÊTES DES CHAMPS.

IX. — ÉLEVAGE.

X. — HYGIÈNE DE LA FERME.

XI. — ABEILLES ET VERS A SOIE.

XII. — LAITERIE ET INDUSTRIES AGRICOLES.

XIII. — L'EAU EN AGRICULTURE.

XIV. — CHAMPIGNONS ET MICROBES.

XV. — ENSEIGNEMENT AGRICOLE.

XVI. — COOPÉRATION ET MUTUALITÉ.

XVII. — LA VIE A LA CAMPAGNE.

10998-10. — Corbeil. Imprimerie Crété.